深智數位
股份有限公司

深智數位
股份有限公司

前言

我們處於一個變革的時代！

提出一個常識問題，讓一個有著大學學歷的成年人回答這個問題，似乎是一件非常簡單的事情。然而將同樣的內容輸送給電腦，讓它透過自己的能力流暢地回答這個常識問題，這在不久以前還是一件不可能的事。

讓電腦學會回答問題，這是一個專門的研究方向——人工智慧大模型正在做的工作。隨著類神經網路和深度學習的發展，近年來人工智慧在研究上獲得了重大突破。透過大規模的文字訓練，人工智慧在自然語言生成上獲得了非常好的效果。

而今，隨著深度學習的發展，使用人工智慧來處理常規勞務、理解語音語義、幫助醫療診斷和支援基礎科學研究工作，這些曾經是夢想的東西似乎都在眼前。

寫作本書的原因

PyTorch 作為最新的、應用最為廣泛的深度學習開放原始碼框架，自然引起了廣泛的關注，它吸引了大量程式設計和開發人員進行相關內容的開發與學習。掌握 PyTorch 程式設計基本技能的程式設計人員成為當前各組織和單位熱切尋求的熱門人才。他們的主要工作就是利用獲得的資料集設計不同的類神經模型，利用類神經網路強大的學習能力提取和挖掘資料集中包含的潛在資訊，撰寫相應的 PyTorch 程式對資料進行處理，對其價值進行進一步開發，為商業機會的獲取、管理模式的創新、決策的制定提供相應的支援。隨著越來越多的組織、單位和行業對深度學習應用的重視，高層次的 PyTorch 程式設計人員必將成為就業市場上緊俏的人才。

與其他應用框架不同，PyTorch 並不是一個簡單的程式設計框架，深度學習也不是一個簡單的名詞，而是需要相關研究人員對隱藏在其程式背後的理論進行學習，掌握一定的數學知識和理論基礎的。特別是隨著 PyTorch 2.0 的推出，更好、更快、更強成為 PyTorch 2.0 所追求的目標。

研究人員探索和發展深度學習的目的是更進一步地服務於人類社會，而人工智慧的代表——北京清華大學開發的 ChatGLM 是現階段人工智慧最高端的研究成果，它可以模擬人類智慧的某些方面，例如語言理解、智慧問答、自然語言處理等。相較於其他人工智慧產品，ChatGLM 有著更加強大的演算法、更多的資料基礎以及更強的訓練和最佳化，使得 ChatGLM 可以實現更加準確和高效的決策和預測，為人類社會帶來巨大的價值。

在醫療領域，ChatGLM 可以幫助醫生更準確地診斷疾病，提高治療的效果和效率。在交通領域，ChatGLM 可以輔助駕駛員進行駕駛決策，減少交通事故的發生。在金融領域，ChatGLM 可以幫助銀行和證券公司進行風險控制和投資決策。在教育領域，ChatGLM 可以根據學生的學習情況和興趣愛好，提供個性化的學習方案和資源。

在這個人工智慧風起雲湧的時代，借由 PyTorch 2.0 與 ChatGLM 推出之際，本書為了滿足廣大人工智慧程式設計和開發人員學習最新的 PyTorch 程式碼的需要，對涉及深度學習的結構與程式設計技巧循序漸進地做了介紹與說明，以深度學習實戰內容為依託，從理論開始介紹 PyTorch 程式設計模式，多角度、多方面地對其中的原理和實現提供翔實的分析；同時，以了解和掌握最強的人工智慧模型 ChatGLM，進行可靠的延伸開發和微調為目標，讓讀者能夠在開發者的層面掌握 ChatGLM 程式設計方法和技巧，為開發出更強大的人工智慧大模型打下紮實的基礎。

本書的優勢

- 本書基於 PyTorch 2.0 框架對深度學習的理論、應用以及實戰進行全方位的講解，市面上鮮有涉及。

- 本書一步步地從零開始向讀者講解大模型的建構方法，從最基礎的深度學習模型架設開始，直到完成大模型的設計、應用與微調工作。

- 本書並非枯燥的理論講解，而是大量最新文獻的歸納和總結。在這點上，本書與其他程式設計書籍有本質區別。本書的例子都是來自現實世界中對深度學習有實戰應用的模型，透過介紹這些實際應用範例，可以讓讀者更進一步地了解和掌握其應用價值和核心本質。

- 本書作者有長期的所究所學生和大學生教學經驗，透過通俗易懂的語言，深入淺出地介紹深度學習與神經網路理論系統的全部基礎知識，並在程式撰寫時使用 PyTorch 2.0 最新框架進行程式設計，幫助讀者更進一步地使用 PyTorch 模型框架，理解和掌握 PyTorch 程式設計的精妙之處。

- 作者認為，掌握和使用深度學習的人才應在掌握基礎和理論的基礎上，重視實際應用程式開發能力和解決問題能力的培養。特別是對於最新的大模型技術的掌握。本書結合作者在實際工作中應用的實際案例進行講解，內容真實，場景逼真。

本書的內容

本書共 18 章，所有程式均採用 Python 語言撰寫，這也是 PyTorch 2.0 框架推薦使用的語言。

第 1 章介紹人工智慧的基本內容，初步介紹深度學習應用與大模型的發展方向，介紹最強的人工智慧大模型——北京清華大學 ChatGLM 的應用前景，旨在說明使用深度學習和人工智慧實現大模型是未來科技的發展方向，也是必然趨勢。

第 2 章介紹 PyTorch 2.0 的安裝和常用的類別庫。Python 是好用性非常強的語言，可以很方便地將公式和願景以程式的形式表達出來，而無須學習過多的程式設計知識。還將一步步地向讀者演示第一個深度學習模型的完整使用範例。

第 3 章演示使用 PyTorch 框架進行手寫體辨識的實際例子，完整地對 MNIST 手寫體項目進行分類，同時講解模型的標籤問題以及本書後期常用的損失函數計算等內容。

第 4 章系統介紹深度學習的基礎知識——反向傳播神經網路的原理和實現。這是整個深度學習領域最為基礎的內容，也是最為重要的理論部分。本章透過獨立撰寫程式的形式為讀者實現這個神經網路中最重要的演算法。

第 5 章介紹卷積神經網路的使用，主要介紹使用卷積對 MNIST 資料集進行辨識。這是一個入門案例，但是包含的內容非常多，例如使用多種不同的層和類建構一個較為複雜的卷積神經網路。同時也介紹了一些具有個性化設置的卷積層。

第 6 章主要講解 PyTorch 2.0 資料處理與模型訓練視覺化方面的內容，這是本書中非常重要的基礎，也是資料處理中非常重要的組成部分，透過撰寫相應的程式來實現模型對輸入資料的處理，能夠使得讀者更加深入地了解 PyTorch 框架的運行原理。

第 7 章介紹卷積神經網路的核心內容，講解基於 Block 堆積的 ResNet 模型的建構方法，這為後面架設更多基於模組化的深度學習模型打下基礎。

第 8 和第 9 章是 PyTorch 自然語言處理的基礎部分，從詞向量開始，到使用卷積和迴圈神經網路完成自然語言處理的情感分類專案，循序漸進地引導讀者使用深度學習完成自然語言處理實戰。

第 10 章介紹深度學習另一個重要的模組——注意力模型，本章的理論部分非常簡單，講解得也很清晰，但其內容對整個深度學習模型具有里程碑意義。

第 11 和第 12 章是自然語言處理的補充內容，分別介紹使用現有的預訓練模型進行自然語言處理以及自然語言處理解碼器的部分。第 12 章和第 10 章相互銜接，主要是對當前的新模型 Transformer 介紹和說明，分別從其架構入手，對編碼器和解碼器進行詳細介紹。同時，第 12 章還介紹各種 ticks 和小的細節，有針對性地對模型最佳化做了說明。

第 13~15 章是對強化學習部分的講解，同時詳細講解深度學習中具有創新質的 GPT-2 模型的組成架構和原始程式設計，並基於以上兩部分完成了一個簡化版的 ChatGPT 設計，這是為後續進行語言模型微調打下基礎。

第 16~18 章是本書有關大模型的核心內容。第 16 章講解人工智慧大模型 ChatGLM 的使用與自訂方法。第 17 章講解 ChatGLM 高級訂製化應用，包括專業客服問答機器人、金融資訊取出實戰以及一些補充內容；其中金融資訊取出使用了基於知識鏈的多專業跨領域文件挖掘的方法，這是目前 ChatGLM 甚至是自然語言處理大模型方面最為前端的研究方向。第 18 章講解 ChatGLM 模型的當地語系化處理和 ChatGLM 的高級微調方法，極具參考價值。

本書的特點

- 本書不是純粹的理論知識介紹，也不是高深的技術研討，完全是從實踐應用出發，用最簡單、典型的範例引申出核心知識，並指出進一步學習人工智慧大模型的道路。

- 本書沒有深入介紹某一個知識塊，而是全面介紹 PyTorch 涉及的大模型的基本結構和上層程式設計，系統地講解深度學習的全貌，讓讀者在學習過程中掌握方向。

- 本書在寫作上淺顯易懂，沒有深奧的數學知識，而是採用較為形象的形式，使用大量圖示來描述應用的理論知識，讓讀者輕鬆地閱讀並掌握相關內容。

- 本書旨在引導讀者進行更多技術上的創新，每章都會以範例的形式幫助讀者更進一步地理解本章要學習的內容。

- 本書程式遵循重構原理，避免程式污染，幫助讀者寫出優秀、簡潔、可維護的程式。

本書適合讀者

本書適合人工智慧、大模型、深度學習以及 PyTorch 框架等方向的初學者和開發人員閱讀，也可以作為高等院校相關專業的教材。

建議讀者在學習本書內容的過程中，理論結合實務，獨立進行一些程式的撰寫工作，可能的情況下採取開放式的實驗方法，即讀者自行準備實驗資料和實驗環境，解決實際問題，最終達到理論結合實務的目的。

本書作者

本書作者為大專院校電腦專業教師，教授人工智慧、巨量資料分析與挖掘、Java 程式設計、資料結構等多門大學生及所究所學生課程，研究方向為資料倉儲與資料探勘、人工智慧、機器學習，在研和參研多項科學研究項目。作者在本書寫作過程中，獲得了家人和朋友的大力支持，以及本書編輯王葉的熱情幫助，在此對他們一併表示感謝。

目錄

1 新時代的曙光——人工智慧與大型模型

2 PyTorch 2.0 深度學習環境架設

3 從零開始學習 PyTorch 2.0

4 一學就會的深度學習基礎演算法詳解

5 基於 PyTorch 卷積層的 MNIST 分類實戰

6 視覺化的 PyTorch 資料處理與模型展示

7 ResNet 實戰

8　有趣的詞嵌入

9　基於循環神經網路的中文情感分類實戰

10　從零開始學習自然語言處理的編碼器

11　站在巨人肩膀上的預訓練模型 BERT

12　從 1 開始自然語言處理的解碼器

13　基於 PyTorch 2.0 的強化學習實戰

14　ChatGPT 前身──只具有解碼器的 GPT-2 模型

15　實戰訓練自己的 ChatGPT

16 開放原始碼大型模型 ChatGLM 使用詳解

17 開放原始碼大型模型 ChatGLM 高級訂製化應用實戰

18 對訓練成本上億美金的 ChatGLM 進行高級 微調

第 **1** 章　新時代的曙光——
人工智慧與大型模型

　　人工智慧（Artificial Intelligence，AI），起始於對人類自身理解的深入挖掘，對人的意識、思維的資訊過程的模擬。今時今日，人工智慧不再是科幻電影中無法觸及的「虛擬景象」，它已成為家喻戶曉的「客觀現實」，在減輕人類的體力負擔和腦力負擔方面已漸漸顯示出優勢，比如在極端天氣預測等層面嶄露頭角。

　　隨著深度學習、大型模型等關鍵技術的深入發展，以 ChatGPT 誕生和更強的 ChatGLM 爆發為新起點，人工智慧將快速邁入下一個「未知」的階段。

1.1　人工智慧：思維與實踐的融合

　　人工智慧作為當今科技領域炙手可熱的研究領域之一，近年來獲得了越來越多的關注。然而，人工智慧並不是一蹴而就的產物，而是在不斷發展、演變的過程中逐漸形成的。從無到有的人工智慧，是一個漫長而又不斷迭代的過程。

　　人工智慧從標準的定義來講，是利用數位電腦或數位電腦控制的機器模擬、延伸和擴展人的智慧，感知環境、獲取知識並使用知識獲得最佳結果的理論、方法、技術及應用系統。

　　在大多人的眼中，人工智慧是一位非常給力的幫手，可以實現處理工作過程的自動化，提升工作效率，比如執行與人類智慧有關的行為，如判斷、推理、證明、辨識、感知、理解、通訊、設計、思考、規劃、學習和問題求解等思維活動。

　　但與其工具屬性、能力屬性相比，人工智慧更重要的是一種思維和工具，是用來描述模仿人類與其他人類思維相連結的「認知」功能的機器，如「學習」和「解決問題」。

　　而其中最引人注目的是生成式人工智慧（Generative Artificial Intelligence），這是一種基於機器學習技術的人工智慧演算法，其目的是透過學習大量資料和模式，生成新的、原創的內容。這些內容可以是文字、影像、音訊或視訊等多種形式。生成式人工智慧通常採用深度學習模型，如循環神經網路（Recurrent Neural Network，RNN）、變分自編碼器（Variational Auto Encoder，VAE）等，來生成高品質的內容。生成式人工智慧的應用包括文字生成、影像生成、語音合成、自動創作和虛擬實境等領域，具有廣泛的應用前景。

1.1.1　人工智慧的歷史與未來

　　人工智慧作為一門跨學科的研究領域，經歷了多年的發展和探索。自 20 世紀 50 年代起，人工智慧研究已成為電腦科學、數學、哲學、心理學等多個學科的交叉領域。隨著技術的不斷發展和應用場景的不斷拓展，人工智慧正逐漸成為一種強大的工具和智慧化的基礎設施。

　　早期的人工智慧主要集中在專家系統、規則引擎和邏輯推理等領域。其中，專家系統是一種基於知識庫和規則庫的系統，能夠模擬人類專家的思維和決策過程，用於解決各種複雜的問題。隨著深度學習和神經網路的興起，人工智慧進入了一個新的發展階段。深度學習是一種基於神經網路的機器學習方法，能夠自動地學習和提取資料中的特徵，實現對複雜模式的辨識和分類，適用於影像辨識、語音辨識、自然語言處理等領域。

　　人工智慧產業在 20 世紀 50 年代提出後，限於當時的技術實現能力，只侷限於理論知識的討論，而真正開始爆發還是自 2012 年的 AlexNet 模型問世。

1. 人工智慧 1.0 時代（2012—2017 年）

　　人工智慧概念於 1956 年被提出，AI 產業的第一輪爆發源自 2012 年。2012 年，AlexNet 模型問世開啟了卷積神經網路（Convolutional Neural Network，CNN）在影像辨識領域的應用；2015 年機器辨識影像的準確率首次超過人（錯誤率低於 4%），開啟了電腦視覺技術在各行各業的應用，帶動了人工智慧 1.0 時代的創新週期，AI+ 開始深入各行各業，帶動效率提升。但是，人工智慧 1.0 時代面臨著模型碎片化、AI 泛化能力不足等問題。

2. 人工智慧 2.0 時代（2017 年）

　　2017 年，Google Brain 團隊提出 Transformer 架構，奠定了大型模型領域的主流演算法基礎，從 2018 年開始大型模型迅速流行。2018 年，Google 團隊的模型參數首次過億，到 2022 年模型參數達到 5400 億，模型參數呈現指數級增長，「預訓練 + 微調」的大型模型有效解決了 1.0 時代 AI 泛化能力不足的問題。新一代 AI 技術有望開始全新一輪的技術創新週期。

　　當前，人工智慧的應用場景已經涵蓋了生活的各個領域。在醫療領域，人工智慧可以幫助醫生進行診斷和治療決策，提高醫療效率和精度。在金融領域，人工智慧可以進行風險管理和資料分析，提高金融服務的品質和效率。在交通領域，人工智慧可以進行交通管控和路況預測，提高交通安全和效率。在智慧家居領域，人工智慧可以進行智慧家居控制和環境監測，提高家庭生活的舒適度和安全性。此外，人工智慧還可以應用於教育、娛樂、軍事等多個領域，為人類社會的發展帶來了無限的可能性。

　　總之，從無到有的人工智慧是一個漫長而又不斷迭代的過程，星星之火可以燎原，人工智慧會繼續發展，成為推動人類社會進步的重要力量。

1.1.2　深度學習與人工智慧

　　深度學習是人工智慧的方法和技術，屬於機器學習的一種。它透過建構多層神經網路實現對複雜模式的自動辨識和分類，進而實現對影像、語音、自然語言等資料的深層次理解和分析。深度學習的出現標誌著人工智慧研究的新階段。

　　傳統的機器學習演算法（如決策樹、支援向量機等）主要依賴於人工選擇和提取特徵，然後將這些特徵輸入模型中進行訓練和分類。而深度學習透過建構多層神經網路實現對特徵的自動提取和學習，大大提高了模型的性能和準確率。因此，深度學習已成為當前人工智慧研究中最重要和熱門的領域之一。

　　深度學習的核心是神經網路，它可以被看作是由許多個簡單的神經元組成的網路。這些神經元可以接收輸入並產生輸出，透過學習不同的權重來實現不同的任務。深度學習的「深度」指的是神經網路的層數，即多層神經元的堆疊。在多層神經網路中，每一層的輸出都是下一層的輸入，每一層都負責提取不同層次的特徵，從而完成更加複雜的任務。

　　深度學習在人工智慧領域的成功得益於其強大的表徵學習能力。表徵學習是指從輸入資料中學習到抽象的特徵表示的過程。深度學習模型可以自動地學習到資料的特徵表示，並從中提取出具有區分性的特徵，從而實現對資料的分類、辨識等任務。

　　深度學習的應用場景非常廣泛。在影像辨識方面，深度學習已經實現了人類水準的表現，並被廣泛應用於人臉辨識、影像分類、物件辨識等領域。在自然語言處理方面，深度學習可以進行文字分類、情感分析、機器翻譯等任務，並且已經在聊天機器人、智慧客服等應用中獲得了廣泛應用。在語音辨識方面，深度學習可以實現對語音的準確辨識和轉換，成為語音幫手和智慧家居的重要支撐技術。

1.1.3 選擇 PyTorch 2.0 實戰框架

工欲善其事，必先利其器。本書選用 PyTorch 2.0 作為講解的實戰框架。

PyTorch 是一個 Python 開放原始碼機器學習函式庫，它可以提供強大的 GPU 加速張量運算和動態計算圖，方便使用者進行快速實驗和開發。PyTorch 由 Facebook 的人工智慧研究小組於 2016 年發佈，當時它作為 Torch 的 Python 版，目的是解決 Torch 在 Python 中使用的不便之處。

Torch 是另一個開放原始碼機器學習函式庫，它於 2002 年由 Ronan Collobert 建立，主要基於 Lua 程式語言。Torch 最初是為了解決語音辨識的問題而建立的，但隨著時間的演進，Torch 開始被廣泛應用於其他機器學習領域，包括電腦視覺、自然語言處理、強化學習等。

儘管 Torch 在機器學習領域獲得了廣泛的應用，但是它在 Python 中的實現相對較為麻煩，這也就導致其在 Python 社區的使用率不如其他機器學習函式庫（如 TensorFlow）。這也就迫使了 Facebook 的人工智慧研究小組開始著手開發 PyTorch。

在 2016 年，PyTorch 首次發佈了 Alpha 版本，但是該版本的使用範圍比較有限。直到 2017 年，PyTorch 正式發佈了 Beta 版本，這使得更多的使用者可以使用 PyTorch 進行機器學習實驗和開發。在 2018 年，PyTorch 1.0 版本正式發佈，此後 PyTorch 開始成為機器學習領域中最受歡迎的開放原始碼機器學習函式庫之一。

在 PyTorch Conference 2022 上，PyTorch 官方正式發佈了 PyTorch 2.0，整場活動含 Compiler 率極高，跟先前的 1.x 版本相比，2.0 版本有了顛覆式的變化。

PyTorch 2.0 中發佈了大量足以改變 PyTorch 使用方式的新功能，它提供了相同的 Eager Mode 和使用者體驗，同時透過 torch.compile 增加了一個編譯模式，在訓練和推理過程中可以對模型進行加速，從而提供更佳的性能和對 Dynamic Shapes 及 Distributed 的支援。

自發佈以來，PyTorch 一直都是深度學習和人工智慧領域中最為受歡迎的機器學習函式庫之一。它在國際學術界和工業界都獲得了廣泛的認可，獲得了許多優秀的應用和實踐。同時，PyTorch 也持續更新和最佳化，使得使用者可以在不斷的發展中獲得更好的使用體驗。

1.2 大型模型開啟人工智慧的新時代

大型模型是指具有非常多參數量的類神經網路模型。在深度學習領域，大型模型通常是指具有數億到數兆參數的模型。這些模型通常需要在大規模資料集上進行訓練，並且需要使用大量的運算資源進行最佳化和調整。

大型模型通常用於解決複雜的自然語言處理、電腦視覺和語音辨識等任務。這些任務通常需要處理大量的輸入資料，並從中提取複雜的特徵和模式。透過使用大型模型，深度學習演算法可以更進一步地處理這些任務，提高模型的準確性和性能。

大型模型的訓練和調整需要大量的運算資源，包括高性能電腦、圖形處理器（Graphics Processing Unit，GPU）和雲端運算資源等。為了訓練和最佳化大型模型，研究人員和企業通常需要投入巨大的資源和資金。

1.2.1 大型模型帶來的變革

人工智慧正處於從「能用」到「好用」的應用落地階段，但仍處於落地初期，主要面臨場景需求碎片化、人力研發和應用計算成本高，以及長尾場景資料較少導致模型訓練精度不夠、模型演算法從實驗室場景到真實場景差距較大等行業問題。而大型模型在增加模型通用性、降低訓練研發成本等方面降低了人工智慧落地應用的門檻。

近 10 年來，透過「深度學習＋大算力」獲得訓練模型，已經成為實現人工智慧的主流技術途徑。由於深度學習、資料和算力這 3 個要素都已具備，因此全球掀起了「大煉模型」的熱潮，也催生了一大批人工智慧公司。

　　然而，在深度學習技術出現的近 10 年裡，模型基本上都是針對特定的應用場景進行訓練的，即小模型屬於傳統的訂製化、作坊式的模型開發方式。傳統人工智慧模型需要完成從研發到應用的全方位流程，包括需求定義、資料收集、模型演算法設計、訓練調優、應用部署和營運維護等階段組成的整套流程。這表示除了需要優秀的產品經理準確定義需求外，還需要人工智慧研發人員紮實的專業知識和協作合作能力，才能完成大量複雜的工作。

　　在傳統模型中，研發階段為了滿足各種場景的需求，人工智慧研發人員需要設計個性訂製化的、專用的神經網路模型。模型設計過程需要研究人員對網路結構和場景任務有足夠的專業知識，並承擔設計網路結構的試錯成本和時間成本。

　　一種降低專業人員設計門檻的想法是透過網路結構自動搜尋技術路線，但這種方案需要很高的算力，不同的場景需要大量機器自動搜尋最佳模型，時間成本仍然很高。一個專案往往需要專家團隊在現場待上幾個月才能完成。一般來說為了滿足目標要求，資料收集和模型訓練評估需要多次迭代，從而導致高昂的人力成本。

　　但是，這種透過「一模一景」的廠房模式開發出來的模型，並不適用於垂直行業場景的很多工。舉例來說，在無人駕駛汽車的全景感知領域，往往需要多行人追蹤、場景語義分割、視野物件辨識等多個模型協作工作；與物件辨識和分割相同的應用，在醫學影像領域訓練的皮膚癌檢測和人工智慧模型分割，不能直接應用於監控景點中的行人車輛檢測和場景分割。模型無法重複使用和累積，這也導致了人工智慧落地的高門檻、高成本和低效率。

　　大型模型是從龐大、多類型的場景資料中學習，總結出不同場景、不同業務的通用能力，學習出一種特徵和規律，成為具有泛化能力的模型庫。在基於大型模型開發應用或應對新的業務場景時，可以對大型模型進行調配，比如對某些下游任務進行小規模標注資料二次訓練，或無須自訂任務即可完成多個應用場景，實現通用智慧能力。因此，利用大型模型的通用能力，可以有效應對多樣化、碎片化的人工智慧應用需求，為實現大規模人工智慧落地應用提供可能。

大型模型正在身為新型的演算法和工具，成為整個人工智慧技術新的制高點和新型的基礎設施。可以說大型模型是一種變革性的技術，它可以顯著地提升人工智慧模型在應用中的性能表現，將人工智慧的演算法開發過程由傳統的煙囪式開發模式轉向集中式建模，解決人工智慧應用落地過程中的場景碎片化、模型結構和模型訓練需求零散化的痛點。

1.2.2　最強的中文大型模型──北京清華大學 ChatGLM 介紹

本書在寫作時，應用最為廣泛和知名度最高的大型模型是 ChatGLM，這是由北京清華大學自主研發的、基於 GLM（General Language Model）架構的、最新型最強大的深度學習大型模型之一。

ChatGLM 使用了最先進的深度學習前端技術，經過約 1TB 識別字的中英雙語訓練，輔以監督微調、特定任務指令（Prompt）訓練、人類回饋強化學習等技術，針對中文問答和對話進行了最佳化。而其中開放原始碼的 ChatGLM-6B 具有 62 億參數。結合模型量化技術，使用者可以在消費級的顯示卡上進行本地部署（INT4 量化等級下最低只需 6GB 顯示記憶體），並且已經能生成相當符合人類偏好的回答。

ChatGLM 是目前最先進的自然語言處理技術之一，具有強大的智慧問答、對話生成和文字生成能力。在 ChatGLM 中，使用者可以輸入自然語言文字，ChatGLM 會自動理解其含義並作出相應的回應。

ChatGLM 採用了 GLM 系列的生成模型架構，該架構是在 GLM 原有基礎上進行改進的，是目前最大的語言模型之一。這使得 ChatGLM 能夠處理更複雜的自然語言問題，並生成更加流暢自然的對話。

ChatGLM 能夠處理多種類型的自然語言任務。它可以回答問題、生成文字、翻譯語言、推理和推斷等。因此，它可以應用於許多不同的領域，包括客戶服務、線上教育、金融和醫療保健等。

ChatGLM 的問答能力非常強大。它可以回答各種各樣的問題，無論是簡單的還是複雜的。它可以處理人類語言中的模糊性和歧義，甚至可以理解非正式的對話和口語。此外，ChatGLM 還可以從大量的語言資料中進行學習和自我更新，從而不斷提高其回答問題的準確性和可靠性。

除了問答能力外，ChatGLM 還具有出色的對話生成能力。當與 ChatGLM 進行對話時，使用者可以感受到與真人進行對話的感覺。ChatGLM 可以根據上下文理解問題，並根據其對話歷史和語言資料生成自然的回答。它還能夠生成有趣的故事和文章，幫助使用者創造更加生動的語言體驗。

ChatGLM 的另一個重要特點是其翻譯能力。ChatGLM 可以將一種語言翻譯成另一種語言，從而幫助使用者克服跨語言交流的障礙。由於 ChatGLM 能夠理解自然語言的含義，因此它可以生成更加準確和自然的翻譯結果。

ChatGLM 還可以進行推理和推斷。它可以理解和應用邏輯和常識，從而幫助使用者解決一些需要推理和推斷的問題。舉例來說，當給 ChatGLM 提供一組資訊時，它可以從中推斷出一些隱藏的規律和關係。

1.2.3 近在咫尺的未來——大型模型的應用前景

人工智慧模型的廣度和深度逐級提升，作為深度學習領域最耀眼的新星，大型模型也浮出水面。從技術的角度來看，大型模型發端於自然語言處理領域，以 Google 的 BERT 開始，到以北京清華大學的 ChatGLM 大型模型為代表，參數規模逐步提升至千億、兆，同時用於訓練的資料量級也顯著提升，帶來了模型能力的提高，也推動了人工智慧從感知到認知的發展。

1. 深入製造業

首先，人工智慧大型模型能夠大幅提高製造業從研發、銷售到售後各個環節的工作效率。比如，研發環節可利用人工智慧生成影像或生成 3D 模型技術深入產品設計、製程設計、工廠設計等流程。在銷售和售後環節，可利用生成式人工智慧技術打造更懂使用者需求、更個性化的智慧客服及數字人帶貨主播，大幅提高銷售和售後服務能力及效率。

其次，人工智慧大型模型結合機器人流程自動化（Robotic Process Automation，RPA），有望解決人工智慧無法直接指揮工廠機器裝置的痛點。RPA 作為「四肢」連接作為「大腦」的人工智慧大型模型和作為「工具」的機器裝置，降低了流程銜接難度，可以實現工廠生產全流程自動化。

最後，人工智慧大型模型合成資料能夠解決製造業缺乏人工智慧模型訓練資料的痛點。以搬運機器人（Autonomous Mobile Robot，AMR）為例，核心痛點是它對工廠本身的地圖辨識、干擾情景訓練資料累積有限，自動駕駛的演算法精度較差，顯著影響產品性能。但人工智慧大型模型合成的資料可作為真實場景資料的廉價替代品，大幅縮短訓練模型的週期，提高生產效率。

2. 深入醫療行業

首先，人工智慧大型模型能夠幫助提升醫療通用需求的處理效率，比如客服中心自動分診、常見病問診輔助、醫療影像解讀輔助等。

其次，人工智慧大型模型透過合成資料支援醫學研究。醫藥研發所需的資料存在法律限制和病人授權等約束，難以規模化；透過合成資料，能夠精確複製原始資料集的統計特徵，但又與原始資料不存在連結性，深入醫學研究進步。此外，人工智慧大型模型透過生成 3D 虛擬人像和合成人聲，解決了部分輔助醫療裝置匱乏的痛點，可以幫助喪失表情、聲音等表達能力的病人更進一步地求醫問診。

3. 深入金融行業

對於銀行業，可以在智慧網點、智慧服務、智慧風控、智慧營運、智慧行銷等場景開展人工智慧大型模型技術應用；對於保險業，人工智慧大型模型應用包括智慧保險銷售幫手、智慧培訓幫手等，但在精算、理賠、資管等核心價值鏈環節深入仍需根據專業知識進行模型訓練和微調；對於證券期貨業，人工智慧大型模型可以運用在智慧投研、智慧行銷、降低自動化交易門檻等領域。

4. 深入乃至顛覆傳媒與網際網路行業

首先，人工智慧大型模型將顯著提升文娛內容生產效率，降低成本。此前，人工智慧只能輔助生產初級重複性或結構化內容，如人工智慧自動寫新聞稿、人工智慧播報天氣等。在大型模型深入下，已經可以實現人工智慧行銷文案撰寫、人工智慧生成遊戲原畫（目前遊戲廠商積極應用人工智慧繪畫技術）、人工智慧撰寫劇本（僅憑一段大綱即可自動生成完整劇本）等，後續伴隨音樂生成、動畫視訊生成等 AIGC 技術的持續突破，人工智慧大型模型將顯著縮短內容生產週期、降低製作成本。

其次，人工智慧大型模型將顛覆網際網路已有業態及場景入口。短期來看，傳統搜尋引擎最容易被類似 ChatGLM 的對話式資訊生成服務所取代，因為後者具備更高的資訊獲取效率和更好的互動體驗；同時傳統搜尋引擎商業模式搜尋競價廣告也將迎來嚴峻的挑戰，未來可能會衍生出付費會員模式或新一代行銷科技手段。從中長期來看，其他網際網路業態，如內容聚合分發平臺、生活服務平臺、電子商務購物平臺、社交社區等流量入口，都存在被人工智慧大型模型重塑或顛覆的可能性。

1.3 本章小結

本章主要介紹了大型模型、人工智慧以及深度學習的基礎，可以看到大型模型在人工智慧領域有著廣泛的應用前景，尤其是在影像生成、自然語言處理和音訊生成等領域。未來，隨著深度學習技術的不斷發展，大型模型也將得到進一步的發展和應用。

隨著人工智慧領域的不斷發展和深度學習技術的日益成熟，大型模型在各個領域中都獲得了廣泛的應用。在自然語言處理領域中，大型模型已經被用於自動文字摘要、對話系統、機器翻譯等任務；在影像處理領域中，大型模型被用於影像生成、風格轉換、影像修復等任務；在音訊處理領域中，大型模型被用於語音合成、音樂生成等任務。

　　隨著深度學習技術的不斷發展，人工智慧與大型模型也將得到進一步的發展和應用。未來，我們可以期待大型模型在更多領域中的應用，同時也可以期待更多創新的生成式模型技術的出現，為人工智慧領域的發展做出更大的貢獻。本書可以讓讀者從零開始學習大型模型的基本原理和實現方法，幫助讀者深入了解其應用及在人工智慧領域中的應用前景。

第 2 章 PyTorch 2.0 深度學習環境架設

　　工欲善其事，必先利其器。第 1 章介紹了人工智慧、大型模型以及 PyTorch 2.0 之間的關係，本章開始正式進入 PyTorch 2.0 的講解與教學中。

　　首先讀者需要知道的是，無論是建構深度學習應用程式還是應用已完成訓練的專案到某項具體專案中，都需要使用程式語言完成設計者的目的，在本書中使用 Python 語言作為開發的基本語言。

　　Python 是深度學習的首選開發語言，很多第三方提供了整合大量科學計算類別庫的 Python 標準安裝套件，常用的是 Miniconda 和 Anaconda。Python 是一個指令碼語言，如果不使用 Miniconda 或 Anaconda，那麼第三方函式庫的安裝會比較困難，導致各個函式庫之間的相依關係變得複雜，從而導致安裝和使用問題。因此，這裡推薦安裝 Miniconda 來替代原生 Python 語言的安裝。

　　本章將首先介紹 Miniconda 的完整安裝，之後完成一個練習專案，生成可控手寫體數字，這是一個入門程式，幫助讀者了解完整的 PyTorch 專案的工作過程。

2.1 環境架設 1：安裝 Python

2.1.1 Miniconda 的下載與安裝

1. 下載和安裝

打開 Miniconda 官方網站，其下載頁面如圖 2-1 所示。

讀者可以根據自己的作業系統選擇不同平臺的 Miniconda 下載，目前提供的是新整合了 Python 3.10 版本的 Miniconda。如果讀者使用的是以前的 Python 版本，例如 Python 3.9，也是完全可以的，筆者經過測試，無論是 3.10 版本還是 3.9 版本的 Python，都不影響 PyTorch 的使用。

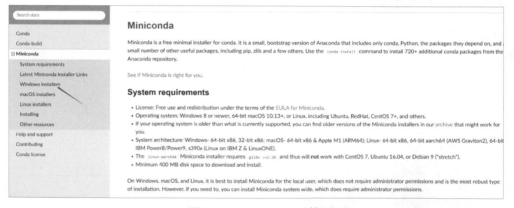

▲ 圖 2-1　Miniconda 下載頁面

（1）這裡推薦使用 Windows Python 3.9 版本，相對於 3.10 版本，3.9 版本經過一段時間的訓練具有一定的穩定性。當然，讀者可根據自己的喜好選擇。整合 Python 3.9 版本的 Miniconda 可以在官方網站下載，打開後如圖 2-2 所示。**注意**：如果讀者使用的是 64 位元作業系統，那麼可以選擇以 Miniconda3 開頭、以 64 結尾的安裝檔案，不要下載錯了。

▲ 圖 2-2　Miniconda 官網網站提供的下載

（2）下載完成後得到的檔案是 .exe 版本，直接執行即可進入安裝過程。安裝完成後，出現如圖 2-3 所示的目錄結構，說明安裝正確。

condabin	2021/8/6 16:11
conda-meta	2022/12/12 10:07
DLLs	2021/8/6 16:11
envs	2021/8/6 16:11
etc	2021/11/16 16:55
include	2021/8/6 16:11
Lib	2022/1/13 14:46

▲ 圖 2-3　Miniconda 安裝目錄

2. 打開主控台

之後依次按一下「開始」→「所有程式」→ Miniconda3 → Miniconda Prompt，打開 Miniconda Prompt 視窗，它與 CMD 主控台類似，輸入命令就可以控制和設定 Python。在 Miniconda 中常用的是 conda 命令，該命令可以執行一些基本操作。

3. 驗證 Python

接下來，在主控台中輸入 python，如果安裝正確，就會列印出版本編號和控制符號。在控制符號下輸入程式：

```
print("hello")
```

結果如圖 2-4 所示。

```
(base) C:\Users\xiaohua>python
Python 3.9.10 | packaged by conda-forge | (main, Feb  1 2022, 21:22:07) [MSC v.1929 64 bit (AMD64)] on win32
Type "help", "copyright", "credits" or "license" for more information.
>>> print("hello")
hello
>>>
```

▲ 圖 2-4　驗證 Miniconda Python 安裝成功

4. 使用 pip 命令

使用 Miniconda 的好處在於，它能夠很方便地幫助讀者安裝和使用大量第三方類別庫。查看已安裝的第三方類別庫的程式如下：

```
pip list
```

注意：如果此時 CMD 主控台命令列還在 >>> 狀態，可以輸入 exit() 退出。

在 Miniconda Prompt 主控台輸入 pip list 命令，結果如圖 2-5 所示（局部截圖）。

```
(base) C:\Users\xiaohua>pip list
WARNING: Ignoring invalid distribution -qdm (c:\miniforge3\lib\site-packages)
WARNING: Ignoring invalid distribution -harset-normalizer (c:\miniforge3\lib\site-packages)
WARNING: Ignoring invalid distribution -ensorflow-gpu (c:\miniforge3\lib\site-packages)
Package                        Version
------------------------------ ---------------------
absl-py                        1.0.0
aiofiles                       0.8.0
aiohttp                        3.8.1
aiosignal                      1.2.0
alabaster                      0.7.12
altair                         4.2.0
altgraph                       0.17.2
anyio                          3.5.0
argon2-cffi                    21.1.0
arrow                          1.1.1
```

▲ 圖 2-5　列出已安裝的第三方類別庫

Miniconda 中使用 pip 操作的方法還有很多，其中最重要的是安裝第三方類別庫，命令如下：

```
pip install name
```

這裡的 name 是需要安裝的第三方類別庫名稱，假設需要安裝 NumPy 套件（這個套件已經安裝過），那麼輸入的命令如下：

```
pip install numpy
```

結果如圖 2-6 所示。

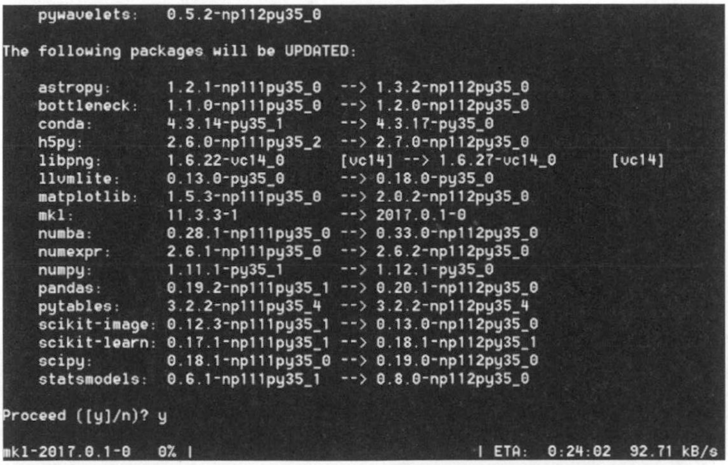

```
    pywavelets:    0.5.2-np112py35_0

The following packages will be UPDATED:

    astropy:       1.2.1-np111py35_0   --> 1.3.2-np112py35_0
    bottleneck:    1.1.0-np111py35_0   --> 1.2.0-np112py35_0
    conda:         4.3.14-py35_1       --> 4.3.17-py35_0
    h5py:          2.6.0-np111py35_2   --> 2.7.0-np112py35_0
    libpng:        1.6.22-vc14_0       [vc14] --> 1.6.27-vc14_0       [vc14]
    llvmlite:      0.13.0-py35_0       --> 0.18.0-py35_0
    matplotlib:    1.5.3-np111py35_0   --> 2.0.2-np112py35_0
    mkl:           11.3.3-1            --> 2017.0.1-0
    numba:         0.28.1-np111py35_0  --> 0.33.0-np112py35_0
    numexpr:       2.6.1-np111py35_0   --> 2.6.2-np112py35_0
    numpy:         1.11.1-py35_1       --> 1.12.1-py35_0
    pandas:        0.19.2-np111py35_1  --> 0.20.1-np112py35_0
    pytables:      3.2.2-np111py35_4   --> 3.2.2-np112py35_4
    scikit-image:  0.12.3-np111py35_1  --> 0.13.0-np112py35_0
    scikit-learn:  0.17.1-np111py35_1  --> 0.18.1-np112py35_1
    scipy:         0.18.1-np111py35_0  --> 0.19.0-np112py35_0
    statsmodels:   0.6.1-np111py35_1   --> 0.8.0-np112py35_0

Proceed ([y]/n)? y

mkl-2017.0.1-0    0% |                                | ETA:  0:24:02  92.71 kB/s
```

▲ 圖 2-6 舉例自動獲取或更新相依類別庫

使用 Miniconda 的好處是預設安裝了大部分學習所需的第三方類別庫，這樣能夠避免使用者在安裝和使用某個特定的類別庫時出現相依類別庫缺失的情況。

2.1.2 PyCharm 的下載與安裝

和其他語言類似，Python 程式的撰寫可以使用 Windows 附帶的主控台進行撰寫。但是這種方式對較為複雜的程式專案來說，容易混淆相互之間的層級和互動檔案，因此在撰寫程式專案時，建議使用專用的 Python 編譯器 PyCharm。

1. PyCharm 的下載和安裝

（1）進入 PyCharm 官網的 Download 頁面後，可以找到 Other versions 連結並打開，在這個頁面上根據自己的系統選擇免費的社區版（Community Edition）下載，如圖 2-7 所示。

▲ 圖 2-7　選擇 PyCharm Community Edition 下載

（2）下載安裝檔案後按兩下執行進入 PyCharm 安裝介面，如圖 2-8 所示。按一下 Next 按鈕繼續安裝即可。

（3）如圖 2-9 所示，在設定介面上勾選所有的核取方塊，這些設定項方便我們使用 PyCharm。

▲ 圖 2-8　安裝介面

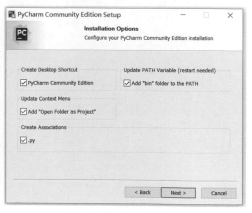

▲ 圖 2-9　勾選所有核取方塊

（4）安裝完成後，按一下 Finish 按鈕，如圖 2-10 所示。

▲ 圖 2-10 安裝完成

2. 使用 PyCharm 建立程式

（1）按一下桌面上新生成的 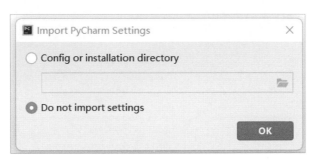 圖示進入 PyCharm 程式介面，首先是第一次啟動的定位，如圖 2-11 所示。這裡是對程式儲存的定位，建議選擇第 2 個 Do not import settings。

▲ 圖 2-11 由 PyCharm 自動指定

（2）按一下 OK 按鈕後進入 PyChrarm 設定介面，如圖 2-12 所示。

▲ 圖 2-12　設定介面

（3）在設定介面可以對 PyCharm 的介面進行設定，選擇自己的使用風格。如果對其不熟悉，直接使用預設設定也可以。如圖 2-13 所示，我們把介面背景設定為白色。

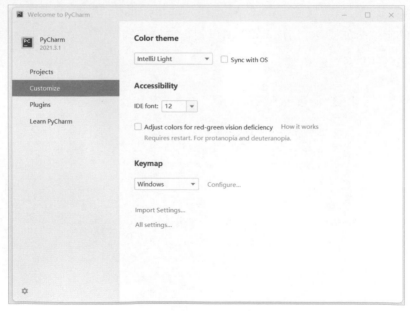

▲ 圖 2-13　對 PyCharm 的介面進行設定

（4）建立一個新的專案，如圖 2-14 所示。讀者可以嘗試把本書書附原始程式建立為新專案。

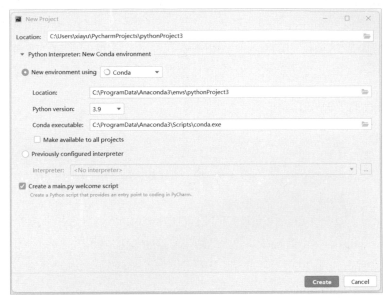

▲ 圖 2-14 建立一個新的專案

這裡嘗試在專案中新建一個 Python 檔案，如圖 2-15 所示。在專案目錄下，按右鍵打開選單，選擇 New → Python File，新建一個 helloworld.py 檔案，打開一個編輯頁並輸入程式，如圖 2-16 所示。

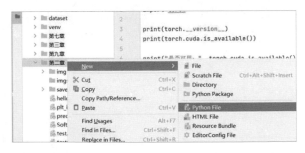

▲ 圖 2-15 新建一個 PyCharm 的專案檔案　　　▲ 圖 2-16 helloworld.py

按一下功能表列中的 Run → run…執行程式，或直接按右鍵 helloworld.py 檔案名稱，在彈出的快顯功能表中選擇 run。如果成功輸出 hello world，那麼恭喜你，Python 與 PyCharm 的設定就完成了。

2.1.3 Python 程式小練習：計算 Softmax 函式

對 Python 科學計算來說，最簡單的想法就是可以將數學公式直接表達成程式語言，可以說，Python 滿足了這個想法。本小節將使用 Python 實現和計算一個深度學習中最為常見的函式——Softmax 函式。至於這個函式的作用，現在不加以說明，筆者只是帶領讀者嘗試實現其程式的撰寫。

Softmax 函式的計算公式如下：

$$S_i = \frac{e^{V_i}}{\sum_0^j e^{V_i}}$$

其中 V_i 是長度為 j 的數列 V 中的數，代入 Softmax 的結果就是先對每一個 V_i 取以 e 為底的指數計算變成非負，然後除以所有項之和進行歸一化，之後每個 V_i 就可以解釋成：在觀察到的資料集類別中，特定的 V_i 屬於某個類別的機率，或稱作似然（Likelihood）。

提示：Softmax 用以解決機率計算中機率結果大而佔絕對優勢的問題。例如函式計算結果中的 2 個值 a 和 b，且 $a>b$，如果簡單地以值的大小為單位衡量的話，那麼在後續的使用過程中，a 永遠被選用，而 b 由於數值較小不會被選擇，但是有時也需要使用數值較小的 b，Softmax 就可以解決這個問題。

Softmax 按照機率選擇 a 和 b，由於 a 的機率值大於 b，因此在計算時 a 經常會被取得，而 b 由於機率較小，取得的可能性也較小，但是也有機率被取得。

Softmax 公式的程式如下：

```python
import numpy
def softmax(inMatrix):
    m,n = numpy.shape(inMatrix)
    outMatrix = numpy.mat(numpy.zeros((m,n)))
    soft_sum = 0
    for idx in range(0,n):
        outMatrix[0,idx] = math.exp(inMatrix[0,idx])
        soft_sum += outMatrix[0,idx]
```

```
for idx in range(0,n):
    outMatrix[0,idx] = outMatrix[0,idx] / soft_sum
return outMatrix
```

可以看到，當傳入一個數列後，分別計算每個數值所對應的指數函式值，將其相加後計算每個數值在數值和中的機率。

```
a = numpy.array([[1,2,1,2,1,1,3]])
```

結果請讀者自行列印驗證。

2.2 環境架設 2：安裝 PyTorch 2.0

Python 執行環境偵錯完畢後，本節重點介紹安裝本書的主角——PyTorch 2.0。

2.2.1 Nvidia 10/20/30/40 系列顯示卡選擇的 GPU 版本

由於 40 系顯示卡的推出，目前市場上會同時有 Nvidia10/20/30/40 系列顯示卡並存的情況。對需要呼叫專用編譯器的 PyTorch 來說，不同的顯示卡需要安裝不同的相依計算套件，作者在此總結了不同顯示卡的 PyTorch 版本以及 CUDA 和 cuDNN 的對應關係，如表 2-1 所示。

▼ 表 2-1　10/20/30/40 系列顯示卡的版本對比

顯示卡型號	PyTorch GPU 版本	CUDA 版本	cuDNN 版本
10 系列及以前	PyTorch 2.0 以前的版本	11.1	7.65
20/30/40 系列	PyTorch 2.0 向下相容	11.6+	8.1+

注意：這裡主要是顯示卡運算函式庫 CUDA 與 cuDNN 的區別，當在 20/30/40 系列顯示卡上使用 PyTorch 時，可以安裝 11.6 版本以上以及 cuDNN 8.1 版本以上的套件，而在 10 系列版本的顯示卡上，建議優先使用 2.0 版本以前的 PyTorch。

下面以 CUDA 11.7+cuDNN 8.2.0 組合為例，演示完整的 PyTorch 2.0 GPU Nvidia 執行函式庫的安裝步驟，其他不同版本 CUDA+cuDNN 組合的安裝過程基本一致。

2.2.2 PyTorch 2.0 GPU Nvidia 執行函式庫的安裝

從 CPU 版本的 PyTorch 開始深度學習之旅完全是可以的，但卻不是筆者推薦的。相對 GPU 版本的 PyTorch 來說，CPU 版本的執行速度存在著極大的劣勢，很有可能會讓讀者的深度學習止步於前。

PyTorch 2.0 CPU 版本的安裝命令如下：

```
pip install numpy --pre torch torchvision torchaudio --force-reinstall --extra-index-
url https://download.pytorch.org/whl/nightly/cpu
```

如果讀者的電腦支援 GPU，則繼續下面本小節的重頭戲，PyTorch 2.0 GPU 版本的前置軟體的安裝。對 GPU 版本的 PyTorch 來說，由於呼叫了 NVIDA 顯示卡作為其程式執行的主要工具，因此額外需要 NVIDA 提供的執行函式庫作為執行基礎。

對 PyTorch 2.0 的安裝來說，最好根據官方提供的安裝命令進行安裝，如圖 2-17 所示。在這裡 PyTorch 官方提供了兩種安裝模式，分別對應 CUDA 11.7 與 CUDA 11.8。

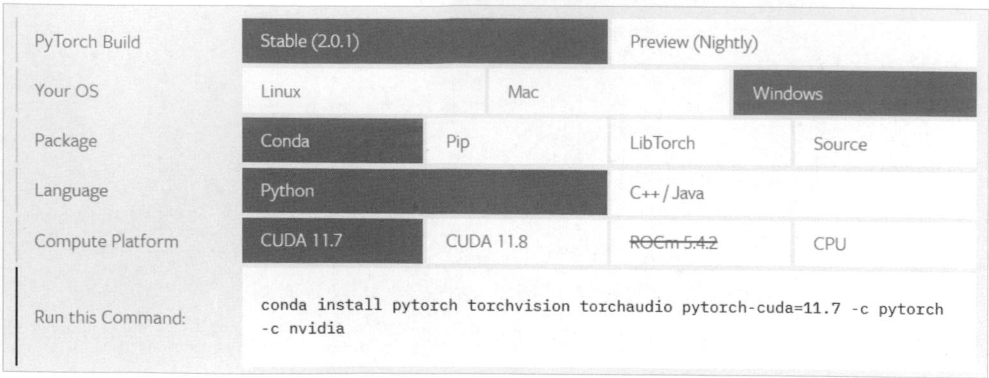

PyTorch Build	Stable (2.0.1)		Preview (Nightly)	
Your OS	Linux	Mac		Windows
Package	Conda	Pip	LibTorch	Source
Language	Python		C++ / Java	
Compute Platform	CUDA 11.7	CUDA 11.8	~~ROCm 5.4.2~~	CPU
Run this Command:	conda install pytorch torchvision torchaudio pytorch-cuda=11.7 -c pytorch -c nvidia			

▲ 圖 2-17 PyTorch 官網提供的設定資訊

　　從圖中可以看到，這裡提供了兩種不和的 CUDA 版本的安裝，作者經過測試，無論是使用 CUDA 11.7 還是 CUDA 11.8，在 PyTorch 2.0 的程式撰寫上沒有顯著的差別，因此讀者可以根據安裝設定自行選擇。下面以 CUDA 11.7+cuDNN 8.2.0 為例講解它們的安裝方法。

　　（1）安裝 CUDA。在 Google 搜尋 CUDA 11.7，進入官方下載頁面，選擇合適的作業系統安裝方式（推薦使用 exe（local）當地語系化安裝方式），如圖 2-18 所示。

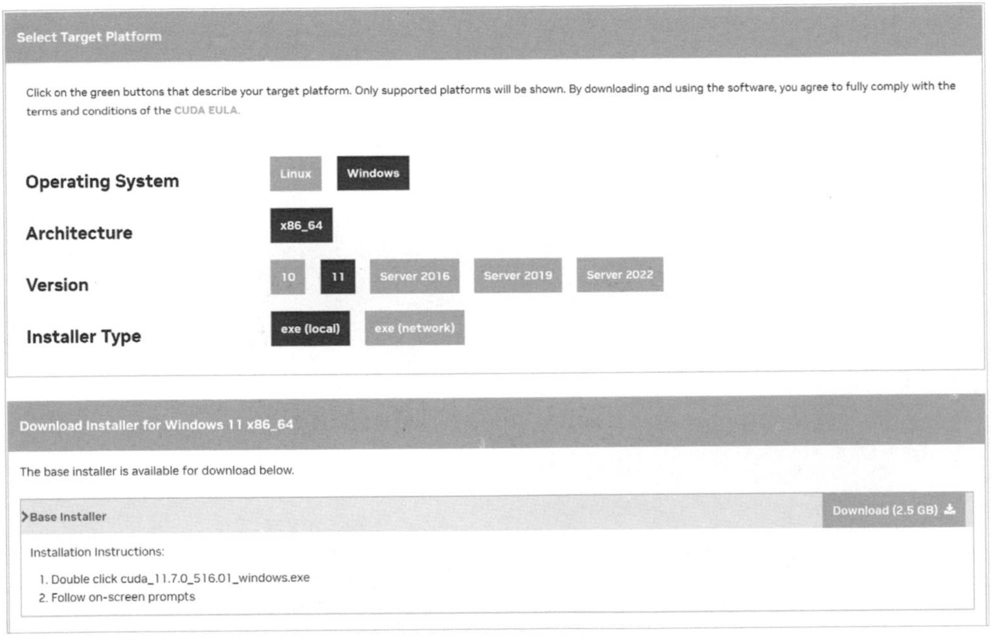

▲ 圖 2-18　CUDA 下載頁面

　　此時下載的是一個 .exe 檔案，讀者自行安裝時，不要修改其中的路徑資訊，直接使用預設路徑安裝即可。

　　（2）下載和安裝對應的 cuDNN 檔案。cuDNN 的下載需要先註冊一個使用者，相信讀者可以很快完成，之後直接進入下載頁面，如圖 2-19 所示。**注意**：不要選擇錯誤的版本，一定要找到對應的版本編號。另外，如果使用的是 Windows 64 位元的作業系統，那麼直接下載 x86 版本的 cuDNN 即可。

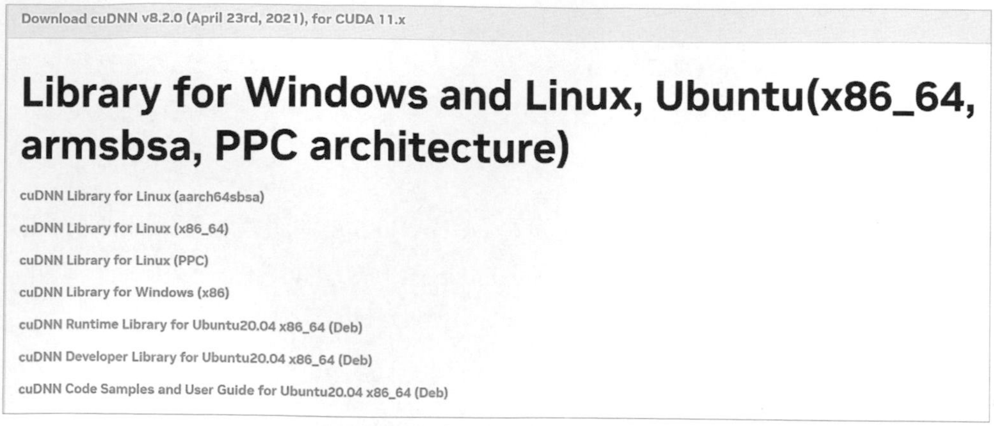

Download cuDNN v8.2.0 (April 23rd, 2021), for CUDA 11.x

Library for Windows and Linux, Ubuntu(x86_64, armsbsa, PPC architecture)

cuDNN Library for Linux (aarch64sbsa)

cuDNN Library for Linux (x86_64)

cuDNN Library for Linux (PPC)

cuDNN Library for Windows (x86)

cuDNN Runtime Library for Ubuntu20.04 x86_64 (Deb)

cuDNN Developer Library for Ubuntu20.04 x86_64 (Deb)

cuDNN Code Samples and User Guide for Ubuntu20.04 x86_64 (Deb)

▲　圖 2-19　cuDNN 下載頁面

下載的 cuDNN 8.2.0 是一個壓縮檔，將其解壓到 CUDA 安裝目錄，如圖 2-20 所示。

bin	2021/8/6 16:27
compute-sanitizer	2021/8/6 16:26
extras	2021/8/6 16:26
include	2021/8/6 16:27
lib	2021/8/6 16:26
libnvvp	2021/8/6 16:26
nvml	2021/8/6 16:26
nvvm	2021/8/6 16:26
src	2021/8/6 16:26
tools	2021/8/6 16:26

▲　圖 2-20　解壓 cuDNN 檔案

（3）設定環境變數，這裡需要將 CUDA 的執行路徑加到環境變數 Path 的值中，如圖 2-21 所示。如果 cuDNN 是使用 .exe 檔案安裝的，那這個環境變數自動就設定讀者只要驗證一下即可。

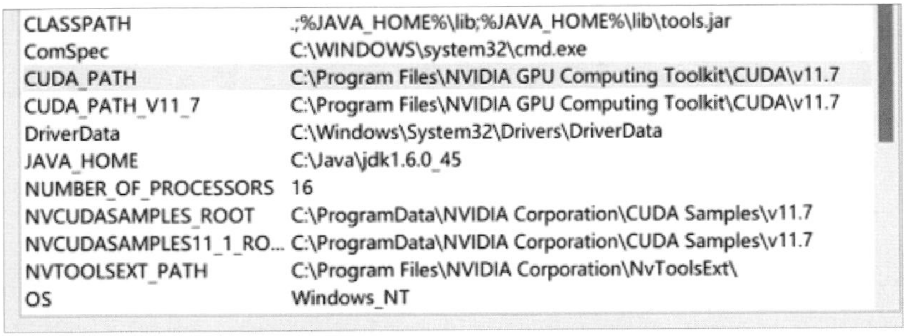

CLASSPATH	.;%JAVA_HOME%\lib;%JAVA_HOME%\lib\tools.jar
ComSpec	C:\WINDOWS\system32\cmd.exe
CUDA_PATH	C:\Program Files\NVIDIA GPU Computing Toolkit\CUDA\v11.7
CUDA_PATH_V11_7	C:\Program Files\NVIDIA GPU Computing Toolkit\CUDA\v11.7
DriverData	C:\Windows\System32\Drivers\DriverData
JAVA_HOME	C:\Java\jdk1.6.0_45
NUMBER_OF_PROCESSORS	16
NVCUDASAMPLES_ROOT	C:\ProgramData\NVIDIA Corporation\CUDA Samples\v11.7
NVCUDASAMPLES11_1_RO...	C:\ProgramData\NVIDIA Corporation\CUDA Samples\v11.7
NVTOOLSEXT_PATH	C:\Program Files\NVIDIA Corporation\NvToolsExt\
OS	Windows_NT

▲ 圖 2-21 設定環境變數

（4）安裝 PyTorch 及相關軟體。從圖 2-17 可以看到，對應 CUDA 11.7 的安裝命令如下：

```
conda install pytorch torchvision torchaudio pytorch-cuda=11.7 -c pytorch -c nvidia
```

如果讀者直接安裝 Python，沒有按 2.1.1 節安裝 Miniconda，則 PyTorch 安裝命令如下：

```
pip3 install torch torchvision torchaudio --index-url
https://download.pytorch.org/whl/cu117
```

完成 PyTorch 2.0 GPU 版本的安裝後，接下來驗證一下 PyTorch 是否安裝成功。

2.2.3 PyTorch 2.0 小練習：Hello PyTorch

恭喜讀者，到這裡我們已經完成了 PyTorch 2.0 的安裝。打開 CMD 視窗依次輸入以下命令即可驗證安裝是否成功：

```
import torch
result = torch.tensor(1) + torch.tensor(2.0)
result
```

執行結果如圖 2-22 所示。

```
(base) C:\Users\xiaohua>python
Python 3.9.6 | packaged by conda-forge | (default, Jul 11 2021, 03:37:25) [MSC v.1916 64 bit (AMD64)] on win32
Type "help", "copyright", "credits" or "license" for more information.
>>> import torch
>>> result = torch.tensor(1) + torch.tensor(2.0)
>>> result
tensor(3.)
>>>
```

▲ 圖 2-22　驗證安裝是否成功

或打開前面安裝的 PyCharm IDE，新建一個專案，再新建一個 hello_pytorch.py 檔案，輸入以下程式：

```
import torch
result = torch.tensor(1) + torch.tensor(2.0)
print(result)
```

最終結果請讀者自行驗證。

2.3　生成式模型實戰：古詩詞的生成

為了驗證安裝情況，本節準備了一段實戰程式供讀者學習，首先讀者需要打開 CMD 視窗安裝一個本實戰所需要的類別庫 transformers，安裝命令如下：

```
pip install transformers
```

之後在 PyCharm 中直接打開作者提供的 Peom 程式檔案：

```
from transformers import BertTokenizer, GPT2LMHeadModel,TextGenerationPipeline
tokenizer = BertTokenizer.from_pretrained("uer/gpt2-chinese-poem")
model = GPT2LMHeadModel.from_pretrained("uer/gpt2-chinese-poem")
text_generator = TextGenerationPipeline(model, tokenizer)
result = text_generator("[CLS] 萬疊春山積雨晴 ,", max_length=50, do_sample=True)
print(result)
```

這裡需要提示一下，在上述程式碼部分中，「[CLS] 萬疊春山積雨晴」是起始內容，然後根據所輸入的起始內容輸出後續的詩句，當然讀者也可以自訂起始句子，如圖 2-23 所示。

萬疊春山積雨晴, 江光兀兀對崢嶸。隔雲吠犬隨村賣, 繞潤流
泉入夜鳴。未學靈威終一見, 曾從小阮聽三生。可憐醉臥花間石,
白鳥一雙殘照橫。是江南柳, 花枝婀娜婀娜任春風。莫言人事長多
少, 萬感千愁總付翁。

▲ 圖 2-23　根據輸入的起始內容輸出後續的詩句

2.4 影像降噪：一步步實戰第一個深度學習模型

2.3 節的程式讀者可能感覺過於簡單，直接呼叫函式庫，再呼叫模型及其方法，即可完成所需要的功能。然而真正的深度學習程式設計不會這麼簡單，為了給讀者建立一個使用 PyTorch 進行深度學習的整體印象，在這裡準備了一個實戰案例，一步步地演示進行深度學習任務所需要的整體流程，讀者在這裡不需要熟悉程式設計和撰寫，只需要了解整體步驟和每個步驟所涉及的內容即可。

2.4.1 MNIST 資料集的準備

HelloWorld 是任何一種程式語言入門的基礎程式，任何一位初學者在開始程式設計學習時，列印的第一句話往往就是 HelloWorld。在深度學習程式設計中也有其特有的「HelloWorld」，一般指的是採用 MNIST 完成一項特定的深度學習專案。

對好奇的讀者來說，一定有一個疑問，MNIST 究竟是什麼？

實際上，MNIST 是一個手寫數位圖片的資料集，它有 60000 個訓練樣本集和 10 000 個測試樣本集。打開後，MNIST 資料集如圖 2-24 所示。

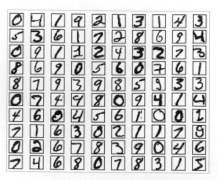

▲ 圖 2-24 MNIST 資料集

讀者可直接使用本書書附原始程式中提供的 MNIST 資料集，儲存在 dataset 資料夾中，如圖 2-25 所示。

dataset
mnist
x_train.npy
y_train_label.npy

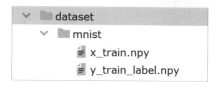

▲ 圖 2-25 本書書附原始程式中提供的 MNIST 資料集

之後使用 NumPy 資料庫進行資料讀取，程式如下：

```
import numpy as np
x_train = np.load("./dataset/mnist/x_train.npy")
y_train_label = np.load("./dataset/mnist/y_train_label.npy")
```

讀者也可以搜尋 MNIST，直接下載 train-images-idx3-ubyte.gz、train-labels-idx1-ubyte.gz 等 4 個檔案，如圖 2-26 所示。

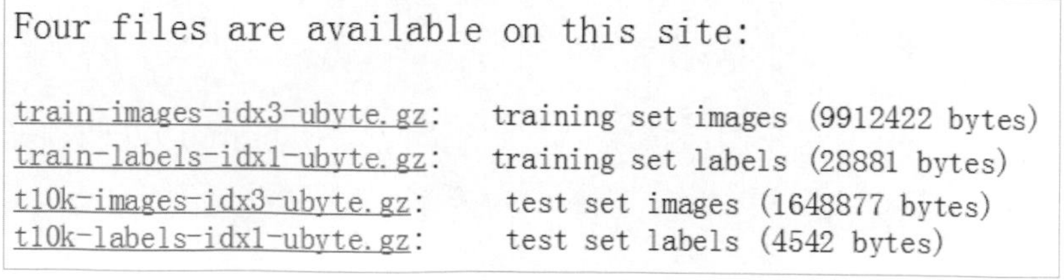

Four files are available on this site:
train-images-idx3-ubyte.gz: training set images (9912422 bytes)
train-labels-idx1-ubyte.gz: training set labels (28881 bytes)
t10k-images-idx3-ubyte.gz: test set images (1648877 bytes)
t10k-labels-idx1-ubyte.gz: test set labels (4542 bytes)

▲ 圖 2-26 MNIST 檔案中包含的資料集

下載這 4 個檔案並解壓縮。解壓縮後可以發現這些檔案並不是標準的影像格式，而是二進位格式，包括一個訓練圖片集、一個訓練標籤集、一個測試圖片集以及一個測試標籤集。其中訓練圖片集的內容如圖 2-27 所示。

▲ 圖 2-27 MNIST 檔案的二進位表示（部分）

MNIST 訓練集內部的檔案結構如圖 2-28 所示。

```
TRAINING SET IMAGE FILE (train-images-idx3-ubyte):

[offset] [type]          [value]          [description]
0000     32 bit integer  0x00000803(2051) magic number
0004     32 bit integer  60000            number of images
0008     32 bit integer  28               number of rows
0012     32 bit integer  28               number of columns
0016     unsigned byte   ??               pixel
0017     unsigned byte   ??               pixel
........
xxxx     unsigned byte   ??               pixel
```

▲ 圖 2-28 MNIST 檔案結構圖

如圖 2-26 所示是訓練集的檔案結構，其中有 60000 個實例。也就是說這個檔案包含 60000 個標籤內容，每個標籤的值為一個 0~9 的數。這裡我們先解析每個屬性的含義。首先，該資料是以二進位格式儲存的，我們讀取的時候要以 rb 方式讀取；其次，真正的資料只有 [value] 這一項，其他的 [type] 等只是用來描述的，並不真正在資料檔案中。

也就是說，在讀取真實資料之前，要讀取 4 個 32 位元整數。由 [offset] 可以看出，真正的像從 0016 開始，每個像素佔用一個 int 32 位元。因此，在讀取像素之前，要讀取 4 個 32 位元整數，也就是 magic number、number of images、number of rows 和 number of columns。

結合圖 2-26 的檔案結構和圖 2-25 的原始二進位資料內容可以看到，圖 2-25 起始的 4 位元組數字 0000 0803 對應圖 2-26 中列表的第一行，類型是 magic number（魔數），這個數字的作用為檔案驗證數，用來確認這個檔案是不是 MNIST 裡面的 train-images-idx3-ubyte 檔案。而圖 2-25 中的 0000 ea60 對應圖 2-26 圖列表的第二行，轉化為十進位為 60000，這是檔案總的容量數。

下面依次對應。圖 2-25 中從第 8 個位元組開始有一個 4 位元組數字 0000 001c 十進位值為 28，也就是表示每幅圖片的行數。同樣地，從第 12 個位元組開始的 0000 001c 表示每幅圖片的列數，值也為 28。而從第 16 個位元組開始則是依次每幅圖片像素值的具體內容。

這裡使用每 784（28×28）位元組代表一幅圖片，如圖 2-29 所示。

▲ 圖 2-29　每個手寫體被分成 28×28 個像素

2.4.2 MNIST 資料集的特徵和標籤介紹

對於資料庫的獲取，前面介紹了兩種不同的 MNIST 資料集的獲取方式，本小節推薦使用本書書附原始程式套件中的 MNIST 資料集進行資料的讀取，程式如下：

```python
import numpy as np
x_train = np.load("./dataset/mnist/x_train.npy")
y_train_label = np.load("./dataset/mnist/y_train_label.npy")
```

這裡 numpy 函式庫函式會根據輸入的位址對資料進行處理，並自動將其分解成訓練集和驗證集。列印訓練集的維度如下：

```
(60000, 28, 28)
(60000, )
```

這是進行資料處理的第一步，有興趣的讀者可以進一步完成資料的訓練集和測試集的劃分。

回到 MNIST 資料集，每個 MNIST 實例資料單元也是由兩部分組成的，分別是一幅包含手寫數字的圖片和一個與其相對應的標籤。可以將其中的標籤特徵設定成 y，而圖片特徵矩陣以 x 來代替，所有的訓練集和測試集中都包含 x 和 y。

圖 2-30 用更為一般化的形式解釋了 MNIST 資料實例的展開形式。在這裡，圖片資料被展開成矩陣的形式，矩陣的大小為 28×28。至於如何處理這個矩陣，常用的方法是將其展開，而展開的方式和順序並不重要，只需要將其按同樣的方式展開即可。

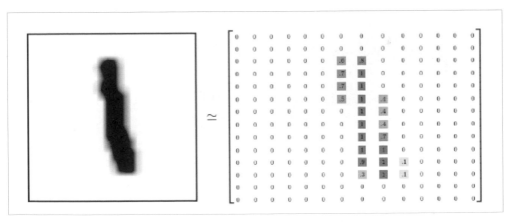

▲ 圖 2-30 圖片轉為向量模式

下面回到對資料的讀取，前面已經介紹了，MNIST 資料集實際上就是一個包含著 60000 幅圖片的 60000×28×28 大小的矩陣張量 [60000,28,28]，如圖 2-31 所示。

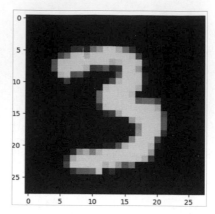

▲ 圖 2-31　MNIST 資料集的矩陣表示

矩陣中行數指的是圖片的索引，用以對圖片進行提取，而後面的 28×28 個向量用以對圖片特徵進行標注。實際上，這些特徵向量就是圖片中的像素點，每幅手寫圖片是 [28,28] 的大小，每個像素轉化為一個 0~1 的浮點數，組成矩陣。

2.4.3　模型的準備和介紹

對使用 PyTorch 進行深度學習的專案來說，一個非常重要的內容是模型的設計，模型用於決定在深度學習專案中採用哪種方式完成目標的主體設計。在本例中，我們的目的是輸入一幅影像之後對其進行去噪處理。

對於模型的選擇，一個非常簡單的想法是，影像輸出的大小就應該是輸入的大小，在這裡選擇使用 Unet（一種卷積神經網路）作為設計的主要模型。

注意：對於模型的選擇現在還不是讀者需要考慮的問題，隨著你對本書學習的深入，見識到更多處理問題的方法後，對模型的選擇自然會心領神會。

我們可以整體看一下 Unet 的結構（讀者目前只需要知道 Unet 的輸入和輸出大小是同樣的維度即可），如圖 2-32 所示。

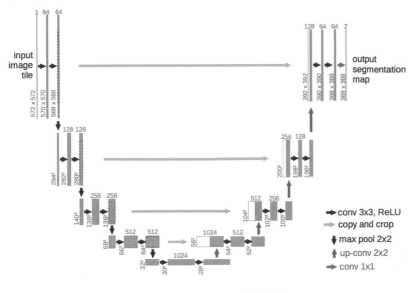

▲ 圖 2-32 Unet 的結構

可以看到，對整體模型架構來說，其透過若干模組（block）與直連（residual）進行資料處理。這部分內容在後面的章節會講到，目前讀者只需要知道模型有這種結構即可。Unet 模型的整體程式如下：

```python
import torch
import einops.layers.torch as elt


class Unet(torch.nn.Module):
    def __init__(self):
        super(Unet, self).__init__()
        # 模組化結構，這也是後面常用到的模型結構
        self.first_block_down = torch.nn.Sequential(
            torch.nn.Conv2d(in_channels=1,out_channels=32,kernel_size=3,padding=1),
torch.nn.GELU(),
            torch.nn.MaxPool2d(kernel_size=2,stride=2)
        )
        self.second_block_down = torch.nn.Sequential(
            torch.nn.Conv2d(in_channels=32,out_channels=64,kernel_size=3,padding=1),
torch.nn.GELU(),
            torch.nn.MaxPool2d(kernel_size=2,stride=2)
```

```
        )
        self.latent_space_block = torch.nn.Sequential(
            torch.nn.Conv2d(in_channels=64,out_channels=128,kernel_size=3,padding=1),
torch.nn.GELU(),
        )
        self.second_block_up = torch.nn.Sequential(
            torch.nn.Upsample(scale_factor=2),
            torch.nn.Conv2d(in_channels=128, out_channels=64, kernel_size=3,
padding=1), torch.nn.GELU(),
        )
        self.first_block_up = torch.nn.Sequential(
            torch.nn.Upsample(scale_factor=2),
            torch.nn.Conv2d(in_channels=64, out_channels=32, kernel_size=3,
padding=1), torch.nn.GELU(),
        )
        self.convUP_end = torch.nn.Sequential(
            torch.nn.Conv2d(in_channels=32,out_channels=1,kernel_size=3,padding=1),
            torch.nn.Tanh()
        )

    def forward(self,img_tensor):
        image = img_tensor
        image = self.first_block_down(image)
        image = self.second_block_down(image)
        image = self.latent_space_block(image)
        image = self.second_block_up(image)
        image = self.first_block_up(image)
        image = self.convUP_end(image)
        return image

if __name__ == '__main__':
    image = torch.randn(size=(5,1,28,28))
    Unet()(image)
```

　　上面倒數第 1~3 行的程式碼部分表示只有在本檔案作為指令稿直接執行時才會被執行，而在本檔案 import 到其他指令稿中（程式重用）時這段程式不會被執行。

2.4.4 對目標的逼近——模型的損失函式與最佳化函式

除了深度學習模型外，要完成一個深度學習專案，另一個非常重要的內容是設定模型的損失函式與最佳化函式。初學者對這兩部分內容可能不太熟悉，在這裡只需要知道有這部分內容即可。

首先是對於損失函式的選擇，在這裡選用 MSELoss 作為損失函式，MSELoss 函式的中文名稱為均方損失函式。

MSELoss 的作用是計算預測值和真實值之間的歐式距離。預測值和真實值越接近，兩者的均方差就越小，均方差函式常用於線性回歸模型的計算。在 PyTorch 中，使用 MSELoss 的程式如下：

```
loss = torch.nn.MSELoss(reduction="sum")(pred, y_batch)
```

下面是最佳化函式的設定，在這裡採用 Adam 最佳化器。對於 Adam 最佳化函式，請讀者自行查詢資料學習，在這裡只提供使用 Adam 最佳化器的程式，如下所示：

```
optimizer = torch.optim.Adam(model.parameters(), lr=2e-5)
```

2.4.5 基於深度學習的模型訓練

前面介紹了深度學習的資料準備、模型、損失函式以及最佳化函式，本小節使用 PyTorch 訓練出一個可以實現去噪性能的深度學習整理模型，完整程式以下（程式檔案參看本書書附程式）：

```
import os
os.environ['CUDA_VISIBLE_DEVICES'] = '0' # 指定 GPU 編碼
import torch
import numpy as np
import unet
import matplotlib.pyplot as plt
from tqdm import tqdm

batch_size = 320                          # 設定每次訓練的批次數
```

```python
epochs = 1024                              # 設定訓練次數
#device = "cpu"#PyTorch 的特性，需要指定計算的硬體，如果沒有 GPU 的存在，就使用 CPU 進行計算
device = "cuda"# 在這裡預設使用 GPU 模式，如果出現執行問題，可以將其改成 CPU 模式
model = unet.Unet()                        # 匯入 Unet 模型
model = model.to(device)                   # 將計算模型傳入 GPU 硬體等待計算
model = torch.compile(model)               #PyTorch 2.0 的特性，加速計算速度
optimizer = torch.optim.Adam(model.parameters(), lr=2e-5)    # 設定最佳化函式
# 載入資料
x_train = np.load("../dataset/mnist/x_train.npy")
y_train_label = np.load("../dataset/mnist/y_train_label.npy")
x_train_batch = []
for i in range(len(y_train_label)):
    if y_train_label[i] < 2:               # 為了加速演示，這裡只對資料集中小於 2 的數字，也
就是 0 和 1 進行執行，讀者可以自行增加訓練個數
        x_train_batch.append(x_train[i])

x_train = np.reshape(x_train_batch, [-1, 1, 28, 28])    # 修正資料登錄維度：([30596, 28,
28])
x_train /= 512.
train_length = len(x_train) * 20                        # 增加資料的單字迴圈次數
for epoch in range(epochs):
    train_num = train_length // batch_size              # 計算有多少批次
    train_loss = 0                                      # 用於損失函式的統計
    for i in tqdm(range(train_num)):                    # 開始迴圈訓練
        x_imgs_batch = []                               # 建立資料的臨時儲存位置
        x_step_batch = []
        y_batch = []
        # 對每個批次內的資料進行處理
        for b in range(batch_size):
            img = x_train[np.random.randint(x_train.shape[0])]    # 提取單幅圖片內容
            x = img
            y = img
            x_imgs_batch.append(x)
            y_batch.append(y)
        # 將批次資料轉化為 PyTorch 對應的 tensor 格式並將其傳入 GPU 中
        x_imgs_batch = torch.tensor(x_imgs_batch).float().to(device)
        y_batch = torch.tensor(y_batch).float().to(device)
        pred = model(x_imgs_batch)                       # 對模型進行正向計算
        loss = torch.nn.MSELoss(reduction=True)(pred, y_batch)/batch_size    # 使用損失
函式進行計算
        # 下面是固定格式，一般這樣使用即可
```

```
    optimizer.zero_grad()                                    # 對結果進行最佳化計算
    loss.backward()                                          # 損失值的反向傳播
    optimizer.step()                                         # 對參數進行更新
    train_loss += loss.item()                                # 記錄每個批次的損失值
# 計算並列印損失值
train_loss /= train_num
print("train_loss:", train_loss)
# 下面對資料進行列印
image = x_train[np.random.randint(x_train.shape[0])]    # 隨機挑選一筆資料進行計算
image = np.reshape(image,[1,1,28,28])                   # 修正資料維度
image = torch.tensor(image).float().to(device)          # 將挑選的資料傳入硬體中等待計算
image = model(image)                                    # 使用模型對資料進行計算
image = torch.reshape(image, shape=[28,28])             # 修正模型輸出結果
image = image.detach().cpu().numpy()              # 將計算結果匯入 CPU 中進行後續計算或展示
# 展示或儲存資料結果
plt.imshow(image)
plt.savefig(f"./img/img_{epoch}.jpg")
```

在這裡展示了完整的模型訓練過程，首先傳入資料，然後使用模型對資料進行計算，計算結果與真實值的誤差被回傳到模型中，最後 PyTorch 框架根據回傳的誤差對整體模型參數進行修正。訓練流程如圖 2-33 所示。

▲ 圖 2-33 訓練流程

從圖 2-33 中可以很清楚地看到，隨著訓練的進行，模型逐漸學會對輸入的資料進行整形和輸出，此時從輸出結果來看，模型已經能夠極佳地對輸入的圖形細節進行修正，讀者可以自行執行程式測試一下。

2.5　本章小結

本章是 PyTorch 程式設計的開始，介紹了 PyTorch 程式設計環境與基本軟體安裝，並演示了第一個基於 PyTorch 的深度學習程式整體設計過程及其部分處理元件。實際上，深度學習的程式設計就是由各種處理元件組裝起來完成的，本書的後續章節就是針對各種處理元件進行深入講解。

第**3**章　從零開始學習 PyTorch 2.0

　　第 2 章完成了第一個 PyTorch 深度學習範例程式——一個非常簡單的 MNIST 手寫體生成器，其作用是向讀者演示一個 PyTorch 深度學習程式的基本建構與完整的訓練過程。

　　PyTorch 作為一個成熟的深度學習框架，對使用者來說，即使是初學者，也能很容易地用其進行深度學習專案的訓練，只要撰寫出簡單的程式就可以建構相應的模型進行實驗，但其缺點在於框架的背後內容都被隱藏起來了。

　　本章將使用 Python 實現一個羽量級的、易於擴展的深度學習框架，目的是希望讀者從這一過程中了解深度學習的基本元件以及框架的設計和實現，從而為後續的學習打下基礎。

　　本章首先使用 PyTorch 完成 MNIST 分類的練習，主要是為了熟悉 PyTorch 的基本使用流程；之後將實現一個自訂的深度學習框架，從基本的流程開始分析，對神經網路中的關鍵元件進行抽象，確定基本框架，然後對框架中的各個元件進行程式實現；最後基於自訂框架實現 MNIST 分類，並與 PyTorch 實現的 MNIST 分類進行簡單的對比驗證。

3.1　實戰 MNIST 手寫體辨識

第 2 章對 MNIST 資料集做了介紹，描述了其組成方式及其資料特徵和標籤含義等。了解這些資訊有助撰寫合適的程式來對 MNIST 資料集進行分析和分類辨識。本節將實現 MNIST 資料集分類的任務。

3.1.1　資料影像的獲取與標籤的說明

第 2 章已經詳細介紹了 MNIST 資料集，我們可以使用下面程式獲取資料：

```
import numpy as np
x_train = np.load("./dataset/mnist/x_train.npy")
y_train_label = np.load("./dataset/mnist/y_train_label.npy")
```

基本資料的獲取在第 2 章也做了介紹，這裡不再過多闡述。需要注意的是，我們在第 2 章介紹 MNIST 資料集時，只使用了圖像資料，沒有對標籤說明，在這裡重點對資料標籤，也就是 y_train_labe 介紹。

下面使用 print(y_train_label[:10]) 列印出資料集的前 10 個標籤，結果如下：

```
[5 0 4 1 9 2 1 3 1 4]
```

可以很清楚地看到，這裡列印出了 10 個字元，每個字元對應相應數字的資料影像所對應的數字標籤，即影像 3 的標籤，對應的就是 3 這個數字字元。

可以說，訓練集中每個實例的標籤對應 0~9 的任意一個數字，用以對圖片進行標注。另外，需要注意的是，對於提取出來的 MNIST 的特徵值，預設使用一個 0~9 的數值進行標注，但是這種標注方法並不能使得損失函式獲得一個好的結果，因此常用 one_hot 計算方法，將其值具體落在某個標注區間中。

　　one_hot 的標注方法請讀者查詢材料自行學習。這裡主要介紹將單一序列轉換成 one_hot 的方法。一般情況下，可以用 NumPy 實現 one_hot 的表示方法，但是這樣轉換生成的是 numpy.array 格式的資料，並不適合直接輸入到 PyTorch 中。

　　如果讀者能夠自行撰寫將序列值轉換成 one_hot 的函式，那麼你的程式設計功底真不錯，不過 PyTorch 提供了已經撰寫好的轉換函式：

```
torch.nn.functional.one_hot
```

　　完整的 one_hot 使用方法如下：

```
import numpy as np
import torch
x_train = np.load("./dataset/mnist/x_train.npy")
y_train_label = np.load("./dataset/mnist/y_train_label.npy")
x = torch.tensor(y_train_label[:5],dtype=torch.int64)
# 定義一個張量輸入，因為此時有 5 個數值，且最大值為 9， 類別數為 10
# 所以我們可以得到 y 的輸出結果的形狀為 shape=(5,10)，5 行 12 列
y = torch.nn.functional.one_hot(x, 10)   # 一個參數張量 x, 10 為類別數
```

　　執行結果如圖 3-1 所示。

　　可以看到，one_hot 的作用是將一個序列轉換成以 one_hot 形式表示的資料集。所有的行或列都被設定成 0，而每個特定的位置都用一個 1 來表示，如圖 3-2 所示。

```
tensor([[0, 0, 0, 0, 0, 1, 0, 0, 0, 0],
        [1, 0, 0, 0, 0, 0, 0, 0, 0, 0],
        [0, 0, 0, 0, 1, 0, 0, 0, 0, 0],
        [0, 1, 0, 0, 0, 0, 0, 0, 0, 0],
        [0, 0, 0, 0, 0, 0, 0, 0, 0, 1]])
```

▲ 圖 3-1 執行結果

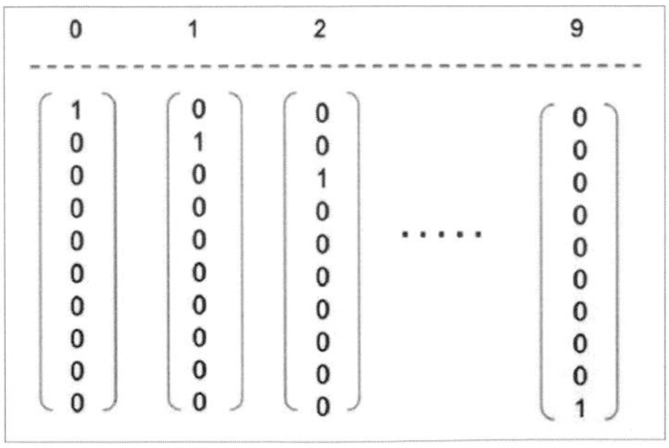

▲ 圖 3-2 one-hot 資料集

簡單來說，MNIST 資料集的標籤實際上就是一個表示 60000 幅圖片的 60000×10 大小的矩陣張量 [60000,10]。前面的行數指的是資料集中的圖片為 60000 幅，後面的 10 是指 10 個列向量。

3.1.2　實戰基於 PyTorch 2.0 的手寫體辨識模型

本小節使用 PyTorch 2.0 框架完成 MNIST 手寫體數字的辨識。

1. 模型的準備（多層感知機）

第 2 章講過了，PyTorch 最重要的一項內容是模型的準備與設計，而模型的設計最關鍵的一點就是了解輸出和輸入的資料結構類型。

透過第 2 章影像降噪的演示，讀者已經了解到我們輸入的資料是一個 [28,28] 大小的二維影像。而透過對資料結構的分析可以得知，對於每個圖形都有一個確定的分類結果，也就是一個 0~9 之間的確定數字。

因此為了實現對輸入影像進行數字分類這個想法，必須設計一個合適的判別模型。而從上面對影像的分析來看，最直觀的想法就將圖形作為一個整體結構直接輸入到模型中進行判斷。基於這種想法，簡單的模型設計就是同時對影像所有參數進行計算，即使用一個多層感知機（Multilayer Perceptron，MLP）來對影像進行分類。整體的模型設計結構如圖 3-3 所示。

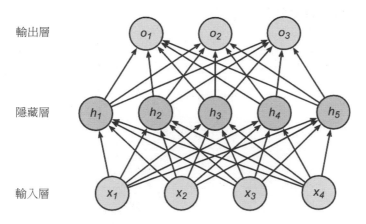

輸出層

隱藏層

輸入層

▲ 圖 3-3 整體的模型設計結構

　　從圖 3-3 可以看到，一個多層感知機模型就是將資料登錄後，分散到每個模型的節點（隱藏層），進行資料計算後，即可將計算結果輸出到對應的輸出層中。多層感知機的模型結構如下：

```
class NeuralNetwork(nn.Module):
    def __init__(self):
        super(NeuralNetwork, self).__init__()
        self.flatten = nn.Flatten()
        self.linear_relu_stack = nn.Sequential(
            nn.Linear(28*28,312),
            nn.ReLU(),
            nn.Linear(312, 256),
            nn.ReLU(),
            nn.Linear(256, 10)
        )
    def forward(self, input):
        x = self.flatten(input)
        logits = self.linear_relu_stack(x)
        return logits
```

2. 損失函式的表示與計算

在第 2 章中，我們使用 MSE 作為目標圖形與預測圖形的損失值，而在本例中，我們需要預測的目標是圖形的「分類」，而非圖形表示本身，因此我們需要尋找並使用一種新的能夠對類別歸屬進行「計算」的函式。

本例所使用的損失函式為 torch.nn.CrossEntropyLoss。PyTorch 官網對其介紹如下：

```
CLASS torch.nn.CrossEntropyLoss(weight=None, size_average=None, ignore_index=-
100,reduce=None, reduction='mean', label_smoothing=0.0)
```

該損失函式計算輸入值（Input）和目標值（Target）之間的交叉熵損失。交叉熵損失函式可用於訓練一個單標籤或多標籤類別的分類問題。給定參數 weight 時，其為分配給每個類別的權重的一維張量（Tensor）。當資料集分佈不均衡時，這個參數很有用。

同樣需要注意的是，因為 torch.nn.CrossEntropyLoss 內建了 Softmax 運算，而 Softmax 的作用是計算分類結果中最大的那個類別。從圖 3-4 所示的程式實現中可以看到，此時 CrossEntropyLoss 已經在實現計算時完成了 Softmax 計算，因此在使用 torch.nn.CrossEntropyLoss 作為損失函式時，不需要在網路的最後新增 Softmax 層。此外，label 應為一個整數，而非 one-hot 編碼形式。

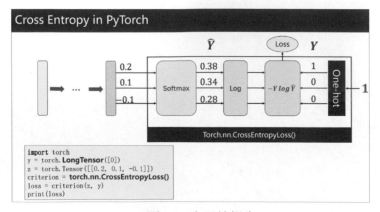

▲ 圖 3-4　交叉熵損失

程式如下：

```
import torch

y = torch.LongTensor([0])
z = torch.Tensor([[0.2,0.1,-0.1]])
criterion = torch.nn.CrossEntropyLoss()
loss = criterion(z,y)
print(loss)
```

目前讀者需要掌握的就是這些內容，CrossEntropyLoss 的數學公式較為複雜，建議學有餘力的讀者查閱相關資料進行學習。

3. 基於 PyTorch 的手寫體數字辨識

下面開始實現基於 PyTorch 的手寫體數字辨識。透過前文的介紹，我們還需要定義深度學習的最佳化器部分，在這裡採用 Adam 最佳化器，程式如下：

```
model = NeuralNetwork()
optimizer = torch.optim.Adam(model.parameters(), lr=2e-5)    # 設定最佳化函式
```

在這裡首先需要定義模型，然後將模型參數傳入最佳化器中，lr 是對學習率的設定，根據設定的學習率進行模型計算。完整的手寫體數字辨識模型如下：

```
import os
os.environ['CUDA_VISIBLE_DEVICES'] = '0' # 指定 GPU 編碼
import torch
import numpy as np
from tqdm import tqdm


batch_size = 320                    # 設定每次訓練的批次數
epochs = 1024                       # 設定訓練次數


#device = "cpu"                      #PyTorch 的特性，需要指定計算的硬體，如果沒有 GPU，就使用
CPU 進行計算
device = "cuda"                     # 在這裡預設使用 GPU 模式，如果出現執行問題，可以將其改成 CPU 模式

# 設定多層感知機網路模型
class NeuralNetwork(torch.nn.Module):
```

```python
    def __init__(self):
        super(NeuralNetwork, self).__init__()
        self.flatten = torch.nn.Flatten()
        self.linear_relu_stack = torch.nn.Sequential(
            torch.nn.Linear(28*28,312),
            torch.nn.ReLU(),
            torch.nn.Linear(312, 256),
            torch.nn.ReLU(),
            torch.nn.Linear(256, 10)
        )
    def forward(self, input):
        x = self.flatten(input)
        logits = self.linear_relu_stack(x)

        return logits

model = NeuralNetwork()
model = model.to(device)           # 將計算模型傳入 GPU 硬體等待計算
model = torch.compile(model)       #PyTorch 2.0 的特性，加速計算速度
loss_fu = torch.nn.CrossEntropyLoss()
optimizer = torch.optim.Adam(model.parameters(), lr=2e-5)  # 設定最佳化函式

# 載入資料
x_train = np.load("../../dataset/mnist/x_train.npy")
y_train_label = np.load("../../dataset/mnist/y_train_label.npy")
train_num = len(x_train)//batch_size

# 開始計算
for epoch in range(20):
    train_loss = 0
    for i in range(train_num):
        start = i * batch_size
        end = (i + 1) * batch_size

        train_batch = torch.tensor(x_train[start:end]).to(device)
        label_batch = torch.tensor(y_train_label[start:end]).to(device)

        pred = model(train_batch)
        loss = loss_fu(pred,label_batch)
```

```
    optimizer.zero_grad()
    loss.backward()
    optimizer.step()

    train_loss += loss.item()   # 記錄每個批次的損失值

# 計算並列印損失值
train_loss /= train_num
accuracy = (pred.argmax(1) == label_batch).type(torch.float32).sum().item() /
batch_size
print("train_loss:", round(train_loss,2),"accuracy:",round(accuracy,2))
```

此時模型的訓練結果如圖 3-5 所示。

```
epoch:   0 train_loss: 2.18 accuracy: 0.78
epoch:   1 train_loss: 1.64 accuracy: 0.87
epoch:   2 train_loss: 1.04 accuracy: 0.91
epoch:   3 train_loss: 0.73 accuracy: 0.92
epoch:   4 train_loss: 0.58 accuracy: 0.93
epoch:   5 train_loss: 0.49 accuracy: 0.93
epoch:   6 train_loss: 0.44 accuracy: 0.93
epoch:   7 train_loss: 0.4 accuracy: 0.94
epoch:   8 train_loss: 0.38 accuracy: 0.94
epoch:   9 train_loss: 0.36 accuracy: 0.95
epoch:  10 train_loss: 0.34 accuracy: 0.95
```

▲ 圖 3-5 訓練結果

可以看到，隨著模型迴圈次數的增加，模型的損失值在降低，而準確率在逐漸增高，具體請讀者自行驗證測試。

3.1.3 基於 Netron 函式庫的 PyTorch 2.0 模型視覺化

前面章節帶領讀者完成了基於 PyTorch 2.0 的 MNIST 模型的設計，並基於此完成了 MNIST 手寫體數字的辨識。此時可能有讀者對我們自己設計的模型結構感到好奇，如果能夠視覺化地顯示模型結構就更好了。

讀者可以自行搜尋 Netron。Netron 是一個深度學習模型視覺化函式庫，
支援視覺化地表示 PyTorch 2.0 的模型存檔檔案。因此，我們可以把 3.1.2 節中
PyTorch 的模型結構儲存為檔案，並透過 Netron 進行視覺化展示。儲存模型的
程式如下：

```
import torch
device = "cuda"              # 在這裡預設使用 GPU 模式，如果出現執行問題，可以將其改成 CPU 模式

# 設定多層感知機網路模型
class NeuralNetwork(torch.nn.Module):
    def __init__(self):
        super(NeuralNetwork, self).__init__()
        self.flatten = torch.nn.Flatten()
        self.linear_relu_stack = torch.nn.Sequential(
            torch.nn.Linear(28*28,312),
            torch.nn.ReLU(),
            torch.nn.Linear(312, 256),
            torch.nn.ReLU(),
            torch.nn.Linear(256, 10)
        )
    def forward(self, input):
        x = self.flatten(input)
        logits = self.linear_relu_stack(x)

        return logits

# 進行模型的儲存
model = NeuralNetwork()
torch.save(model, './model.pth')            # 將模型儲存為 pth 檔案
```

建議讀者從 GitHub 上下載 Netron，其主頁提供了基於不同版本的安裝方式，
如圖 3-6 所示。

讀者可以依照作業系統的不同下載對應的檔案，在這裡安裝的是基於
Windows 的 .exe 檔案，安裝後是一個圖形介面，直接在介面上按一下 file 操作
符號打開我們剛才儲存的 .pth 檔案，顯示結果如圖 3-7 所示。

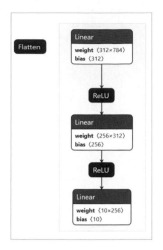

▲ 圖 3-6 基於不同版本的安裝方式　　　▲ 圖 3-7 顯示結果

可以看到，此時我們定義的模型結構被視覺化地展示出來了，每個模組的輸入輸出維度在圖 3-7 上都展示出來了，按一下深色部分可以看到每個模組更詳細的說明，如圖 3-8 所示。

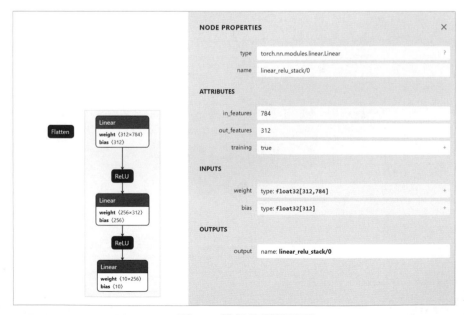

▲ 圖 3-8 模組的詳細說明

感興趣的讀者可以自行安裝查看。

▌ 3.2　自訂神經網路框架的基本設計

本章學習自訂神經網路框架，稍微有點困難，建議有一定程式設計基礎的讀者掌握一下，其他讀者了解一下即可。

對一個普通的神經網路運算流程來說，最基本的過程包含兩個階段，即訓練（training）和預測（predict）。而訓練的基本流程包括輸入資料、網路層前向傳播、計算損失、網路層反向傳播梯度、更新參數這一系列過程。對預測來說，又分為輸入資料、網路層前向傳播和輸出結果。

3.2.1　神經網路框架的抽象實現

神經網路的預測就是訓練過程的一部分，因此，基於訓練的過程，我們可以對神經網路中的基本元件進行抽象。在這裡，神經網路的元件被抽象成 4 部分，分別是資料登錄、計算層（包括啟動層）、損失計算以及最佳化器，如圖 3-9 所示。

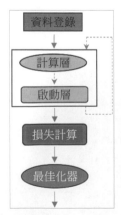

▲　圖 3-9　神經網路的元件抽象成的 4 部分

各個部分的作用如下。

- 輸入資料：這個是神經網路中資料登錄的基本內容，一般我們將其稱為 tensor。

- 計算層：負責接收上一層的輸入，進行該層的運算，並將結果輸出給下一層，由於 tensor 的流動有前向和反向兩個方向，因此對於每種類型的網路層，我們都需要同時實現 forward 和 backward 兩種運算。

- 啟動層：通常與計算層結合在一起對每個計算層進行非線性分割。

- 損失計算：在替定模型預測值與真實值之後，使用該元件計算損失值以及關於最後一層的梯度。

- 最佳化器：負責使用梯度更新模型的參數。

基於上面的分析，我們可以按照抽象的認識完成深度學習程式的流程設計，如下所示：

```
# define model
net = Net(Activity([layer1, layer2, ...]))          # 資料的啟動與計算
model = Model(net, loss_fn, optimizer)
# training                                           # 訓練過程
pred = model.forward(train_X)                        # 前向計算
loss, grads = model.backward(pred, train_Y)          # 反向計算
model.apply_grad(grads)                              # 參數最佳化
# inference                                          # 預測過程
test_pred = model.forward(test_X)
```

上面程式中，我們定義了一個 net 計算層，然後將 net、loss-fn、optimizer 一起傳給 model。model 實現了 forward、backward 和 apply_grad 三個介面，分別對應前向傳播、反向傳播和參數更新三個功能。下面我們分別對這些內容進行實現。

3.2.2 自訂神經網路框架的具體實現

本小節演示自訂神經網路框架的具體實現，這個實現較為困難，請讀者結合本書書附原始程式套件中的 train.py 檔案按下面的說明步驟進行學習。

1. tensor 資料包裝

　　根據前面的分析，首先需要實現資料的輸入輸出定義，即張量的定義類型。張量是神經網路中的基本資料單位，為了簡化起見，這裡直接使用 numpy. ndarray 類別作為 tensor 類別的實現。

```python
import numpy as np
tensor = np.random.random(size=(10,28,28,1))
```

　　上面程式中，我們直接使用 NumPy 套件中的 random 函式生成資料。

2. layer 計算層的基礎類別與實現

　　計算層的作用是對輸入的資料進行計算，在這一層中輸入資料的前向計算在 forward 過程中完成，相對普通的計算層來說，除了需要計算 forward 過程外，還需要實現一個參數更新的 backward 過程。因此，一個基本的計算層的基礎類別如下：

```python
class Layer:
    """Base class for layers."""
    def __init__(self):
        self.params = {p: None for p in self.param_names}
        self.nt_params = {p: None for p in self.nt_param_names}
        self.initializers = {}
        self.grads = {}
        self.shapes = {}
        self._is_training = True  # used in BatchNorm/Dropout layers
        self._is_init = False
        self.ctx = {}

    def __repr__(self):
        shape = None if not self.shapes else self.shapes
        return f"layer: {self.name}\tshape: {shape}"

    def forward(self, inputs):
        raise NotImplementedError

    def backward(self, grad):
```

```
    raise NotImplementedError

@property
def is_init(self):
    return self._is_init

@is_init.setter
def is_init(self, is_init):
    self._is_init = is_init
    for name in self.param_names:
        self.shapes[name] = self.params[name].shape

@property
def is_training(self):
    return self._is_training

@is_training.setter
def is_training(self, is_train):
    self._is_training = is_train

@property
def name(self):
    return self.__class__.__name__

@property
def param_names(self):
    return ()

@property
def nt_param_names(self):
    return ()

def _init_params(self):
    for name in self.param_names:
        self.params[name] = self.initializers[name](self.shapes[name])
    self.is_init = True
```

下面實現一個基本的神經網路計算層——全連接層。關於全連接層的詳細介紹，我們在後續章節中會講解，在這裡主要將其作為一個簡單的計算層來實現。

在全連接層的計算過程中，forward 接受上層的輸入 inputs 實現 $\omega x+b$ 的計算；backward 正好相反，接受來自反向的梯度。具體實現如下：

```python
class Dense(Layer):
    """A dense layer operates `outputs = dot(intputs, weight) + bias`
    :param num_out: A positive integer, number of output neurons
    :param w_init: Weight initializer
    :param b_init: Bias initializer
    """
    def __init__(self,
                 num_out,
                 w_init=XavierUniform(),
                 b_init=Zeros()):
        super().__init__()

        self.initializers = {"w": w_init, "b": b_init}
        self.shapes = {"w": [None, num_out], "b": [num_out]}

    def forward(self, inputs):
        if not self.is_init:
            self.shapes["w"][0] = inputs.shape[1]
            self._init_params()
        self.ctx = {"X": inputs}
        return inputs @ self.params["w"] + self.params["b"]

    def backward(self, grad):
        self.grads["w"] = self.ctx["X"].T @ grad
        self.grads["b"] = np.sum(grad, axis=0)
        return grad @ self.params["w"].T

    @property
    def param_names(self):
        return "w", "b"
```

在這裡我們實現一個可以計算的 forward 函式，其目的是對輸入的資料進行前向計算，具體計算結果如下：

```
tensor = np.random.random(size=(10, 28, 28, 1))
tensor = np.reshape(tensor,newshape=[10,28*28])
res = Dense(512).forward(tensor)
```

上面程式生成了一個隨機資料集，再透過 reshape 函式對其進行折疊，之後使用我們自訂的全連接層對其進行計算。最終結果請讀者自行列印查看。

3. 啟動層的基礎類別與實現

神經網路框架中的另一個重要的部分是啟動函式。啟動函式可以看作是一種網路層，同樣需要實現 forward 和 backward 方法。我們透過繼承 Layer 基礎類別實現啟動函式類別，這裡實現了常用的 ReLU 啟動函式。forwar 和 backward 方法分別實現對應啟動函式的正向計算和梯度計算，程式如下：

```
#activity_layer
import numpy as np

class Layer(object):
    def __init__(self, name):
        self.name = name
        self.params, self.grads = None, None
    def forward(self, inputs):
        raise NotImplementedError
    def backward(self, grad):
        raise NotImplementedError


class Activation(Layer):
    """Base activation layer"""
    def __init__(self, name):
        super().__init__(name)
        self.inputs = None
    def forward(self, inputs):              #下面呼叫具體的 forward 實現函式
        self.inputs = inputs
        return self.forward_func(inputs)
    def backward(self, grad):               #下面呼叫具體的 backward 實現函式
        return self.backward_func(self.inputs) * grad
    def forward_func(self, x):              #具體的 forward 實現函式
```

```
        raise NotImplementedError
    def backward_func(self, x):              # 具體的 backward 實現函式
        raise NotImplementedError

class ReLU(Activation):
    """ReLU activation function"""
    def __init__(self):
        super().__init__("ReLU")
    def forward_func(self, x):
        return np.maximum(x, 0.0)
    def backward_func(self, x):
        return x > 0.0
```

這裡需要注意，對於具體的 forward 和 backward 實現函式，需要實現一個特定的需求對應的函式，從而完成對函式的計算。

4. 輔助網路更新的基礎類別──Net

對神經網路來說，誤差需要在整個模型中傳播，即正向（Forward）傳播和反向（Backward）傳播。正向傳播的實現方法很簡單，按順序遍歷所有層，每層計算的輸出作為下一層的輸入；反向傳播則反向遍歷所有層，將每層的梯度作為下一層的輸入。

這一部分的具體實現需要建立一個輔助網路參數更新的網路基礎類別，其作用是對每一層進行 forward 和 backward 計算，並更新各個層中的參數。為了達成這個目標，我們建立一個 model 基礎類別，其作用是將每個網路層參數及其梯度儲存下來。具體實現的 model 類如下：

```
# Net
class Net(object):
    def __init__(self, layers):
        self.layers = layers
    def forward(self, inputs):
        for layer in self.layers:
            inputs = layer.forward(inputs)
        return inputs
    def backward(self, grad):
```

```
        all_grads = []
        for layer in reversed(self.layers):
            grad = layer.backward(grad)
            all_grads.append(layer.grads)
        return all_grads[::-1]
    def get_params_and_grads(self):
        for layer in self.layers:
            yield layer.params, layer.grads
    def get_parameters(self):
        return [layer.params for layer in self.layers]
    def set_parameters(self, params):
        for i, layer in enumerate(self.layers):
            for key in layer.params.keys():
                layer.params[key] = params[i][key]
```

5. 損失函式計算元件與最佳化器

對神經網路的訓練來說，損失的計算與參數最佳化是必不可少的操作。對損失函式元件來說，給定了預測值和真實值，需要計算損失值和關於預測值的梯度。我們分別使用 loss 和 grad 兩個方法來實現。

具體而言，我們需要實現基礎類別的損失（loss）函式與最佳化器（optimizer）函式。損失函式如下：

```
# loss
class BaseLoss(object):
    def loss(self, predicted, actual):
        raise NotImplementedError
    def grad(self, predicted, actual):
        raise NotImplementedError
```

而最佳化器的基礎類別需要實現根據當前的梯度，計算傳回實際最佳化時每個參數改變的步進值，程式如下：

```
# optimizer
class BaseOptimizer(object):
    def __init__(self, lr, weight_decay):
        self.lr = lr
```

```
        self.weight_decay = weight_decay
    def compute_step(self, grads, params):
        step = list()
        # flatten all gradients
        flatten_grads = np.concatenate(
            [np.ravel(v) for grad in grads for v in grad.values()])
        # compute step
        flatten_step = self._compute_step(flatten_grads)
        # reshape gradients
        p = 0
        for param in params:
            layer = dict()
            for k, v in param.items():
                block = np.prod(v.shape)
                _step = flatten_step[p:p+block].reshape(v.shape)
                _step -= self.weight_decay * v
                layer[k] = _step
                p += block
            step.append(layer)
        return step
    def _compute_step(self, grad):
        raise NotImplementedError
```

　　下面是對這兩個類別的具體實現。對損失函式來說，我們最常用的也就是第 2 章所使用的多分類損失函式——多分類 Softmax 交叉熵。具體的數學形式以下（關於此損失函式的計算，讀者可對比 3.1.2 節有關 CrossEntropy 的計算進行學習）：

$$\mathrm{cross}(y_{\mathrm{true}}, y_{\mathrm{pred}}) = -\sum_{i=1}^{N} y(i) \times \log(y\_\mathrm{pred}(i))$$

　　具體實現形式如下：

```
class CrossEntropyLoss(BaseLoss):
    def loss(self, predicted, actual):
        m = predicted.shape[0]
        exps = np.exp(predicted - np.max(predicted, axis=1, keepdims=True))
        p = exps / np.sum(exps, axis=1, keepdims=True)
        nll = -np.log(np.sum(p * actual, axis=1))
        return np.sum(nll) / m
```

```
def grad(self, predicted, actual):
    m = predicted.shape[0]
    grad = np.copy(predicted)
    grad -= actual
    return grad / m
```

這裡需要注意的是，我們在設計最佳化器時並沒有進行歸一化處理，因此在使用之前需要對分類資料進行 one-hot 表示，對其進行表示的函式如下：

```
def get_one_hot(targets, nb_classes=10):
    return np.eye(nb_classes)[np.array(targets).reshape(-1)]
```

對最佳化器來說，其公式推導較為複雜，我們在這裡只實現常用的 Adam 最佳化器，具體數學推導部分有興趣的讀者可自行研究學習。

```
class Adam(BaseOptimizer):
    def __init__(self, lr=0.001, beta1=0.9, beta2=0.999, eps=1e-8, weight_decay=0.0):
        super().__init__(lr, weight_decay)
        self._b1, self._b2 = beta1, beta2
        self._eps = eps
        self._t = 0
        self._m, self._v = 0, 0
    def _compute_step(self, grad):
        self._t += 1
        self._m = self._b1 * self._m + (1 - self._b1) * grad
        self._v = self._b2 * self._v + (1 - self._b2) * (grad ** 2)
        # bias correction
        _m = self._m / (1 - self._b1 ** self._t)
        _v = self._v / (1 - self._b2 ** self._t)
        return -self.lr * _m / (_v ** 0.5 + self._eps)
```

6. 整體 model 類別的實現

Model 類別實現了我們一開始設計的 3 個介面：forward、backward 和 apply_grad。在 forward 方法中，直接呼叫 net 的 forward 方法，在 backward 方法中，把 net、loss、optimizer 串聯起來，首先計算損失（loss），然後進行反向傳播得到梯度，接著由 optimizer 計算步進值，最後透過 apply_grad 對參數進行更新，程式如下：

```
class Model(object):
    def __init__(self, net, loss, optimizer):
        self.net = net
        self.loss = loss
        self.optimizer = optimizer
    def forward(self, inputs):
        return self.net.forward(inputs)
    def backward(self, preds, targets):
        loss = self.loss.loss(preds, targets)
        grad = self.loss.grad(preds, targets)
        grads = self.net.backward(grad)
        params = self.net.get_parameters()
        step = self.optimizer.compute_step(grads, params)
        return loss, step
    def apply_grad(self, grads):
        for grad, (param, _) in zip(grads, self.net.get_params_and_grads()):
            for k, v in param.items():
                param[k] += grad[k]
```

在 Model 類別中，我們串聯了損失函式、最佳化器以及對應的參數更新方法，從而將整個深度學習模型作為一個完整的框架進行計算。

7. 基於自訂框架的神經網路框架的訓練

下面進行最後一步，基於自訂框架的神經網路模型的訓練。如果讀者遵循作者的提示，在一開始對應 train.py 方法對模型的各個元件進行學習，那麼相信在這裡能夠比較輕鬆地完成本小節的最後一步。完整的自訂神經網路框架訓練如下：

```
import numpy as np

def get_one_hot(targets, nb_classes=10):
    return np.eye(nb_classes)[np.array(targets).reshape(-1)]
train_x = np.load("../../dataset/mnist/x_train.npy");
train_x = np.reshape(train_x, [60000, 784])
train_y = get_one_hot(np.load("../../dataset/mnist/y_train_label.npy"))
import net, model, layer, loss, optimizer
net = net.Net([
```

```
    layer.Dense(200),
    layer.ReLU(),
    layer.Dense(100),
    layer.ReLU(),
    layer.Dense(70),
    layer.ReLU(),
    layer.Dense(30),
    layer.ReLU(),
    layer.Dense(10)
])
model = model.Model(net=net, loss=loss.SoftmaxCrossEntropy(),
optimizer=optimizer.Adam(lr=2e-4))
loss_list = list()
train_num = 60000 // 128
for epoch in range(20):
    train_loss = 0
    for i in range(train_num):
        start = i * 128
        end = (i + 1) * 128
        inputs = train_x[start:end]
        targets = train_y[start:end]
        pred = model.forward(inputs)
        loss, grads = model.backward(pred,targets)
        model.apply_grads(grads)
        if (i + 1) %10 == 0:
            test_pred = model.forward(inputs)
            test_pred_idx = np.argmax(test_pred, axis=1)
            real_pred_idx = np.argmax(targets, axis=1)
            counter = 0
            for pre,rel in zip(test_pred_idx,real_pred_idx):
                if pre == rel:
                    counter += 1
            print("train_loss:", round(loss, 2), "accuracy:", round(counter/128., 2))
```

最終訓練結果如下：

```
train_loss: 1.52 accuracy: 0.73
train_loss: 0.78 accuracy: 0.84
train_loss: 0.54 accuracy: 0.88
```

```
train_loss: 0.34 accuracy: 0.91
train_loss: 0.33 accuracy: 0.88
train_loss: 0.38 accuracy: 0.85
train_loss: 0.28 accuracy: 0.93
train_loss: 0.23 accuracy: 0.94
train_loss: 0.31 accuracy: 0.9
train_loss: 0.18 accuracy: 0.95
```

可以看到，隨著訓練的深入進行，此時損失值在降低，而準確率隨著訓練次數的增加在不停地增高，具體請讀者自行演示學習。

3.3　本章小結

本章演示了使用 PyTorch 框架進行手寫體數字辨識的實戰案例，我們完整地對 MNIST 手寫體圖片做了分類，同時講解了模型的標籤問題，以及後期常用的損失函式計算方面的內容。可以說 CrossEntropy 損失函式將是深度學習最重要的損失函式，需要讀者認真學習。

同時，本章透過自訂一個深度學習框架，完整地演示了深度學習框架的設計過程，並且講解了各部分的工作原理以及最終組合在一起執行的流程，引導讀者進一步熟悉深度學習框架。

第4章 一學就會的深度學習基礎演算法詳解

深度學習是目前以及可以預見的將來最為重要也是最有發展前景的學科，而深度學習的基礎是神經網路，神經網路本質上是一種無須事先確定輸入輸出之間的映射關係的數學方程式，僅透過自身的訓練學習某種規則，在替定輸入值時得到最接近期望輸出值的結果。

身為智慧資訊處理系統，類神經網路實現其功能的核心是反向傳播（Back Propagation，BP）神經網路，如圖 4-1 所示。

反向傳播神經網路是一種按誤差反向傳播（簡稱誤差反傳）訓練的多層前饋網路，它的基本思想是梯度下降法，利用梯度搜尋技術，以期使網路的實際輸出值和期望輸出值的誤差均方差最小。

▲ 圖 4-1　BP 神經網路

本章將從 BP 神經網路開始講起，全面介紹其概念、原理及其背後的數學原理。

4.1　反向傳播神經網路的前身歷史

在介紹反向傳播神經網路之前，類神經網路是必須提到的內容。類神經網路（Artificial Neural Network，ANN）的發展經歷了大約半個世紀，從 20 世紀 40 年代初到 80 年代，神經網路的研究經歷了低潮和高潮幾起幾落的發展過程。

1930 年，B.Widrow 和 M.Hoff 提出了自我調整線性元件網路（ADAptive LINear NEuron，ADALINE），這是一種連續設定值的線性加權求和設定值網路。後來，在此基礎上發展了非線性多層自我調整網路。Widrow-Hoff 的技術被稱為最小均方誤差（Least Mean Square，LMS）學習規則。從此，神經網路的發展進入了第一個高潮期。

的確，在有限的範圍內，感知機有較好的功能，並且收斂定理得到證明。單層感知機能夠透過學習把線性可分的模式分開，但對像 XOR（互斥）這樣簡單的非線性問題卻無法求解，這一點讓人們大失所望，甚至開始懷疑神經網路的價值和潛力。

1939 年，麻省理工學院著名的人工智慧專家 M.Minsky 和 S.Papert 出版了頗有影響力的 *Perceptron* 一書，從數學上剖析了簡單神經網路的功能和局限性，並且指出多層感知機還不能找到有效的計算方法。由於 M.Minsky 在學術界的地位和影響力，其悲觀的結論被大多數人不做進一步分析而接受，加之當時以邏輯推理為研究基礎的人工智慧和數位電腦的輝煌成就，大大降低了人們對神經網路研究的熱情。

其後，類神經網路的研究進入了低潮。儘管如此，神經網路的研究並未完全停頓下來，仍有不少學者在極其艱難的條件下致力於這一研究。

1943 年，心理學家 W·McCulloch 和數理邏輯學家 W·Pitts 在分析、總結神經元的基本特性的基礎上提出了神經元的數學模型（McCulloch-Pitts 模型，簡稱 MP 模型），標誌著神經網路研究的開始。受當時研究條件的限制，很多工作不能模擬，在一定程度上影響了 MP 模型的發展。儘管如此，MP 模型對後來的各種神經元模型及網路模型都有很大的啟發作用，在此後的 1949 年，D.O.Hebb 從心理學的角度提出了至今仍對神經網路理論有著重要影響的 Hebb 法則。

1945 年，馮·諾依曼領導的設計小組試製成功儲存程式式電子電腦，標誌著電子電腦時代的開始，如圖 4-2 所示。1948 年，他在研究工作中比較了人腦結構與儲存程式式電腦的根本區別，提出了以簡單神經元組成的再生自動機網路結構。但是，由於指令儲存式電腦技術的發展非常迅速，迫使他放棄了神經網路研究的新途徑，繼續投身於指令儲存式電腦技術的研究，並在此領域作出了巨大貢獻。雖然，馮·諾依曼的名字是與電腦聯繫在一起的，但他也是類神經網路研究的先驅之一。

▲ 圖 4-2 類神經網路研究的先驅

1958 年，F·Rosenblatt 設計製作了感知機，這是一種多層的神經網路。這項工作首次把類神經網路的研究從理論探討付諸專案實踐。感知機由簡單的設定值性神經元組成，初步具備了諸如學習、並行處理、分佈儲存等神經網路的一些基本特徵，從而確立了從系統角度進行類神經網路研究的基礎。

　　1972 年，T.Kohonen 和 J.Anderson 不約而同地提出具有聯想記憶功能的新神經網路。1973 年，S.Grossberg 與 G.A.Carpenter 提出了自我調整共振理論（Adaptive Resonance Theory，ART），並在以後的若干年內發展了 ART1、ART2、ART3 這 3 個神經網路模型，從而為神經網路研究的發展奠定了理論基礎。

　　進入 20 世紀 80 年代，特別是 80 年代末期，對神經網路的研究從復興很快轉入了新的熱潮。這主要是因為：

- 一方面，經過十幾年的迅速發展，以邏輯符號處理為主的人工智慧理論和馮·諾依曼電腦在處理諸如視覺、聽覺、形象思維、聯想記憶等智慧資訊問題上受到了挫折。

- 另一方面，並行分佈處理的神經網路本身的研究成果使人們看到了新的希望。

　　1982 年，美國加州工學院的物理學家 J.Hoppfield 提出了 HNN（Hoppfield Neural Network）模型，並首次引入了網路能量函式概念，使網路穩定性研究有了明確的判據，其電子電路實現為神經電腦的研究奠定了基礎，同時也開拓了神經網路用於聯想記憶和最佳化計算的新途徑。

　　1983 年，K.Fukushima 等提出了神經認知機網路理論；1985 年，D.H.Ackley、G.E.Hinton 和 T.J.Sejnowski 將模擬退火概念移植到 Boltzmann 機模型的學習中，以保證網路能收斂到全域最小值。1983 年，D.Rumelhart 和 J.McCelland 等提出了 PDP（Parallel Distributed Processing）理論，致力於認知微觀結構的探索，同時發展了多層網路的 BP 演算法，使 BP 網路成為目前應用最廣的網路。

　　反向傳播（見圖 4-3）一詞的使用出現在 1985 年後，它的廣泛使用是在 1983 年 D.Rumelhart 和 J.McCelland 所著的 *Parallel Distributed Processing* 這本書出版以後。1987 年，T.Kohonen 提出了自組織映射（Self Organizing Map，SOM）。1987 年，美國電氣和電子工程師學會（Institute for Electrical and Electronic Engineer，IEEE）在聖地牙哥（San Diego）召開了規模盛大的神經網路國際學術會議，國際神經網路學會（International Neural Networks Society，INNS）也隨之誕生。

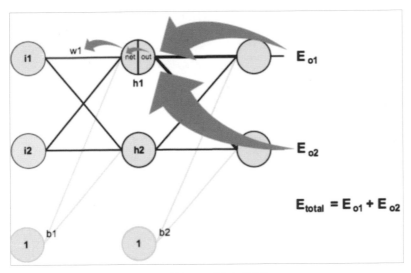

▲ 圖 4-3 反向傳播

1988 年，國際神經網路學會的正式雜誌 *Neural Networks* 創刊；從 1988 年開始，國際神經網路學會和 IEEE 每年聯合召開一次國際學術年會。1990 年，IEEE 神經網路會刊問世，各種期刊的神經網路特刊層出不窮，神經網路的理論研究和實際應用進入了一個蓬勃發展的時期。

BP 神經網路（見圖 4-4）的代表者是 D.Rumelhart 和 J.McCelland，這是一種按誤差逆傳播演算法訓練的多層前饋網路，是目前應用最廣泛的神經網路模型之一。其基本組成結構為輸入層、中間層以及輸出層。

- 輸入層：各個神經元負責接收來自外界的輸入資訊，並傳遞給中間層的各個神經元。

- 中間層：中間層是內部資訊處理層，負責資訊變換，根據資訊變換能力的需求，中間層可以設計為單隱藏層或多隱藏層結構。

- 輸出層：傳遞到輸出層各個神經元的資訊，經過進一步處理後，完成一次學習的正向傳播處理過程，由輸出層向外界輸出資訊處理結果。

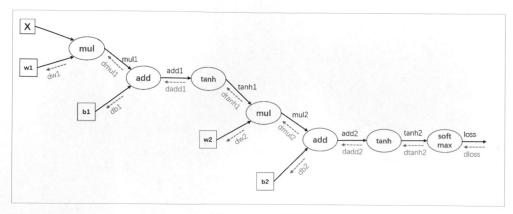

▲ 圖 4-4　BP 神經網路

　　而 BP 演算法（反向傳播演算法）的學習過程是由資訊的正向傳播和誤差的反向傳播兩個過程組成。首先是輸入資料經過模型的中間層計算後由輸出層輸出預測結果。

　　當實際輸出與期望輸出不符時，進入誤差的反向傳播階段。誤差透過輸出層，按誤差梯度下降的方式修正各層的權值，向隱藏層、輸入層逐層反傳。周而復始的資訊正向傳播和誤差反向傳播過程是各層權值不斷調整的過程，也是神經網路學習訓練的過程，該過程一直進行到網路輸出的誤差減少到可以接受的程度，或預先設定的學習次數為止。

　　目前，神經網路的研究方向和應用很多，反映了多學科交叉技術領域的特點。其主要的研究工作集中在以下幾個方面：

- 生物原型研究。從生理學、心理學、解剖學、腦科學、病理學等生物科學方面研究神經細胞、神經網路、神經系統的生物原型結構及其功能機制。

- 建立理論模型。根據生物原型的研究，建立神經元、神經網路的理論模型，其中包括概念模型、知識模型、物理化學模型、數學模型等。

- 網路模型與演算法研究。在理論模型研究的基礎上建構具體的神經網路模型，以實現電腦模擬或硬體的模擬，還包括網路學習演算法的研究。這方面的工作也稱為技術模型研究。

- 類神經網路應用系統。在網路模型與演算法研究的基礎上，利用類神經網路組成實際的應用系統。舉例來說，完成某種訊號處理或模式辨識的功能，建構專家系統，製造機器人，等等。

縱觀當代新興科學技術的發展歷史，人類在征服宇宙空間、基本粒子、生命起源等科學技術領域的處理程序中歷經了崎嶇不平的道路。我們也會看到，探索人腦功能和神經網路的研究將伴隨著重重困難的克服而日新月異。

4.2 反向傳播神經網路兩個基礎演算法詳解

在正式介紹 BP 神經網路之前，首先介紹兩個非常重要的演算法，即隨機梯度下降演算法和最小平方法。

最小平方法是統計分析中一種最常用的逼近計算演算法，其交替計算結果使得最終結果盡可能地逼近真實結果。而隨機梯度下降演算法充分利用了深度學習的運算特性，具有高效性和迭代性，透過不停地判斷和選擇當前目標下的最佳路徑，使得能夠在最短路徑下達到最佳的結果，從而提高巨量資料的計算效率。

4.2.1 最小平方法詳解

最小平方法（LS 演算法）是一種數學最佳化技術，也是機器學習的常用演算法。它透過最小化誤差的平方和尋找資料的最佳函式匹配，可以簡便地求得未知的資料，並使得這些求得的資料與實際資料之間誤差的平方和最小。最小平方法還可用於曲線擬合。其他一些最佳化問題也可透過最小化能量或最大化熵用最小平方法來表達。

由於最小平方法不是本章的重點內容，因此這裡我們只透過圖示演示一下最小平方法的原理，如圖 4-5 所示。

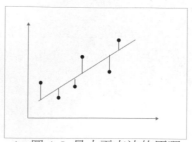

▲ 圖 4-5　最小平方法的原理

從圖 4-5 可以看到，若干個點依次分佈在向量空間中，如果希望找出一條直線和這些點達到最佳匹配，那麼最簡單的方法是希望這些點到直線的值最小，即下面的最小平方法實現公式最小。

$$f(x) = ax + b$$

$$\delta \sum (f(x_i) - y_i)^2$$

這裡直接引用真實值與計算值之間的差的平方和，具體而言，這種差值有一個專門的名稱——殘差。基於此，表達殘差的方式有以下 3 種。

- ∞ - 範數：殘差絕對值的最大值 $\max\limits_{1 \leq i \leq m} |r_i|$，即所有資料點中殘差距離的最大值。

- L1- 範數：絕對殘差和 $\sum_{i=1}^{m} |r_i|$，即所有資料點殘差距離之和。

- L2- 範數：殘差平方和 $\sum_{i=1}^{m} r_i^2$。

可以看到，所謂的最小平方法，就是 L2- 範數的具體應用。通俗地說，就是看模型計算出的結果與真實值之間的相似性。

因此，最小平方法可定義如下：

對於給定的資料 $(x_i, y_i)(i=1,\cdots,m)$，在取定的假設空間 H 中，求解 $f(x) \in H$，使得殘差 $\delta = \sum (f(x_i) - y_i)^2$ 的 L2- 範數最小。

看到這裡，可能有讀者會提出疑問，這裡的 $f(x)$ 該如何表示呢？

實際上，函式 $f(x)$ 是一條多項式函式曲線：

$$f(x) = w_0 + w_1 x^1 + w_2 x^2 + \cdots + w_n x^n \ (w_n 為一系列的權重)$$

由上面的公式我們知道，所謂的最小平方法，就是找到一組權重 w，使得 $\delta = \sum (f(x_i) - y_i)^2$ 最小。問題又來了，如何能使得最小平方法的值最小？

對於求出最小平方法的結果，可以使用數學上的微積分處理方法，這是一個求極值的問題，只需要對權值依次求偏導數，最後令偏導數為 0，即可求出極值點。

$$\frac{\partial J}{\partial w_0} = \frac{1}{2m} \times 2\sum_1^m (f(x)-y) \times \frac{\partial(f(x))}{\partial w_0} = \frac{1}{m}\sum_1^m (f(x)-y) = 0$$

$$\frac{\partial J}{\partial w_1} = \frac{1}{2m} \times 2\sum_1^m (f(x)-y) \times \frac{\partial(f(x))}{\partial w_1} = \frac{1}{m}\sum_1^m (f(x)-y) \times x = 0$$

$$\vdots$$

$$\frac{\partial J}{\partial w_n} = \frac{1}{2m} \times 2\sum_1^m (f(x)-y) \times \frac{\partial(f(x))}{\partial w_n} = \frac{1}{m}\sum_1^m (f(x)-y) \times x = 0$$

具體實現最小平方法的程式以下（注意，為了簡化起見，使用一元一次方程組進行演示擬合）。

➜ 【程式 4-1】

```
import numpy as np
from matplotlib import pyplot as plt

A = np.array([[5],[4]])
C = np.array([[4],[6]])
B = A.T.dot(C)
AA = np.linalg.inv(A.T.dot(A))
l=AA.dot(B)
P=A.dot(l)
x=np.linspace(-2,2,10)
x.shape=(1,10)
xx=A.dot(x)
fig = plt.figure()
```

```
ax= fig.add_subplot(111)
ax.plot(xx[0,:],xx[1,:])
ax.plot(A[0],A[1],'ko')
ax.plot([C[0],P[0]],[C[1],P[1]],'r-o')
ax.plot([0,C[0]],[0,C[1]],'m-o')
ax.axvline(x=0,color='black')
ax.axhline(y=0,color='black')
margin=0.1
ax.text(A[0]+margin, A[1]+margin, r"A",fontsize=20)
ax.text(C[0]+margin, C[1]+margin, r"C",fontsize=20)
ax.text(P[0]+margin, P[1]+margin, r"P",fontsize=20)
ax.text(0+margin,0+margin,r"O",fontsize=20)
ax.text(0+margin,4+margin, r"y",fontsize=20)
ax.text(4+margin,0+margin, r"x",fontsize=20)
plt.xticks(np.arange(-2,3))
plt.yticks(np.arange(-2,3))
ax.axis('equal')
plt.show()
```

最終結果如圖 4-6 所示。

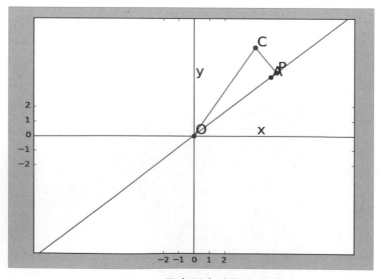

▲ 圖 4-6　最小平方法擬合曲線

4.2.2 梯度下降演算法

在介紹隨機梯度下降演算法之前，給讀者講一個道士下山的故事。請讀者先看一下圖 4-7。

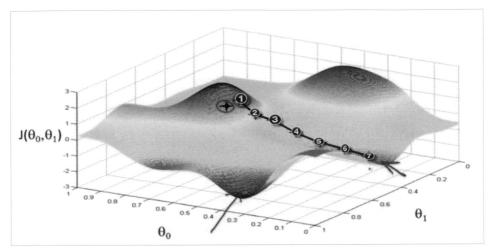

▲ 圖 4-7 模擬隨機梯度下降演算法的演示圖

這是一個模擬隨機梯度下降演算法的演示圖。為了便於理解，我們將其比喻成道士想要出去遊玩的一座山。設想道士有一天和道友一造成一座不太熟悉的山上去玩，在興趣盎然中很快登上了山頂。但是天有不測，下起了雨。如果這時需要道士及其道友用最快的速度下山，那麼怎麼辦呢？

如果想以最快的速度下山，那麼最快的辦法就是順著坡度最陡峭的地方走下去。但是由於不熟悉路，道士在下山的過程中，每走過一段路程就需要停下來觀望，從而選擇最陡峭的下山路。這樣一路走下來的話，可以在最短時間內走到底。

從圖 4-7 上可以近似地表示為：

① → ② → ③ → ④ → ⑤ → ⑥ → ⑦

每個數字代表每次停頓的地點，這樣只需要在每個停頓的地點選擇最陡峭的下山路即可。

這就是道士下山的故事，隨機梯度下降演算法和這個類似。如果想要使用最迅捷的下山方法，那麼最簡單的辦法就是在下降一個梯度的階層後，尋找一個當前獲得的最大坡度繼續下降。這就是隨機梯度演算法的原理。

從上面的例子可以看到，隨機梯度下降演算法就是不停地尋找某個節點中下降幅度最大的那個趨勢進行迭代計算，直到將資料收縮到符合要求的範圍為止。透過數學公式表達的方式計算的話，公式如下：

$$f(\theta) = \theta_0 x_0 + \theta_1 x_1 + \cdots + \theta_n x_n = \sum \theta_i x_i$$

在 4.21 節講解最小平方法的時候，我們透過最小平方法說明了直接求解最最佳化變數的方法，也介紹了求解的前提條件是要求計算值與實際值的偏差的平方最小。

但是在隨機梯度下降演算法中，對於係數需要不停地求解出當前位置下最最佳化的資料。使用數學方式表達的話，就是不停地對係數 θ 求偏導數，公式如下：

$$\frac{\partial f(\theta)}{\partial w_n} = \frac{1}{2m} \times 2 \sum_1^m (f(\theta) - y) \times \frac{\partial (f(\theta))}{\partial \theta} = \frac{1}{m} \sum_1^m (f(x) - y) \times x$$

公式中 θ 會向著梯度下降最快的方向減小，從而推斷出 θ 的最佳解。

因此，隨機梯度下降演算法最終被歸結為：透過迭代計算特徵值，從而求出最合適的值。求解 θ 的公式如下：

$$\theta = \theta - \alpha(f(\theta) - y_i)x_i$$

公式中 α 是下降係數。用較為通俗的話表示，就是用來計算每次下降的幅度大小。係數越大，每次計算中的差值就越大；係數越小，差值就越小，但是計算時間也相對延長。

隨機梯度下降演算法的迭代過程如圖 4-8 所示。

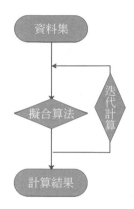

▲ 圖 4-8 隨機梯度下降演算法的迭代過程

從圖 4-8 中可以看到，實現隨機梯度下降演算法的關鍵是擬合演算法的實現。而本例擬合演算法的實現較為簡單，透過不停地修正資料值，從而達到資料的最佳值。

隨機梯度下降演算法在神經網路特別是機器學習中應用較廣，但是由於其天生的缺陷，噪聲較大，使得其在計算過程中並不是都向著整體最佳解的方向最佳化，往往只能得到局部最佳解。因此，為了克服這些困難，最好的辦法就是增巨量資料量，在不停地使用資料進行迭代處理的時候，能夠確保整體的方向是全域最佳解，或最佳結果在全域最佳解附近。

➜ 【程式 4-2】

```
x = [(2, 0, 3), (1, 0, 3), (1, 1, 3), (1,4, 2), (1, 2, 4)]
y = [5, 6, 8, 10, 11]
epsilon = 0.002
alpha = 0.02
diff = [0, 0]
max_itor = 1000
error0 = 0
error1 = 0
cnt = 0
m = len(x)
theta0 = 0
theta1 = 0
theta2 = 0
```

```
while True:
    cnt += 1
    for i in range(m):
        diff[0] = (theta0 * x[i][0] + theta1 * x[i][1] + theta2 * x[i][2]) - y[i]
        theta0 -= alpha * diff[0] * x[i][0]
        theta1 -= alpha * diff[0] * x[i][1]
        theta2 -= alpha * diff[0] * x[i][2]
    error1 = 0
    for lp in range(len(x)):
        error1 += (y[lp] - (theta0 + theta1 * x[lp][1] + theta2 * x[lp][2])) ** 2 / 2
    if abs(error1 - error0) < epsilon:
        break
    else:
        error0 = error1
print('theta0 : %f, theta1 : %f, theta2 : %f, error1 : %f' % (theta0, theta1,
theta2, error1))
print('Done: theta0 : %f, theta1 : %f, theta2 : %f' % (theta0, theta1, theta2))
print(' 迭代次數 : %d' % cnt)
```

最終結果列印如下：

```
theta0 : 0.100684, theta1 : 1.564907, theta2 : 1.920652, error1 : 0.569459
Done: theta0 : 0.100684, theta1 : 1.564907, theta2 : 1.920652
迭代次數 : 24
```

從結果來看，這裡迭代 24 次即可獲得最佳解。

4.2.3 最小平方方法的梯度下降演算法及其 Python 實現

從前面的介紹可以得知，任何一個需要進行梯度下降的函式都可以比作一座山，而梯度下降的目標就是找到這座山的底部，也就是函式的最小值。根據之前道士下山的場景，最快的下山方式就是找到最為陡峭的山路，然後沿著這條山路走下去，直到下一個觀望點。之後在下一個觀望點重複這個過程，尋找最為陡峭的山路，直到山腳。

下面帶領讀者實現這個過程，求解最小平方方法的最小值，但是在開始之前，為讀者展示一些需要掌握的數學原理。

1. 微分

在高等數學中，對函式微分的解釋有很多，主要有兩種：

（1）函式曲線上某點切線的斜率。

（2）函式的變化率。

因此，對於一個二元微分的計算如下：

$$\frac{\partial\left(x^2y^2\right)}{\partial x} = 2xy^2\mathrm{d}\left(x\right)$$

$$\frac{\partial\left(x^2y^2\right)}{\partial y} = 2x^2y\mathrm{d}\left(y\right)$$

$$\left(x^2y^2\right)' = 2xy^2\mathrm{d}\left(x\right) + 2x^2y\mathrm{d}\left(y\right)$$

2. 梯度

所謂的梯度，就是微分的一般形式，對多元微分來說，微分就是各個變數的變化率的總和，例子如下：

$$J\left(\theta\right) = 2.17 - \left(17\theta_1 + 2.1\theta_2 - 3\theta_3\right)$$

$$\nabla J\left(\theta\right) = \left[\frac{\partial J}{\partial \theta_1}, \frac{\partial J}{\partial \theta_2}, \frac{\partial J}{\partial \theta_3}\right] = \left[17, 2.1, -3\right]$$

可以看到，求解的梯度值是分別對每個變數進行微分計算，之後用逗點隔開。這裡用中括號「[]」將每個變數的微分值包裹在一起形成一個三維向量，因此可以認為微分計算後的梯度是一個向量。

因此可以得出梯度的定義：在多元函式中，梯度是一個向量，而向量具有方向性，梯度的方向指出了函式在替定點上的變化最快的方向。

這與上面道士下山的過程聯繫在一起的表達就是，如果道士想最快到達山底，則需要在每一個觀察點尋找梯度最陡峭下降的地方。如圖 4-9 所示。

而梯度的計算的目標就是得到這個多元向量的具體值。

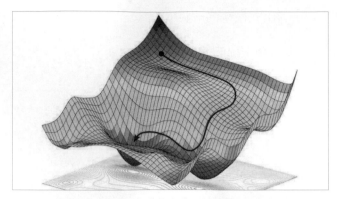

▲ 圖 4-9 每個觀測點下降最快的方向

3. 梯度下降的數學計算

前面已經舉出了梯度下降的公式，此處對其進行變形：

$$\theta' = \theta - \alpha \frac{\partial}{\partial \theta} f(\theta) = \theta - \alpha \nabla J(\theta)$$

此公式中的參數的含義如下：

- J 是關於參數 θ 的函式，假設當前點為 θ，如果需要找到這個函式的最小值，也就是山底的話，那麼首先需要確定行進的方向，也就是梯度計算的反方向，之後走 α 的步進值，走完這個步進值之後就到了下一個觀察點。

- α 的意義前面已經介紹過了，是學習率或步進值，使用 α 來控制每一步走的距離。α 過小會造成擬合時間過長，而 α 過大會造成下降幅度太大錯過最低點，如圖 4-10 所示。

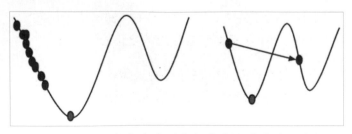

▲ 圖 4-10 學習率太小（左）與學習率太大（右）

這裡需要注意的是，梯度公式中，$\nabla J(\theta)$ 求出的是斜率的最大值，也就是梯度上升最大的方向，而這裡所需要的是梯度下降最大的方向，因此在 $\nabla J(\theta)$ 前加一個負號。下面用一個例子演示梯度下降法的計算。

假設這裡的公式為：

$$J(\theta) = \theta^2$$

此時的微分公式為：

$$\nabla J(\theta) = 2\theta$$

設第一個值 $\theta^0 = 1$，$\alpha = 0.3$，則根據梯度下降公式：

$$\theta^1 = \theta^0 - \alpha \times 2\theta^0 = 1 - \alpha \times 2 \times 1 = 1 - 0.6 = 0.4$$

$$\theta^2 = \theta^1 - \alpha \times 2\theta^1 = 0.4 - \alpha \times 2 \times 0.4 = 0.4 - 0.24 = 0.16$$

$$\theta^3 = \theta^2 - \alpha \times 2\theta^2 = 0.16 - \alpha \times 2 \times 0.16 = 0.16 - 0.096 = 0.064$$

這樣依次運算，即可得到 $J(\theta)$ 的最小值，也就是「山底」，如圖 4-11 所示。

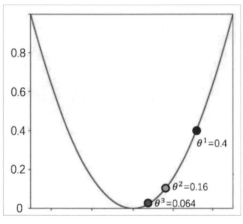

▲ 圖 4-11　求得 $J(\theta)$ 的最小值

實現程式如下：

```
import numpy as np
x = 1
def chain(x,gama = 0.1):
    x = x - gama * 2 * x
    return x

for _ in range(4):
    x = chain(x)
    print(x)
```

多變數的梯度下降法和前文所述的多元微分求導類似。例如一個二元函式形式如下：

$$J(\theta) = \theta_1^2 + \theta_2^2$$

此時對其的梯度微分為：

$$\nabla J(\theta) = 2\theta_1 + 2\theta_2$$

此時將設定：

$$J(\theta^0) = (2,5), \alpha = 0.3$$

則依次計算的結果如下：

$$\nabla J(\theta^1) = (\theta_{1\_0} - \alpha 2\theta_{1_0}, \theta_{2_0} - \alpha 2\theta_{2_0}) = (0.8, 4.7)$$

剩下的計算請讀者自行完成。

如果把二元函式採用影像的方式展示出來，可以很明顯地看到梯度下降的每個「觀察點」座標，如圖 4-12 所示。

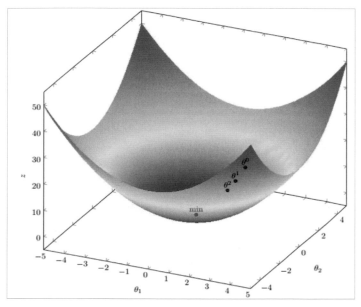

▲ 圖 4-12 二元函式的影像展示

4. 使用梯度下降法求解最小平方法

下面是本節的實戰部分，使用梯度下降法計算最小平方法。假設最小平方法的公式如下：

$$J(\theta) = \frac{1}{2m} \sum_{1}^{m} \left(h_\theta(x) - y \right)^2$$

其中參數解釋如下：

- m 是資料點總數。

- $\dfrac{1}{2}$ 是一個常數，在求梯度的時候，二次方微分後的結果與 $\dfrac{1}{2}$ 抵消了，自然就沒有多餘的常數係數了，方便後續的計算，同時不會對結果產生影響。

- y 是資料集中每個點的真實 y 座標的值。

- 其中 $h_\theta(x)$ 為預測函式，形式如下：

$$h_\theta(x) = \theta_0 + \theta_1 x$$

根據每個輸入 x，都有一個經過參數計算後的預測值輸出。

$h_\theta(x)$ 的 Python 實現如下：

```
h_pred = np.dot(x,theta)
```

其中 x 是輸入的維度為 [-1,2] 的二維向量，-1 的意思是維度不定。這裡使用了一個技巧，即將 $h_\theta(x)$ 的公式轉化成矩陣相乘的形式，而 theta 是一個 [2,1] 維度的二維向量。

依照最小平方法實現的 Python 程式如下：

```
def error_function(theta,x,y):
    h_pred = np.dot(x,theta)
    j_theta = (1./2*m) * np.dot(np.transpose(h_pred), h_pred)
    return j_theta
```

這裡 j_theta 的實現同樣是將原始公式轉化成矩陣計算，即：

$$\left(h_\theta\left(x\right)-y\right)^2 = \left(h_\theta\left(x\right)-y\right)^{\mathrm{T}} \times \left(h_\theta\left(x\right)-y\right)$$

下面分析一下最小平方法的公式 $J(\theta)$，此此時如果求 $J(\theta)$ 的梯度，則需要對其中涉及的兩個參數 θ_0 和 θ_1 進行微分：

$$\nabla J\left(\theta\right)=\left[\frac{\partial J}{\partial \theta_0}, \frac{\partial J}{\partial \theta_1}\right]$$

下面分別對這兩個參數的求導公式進行求導：

$$\frac{\partial J}{\partial \theta_0}=\frac{1}{2m}\times 2\sum_1^m\left(h_\theta\left(x\right)-y\right)\times\frac{\partial\left(h_\theta\left(x\right)\right)}{\partial \theta_0}=\frac{1}{m}\sum_1^m\left(h_\theta\left(x\right)-y\right)$$

$$\frac{\partial J}{\partial \theta_1}=\frac{1}{2m}\times 2\sum_1^m\left(h_\theta\left(x\right)-y\right)\times\frac{\partial\left(h_\theta\left(x\right)\right)}{\partial \theta_1}=\frac{1}{m}\sum_1^m\left(h_\theta\left(x\right)-y\right)\times x$$

此時，將分開求導的參數合併可得新的公式：

$$\frac{\partial J}{\partial \theta}=\frac{\partial J}{\partial \theta_0}+\frac{\partial J}{\partial \theta_1}=\frac{1}{m}\sum_1^m\left(h_\theta\left(x\right)-y\right)+\frac{1}{m}\sum_1^m\left(h_\theta\left(x\right)-y\right)\times x=\frac{1}{m}\sum_1^m\left(h_\theta\left(x\right)-y\right)\times\left(1+x\right)$$

此時，公式最右邊的常數 1 可以被去掉，公式變為：

$$\frac{\partial J}{\partial \theta} = \frac{1}{m} \times (x) \times \sum_{1}^{m} \left(h_\theta (x) - y \right)$$

此時，依舊採用矩陣相乘的方式，使用矩陣相乘表示的公式為：

$$\frac{\partial J}{\partial \theta} = \frac{1}{m} \times (x)^{\mathrm{T}} \times \left(h_\theta (x) - y \right)$$

這裡 $(x)^{\mathrm{T}} \times \left(h_\theta (x) - y \right)$ 已經轉為矩陣相乘的表示形式。使用 Python 表示如下：

```python
def gradient_function(theta, X, y):
    h_pred = np.dot(X, theta) - y
    return (1./m) * np.dot(np.transpose(X), h_pred)
```

如果讀者對 np.dot(np.transpose(X), h_pred) 理解有難度，可以將公式使用一個一個 x 值的形式列出來看看如何，這裡就不羅列了。

最後是梯度下降的 Python 實現，程式如下：

```python
def gradient_descent(X, y, alpha):
    theta = np.array([1, 1]).reshape(2, 1)   #[2,1]  這裡的 theta 是參數
    gradient = gradient_function(theta,X,y)
    for i in range(17):
        theta = theta - alpha * gradient
        gradient = gradient_function(theta, X, y)
    return theta
```

或使用以下程式：

```python
def gradient_descent(X, y, alpha):
    theta = np.array([1, 1]).reshape(2, 1)   #[2,1]  這裡的 theta 是參數
    gradient = gradient_function(theta,X,y)
    while not np.all(np.absolute(gradient) <= 1e-4):#採用 abs 是因為 gradient 計算的是負
梯度
        theta = theta - alpha * gradient
        gradient = gradient_function(theta, X, y)
        print(theta)
    return theta
```

這兩組程式段的區別在於，第一個程式碼部分是固定迴圈次數，可能會造成欠下降或過下降，而第二個程式碼部分使用的是數值判定，可以設定設定值或停止條件。

全部程式如下：

```python
import numpy as np

m = 20
# 生成資料集 x，此時的資料集 x 是一個二維矩陣
x0 = np.ones((m, 1))
x1 = np.arange(1, m+1).reshape(m, 1)
x = np.hstack((x0, x1)) # 【20,2】
y = np.array([
    3, 4, 5, 5, 2, 4, 7, 8, 11, 8, 12,
    11, 13, 13, 16, 17, 18, 17, 19, 21
]).reshape(m, 1)
alpha = 0.01

# 這裡的 theta 是一個 [2,1] 大小的矩陣，用來與輸入 x 進行計算，獲得計算的預測值 y_pred，而 y_pred
是與 y 計算的誤差
def error_function(theta,x,y):
    h_pred = np.dot(x,theta)
    j_theta = (1./2*m) * np.dot(np.transpose(h_pred), h_pred)
    return j_theta

def gradient_function(theta, X, y):
    h_pred = np.dot(X, theta) - y
    return (1./m) * np.dot(np.transpose(X), h_pred)

def gradient_descent(X, y, alpha):
    theta = np.array([1, 1]).reshape(2, 1)   #[2,1]   這裡的 theta 是參數
    gradient = gradient_function(theta,X,y)
    while not np.all(np.absolute(gradient) <= 1e-6):
        theta = theta - alpha * gradient
        gradient = gradient_function(theta, X, y)
    return theta

theta = gradient_descent(x, y, alpha)
```

```
print('optimal:', theta)
print('error function:', error_function(theta, x, y)[0,0])
```

列印結果和擬合曲線請讀者自行完成。

現在請讀者回到前面的道士下山這個問題,這個下山的道士實際上就代表了反向傳播演算法,而要尋找的下山路徑其實就代表著演算法中一直在尋找的參數 θ,山上當前點最陡峭的方向實際上就是代價函式在這個點的梯度方向,場景中觀察最陡峭方向所用的工具就是微分。

4.3 回饋神經網路反向傳播演算法介紹

反向傳播演算法是神經網路的核心與精髓,在神經網路演算法中擁有舉足輕重的地位。

用通俗的話說,反向傳播演算法就是複合函式的連鎖律的強大應用,而且實際上的應用比理論上的推導強大得多。本節將主要介紹回饋神經網路反向傳播連鎖律以及公式的推導,雖然整體過程比較簡單,但這卻是整個深度學習神經網路的理論基礎。

4.3.1 深度學習基礎

機器學習在理論上可以看作是統計學在電腦科學上的應用。在統計學上,一個非常重要的內容就是擬合和預測,即基於以往的資料建立光滑的曲線模型來實現資料結果與資料變數的對應關係。

深度學習是統計學的應用,同樣是為了尋找結果與影響因素的一一對應關係。只不過樣本點由狹義的 x 和 y 擴展到向量、矩陣等廣義的對應點。此時,由於資料變得複雜,對應關係模型的複雜度也隨之增加,而不能使用一個簡單的函式表達。

數學上透過建立複雜的高次多元函式解決複雜模型擬合的問題，但是大多數情況都會失敗，因為過於複雜的函式是無法求解的，也就是無法獲取其公式。

基於前人的研究，科學研究工作人員發現可以透過神經網路來表示這樣的一一對應關係，而神經網路本質就是一個多元複合函式，透過增加神經網路的層次和神經單元可以更進一步地表達函式的複合關係。

圖 4-13 是多層神經網路的影像表達方式，透過設定輸入層、隱藏層與輸出層可以形成多元函式用於求解相關問題。

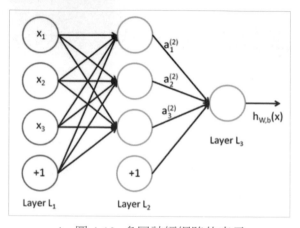

▲ 圖 4-13　多層神經網路的表示

透過數學運算式將多層神經網路模型表達出來，公式如下：

$$a_1 = f(w_{11} \times x_1 + w_{12} \times x_2 + w_{13} \times x_3 + b_1)$$
$$a_2 = f(w_{21} \times x_1 + w_{22} \times x_2 + w_{23} \times x_3 + b_2)$$
$$a_3 = f(w_{31} \times x_1 + w_{32} \times x_2 + w_{33} \times x_3 + b_3)$$
$$h(x) = f(w_{11} \times a_1 + w_{12} \times a_2 + w_{13} \times a_3 + b_1)$$

其中 x 是輸入數值，w 是相鄰神經元之間的權重，也就是神經網路在訓練過程中需要學習的參數。與線性回歸類似，神經網路學習同樣需要一個「損失函式」，即訓練目標透過調整每個權重值 w 來使得損失函式最小。前面在講解梯度下降演算法的時候已經講過，如果權重過大或指數過大，直接求解係數是一件不可能的事情，因此梯度下降演算法是求解權重問題的比較好的方法。

4.3.2 連鎖律

在前面介紹梯度下降演算法時，沒有對其背後的原理做出詳細介紹。實際上，梯度下降演算法就是連鎖律的具體應用，如果把前面公式中的損失函式以向量的形式表示為：

$$h(x) = f(w_{11}, w_{12}, w_{13}, w_{14}, \cdots, w_{ij})$$

那麼其梯度向量為：

$$\nabla h = \frac{\partial f}{\partial W_{11}} + \frac{\partial f}{\partial W_{12}} + \cdots + \frac{\partial f}{\partial W_{ij}}$$

可以看到，其實所謂的梯度向量就是求出函式在每個向量上的偏導數之和。這也是連鎖律擅長解決的問題。

下面以 $e = (a+b) \times (b+1)$，其中 $a = 2$、$b = 1$ 為例，計算其偏導數，如圖 4-14 所示。

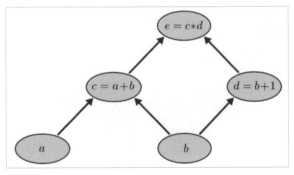

▲ 圖 4-14　$e = (a+b) \times (b+1)$ 示意圖

本例中為了求得最終值 e 對各個點的梯度，需要將各個點與 e 聯繫在一起，例如期望求得 e 對輸入點 a 的梯度，則只需要求得：

$$\frac{\partial e}{\partial a} = \frac{\partial e}{\partial c} \times \frac{\partial c}{\partial a}$$

這樣就把 e 與 a 的梯度聯繫在一起了，同理可得：

$$\frac{\partial e}{\partial b} = \frac{\partial e}{\partial c} \times \frac{\partial c}{\partial b} + \frac{\partial e}{\partial d} \times \frac{\partial d}{\partial b}$$

用圖表示如圖 4-15 所示。

這樣做的好處是顯而易見的，求 e 對 a 的偏導數只要建立一個 e 到 a 的路徑即可，圖 4-15 中經過 c，那麼透過相關的求導連結就可以得到所需要的值。對於求 e 對 b 的偏導數，也只需要建立所有 e 到 b 路徑中的求導路徑，從而獲得需要的值。

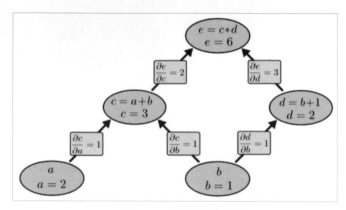

▲ 圖 4-15　連鎖律的應用

4.3.3　回饋神經網路的原理與公式推導

在求導過程中，可能有讀者已經注意到，如果拉長了求導過程或增加了其中的單元，就會大大增加其中的計算過程，即很多偏導數的求導過程會被反覆計算，因此在實際應用中，對權值達到十萬甚至百萬的神經網路來說，這樣的重複容錯所導致的計算量是很大的。

同樣是為了求得對權重的更新，回饋神經網路演算法將訓練誤差 E 看作以權重向量每個元素為變數的高維函式，透過不斷更新權重尋找訓練誤差的最低點，按誤差函式梯度下降的方向更新權值。

提示：回饋神經網路演算法的具體計算公式在本節後半部分進行推導。

首先求得最後的輸出層與真實值之間的差距,如圖 4-16 所示。

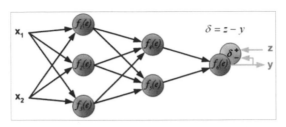

▲ 圖 4-16 回饋神經網路最終誤差的計算

之後以計算出的測量值與真實值為起點,反向傳播到上一個節點,並計算出節點的誤差值,如圖 4-17 所示。

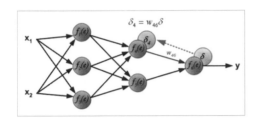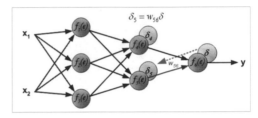

▲ 圖 4-17 回饋神經網路輸出層誤差的反向傳播

以後將計算出的節點誤差重新設定為起點,依次向後傳播誤差,如圖 4-18 所示。

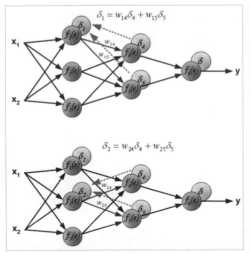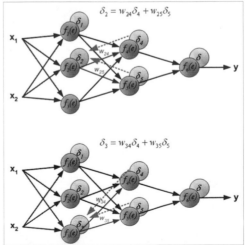

▲ 圖 4-18 回饋神經網路隱藏層誤差的反向傳播

注意：對於隱藏層，誤差並不是像輸出層一樣由單一節點確定，而是由多個節點確定，因此對它的計算要求得所有的誤差值之和。

通俗地解釋，一般情況下，誤差的產生是由於輸入值與權重的計算產生了錯誤，而輸入值往往是固定不變的，因此對於誤差的調節，需要對權重進行更新。而權重的更新又以輸入值與真實值的偏差為基礎，當最終層的輸出誤差被反向一層一層地傳遞回來後，每個節點都會被相應地分配適合其在神經網路中地位的誤差，即只需要更新其所需承擔的誤差量，如圖 4-19 所示。

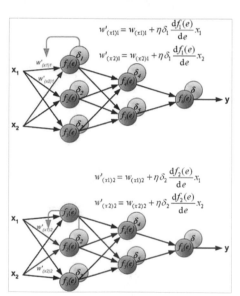

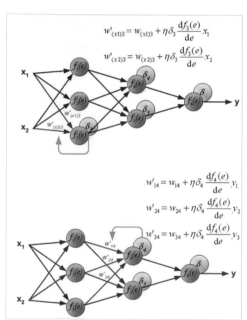

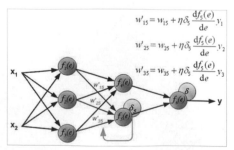

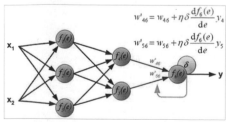

▲ 圖 4-19 回饋神經網路權重的更新

也就是在每一層需要維護輸出對當前層的微分值，該微分值相當於被覆用於之前每一層中權值的微分計算，因此空間複雜度沒有變化。同時，也沒有重複計算，每個微分值都會在之後的迭代中使用。

下面介紹公式的推導。公式的推導需要使用一些高等數學的知識，讀者可以自由選擇學習。

從前文分析來看，對於回饋神經網路演算法主要需要得到輸出值與真實值之前的差值，之後再利用這個差值去對權重進行更新。而這個差值在不同的傳遞層有著不同的計算方法：

- 對於輸出層單元，誤差項是真實值與模型計算值之間的差值。
- 對於隱藏層單元，由於缺少直接的目標值來計算隱藏層單元的誤差，因此需要以間接的方式來計算隱藏層的誤差項，並對受隱藏層單元影響的每個單元的誤差進行加權求和。

而在其後的權值更新部分，則主要依靠學習速率、該權值對應的輸入以及單元的誤差項來完成。

1. 前向傳播演算法

對於前向傳播的值傳遞，隱藏層的輸出值定義如下：

$$a_h^{HI} = W_h^{HI} \times X_i$$
$$b_h^{HI} = f(a_h^{HI})$$

其中 X_i 是當前節點的輸入值，W_h^{HI} 是連接到此節點的權重，a_h^{HI} 是輸出值。f 是當前節點的啟動函式，b_h^{HI} 為當前節點的輸入值經過計算後被啟動的值。

而對於輸出層，定義如下：

$$a_k = \sum W_{hk} \times b_h^{HI}$$

其中 W_{hk} 為輸入的權重，b_h^{HI} 為將節點輸入資料經過計算後的啟動值作為輸入值。這裡對所有輸入值進行權重計算後求得和值，作為神經網路的最後輸出值 a_k。

2. 反向傳播演算法

與前向傳播類似，首先需要定義兩個值 δ_k 與 δ_h^{HI}：

$$\delta_k = \frac{\partial L}{\partial a_k} = (Y - T)$$

$$\delta_h^{HI} = \frac{\partial L}{\partial a_h^{HI}}$$

其中 δ_k 為輸出層的誤差項，其計算值為真實值與模型計算值之間的差值。Y 是計算值，T 是真實值。δ_h^{HI} 為輸出層的誤差。

提示：對於 δ_k 與 δ_h^{HI} 來說，無論定義在哪個位置，都可以看作是當前的輸出值對於輸入值的梯度計算。

透過前面的分析可以知道，所謂的神經網路回饋演算法，就是逐層地對最終誤差進行分解，即每一層只與下一層打交道，如圖 4-20 所示。據此可以假設每一層均為輸出層的前一個層級，透過計算前一個層級與輸出層的誤差得到權重的更新。

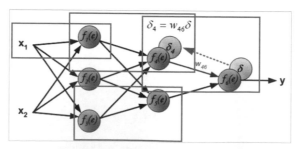

▲ 圖 4-20　權重的逐層反向傳導

因此，回饋神經網路的計算公式如下：

$$\delta_h^{HI} = \frac{\partial L}{\partial a_h^{HI}}$$

$$= \frac{\partial L}{\partial b_h^{HI}} \times \frac{\partial b_h^{HI}}{\partial a_h^{HI}}$$

$$= \frac{\partial L}{\partial b_h^{HI}} \times f'(a_h^{HI})$$

$$= \frac{\partial L}{\partial a_k} \times \frac{\partial a_k}{\partial b_h^{Hl}} \times f'(a_h^{Hl})$$

$$= \delta_k \times \sum W_{hk} \times f'(a_h^{Hl})$$

$$= \sum W_{hk} \times \delta_k \times f'(a_h^{Hl})$$

也就是當前層輸出值對誤差的梯度可以透過下一層的誤差與權重和輸入值的梯度乘積獲得。公式 $\sum W_{hk} \times \delta_k \times f'(a_h^{Hl})$ 中，若 δ_k 為輸出層，則可以透過 $\delta_k = \frac{\partial L}{\partial a_k} = (Y-T)$ 求得 δ_k 的值，若 δ_k 為非輸出層，則可以使用逐層回饋的方式求得 δ_k 的值。

提示：這裡千萬要注意，對於 δ_k 與 δ_h^{Hl} 來說，其計算結果都是當前的輸出值對於輸入值的梯度計算，這是權重更新過程中一個非常重要的資料計算內容。

也可以換一種表述形式，將前面的公式表示為：

$$\delta^l = \sum W_{ij}^l \times \delta_j^{l+1} \times f'(a_i^l)$$

可以看到，透過更為泛化的公式，把當前層的輸出對輸入的梯度計算轉換成求下一個層級的梯度計算值。

3. 權重的更新

回饋神經網路計算的目的是對權重的更新，因此與梯度下降演算法類似，其更新可以仿照梯度下降對權值的更新公式：

$$\theta = \theta - a(f(\theta) - y_i)x_i$$

即：

$$W_{ji} = W_{ji} + a \times \delta_j^l \times x_{ji}$$

$$b_{ji} = b_{ji} + a \times \delta_j^l$$

其中 ji 表示反向傳播時對應的節點係數，透過對 δ_j^l 的計算，就可以更新對應的權重值。W_{ji} 的計算公式如上所示。而對於沒有推導的 b_{ji}，其推導過程與 W_{ji} 類似，但是在推導過程中輸入值是被消去的，請讀者自行學習。

4.3.4 回饋神經網路原理的啟動函式

現在回到回饋神經網路的函式：

$$\delta^l = \sum W_{ij}^l \times \delta_j^{l+1} \times f'(a_i^l)$$

對於此公式中的 W_{ij}^l 和 δ_j^{l+1} 以及所需要計算的目標 δ^l 已經做了較為詳盡的解釋。但是對 $f'(a_i^l)$ 卻一直沒有做出介紹。

回到前面生物神經元的圖示，傳遞進來的電信號透過神經元進行傳遞，由於神經元的突觸強弱是有一定的敏感度的，因此只會對超過一定範圍的訊號進行回饋，即這個電信號必須大於某個設定值，神經元才會被啟動引起後續的傳遞。

在訓練模型中同樣需要設定神經元的設定值，即神經元被啟動的頻率用於傳遞相應的資訊，模型中這種能夠確定是否為當前神經元節點的函式被稱為啟動函式，如圖 4-21 所示。

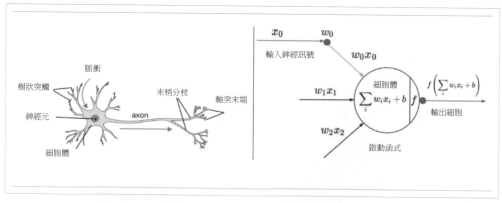

▲ 圖 4-21　啟動函式示意圖

啟動函式代表生物神經元接收到的訊號的強度，目前應用較廣的是 Sigmoid 函式。因為其在執行過程中只接收一個值，所以輸出也是一個經過公式計算後的值，且其輸出值的設定值範圍為 0~1。

$$y = \frac{1}{1 + e^{-x}}$$

Sigmoid 啟動函式圖如圖 4-22 所示。

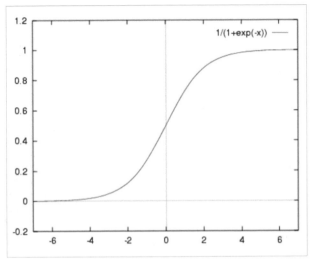

▲ 圖 4-22 Sigmoid 啟動函式圖

其倒函式的求法也較為簡單,即:

$$y' = \frac{e^{-x}}{(1+e^{-x})^2}$$

換一種表示方式為:

$$f(x)' = f(x) \times (1 - f(x))$$

Sigmoid 函式可以將任意實值映射到 0~1。對於較大值的負數,Sigmoid 函式將其映射成 0,而對於較大值的正數 Sigmoid 函式將其映射成 1。

順帶講一下,Sigmoid 函式在神經網路模型中佔據了很長時間的統治地位,但是目前已經不常使用,主要原因是其非常容易區域飽和,當輸入開始非常大或非常小的時候,Sigmoid 會產生一個平緩區域,其中的梯度值幾乎為 0,而這又會造成梯度傳播過程中產生接近 0 的傳播梯度,這樣在後續的傳播中會造成梯度消散的現象,因此並不適合現代的神經網路模型使用。

除此之外,近年來湧現出了大量新的啟動函式模型,例如 Maxout、Tanh 和 ReLU 模型,這些模型解決了傳統的 Sigmoid 模型在更深程度的神經網路上所產生的各種不良影響。

4.3.5　回饋神經網路原理的 Python 實現

本小節將使用 Python 語言實現神經網路的回饋演算法。經過前面的講解，讀者對神經網路的演算法和描述應該有了一定的理解，本小節將使用 Python 程式來實現一個自己的回饋神經網路。

為了簡單起見，這裡的神經網路被設定成 3 層，即只有一個輸入層、一個隱藏層以及一個最終的輸出層。

（1）確定輔助函式：

```python
def rand(a, b):
    return (b - a) * random.random() + a
def make_matrix(m,n,fill=0.0):
    mat = []
    for i in range(m):
        mat.append([fill] * n)
    return mat
def sigmoid(x):
    return 1.0 / (1.0 + math.exp(-x))
def sigmod_derivate(x):
    return x * (1 - x)
```

程式首先定義了隨機值，使用 random 套件中的 random 函式生成了一系列隨機數，之後的 make_matrix 函式生成了相對應的矩陣。sigmoid 和 sigmod_derivate 分別是啟動函式和啟動函式的導函式。這也是前文所定義的內容。

（2）進入 BP 神經網路類別的正式定義，類別的定義需要對資料內容進行設定。

```python
def __init__(self):
    self.input_n = 0
    self.hidden_n = 0
    self.output_n = 0
    self.input_cells = []
    self.hidden_cells = []
    self.output_cells = []
```

```
self.input_weights = []
self.output_weights = []
```

　　init 函式的作用是對神經網路參數的初始化，即在其中設定了輸入層、隱藏層以及輸出層中節點的個數；各個 cell 是各個層中節點的數值；weights 代表各個層的權重。

　　（3）使用 setup 函式對 init 函式中設定的資料進行初始化。

```
def setup(self,ni,nh,no):
    self.input_n = ni + 1
    self.hidden_n = nh
    self.output_n = no
    self.input_cells = [1.0] * self.input_n
    self.hidden_cells = [1.0] * self.hidden_n
    self.output_cells = [1.0] * self.output_n
    self.input_weights = make_matrix(self.input_n,self.hidden_n)
    self.output_weights = make_matrix(self.hidden_n,self.output_n)
    # random activate
    for i in range(self.input_n):
        for h in range(self.hidden_n):
            self.input_weights[i][h] = rand(-0.2, 0.2)
    for h in range(self.hidden_n):
        for o in range(self.output_n):
            self.output_weights[h][o] = rand(-2.0, 2.0)
```

　　需要注意，輸入層節點的個數被設定成 ni+1，這是由於其中包含 bias 偏置數；各個節點與 1.0 相乘是初始化節點的數值；各個層的權重值根據輸入層、隱藏層以及輸出層中節點的個數被初始化並被賦值。

　　（4）定義完各個層的數目後，進入正式的神經網路內容的定義。對神經網路的前向計算如下：

```
def predict(self,inputs):
    for i in range(self.input_n - 1):
        self.input_cells[i] = inputs[i]
    for j in range(self.hidden_n):
        total = 0.0
```

```
        for i in range(self.input_n):
            total += self.input_cells[i] * self.input_weights[i][j]
        self.hidden_cells[j] = sigmoid(total)
    for k in range(self.output_n):
        total = 0.0
        for j in range(self.hidden_n):
            total += self.hidden_cells[j] * self.output_weights[j][k]
        self.output_cells[k] = sigmoid(total)
    return self.output_cells[:]
```

以上程式將資料登錄函式中，透過隱藏層和輸出層的計算，最終以陣列的形式輸出。案例的完整程式如下。

➜ 【程式 4-3】

```python
import numpy as np
import math
import random

def rand(a, b):
    return (b - a) * random.random() + a

def make_matrix(m,n,fill=0.0):
    mat = []
    for i in range(m):
        mat.append([fill] * n)
    return mat
def sigmoid(x):
    return 1.0 / (1.0 + math.exp(-x))

def sigmod_derivate(x):
    return x * (1 - x)

class BPNeuralNetwork:
    def __init__(self):
        self.input_n = 0
        self.hidden_n = 0
        self.output_n = 0
        self.input_cells = []
```

```python
        self.hidden_cells = []
        self.output_cells = []
        self.input_weights = []
        self.output_weights = []
    def setup(self,ni,nh,no):
        self.input_n = ni + 1
        self.hidden_n = nh
        self.output_n = no
        self.input_cells = [1.0] * self.input_n
        self.hidden_cells = [1.0] * self.hidden_n
        self.output_cells = [1.0] * self.output_n
        self.input_weights = make_matrix(self.input_n,self.hidden_n)
        self.output_weights = make_matrix(self.hidden_n,self.output_n)
        # random activate
        for i in range(self.input_n):
            for h in range(self.hidden_n):
                self.input_weights[i][h] = rand(-0.2, 0.2)
        for h in range(self.hidden_n):
            for o in range(self.output_n):
                self.output_weights[h][o] = rand(-2.0, 2.0)
    def predict(self,inputs):
        for i in range(self.input_n - 1):
            self.input_cells[i] = inputs[i]
        for j in range(self.hidden_n):
            total = 0.0
            for i in range(self.input_n):
                total += self.input_cells[i] * self.input_weights[i][j]
            self.hidden_cells[j] = sigmoid(total)
        for k in range(self.output_n):
            total = 0.0
            for j in range(self.hidden_n):
                total += self.hidden_cells[j] * self.output_weights[j][k]
            self.output_cells[k] = sigmoid(total)
        return self.output_cells[:]

    def back_propagate(self,case,label,learn):
        self.predict(case)
        #計算輸出層的誤差
        output_deltas = [0.0] * self.output_n
```

```
        for k in range(self.output_n):
            error = label[k] - self.output_cells[k]
            output_deltas[k] = sigmod_derivate(self.output_cells[k]) * error
        #計算隱藏層的誤差
        hidden_deltas = [0.0] * self.hidden_n
        for j in range(self.hidden_n):
            error = 0.0
            for k in range(self.output_n):
                error += output_deltas[k] * self.output_weights[j][k]
            hidden_deltas[j] = sigmod_derivate(self.hidden_cells[j]) * error
        #更新輸出層的權重
        for j in range(self.hidden_n):
            for k in range(self.output_n):
                self.output_weights[j][k] += learn * output_deltas[k] * self.hidden_
cells[j]
        #更新隱藏層的權重
        for i in range(self.input_n):
            for j in range(self.hidden_n):
                self.input_weights[i][j] += learn * hidden_deltas[j] * self.input_
cells[i]
        error = 0
        for o in range(len(label)):
            error += 0.5 * (label[o] - self.output_cells[o]) ** 2
        return error

    def train(self,cases,labels,limit = 100,learn = 0.05):
        for i in range(limit):
            error = 0
            for i in range(len(cases)):
                label = labels[i]
                case = cases[i]
                error += self.back_propagate(case, label, learn)
        pass

    def test(self):
        cases = [
            [0, 0],
            [0, 1],
            [1, 0],
            [1, 1],
```

```
        ]
        labels = [[0], [1], [1], [0]]
        self.setup(2, 5, 1)
        self.train(cases, labels, 10000, 0.05)
        for case in cases:
            print(self.predict(case))

if __name__ == '__main__':
    nn = BPNeuralNetwork()
    nn.test()
```

4.4 本章小結

　　本章完整介紹了 BP 神經網路的原理和實現。這是深度學習最基礎的內容，可以說深度學習所有的後續發展都是基於對 BP 神經網路的修正而來的。

　　在後續章節中，將帶領讀者了解更多的神經網路。

第 5 章 基於 PyTorch 卷積層的 MNIST 分類實戰

第 3 章使用多層感知機完成了 MNIST 分類實戰的演示。多層感知機是一種對目標資料進行整體分類的計算方法。雖然從演示效果來看，多層感知機可以較好地完成專案目標對資料進行完整分類，但是多層感知機會在模型中使用大規模的參數，同時，由於是對資料進行整體性的處理，從而無可避免地會忽略資料局部特徵的處理和掌握，因此我們需要一種新的能夠對輸入資料的局部特徵進行取出和計算的工具。

卷積神經網路是從訊號處理衍生過來的一種對數位訊號進行處理的方式，發展到影像訊號處理上演變成一種專門用來處理具有矩陣特徵的網路結構處理方式。卷積神經網路在很多應用上都有獨特的優勢，甚至可以說是無可比擬的，例如音訊的處理和影像處理。

　　本章將介紹卷積神經網路的基本概念。首先，我們將闡述卷積實際上是一種不太複雜的數學運算，它是一種特殊的線性運算形式。接下來，將詳細解釋「池化」這一概念，這是卷積神經網路中必不可少的操作。最後，我們將探討為了消除過擬合而採用的 drop-out 這個常用的方法。這些概念和方法都是為了讓卷積神經網路執行得更加高效和穩定。

5.1　卷積運算的基本概念

　　在數位影像處理中有一種基本的處理方法，即線性濾波。它將待處理的二維數字看作一個大型矩陣，影像中的每個像素可以看作矩陣中的每個元素，像素的大小就是矩陣中的元素值。

　　而使用的濾波工具是另一個小型矩陣，這個矩陣被稱為卷積核心。卷積核心的大小遠小於影像矩陣，而具體的計算方式就是計算影像大矩陣中的每個像素周圍的像素和卷積核心對應位置的乘積，之後將結果相加，最終得到的值就是該像素的值，這樣就完成了一次卷積。簡單的影像卷積方式如圖 5-1 所示。

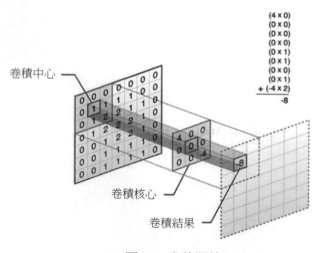

▲ 圖 5-1　卷積運算

　　本節將詳細介紹卷積的運算和定義，以及一些細節調整，這些都是使用卷積的過程中必不可少的內容。

5.1.1 基本磁碟區積運算範例

前面已經講過了，卷積實際上是使用兩個大小不同的矩陣進行的一種數學運算。為了便於讀者理解，我們從一個例子開始介紹。

對高速公路上的跑車的位置進行追蹤，這是卷積神經網路影像處理中的非常重要的應用。攝影機接收到的訊號被計算為 $x(t)$，表示跑車在路上時刻 t 的位置。

但是實際上的處理往往沒那麼簡單，因為在自然界無時無刻不面臨各種影響以及攝影機感測器的落後。為了得到跑車位置的即時資料，採用的方法就是對測量結果進行平均值化處理。對於運動中的目標，採樣時間越長，由於落後性的原因，定位的準確率越低，而採樣時間越短，則可以認為越接近真實值。因此，可以對不同的時間段賦予不同的權重，即透過一個權值定義來計算，可以表示為：

$$s(t) = \int x(a)\omega(t-a)\mathrm{d}a$$

這種運算方式被稱為卷積運算。換個符號表示為：

$$s(t) = (x\omega)(t)$$

在卷積公式中，第一個參數 x 被稱為「輸入資料」；第二個參數 ω 被稱為「核心函式」；$s(t)$ 是輸出，即特徵映射。

對稀疏矩陣來說，卷積網路具有稀疏性，即卷積核心的大小遠小於輸入資料矩陣的大小。舉例來說，當輸入一個圖片資訊時，資料的大小可能為上萬的結構，但是使用的卷積核心卻只有幾十，這樣能夠在計算後獲取更少的參數特徵，極大地減少了後續的計算量，如圖 5-2 所示。

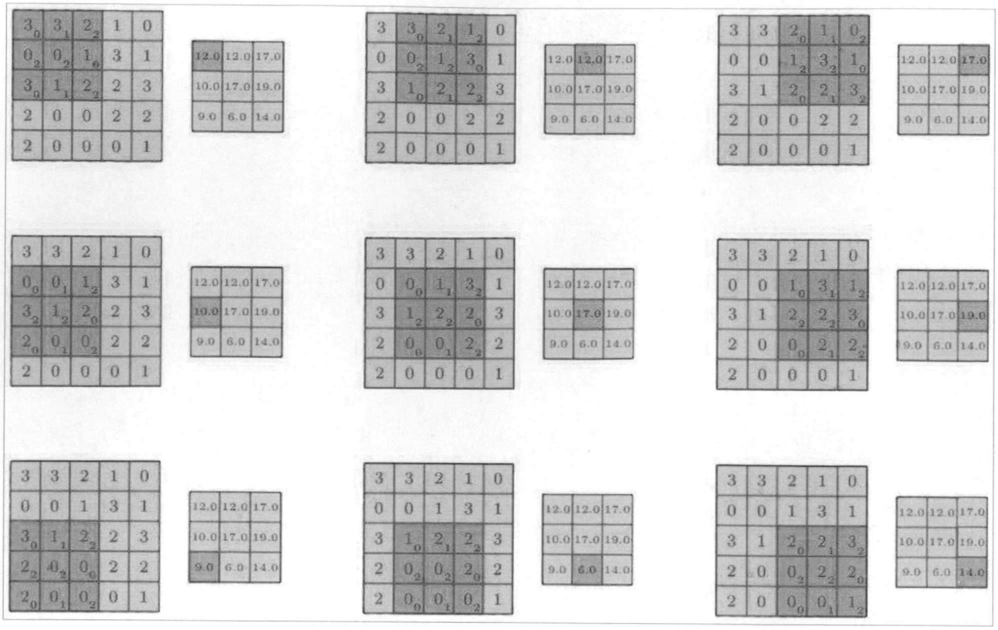

▲ 圖 5-2　稀疏矩陣

在傳統的神經網路中，每個權重只對其連接的輸入輸出起作用，當其連接的輸入輸出元素結束後就不會再用到。而參數共用指的是在卷積神經網路中核心的每個元素都被用在輸入的每個位置上，在過程中只需學習一個參數集合，就能把這個參數應用到所有的圖片元素中。

```python
import  numpy as np
dateMat = np.ones((7,7))
kernel = np.array([[2,1,1],[3,0,1],[1,1,0]])

def convolve(dateMat,kernel):
    m,n = dateMat.shape
    km,kn = kernel.shape
    newMat = np.ones(((m - km + 1),(n - kn + 1)))
    tempMat = np.ones(((km),(kn)))
    for row in range(m - km + 1):
        for col in range(n - kn + 1):
            for m_k in range(km):
                for n_k in range(kn):
                    tempMat[m_k,n_k] = dateMat[(row + m_k),(col + n_k)] * kernel[m_k,n_k]
```

```
          newMat[row,col] = np.sum(tempMat)
     return newMat
```

上面由 Python 基礎運算套件實現了卷積操作，這裡卷積核心從左到右、從上到下進行卷積計算，最後傳回新的矩陣。

5.1.2 PyTorch 中的卷積函式實現詳解

前面透過 Python 實現了卷積的計算，PyTorch 為了框架計算的迅捷，同樣使用了專門的高級 API 函式 Conv2d(Conv) 作為卷積計算函式，如圖 5-3 所示。

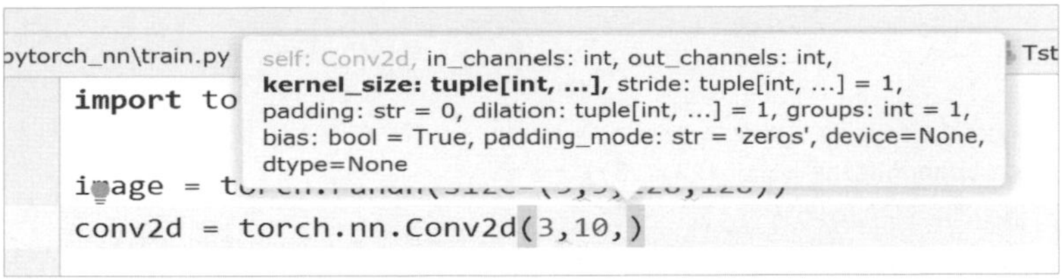

▲ 圖 5-3 高級 API 函式 Conv2d(Conv)

這個函式是架設卷積神經網路的核心函式之一，其說明如下：

```
class Conv2d(_ConvNd):
     …
     def __init__(
       self, in_channels: int, out_channels: int, kernel_size: _size_2_t, stride: _
size_2_t = 1,
       padding: Union[str, _size_2_t] = 0,dilation: _size_2_t = 1,groups: int = 1,
bias: bool = True,
       padding_mode: str = 'zeros',  # TODO: refine this type
       device=None,
       dtype=None
   ) -> None:
```

Conv2d 是 PyTorch 的卷積層附帶的函式，其最重要的 5 個參數如下。

• in_channels：輸入的卷積核心數目。

• out_channels：輸出的卷積核心數目。

- kernel_size：卷積核心大小，它要求是一個輸入向量，具有 [filter_height, filter_width] 這樣的維度，具體含義是 [卷積核心的高度，卷積核心的寬度]，要求類型與參數 input 相同。

- strides：步進大小，卷積時在圖形計算時移動的步進值，預設為 1；如果參數是 stride=(2, 1)，2 代表著高（h）進行步進值為 2，1 代表著寬（w）進行步進值為 1。

- padding：補全方式，int 類型的量，只能是 1 和 0 其中之一，這個值決定了不同的卷積方式。

使用卷積計算的範例程式如下：

```python
import torch

image = torch.randn(size=(5,3,128,128))

# 下面是定義的卷積層範例
"""
輸入維度：3
輸出維度：10
卷積核心大小：基本寫法是 [3,3]，這裡簡略寫法 3 代表卷積核心的長和寬大小一致
步進值：2
補償方式：維度不變補償
"""
conv2d = torch.nn.Conv2d(3,10,kernel_size=3,stride=1,padding=1)
image_new = conv2d(image)
print(image_new.shape)
```

上面的程式碼部分展示了一個使用 TensorFlow 高級 API 進行卷積計算的例子，在這裡隨機生成了 5 個 [3,128,128] 大小的矩陣，之後使用 1 個大小為 [3,3] 的卷積核心對其進行計算，列印結果如下：

$$torch.Size([5, 10, 128, 128])$$

可以看到，這是計算後生成的新圖形，其大小根據設定沒有變化，這是由於我們所使用的 padding 補償方式將其按原有大小進行補償。具體來說，這是由於卷積在工作時邊緣被處理消失，因此生成的結果小於原有的影像。

　　但是，若需要生成的卷積結果和原輸入矩陣的大小一致，則需要將參數 padding 的值設為 1，此時表示影像邊緣將由一圈 0 補齊，使得卷積後的影像大小和輸入大小一致，示意如下：

```
00000000000
0 xxxxxxxxx 0
0 xxxxxxxxx 0
0 xxxxxxxxx 0
00000000000
```

　　其中可以看到，這裡 x 是圖片的矩陣資訊，而外面一圈是補齊的 0，0 在卷積處理時對最終結果沒有任何影響。這裡略微對其進行修改，更多的參數調整請讀者自行偵錯查看。

　　下面我們修改一下卷積核心 stride，也就是步進的大小，程式如下：

```
import torch

image = torch.randn(size=(5,3,128,128))

conv2d = torch.nn.Conv2d(3,10,kernel_size=3,stride=2,padding=1)
image_new = conv2d(image)
print(image_new.shape)
```

　　我們使用同樣大小的輸入資料修正了卷積層的步進距離，最終結果如下：

$$torch.Size([5, 10, 64, 64])$$

　　下面我們對這個情況進行總結，經過卷積計算後，影像的大小變化可由以下公式進行確定：

$$N = (W - F + 2P) / / S + 1$$

- 輸入圖片大小為 $W \times W$。
- Filter 大小為 $F \times F$。
- 步進值為 S。
- padding 的像素數為 P，一般情況下 $P=1$ 或 0（參考 PyTorch）。

此時，把上述資料代入公式可得（注意取餘計算）：

$$N = (128 - 3 + 2) // 2 + 1$$

需要注意的是，在這裡是取餘計算，因此 $127 // 2 = 63$。

5.1.3　池化運算

在透過卷積獲得了特徵（Feature）之後，下一步希望利用這些特徵進行分類。理論上講，人們可以用所有提取得到的特徵來訓練分類器，例如 Softmax 分類器推導，但這樣做會面臨計算量的挑戰。因此，為了降低計算量，我們嘗試利用神經網路的「參數共用」這一特性。

這表示在一個影像區域有用的特徵極有可能在另一個區域同樣適用。因此，為了描述大的影像，一個很自然的想法就是對不同位置的特徵進行聚合統計。

舉例來說，特徵提取可以計算影像在一個區域上的某個特定特徵的平均值（或最大值），如圖 5-4 所示。這些概要統計特徵不僅具有低得多的維度（相比使用所有提取到的特徵），同時還會改善結果（不容易過擬合）。這種聚合的操作就叫作池化（Pooling），有時也稱為平均池化或最大池化（取決於計算池化的方法）。

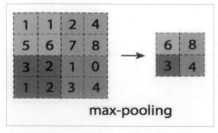

▲ 圖 5-4　max-pooling 後的圖片

如果選擇影像中的連續範圍作為池化區域，並且只是池化相同（重複）的隱藏單元產生的特徵，那麼這些池化單元就具有平移不變性（Translation Invariant）。這就表示即使影像經歷了一個小的平移，依然會產生相同的（池化的）特徵。在很多工（例如物體檢測、聲音辨識）中，我們都更希望得到具有平移不變性的特徵，因為即使影像經過了平移，樣例（影像）的標記仍然保持不變。

PyTorch 2.0 中池化運算的函式如下：

```
class AvgPool2d(_AvgPoolNd):
       …
def __init__(self, kernel_size: _size_2_t, stride: Optional[_size_2_t] = None,
padding: _size_2_t = 0,ceil_mode: bool = False, count_include_pad: bool = True,
divisor_override: Optional[int] = None) -> None:
```

重要的參數如下。

- kernel_size：池化視窗的大小，預設大小一般是 [2, 2]。
- strides：和卷積類似，視窗在每個維度上滑動的步進值，預設大小一般也是 [2,2]。
- padding：和卷積類似，可以取 1 或 0，傳回一個 Tensor，類型不變，shape 仍然是 [batch, channel,height, width] 這種形式。

池化的非常重要的作用就是能夠幫助輸入的資料表示近似不變性。對於平移不變性，指的是對輸入的資料進行少量平移時，經過池化後的輸出結果並不會發生改變。局部平移不變性是一個很有用的性質，尤其是當關心某個特徵是否出現而不關心它出現的具體位置時。

舉例來說，當判定一幅影像中是否包含人臉時，並不需要判定眼睛的位置，而是需要知道有一隻眼睛出現在臉部的左側，另一隻出現在右側就可以了。使用池化層的程式如下：

```
import torch

image = torch.randn(size=(5,3,28,28))

pool = torch.nn.AvgPool2d(kernel_size=3,stride=2,padding=0)
image_pooled = pool(image)
print(image_pooled.shape)
```

除此之外，PyTorch 2.0 中還提供了一種新的池化層——全域池化層，使用方法如下：

```
import torch

image = torch.randn(size=(5,3,28,28))
image_pooled = torch.nn.AdaptiveAvgPool2d(1)(image)
print(image_pooled.shape)
```

AdaptiveAvgPool2d 函式的作用是對輸入的圖形進行全域池化，也就是在每個 channel 上對圖形整體進行歸一化的池化計算，結果請讀者自行列印驗證。

5.1.4 Softmax 啟動函式

Softmax 函式在前面已經做過介紹，並且作者使用 NumPy 自訂實現了 Softmax 的功能和函式。Softmax 是一個對機率進行計算的模型，因為在真實的計算模型系統中，對一個實物的判定並不是 100%，而是只有一定的機率，並且在所有的結果標籤上都可以求出一個機率。

$$f(x) = \sum_i^j w_{ij} x_j + b$$

$$\text{Softmax} = \frac{e^{x_i}}{\sum_0^j e^{x_j}}$$

$$y = \text{Softmax}(f(x)) = \text{Softmax}(w_{ij} x_j + b)$$

其中第一個公式是人為定義的訓練模型，這裡採用的是輸入資料與權重的乘積和，並加上一個偏置 b 的方式。偏置 b 存在的意義是為了加上一定的噪聲。

對於求出的 $f(x) = \sum_i^j w_{ij} x_j + b$，Softmax 的作用是將其轉換成機率。換句話說，這裡的 Softmax 可以被看作是一個激勵函式，將計算的模型輸出轉為在一定範圍內的數值，並且在整體中這些數值的和為 1，而每個單獨的資料結果都有其特定的機率分佈。

用更為正式的語言表述，那就是 Softmax 是模型函式定義的一種形式：把輸入值當成冪指數求值，再正則化這些結果值。而這個冪運算表示，更大的機率計算結果對應更大的假設模型中的乘數權重值。反之，擁有更少的機率計算結果表示在假設模型中擁有更小的乘數權重值。

假設模型中的權值不可以是 0 或負值。Softmax 會正則化這些權重值，使它們的總和等於 1，以此建構一個有效的機率分佈。

對於最終的公式 $y = \text{softmax}(f(x)) = \text{softmax}(w_{ij}x_j + b)$ 來說，可以將其認為是如圖 5-5 所示的形式。

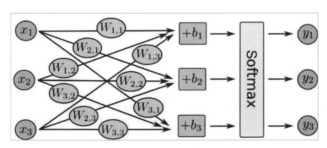

▲ 圖 5-5　Softmax 計算形式

圖 5-5 演示了 Softmax 的計算公式，這實際上就是輸入的資料透過與權重乘積之後，對其進行 Softmax 計算得到的結果。將其用數學方法表示如圖 5-6 所示。

▲ 圖 5-6　Softmax 矩陣表示

將這個計算過程用矩陣的形式表示出來，即矩陣乘法和向量加法，這樣有利於使用 TensorFlow 內建的數學公式進行計算，極大地提高了程式效率。

5.1.5 卷積神經網路的原理

前面介紹了卷積運算的基本原理和概念,從本質上來說,卷積神經網路就是將影像處理中的二維離散卷積運算和神經網路相結合。這種卷積運算可以用於自動提取特徵,而卷積神經網路主要應用於二維影像的辨識。下面將採用一個圖示更加直觀地介紹卷積神經網路的工作原理。

一個卷積神經網路如果包含一個輸入層、一個卷積層和一個輸出層,那麼在真正使用的時候一般會使用多層卷積神經網路不斷地提取特徵,特徵越抽象,越有利於辨識(分類)。而且通常卷積神經網路封包含池化層、全連接層,最後接輸出層。

圖 5-7 展示了一幅圖片進行卷積神經網路處理的過程,主要包含以下 4 個步驟。

- 影像輸入:獲取輸入的資料影像。

- 卷積:對影像特徵進行提取。

- Pooling 層:用於縮小在卷積時獲取的影像特徵。

- 全連接層:用於對影像進行分類。

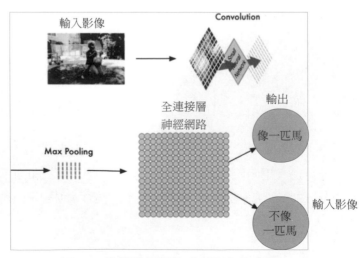

▲ 圖 5-7 卷積神經網路處理影像的步驟

這幾個步驟依次進行，分別具有不同的作用。經過卷積層的影像被卷積核心提取後，獲得分塊的、同樣大小的圖片，如圖 5-8 所示。

▲ 圖 5-8 卷積處理的分解影像

可以看到，經過卷積處理後的影像被分為若干個大小相同的、只具有局部特徵的圖片。圖 5-9 表示對分解後的圖片使用一個小型神經網路進行進一步的處理，即將二維矩陣轉化成一維陣列。

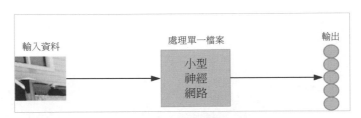

▲ 圖 5-9 分解後影像的處理

需要說明的是，在這個步驟，也就是對圖片進行卷積化處理時，卷積演算法對所有分解後的局部特徵進行同樣的計算，這個步驟稱為「權值共用」。這樣做的依據如下：

- 對影像等陣列資料來說，局部陣列的值經常是高度相關的，可以形成容易被探測到的獨特的局部特徵。

- 影像和其他訊號的局部統計特徵與其位置是不太相關的，如果特徵圖能在圖片的部分出現，那麼也能出現在其他任何地方。所以不同位置的單元共用同樣的權重，並在陣列的不同部分探測相同的模式。

在數學上，這種由一個特徵圖執行的過濾操作是一個離散的卷積，卷積神經網路由此得名。

池化層的作用是對獲取的影像特徵進行縮減。從前面的例子中可以看到，使用 [2,2] 大小的矩陣來處理特徵矩陣，使得原有的特徵矩陣可以縮減到 1/4 大小，特徵提取的池化效應如圖 5-10 所示。

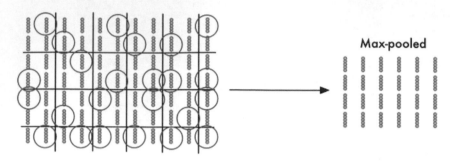

▲ 圖 5-10 池化處理後的影像

經過池化處理後的矩陣作為下一層神經網路的輸入，使用一個全連接層對輸入的資料進行分類計算（見圖 5-11），從而計算出這個影像對應位置最大的機率類別。

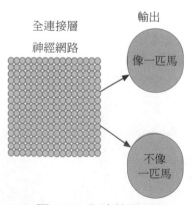

▲ 圖 5-11 全連接層判斷

採用較為通俗的語言概括，卷積神經網路是一個層級遞增的結構，也可以將其認為是一個人在讀報紙，首先一字一句地讀取，之後整段地理解，最後獲得全文的表述。卷積神經網路也是從邊緣、結構和位置等一起感知物體的形狀。

5.2 實戰：基於卷積的 MNIST 手寫體分類

前面我們實現了基於多層感知機的 MNIST 手寫體，本章將實現以卷積神經網路完成的 MNIST 手寫體辨識。

5.2.1 資料的準備

在本例中，我們依舊使用 MNIST 資料集，對這個資料集的資料和標籤介紹在前面的章節中已有較好的說明，相對於前面章節直接對資料進行「折疊」處理，這裡需要顯式地標注出資料的通道，程式如下：

```python
import numpy as np
import einops.layers.torch as elt

#載入資料
x_train = np.load("../dataset/mnist/x_train.npy")
y_train_label = np.load("../dataset/mnist/y_train_label.npy")

x_train = np.expand_dims(x_train,axis=1)  #在指定維度上進行擴充
print(x_train.shape)
```

這裡是對資料的修正，np.expand_dims 的作用是在指定維度上進行擴充，在這裡我們在第二維（也就是 PyTorch 的通道維度）進行擴充，結果如下：

```
(60000, 1, 28, 28)
```

5.2.2 模型的設計

本小節使用 PyTorch 2.0 框架對模型進行設計。在本例中，我們將使用卷積層對資料進行處理，完整的模型如下：

```python
import torch
import torch.nn as nn
import numpy as np
import einops.layers.torch as elt
```

```python
class MnistNetword(nn.Module):
    def __init__(self):
        super(MnistNetword, self).__init__()
        # 前置的特徵提取模組
self.convs_stack = nn.Sequential(
            nn.Conv2d(1,12,kernel_size=7),          # 第一個卷積層
            nn.ReLU(),
            nn.Conv2d(12,24,kernel_size=5),         # 第二個卷積層
            nn.ReLU(),
            nn.Conv2d(24,6,kernel_size=3)           # 第三個卷積層
        )
        # 最終分類器層
        self.logits_layer = nn.Linear(in_features=1536,out_features=10)

    def forward(self,inputs):
        image = inputs
        x = self.convs_stack(image)

        #elt.Rearrange 的作用是對輸入資料維度進行調整，讀者可以使用 torch.nn.Flatten 函式完
成此工作
        x = elt.Rearrange("b c h w -> b (c h w)")(x)
        logits = self.logits_layer(x)
        return logits

model = MnistNetword()
torch.save(model,"model.pth")
```

　　在這裡，我們首先設定了 3 個卷積層作為前置的特徵提取層，最後一個全連接層作為分類器層。在這裡需要注意的是，對於分類器的全連接層，輸入維度需要手動計算，當然讀者可以一步一步嘗試列印特徵提取層的結果，使用 shape 函式列印維度後計算。

　　最後對模型進行儲存，這裡可以呼叫前面章節中介紹的 Netro 軟體對維度進行展示，結果如圖 5-12 所示。

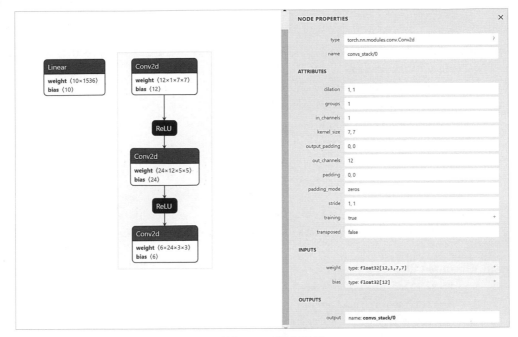

▲ 圖 5-12 維度展示

　　在這裡可以視覺化地看到整體模型的結構與顯示，這裡對每個維度都進行了展示，感興趣的讀者可以自行查閱。

5.2.3 基於卷積的 MNIST 分類模型

　　下面進入範例部分，也就是 MNIST 手寫體的分類。完整的訓練程式如下：

```python
import torch
import torch.nn as nn
import numpy as np
import einops.layers.torch as elt

# 載入資料
x_train = np.load("../dataset/mnist/x_train.npy")
y_train_label = np.load("../dataset/mnist/y_train_label.npy")

x_train = np.expand_dims(x_train,axis=1)
print(x_train.shape)
```

```python
class MnistNetword(nn.Module):
    def __init__(self):
        super(MnistNetword, self).__init__()
        self.convs_stack = nn.Sequential(
            nn.Conv2d(1,12,kernel_size=7),
            nn.ReLU(),
            nn.Conv2d(12,24,kernel_size=5),
            nn.ReLU(),
            nn.Conv2d(24,6,kernel_size=3)
        )

        self.logits_layer = nn.Linear(in_features=1536,out_features=10)

    def forward(self,inputs):
        image = inputs
        x = self.convs_stack(image)
        x = elt.Rearrange("b c h w -> b (c h w)")(x)
        logits = self.logits_layer(x)
        return logits

device = "cuda" if torch.cuda.is_available() else "cpu"
# 注意需要將 model 發送到 GPU 計算
model = MnistNetword().to(device)
model = torch.compile(model)
loss_fn = nn.CrossEntropyLoss()

optimizer = torch.optim.SGD(model.parameters(), lr=1e-4)

batch_size = 128
for epoch in range(42):
    train_num = len(x_train)//128
    train_loss = 0.
    for i in range(train_num):
        start = i * batch_size
        end = (i + 1) * batch_size

        x_batch = torch.tensor(x_train[start:end]).to(device)
        y_batch = torch.tensor(y_train_label[start:end]).to(device)
```

```
    pred = model(x_batch)
    loss = loss_fn(pred, y_batch)
    optimizer.zero_grad()
    loss.backward()
    optimizer.step()
    train_loss += loss.item()   # 記錄每個批次的損失值

# 計算並列印損失值
train_loss /= train_num
accuracy = (pred.argmax(1) == y_batch).type(torch.float32).sum().item() / batch_
size
print("epoch：",epoch,"train_loss:", round(train_loss,2),"accuracy:",round(ac
curacy,2))
```

在這裡，我們使用了本章新定義的卷積神經網路模組進行局部特徵取出，而對於其他的損失函式和最佳化函式，使用了與前期一樣的模式進行模型訓練。最終結果如圖 5-13 所示。

```
epoch:  0 train_loss: 2.3 accuracy: 0.15
epoch:  1 train_loss: 2.3 accuracy: 0.16
epoch:  2 train_loss: 2.29 accuracy: 0.24
epoch:  3 train_loss: 2.29 accuracy: 0.27
epoch:  4 train_loss: 2.29 accuracy: 0.34
epoch:  5 train_loss: 2.28 accuracy: 0.35
epoch:  6 train_loss: 2.28 accuracy: 0.37
epoch:  7 train_loss: 2.27 accuracy: 0.38
epoch:  8 train_loss: 2.26 accuracy: 0.41
epoch:  9 train_loss: 2.24 accuracy: 0.45
epoch: 10 train_loss: 2.23 accuracy: 0.48
```

▲ 圖 5-13　最終結果

請讀者自行嘗試學習。

5.3 PyTorch 的深度可分離膨脹卷積詳解

在本章開始就說明了，相對多層感知機來說，卷積神經網路能夠對輸入特徵局部進行計算，同時能夠節省大量的待訓練參數。基於此，本節將介紹更為深入的內容，即本章的進階部分——深度可分離膨脹卷積。

需要說明的是，本例中深度可分離膨脹卷積可以按功能分為「深度」「可分離」「膨脹」「卷積」。

在講解下面的內容之前，首先回顧 PyTorch 2.0 中的卷積定義類：

```
class Conv2d(_ConvNd):
    ...
def __init__(
        self, in_channels: int, out_channels: int, kernel_size: _size_2_t, stride:
_size_2_t = 1,
        padding: Union[str, _size_2_t] = 0,dilation: _size_2_t = 1,groups: int = 1,
bias: bool = True,
        padding_mode: str = 'zeros',  # TODO: refine this type
        device=None,
        dtype=None
    ) -> None:
```

前面講解了卷積類別中常用的輸入輸出維度（in_channels，out_channels）的定義，卷積核心（kernel_size）以及步進值（stride）大小的設定，而對於其他部分的參數定義卻沒有詳細說明，本節將透過對深度可分離膨脹卷積的講解更為細緻地說明卷積類別的定義與使用。

5.3.1　深度可分離卷積的定義

在普通的卷積中，可以將其分為兩個步驟來計算：

（1）跨通道計算。

（2）平面內計算。

這是由於卷積的局部跨通道計算的性質所形成的，一個非常簡單的思想是，能否使用另一種方法將這部分計算過程分開計算，從而獲得參數上的資料量減少。

答案是可以的。深度可分離卷積整體如圖 5-14 所示。

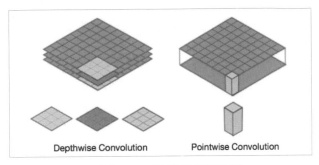

Depthwise Convolution　　Pointwise Convolution

▲ 圖 5-14　深度可分離卷積

在進行深度卷積的時候，每個卷積核心只關注單一通道的資訊，而在分離卷積中，每個卷積核心可以聯合多個通道的資訊。這在 PyTorch 2.0 中的具體實現如下：

```
#group=3 是依據通道數設定的分離卷積數
Conv2d(in_channels=3, out_channels=3, kernel_size=3, groups=3) # 這是第一步完成跨通道計算
Conv2d(in_channels=4, out_channels=4, kernel_size=1)           # 完成平面內計算
```

可以看到，此時我們在傳統的卷積層定義上額外增加了 groups=4 的定義，這是根據通道數對卷積類別的定義進行劃分。下面透過一個具體的例子說明常規卷積與深度可分離卷積的區別。

常規卷積操作如圖 5-15 所示。

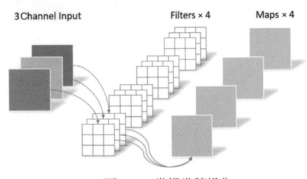

3 Channel Input　　Filters × 4　　Maps × 4

▲ 圖 5-15　常規卷積操作

假設輸入層為一個大小為 28×28 像素、三通道的彩色圖片。經過一個包含 4 個卷積核心的卷積層，卷積核心尺寸為 3×3×3。最終會輸出具有 4 個通道資料的特徵向量，而尺寸大小由卷積的 Padding 方式決定。

在深度可分離卷積操作中，深度卷積操作有以下兩個步驟。

（1）分離卷積的獨立計算，如圖 5-16 所示。

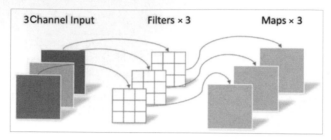

▲　圖 5-16　分離卷積的獨立計算

圖 5-16 中深度卷積使用的是 3 個尺寸為 3×3 的卷積核心，經過該操作之後，輸出的特徵圖尺寸為 28×28×3（padding=1）。

（2）堆積多個可分離卷積計算，如圖 5-17 所示（注意圖 5-17 中輸入的是圖 5-16 第一步的輸出）。

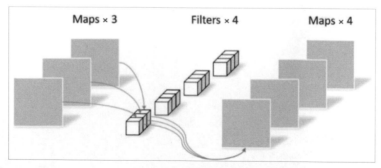

▲　圖 5-17　堆積多個可分離卷積計算

可以看到，圖 5-17 中使用了 4 個獨立的通道完成，經過此步驟後，由第一個步驟輸入的特徵圖在 4 個獨立的通道計算下，輸出維度變為 28×28×3。

5.3.2 深度的定義以及不同計算層待訓練參數的比較

前面介紹了深度可分離卷積，並在一開始的時候就提到了深度可分離卷積可以減少待訓練參數，那麼事實是否如此呢？我們透過程式列印待訓練參數量進行比較，程式如下：

```python
import torch
from torch.nn import Conv2d,Linear

linear = Linear(in_features=3*28*28, out_features=3*28*28)
linear_params = sum(p.numel() for p in linear.parameters() if p.requires_grad)

conv = Conv2d(in_channels=3, out_channels=3, kernel_size=3)
params = sum(p.numel() for p in conv.parameters() if p.requires_grad)

depth_conv = Conv2d(in_channels=3, out_channels=3, kernel_size=3, groups=3)
point_conv = Conv2d(in_channels=3, out_channels=3, kernel_size=1)

# 需要注意的是，這裡是先進行 depth，然後進行逐點卷積，從而兩者結合，就獲得了深度、可分離、卷積
depthwise_separable_conv = torch.nn.Sequential(depth_conv, point_conv)
params_depthwise = sum(p.numel() for p in depthwise_separable_conv.parameters() if
p.requires_grad)

print(f" 多層感知機使用的參數為 {params} parameters.")
print("----------------")
print(f" 普通卷積層使用的參數為 {params} parameters.")
print("----------------")
print(f" 深度可分離卷積使用的參數為 {params_depthwise} parameters.")
```

在上面的程式碼部分中，作者依次準備了多層感知機、普通卷積層以及深度可分離卷積，對其輸出待訓練參數，結果如圖 5-18 所示。

```
多層感知機使用的參數為 84 parameters
----------------------------
普通卷積層使用的參數為 84 parameters
----------------------------
深度可分離卷積使用的參數為 42 parameters
```

▲ 圖 5-18 待訓練參數

可以很明顯地看到，圖 5-18 中對參數的輸出隨著採用不同的計算層，待訓練參數也會隨之變化，即使一個普通的深度可分離卷積層也能減少一半的參數使用量。

5.3.3　膨脹卷積詳解

我們先回到 PyTorch 2.0 中對卷積的說明，此時讀者應該了解了 group 參數的含義，這裡還有一個不常用的參數 dilation，這是決定卷積層在計算時的膨脹係數。dilation 有點類似於 stride，實際含義為：每個點之間有空隙的篩檢程式，即為 dilation，如圖 5-19 所示。

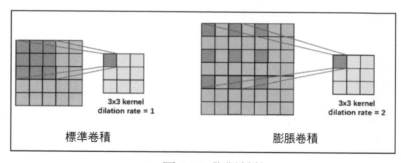

▲ 圖 5-19　膨脹係數

簡單地說，膨脹卷積透過在卷積核心中增加空洞，可以增加單位面積中計算的大小，從而擴大型模型的計算視野。

卷積核心的膨脹係數（空洞的大小）每一層是不同的，一般可以取（1, 2, 4, 8,…），即前一層的兩倍。注意膨脹卷積的上下文大小和層數是指數相關的，可以透過比較少的卷積層得到更大的計算面積。使用膨脹卷積的方法如下：

```python
# 注意這裡 dilation 被設定為 2
depth_conv = Conv2d(in_channels=3, out_channels=3, kernel_size=3, groups=3,dilation=2)
point_conv = Conv2d(in_channels=3, out_channels=3, kernel_size=1)

# 深度、可分離、膨脹卷積的定義
depthwise_separable_conv = torch.nn.Sequential(depth_conv, point_conv)
```

需要注意的是，在卷積層的定義中，只有 dilation 被設定成大於或等於 2 的整數時，才能實現膨脹卷積。

對於其參數大小的計算，讀者可以自行完成。

5.3.4 實戰：基於深度可分離膨脹卷積的 MNIST 手寫體辨識

下面進入實戰部分，基於前期介紹的深度可分離膨脹卷積完成實戰的 MNIST 手寫體的辨識。

首先是模型的定義，在這裡我們預期使用自訂的卷積替代部分原生卷積完成模型的設計，程式如下：

```python
import torch
import torch.nn as nn
import numpy as np
import einops.layers.torch as elt

# 下面是自訂的深度、可分離、膨脹卷積的定義
depth_conv = nn.Conv2d(in_channels=12, out_channels=12, kernel_size=3,
groups=6,dilation=2)
point_conv = nn.Conv2d(in_channels=12, out_channels=24, kernel_size=1)
depthwise_separable_conv = torch.nn.Sequential(depth_conv, point_conv)

class MnistNetword(nn.Module):
    def __init__(self):
        super(MnistNetword, self).__init__()
        self.convs_stack = nn.Sequential(
            nn.Conv2d(1,12,kernel_size=7),
            nn.ReLU(),
            depthwise_separable_conv,      # 使用自訂卷積替代了原生卷積層
            nn.ReLU(),
            nn.Conv2d(24,6,kernel_size=3)
        )

        self.logits_layer = nn.Linear(in_features=1536,out_features=10)
```

```python
def forward(self,inputs):
    image = inputs
    x = self.convs_stack(image)
    x = elt.Rearrange("b c h w -> b (c h w)")(x)
    logits = self.logits_layer(x)
    return logits
```

可以看到，我們在中層部分使用自訂的卷積層替代了部分原生卷積層。完整的訓練程式如下：

```python
import torch
import torch.nn as nn
import numpy as np
import einops.layers.torch as elt

# 載入資料
x_train = np.load("../dataset/mnist/x_train.npy")
y_train_label = np.load("../dataset/mnist/y_train_label.npy")

x_train = np.expand_dims(x_train,axis=1)
print(x_train.shape)

depth_conv = nn.Conv2d(in_channels=12, out_channels=12, kernel_size=3,
groups=6,dilation=2)
point_conv = nn.Conv2d(in_channels=12, out_channels=24, kernel_size=1)
# 深度、可分離、膨脹卷積的定義
depthwise_separable_conv = torch.nn.Sequential(depth_conv, point_conv)

class MnistNetword(nn.Module):
    def __init__(self):
        super(MnistNetword, self).__init__()
        self.convs_stack = nn.Sequential(
            nn.Conv2d(1,12,kernel_size=7),
            nn.ReLU(),
            depthwise_separable_conv,
            nn.ReLU(),
            nn.Conv2d(24,6,kernel_size=3)
        )
```

```python
        self.logits_layer = nn.Linear(in_features=1536,out_features=10)

    def forward(self,inputs):
        image = inputs
        x = self.convs_stack(image)
        x = elt.Rearrange("b c h w -> b (c h w)")(x)
        logits = self.logits_layer(x)
        return logits

device = "cuda" if torch.cuda.is_available() else "cpu"
# 注意需要將 model 發送到 GPU 計算
model = MnistNetword().to(device)
model = torch.compile(model)
loss_fn = nn.CrossEntropyLoss()

optimizer = torch.optim.SGD(model.parameters(), lr=1e-4)

batch_size = 128
for epoch in range(63):
    train_num = len(x_train)//128
    train_loss = 0.
    for i in range(train_num):
        start = i * batch_size
        end = (i + 1) * batch_size

        x_batch = torch.tensor(x_train[start:end]).to(device)
        y_batch = torch.tensor(y_train_label[start:end]).to(device)

        pred = model(x_batch)
        loss = loss_fn(pred, y_batch)

        optimizer.zero_grad()
        loss.backward()
        optimizer.step()

        train_loss += loss.item()    # 記錄每個批次的損失值

    # 計算並列印損失值
    train_loss /= train_num
```

```
    accuracy = (pred.argmax(1) == y_batch).type(torch.float32).sum().item() / batch_
size
    print("epoch：",epoch,"train_loss:", round(train_loss,2),"accuracy:",
round(accuracy,2))
```

最終計算結果請讀者自行完成。

5.4　本章小結

　　本章是 PyTorch 2.0 中一個非常重要的部分，也對後期常用的 API 進行了使用介紹，主要介紹了使用卷積對 MNIST 資料集進行辨識。這是一個入門案例，但是包含的內容非常多，例如使用多種不同的層和類別建構一個較為複雜的卷積神經網路。本章也向讀者介紹了一些新的具有個性化設定的卷積層。

　　除此之外，本章透過演示自訂層的方法向讀者說明了一個新的程式設計範式的使用，透過 block 的形式對模型進行組合，這在後期有一個專門的名稱「殘差卷積」。這是一種非常優雅的模型設計模式。

　　本章內容非常重要，希望讀者認真學習。

第 **6** 章　視覺化的 PyTorch 資料處理與模型展示

　　前面帶領讀者完成了基於 PyTorch 2.0 模型與訓練方面的學習,相信讀者已經可以較好地完成一定基礎的深度學習應用專案。讀者也可能感覺到在前期的學習中,更多的是對 PyTorch 2.0 模型本身的了解,而對其他部分介紹較少。特別是資料處理部分,一直使用 NumPy 計算套件對資料進行處理,因此缺乏一個貼合 PyTorch 自身的資料處理器。

　　針對這個問題,PyTorch 在 2.0 版本中為我們提供了專門的資料下載和資料處理套件,集中在 torch.utils.data 這個工具套件中,使用該套件中的資料處理工具可以極大地提高開發效率及品質,幫助提高使用者在資料前置處理,資料載入模組的邊界與效率,如圖 6-1 所示。

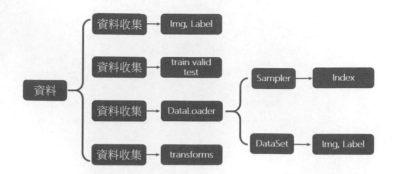

▲ 圖 6-1　torch.utils.data 套件中提供的資料處理工具箱

可以看到，圖 6-1 展示的是基於 PyTorch 2.0 的資料處理工具箱整體框架，主要由以下 3 部分組成。

- Dataset：一個抽象類別，其他資料需要繼承這個類別，並且覆載其中的兩個方法 __getitem__ 和 __len__ 。
- DataLoader：定義一個新的迭代器，實現批次讀取、打亂資料以及提供並行加速等功能。
- Sample：提供多種採樣方法的函式。

下面我們將基於 PyTorch 2.0 的工具箱依次對其進行講解。

6.1　用於自訂資料集的 torch.utils.data 工具箱使用詳解

本章開頭提到 torch.utils.data 工具箱中提供了 3 個類別用於對資料進行處理和採樣，但是 Dataset 在輸出時每次只能輸出一個樣本，而 DataLoader 可以彌補這一缺陷，實現批次亂序輸出樣本，如圖 6-2 所示。

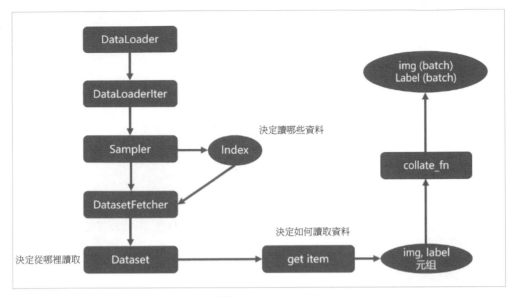

▲ 圖 6-2 DataLoader

6.1.1 使用 torch.utils.data. Dataset 封裝自訂資料集

本小節從自訂資料集開始介紹。在 PyTorch 2.0 中，資料集的自訂使用需要繼承 torch.utils.data.Dataset 類別，之後實現其中的 __getitem__、__len__ 方法。基本的 Dataset 類別架構如下：

```
class Dataset():
    def __init__(self, transform=None):   #注意 transform 參數會在 6.1.2 節介紹
        super(Dataset, self).__init__()

    def __getitem__(self, index):
        pass

    def __len__(self):
        pass
```

可以很清楚地看到，Dataset 除了基本的 init 函式外，還需要填充兩個額外的函式：__getitem__ 與 __len__。這是仿照 Python 中資料 list 的寫法對其進行定義，其使用方法如下：

```
data = Customer(Dataset)[index]    #列印出 index 序號對應的資料
length = len(Customer(Dataset))    #列印出資料集總行數
```

下面以前面章節中一直使用的 MNIST 資料集為例介紹。

1. init 的初始化方法

在對資料進行輸出之前，首先將資料載入到 Dataset 這個類別中，載入的方法直接按資料讀取的方案使用 NumPy 進行載入。當然，讀者也可以使用任何對資料讀取的技術獲取資料本身。在這裡，所使用的資料讀取程式如下：

```
def __init__(self, transform=None):        #注意 transform 參數會在 6.1.2 節介紹
super(MNIST_Dataset, self).__init__()
# 載入資料
self.x_train = np.load("../dataset/mnist/x_train.npy")
self.y_train_label = np.load("../dataset/mnist/y_train_label.npy")
```

2. __getitem__ 與 __len__ 方法

首先是對資料的獲取方式，__getitem__ 是 Dataset 父類別中內建的資料迭代輸出的方法。在這裡，我們只需要顯式地提供此方法的實現即可，程式如下：

```
def __getitem__(self, item):
image =  (self.x_train[item])
label =  (self.y_train_label[item])
return image,label
```

而 __len__ 方法用於獲取資料的長度，在這裡直接傳回標籤的長度即可，程式如下：

```
def __len__(self):
return len(self.y_train_label)
```

完整的自訂 MNIST_Dataset 資料輸出程式如下：

```
class MNIST_Dataset(torch.utils.data.Dataset):
    def __init__(self):
        super(MNIST_Dataset, self).__init__()
        # 載入資料
```

```
    self.x_train = np.load("../dataset/mnist/x_train.npy")
    self.y_train_label = np.load("../dataset/mnist/y_train_label.npy")

def __getitem__(self, item):
    image =  self.x_train[item]
    label =  self.y_train_label[item]
    return image,label
def __len__(self):
    return len(self.y_train_label)
```

讀者可以將上面程式中定義的 MNIST_Dataset 類別作為範本嘗試更多的自訂資料集。

6.1.2 改變資料型態的 Dataset 類別中的 transform 的使用

我們獲取的輸入資料對 PyTorch 2.0 來說並不能夠直接使用，因此最少需要一種轉換的方法，將初始化載入的資料轉化成我們所需要的樣式。

1. 將自訂載入的參數轉化為 PyTorch 2.0 專用的 tensor 類別

這一步的撰寫方法很簡單，我們只需要額外提供對於輸入輸出類的處理方法即可，程式如下：

```
class ToTensor:
    def __call__(self, inputs, targets):    #可呼叫物件
        return torch.tensor(inputs), torch.tensor(targets)
```

這裡我們所提供的 ToTensor 類別的作用是對輸入的資料進行調整。需要注意的是，這個類別的輸入輸出資料結構和類型需要與自訂 Dataset 類別中的 def __getitem__() 方法的資料結構和類型相一致。

2. 新的自訂的 Dataset 類別

對於原本的自訂資料 Dataset 類別的定義，需要對其做出修正，新的資料讀取類別的定義如下：

```python
class MNIST_Dataset(torch.utils.data.Dataset):
    def __init__(self,transform = None):       #在定義時需要定義 transform 的參數
        super(MNIST_Dataset, self).__init__()
        # 載入資料
        self.x_train = np.load("../dataset/mnist/x_train.npy")
        self.y_train_label = np.load("../dataset/mnist/y_train_label.npy")

        self.transform = transform            #需要顯式地提供 transform 類別

    def __getitem__(self, index):
        image = (self.x_train[index])
        label = (self.y_train_label[index])

        # 透過判定 transform 類別的存在對其進行呼叫
        if self.transform:
            image,label = self.transform(image,label)
        return image,label

    def __len__(self):
        return len(self.y_train_label)
```

在這裡讀者需要顯式地在 MNIST_Dataset 類別中提供 transform 的定義、具體使用位置和操作。因此，在這裡特別注意，我們自己定義的 transform 類別需要與 getitem 函式的輸出結構相一致。

完整的帶有 transform 的自訂 MNIST_Dataset 類別使用如下：

```python
import numpy as np
import torch

class ToTensor:
    def __call__(self, inputs, targets):   #可呼叫物件
        return torch.tensor(inputs), torch.tensor(targets)
```

```python
class MNIST_Dataset(torch.utils.data.Dataset):
    def __init__(self,transform = None):      # 在定義時需要定義 transform 的參數
        super(MNIST_Dataset, self).__init__()
        # 載入資料
        self.x_train = np.load("../dataset/mnist/x_train.npy")
        self.y_train_label = np.load("../dataset/mnist/y_train_label.npy")

        self.transform = transform            # 需要顯式地提供 transform 類別

    def __getitem__(self, index):
        image = (self.x_train[index])
        label = (self.y_train_label[index])

        # 透過判定 transform 類別的存在對其進行呼叫
        if self.transform:
            image,label = self.transform(image,label)
        return image,label

    def __len__(self):
        return len(self.y_train_label)

mnist_dataset = MNIST_Dataset()
image,label = (mnist_dataset[1024])
print(type(image), type(label))
print("-------------------------------")
mnist_dataset = MNIST_Dataset(transform=ToTensor())
image,label = (mnist_dataset[1024])
print(type(image), type(label))
```

在這裡我們做了嘗試，對同一個 MNIST_Dataset 類別做了無傳入和有 transform 傳入的比較，最終結果如圖 6-3 所示。

```
<class 'numpy.ndarray'> <class 'numpy.uint8'>
-------------------------------
<class 'torch.Tensor'> <class 'torch.Tensor'>
```

▲ 圖 6-3 無傳入和有 transform 傳入的比較

可以清楚地看到，對於傳入後的資料，由於 transform 的存在，其資料結構有了很大的變化。

3. 修正資料輸出的維度

在 transform 類別中，我們還可以進行更為複雜的操作，例如對維度進行轉換，程式如下：

```
class ToTensor:
    def __call__(self, inputs, targets):    # 可呼叫物件
        inputs = np.reshape(inputs,[28*28])
        return torch.tensor(inputs), torch.tensor(targets)
```

可以看到，我們根據輸入大小的維度進行折疊操作，從而為後續的模型輸出提供合適的資料維度格式。此時，讀者可以使用以下方法列印出新的輸出資料維度，程式如下：

```
mnist_dataset = MNIST_Dataset(transform=ToTensor())
image,label = (mnist_dataset[1024])
print(type(image), type(label))
print(image.shape)
```

4. 依舊無法使用自訂的資料對模型進行訓練

當讀者學到此部分時，一定信心滿滿地想將剛學習到的內容應用到我們的深度學習訓練中。但是遺憾的是，到目前為止，使用自訂資料集的模型還無法執行，這是由於 PyTorch 2.0 在效能方面以及損失函式的計算方式上對此進行了限制。讀者可以先執行程式並參考本小節結尾的提示，嘗試解決這個問題，我們在 6.1.3 節也提供了一種 PyTorch 2.0 官方建議的解決方案。

```
# 注意下面這段程式無法正常使用，僅供演示
import numpy as np
import torch

#device = "cpu"          #PyTorch 的特性，需要指定計算的硬體，如果沒有 GPU 的存在，
就使用 CPU 進行計算
device = "cuda"          # 在這裡預設使用 GPU，如果出現執行問題，可以將其改成 CPU 模式

class ToTensor:
    def __call__(self, inputs, targets):    # 可呼叫物件
        inputs = np.reshape(inputs,[1,-1])
```

```python
        targets = np.reshape(targets, [1, -1])
        return torch.tensor(inputs), torch.tensor(targets)


# 注意下面這段程式無法正常使用，僅供演示
class MNIST_Dataset(torch.utils.data.Dataset):
    def __init__(self,transform = None):      # 在定義時需要定義 transform 的參數
        super(MNIST_Dataset, self).__init__()
        # 載入資料
        self.x_train = np.load("../dataset/mnist/x_train.npy")
        self.y_train_label = np.load("../dataset/mnist/y_train_label.npy")

        self.transform = transform          # 需要顯式地提供 transform 類別

    def __getitem__(self, index):
        image = (self.x_train[index])
        label = (self.y_train_label[index])

        # 透過判定 transform 類別的存在對其進行呼叫
        if self.transform:
            image,label = self.transform(image,label)
        return image,label

    def __len__(self):
        return len(self.y_train_label)

# 注意下面這段程式無法正常使用，僅供演示
mnist_dataset = MNIST_Dataset(transform=ToTensor())

import os
os.environ['CUDA_VISIBLE_DEVICES'] = '0' # 指定 GPU 編碼
import torch
import numpy as np

batch_size = 320                         # 設定每次訓練的批次數
epochs = 1024                            # 設定訓練次數

# 設定的多層感知機網路模型
class NeuralNetwork(torch.nn.Module):
    def __init__(self):
```

```python
        super(NeuralNetwork, self).__init__()
        self.flatten = torch.nn.Flatten()
        self.linear_relu_stack = torch.nn.Sequential(
            torch.nn.Linear(28*28,312),
            torch.nn.ReLU(),
            torch.nn.Linear(312, 256),
            torch.nn.ReLU(),
            torch.nn.Linear(256, 10)
        )
    def forward(self, input):
        x = self.flatten(input)
        logits = self.linear_relu_stack(x)

        return logits


model = NeuralNetwork()
model = model.to(device)                 # 將計算模型傳入 GPU 硬體等待計算
torch.save(model, './model.pth')
model = torch.compile(model)             #PyTorch 2.0 的特性，加速計算速度
loss_fu = torch.nn.CrossEntropyLoss()
optimizer = torch.optim.Adam(model.parameters(), lr=2e-5)    # 設定最佳化函式

# 注意下面這段程式無法正常使用，僅供演示
# 開始計算
for epoch in range(20):
    train_loss = 0
    for sample in (mnist_dataset):
        image = sample[0];label = sample[1]
        train_image = image.to(device)
        train_label = label.to(device)

        pred = model(train_image)
        loss = loss_fu(pred,train_label)

        optimizer.zero_grad()
        loss.backward()
        optimizer.step()
        train_loss += loss.item()   # 記錄每個批次的損失值
```

```
# 計算並列印損失值
train_loss /= len(mnist_dataset)
print("epoch：",epoch,"train_loss:", round(train_loss,2))
```

這段程式看起來沒有問題，但是實際上在執行時期會顯示出錯，這是由於資料在輸出時是一個一個輸出的，模型在一個一個資料計算損失函式時無法對其進行計算；同時，這樣的計算方法會極大地限制 PyTorch 2.0 的計算性能。因此在此並不建議採用此方法直接對模型進行計算。

6.1.3 批次輸出資料的 DataLoader 類別詳解

本小節講解 torch.utils.data 工具箱中最後一個工具，即用於批次輸出資料的 DataLoader 類別。

首先需要說明的是，DataLoader 可以解決使用 Dataset 自訂封裝的資料時無法對資料進行批次化處理的問題，其用法非常簡單，只需要將其包裝在使用 Dataset 封裝好的資料集外即可，程式如下：

```
...
mnist_dataset = MNIST_Dataset(transform=ToTensor())          # 透過 Dataset 獲取資料集
from torch.utils.data import DataLoader                       # 匯入 DataLoader
train_loader = DataLoader(mnist_dataset, batch_size=batch_size, shuffle=True) # 包裝已封
裝好的資料集
```

事實上使用起來就是這麼簡單，我們對 DataLoader 的使用，首先匯入對應的套件，然後用其包裝封裝好的資料即可。DataLoader 的定義如下：

```
class DataLoader(object):
    __initialized = False
    def __init__(self, dataset, batch_size=1, shuffle=False, sampler=None,
    def __setattr__(self, attr, val):
    def __iter__(self):
    def __len__(self):
```

與前面我們實現 Dataset 的不同之處在於：

- 我們一般不需要自己實現 DataLoader 的方法，只需要在建構函式中指定相應的參數即可，比如常見的 batch_size、shuffle 等參數。所以使用 DataLoader 十分簡潔方便，都是透過指定建構函式的參數來實現。

- DataLoader 實際上是一個較為高層的封裝類別，它的功能都是透過更底層的 _DataLoader 來完成的，這裡就不再展開講解了。DataLoaderIter 就是 _DataLoaderIter 的框架，用來傳給 _DataLoaderIter 一堆參數，並把自己裝進 DataLoaderIter 中。

對於 DataLoader 的使用現在只介紹這麼多。基於 PyTorch 2.0 資料處理工具箱對資料進行辨識和訓練的完整程式如下：

```python
import numpy as np
import torch


#device = "cpu" #PyTorch 的特性，需要指定計算的硬體，如果沒有 GPU 的存在，就使用 CPU
進行計算
device = "cuda" # 在這裡預設使用 GPU，如果出現執行問題，可以將其改成 CPU 模式

class ToTensor:
    def __call__(self, inputs, targets):           # 可呼叫物件
        inputs = np.reshape(inputs,[28*28])
        return torch.tensor(inputs), torch.tensor(targets)

class MNIST_Dataset(torch.utils.data.Dataset):
    def __init__(self,transform = None):           # 在定義時需要定義 transform 的參數
        super(MNIST_Dataset, self).__init__()
        # 載入資料
        self.x_train = np.load("../dataset/mnist/x_train.npy")
        self.y_train_label = np.load("../dataset/mnist/y_train_label.npy")
        self.transform = transform                 # 需要顯式地提供 transform 類別

    def __getitem__(self, index):
        image = (self.x_train[index])
        label = (self.y_train_label[index])
```

```python
        # 透過判定 transform 類別的存在對其進行呼叫
        if self.transform:
            image,label = self.transform(image,label)
        return image,label

    def __len__(self):
        return len(self.y_train_label)


import torch
import numpy as np


batch_size = 320                                    # 設定每次訓練的批次數
epochs = 42                                          # 設定訓練次數


mnist_dataset = MNIST_Dataset(transform=ToTensor())
from torch.utils.data import DataLoader
train_loader = DataLoader(mnist_dataset, batch_size=batch_size)


# 設定的多層感知機網路模型
class NeuralNetwork(torch.nn.Module):
    def __init__(self):
        super(NeuralNetwork, self).__init__()
        self.flatten = torch.nn.Flatten()
        self.linear_relu_stack = torch.nn.Sequential(
            torch.nn.Linear(28*28,312),
            torch.nn.ReLU(),
            torch.nn.Linear(312, 256),
            torch.nn.ReLU(),
            torch.nn.Linear(256, 10)
        )
    def forward(self, input):
        x = self.flatten(input)
        logits = self.linear_relu_stack(x)
        return logits


model = NeuralNetwork()
model = model.to(device)                # 將計算模型傳入 GPU 硬體等待計算
torch.save(model, './model.pth')
model = torch.compile(model)            # PyTorch 2.0 的特性，加速計算速度
```

```
loss_fu = torch.nn.CrossEntropyLoss()
optimizer = torch.optim.Adam(model.parameters(), lr=2e-4)    # 設定最佳化函式

# 開始計算
for epoch in range(epochs):
    train_loss = 0
    for image,label in (train_loader):

        train_image = image.to(device)
        train_label = label.to(device)

        pred = model(train_image)
        loss = loss_fu(pred,train_label)

        optimizer.zero_grad()
        loss.backward()
        optimizer.step()
        train_loss += loss.item()   # 記錄每個批次的損失值

    # 計算並列印損失值
    train_loss = train_loss/batch_size
    print("epoch：", epoch, "train_loss:", round(train_loss, 2))
```

最終結果請讀者自行列印完成。

6.2 實戰：基於 tensorboardX 的訓練視覺化展示

　　6.1 節帶領讀者完成了對於 PyTorch 2.0 中資料處理工具箱的使用，相信讀者已經可以較好地對 PyTorch 2.0 的資料進行處理。本節對 PyTorch 2.0 進行資料視覺化。

6.2.1 視覺化元件 tensorboardX 的簡介與安裝

前面介紹了 Netron 的安裝與使用，這是一種視覺化 PyTorch 模型的方法，其優點是操作簡單，可視性強。但是隨之而來的是，Netron 元件對模型的展示效果並不是非常準確，只能大致地展示出模型的元件與結構。

tensorboardX 就是專門為 PyTorch 2.0 進行模型展示與訓練視覺化的元件，可以記錄模型訓練過程的數字、影像等內容，以方便研究人員觀察神經網路訓練過程。

可以使用以下程式安裝 tensorboardX：

```
pip install tensorboardX
```

注意，這部分操作一定要在 Anaconda 或 Miniconda 終端中進行，基於 pip 的安裝和後續操作都是這樣。

6.2.2 tensorboardX 視覺化元件的使用

tensorboardX 最重要的作用之一是對模型的展示，讀者可以遵循以下步驟獲得模型的展示效果。

1. 儲存模型的計算過程

首先使用 tensorboardX 模擬一次模型的運算過程，程式如下：

```
# 建立模型
model = NeuralNetwork()

# 類比輸入資料
input_data = (torch.rand(5, 784))

from tensorboardX import SummaryWriter
writer = SummaryWriter()

with writer:
    writer.add_graph(model,(input_data,))
```

可以看到，首先載入已設計好的模型，之後類比輸入資料，在載入 tensor-boardX 並建立讀寫類別之後，將模型帶有參數的運算過程載入到執行圖中。

2. 查看預設位置的 run 資料夾

執行第 1 步的程式後，程式會在當前平行目錄下生成一個新的 runs 目錄，這是儲存和記錄模型展示的資料夾，如圖 6-4 所示。

▲ 圖 6-4 runs 目錄

可以看到，該資料夾是以日期的形式生成新目錄的。

3. 使用 Anaconda 或 Miniconda 終端打開對應的目錄

使用 Anaconda 或 Miniconda 終端打開剛才生成的目錄：

```
（base）C:\Users\xiaohua>cd C:\Users\xiaohua\Desktop\jupyter_book\src\ 第六章
```

此時需要注意的是，我們在這裡打開的是 runs 資料夾的上一級目錄，而非 runs 資料夾本身。

之後呼叫 tensorboardX 對模型進行展示，讀者需要在剛才打開的資料夾中執行以下命令：

```
tensorboard --logdir runs
```

執行結果如圖 6-5 所示。

```
(base) C:\Users\xiaohua\Desktop\jupyter_book\src\第六章>tensorboard --logdir runs
C:\miniforge3\lib\site-packages\scipy\__init__.py:146: UserWarning: A NumPy version >=1.16.5 and <1.23.0 is required for
 this version of SciPy (detected version 1.23.5
  warnings.warn(f"A NumPy version >={np_minversion} and <{np_maxversion}"
Serving TensorBoard on localhost; to expose to the network, use a proxy or pass --bind_all
TensorBoard 2.10.0 at http://localhost:6006/ (Press CTRL+C to quit)
```

▲ 圖 6-5 執行結果

可以看到，此時程式在執行，並提供了一個 HTTP 位址。至此，使用 tensorboardX 展示模型的步驟第一階段完成。

4. 使用瀏覽器打開模型展示頁面

查看模型展示頁面，在這裡使用 Windows 附帶的 Edge 瀏覽器，讀者也可以嘗試不同的瀏覽器，這裡只需要在網址列中輸入 http://localhost:6006 即可進入 tensorboardX 的本地展示頁面，如圖 6-6 所示。

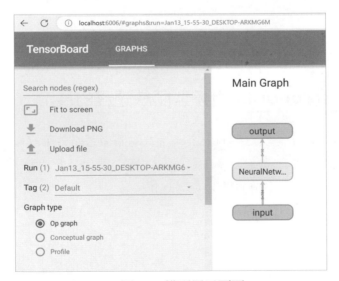

▲ 圖 6-6 模型展示頁面

可以看到，這是記錄了模型的基本參數、輸入輸出以及基本模組的展示，之後讀者可以按兩下模型主題部分，展開模型進行進一步的說明，如圖6-7所示。更多操作建議讀者自行嘗試。

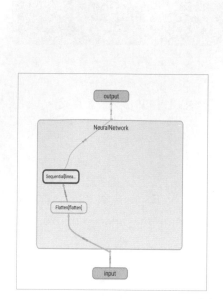
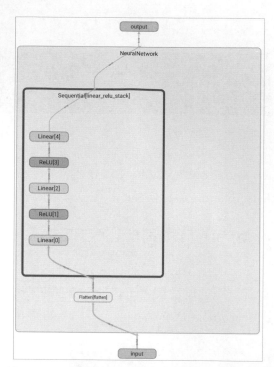

▲ 圖 6-7　模型的結構展示

6.2.3 tensorboardX 對模型訓練過程的展示

　　模型結構的展示是很重要的內容，而有的讀者還希望了解模型在訓練過程中出現的一些問題和參數變化，tensorboardX 同樣提供了此功能，可以記錄並展示模型在訓練過程中損失值的變化，程式如下：

```python
from tensorboardX import SummaryWriter
writer = SummaryWriter()
# 開始計算
for epoch in range(epochs):
    ...
    # 計算並列印損失值
    train_loss = train_loss/batch_size
    writer.add_scalars('evl', {'train_loss': train_loss}, epoch)
writer.close()
```

　　這裡可以看到，使用 tensorboardX 對訓練過程的參數記錄非常簡單，直接記錄損失過程即可，而 epoch 作為水平座標標記也被記錄。完整的程式以下（作者故意調整了損失函式學習率）：

```
import torch
#device = "cpu"          #PyTorch 的特性，需要指定計算的硬體，如果沒有 GPU 的存在，就使用 CPU
進行計算
device = "cuda"          #在這裡預設使用 GPU，如果出現執行問題，可以將其改成 CPU 模式
class ToTensor:
    def __call__(self, inputs, targets):    #可呼叫物件
        inputs = np.reshape(inputs,[28*28])
        return torch.tensor(inputs), torch.tensor(targets)


class MNIST_Dataset(torch.utils.data.Dataset):
    def __init__(self,transform = None):     #在定義時需要定義 transform 的參數
        super(MNIST_Dataset, self).__init__()
        # 載入資料
        self.x_train = np.load("../dataset/mnist/x_train.npy")
        self.y_train_label = np.load("../dataset/mnist/y_train_label.npy")
        self.transform = transform            #需要顯式地提供 transform 類別
    def __getitem__(self, index):
        image = (self.x_train[index])
        label = (self.y_train_label[index])

        #透過判定 transform 類別的存在對其進行呼叫
        if self.transform:
            image,label = self.transform(image,label)
        return image,label
    def __len__(self):
        return len(self.y_train_label)


import torch
import numpy as np
batch_size = 320                    #設定每次訓練的批次數
epochs = 320                        #設定訓練次數
mnist_dataset = MNIST_Dataset(transform=ToTensor())
from torch.utils.data import DataLoader
train_loader = DataLoader(mnist_dataset, batch_size=batch_size)
```

```python
# 設定的多層感知機網路模型
class NeuralNetwork(torch.nn.Module):
    def __init__(self):
        super(NeuralNetwork, self).__init__()
        self.flatten = torch.nn.Flatten()
        self.linear_relu_stack = torch.nn.Sequential(
            torch.nn.Linear(28*28,312),
            torch.nn.ReLU(),
            torch.nn.Linear(312, 256),
            torch.nn.ReLU(),
            torch.nn.Linear(256, 10)
        )
    def forward(self, input):
        x = self.flatten(input)
        logits = self.linear_relu_stack(x)
        return logits


model = NeuralNetwork()
model = model.to(device)                          # 將計算模型傳入 GPU 硬體等待計算
model = torch.compile(model)                      #PyTorch 2.0 的特性，加速計算速度
loss_fu = torch.nn.CrossEntropyLoss()
optimizer = torch.optim.Adam(model.parameters(), lr=2e-6) # 設定最佳化函式
from tensorboardX import SummaryWriter
writer = SummaryWriter()
# 開始計算
for epoch in range(epochs):
    train_loss = 0
    for image,label in (train_loader):

        train_image = image.to(device)
        train_label = label.to(device)

        pred = model(train_image)
        loss = loss_fu(pred,train_label)

        optimizer.zero_grad()
        loss.backward()
        optimizer.step()
        train_loss += loss.item()   # 記錄每個批次的損失值
```

```
    # 計算並列印損失值
    train_loss = train_loss/batch_size
    print("epoch：", epoch, "train_loss:", round(train_loss, 2))
    writer.add_scalars('evl', {'train_loss': train_loss}, epoch)
writer.close()
```

完成訓練後，我們可以使用上一步的 HTTP 位址，此時按一下 TIME SERIES 標籤，對儲存的模型變數進行驗證，如圖 6-8 所示。

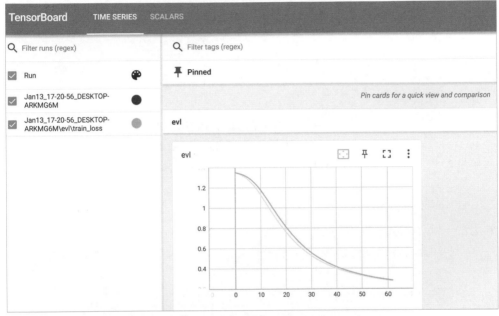

▲ 圖 6-8 模型在訓練過程中儲存的損失值的變化

這裡記錄了模型在訓練過程中儲存的損失值的變化，更多的模型訓練過程參數值的展示請讀者自行嘗試。

6.3 本章小結

本章主要講解了 PyTorch 2.0 資料處理與模型訓練視覺化方面的內容。本章介紹了資料處理的步驟，讀者可能會有這樣的印象，即 PyTorch 2.0 中的資料處理是依據一個個「管套」進行的。事實上也是這樣，PyTorch 2.0 透過管套模型對資料進行一步一步地加工，如圖 6-9 所示，這是一種常用的設計模型，請讀者注意。

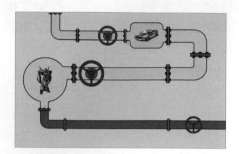

▲ 圖 6-9 透過管套模型對資料進行加工

同時，本章還講解了基於 PyTorch 2.0 原生的模型訓練視覺化元件 tensorboardX 的用法，除了對模型本身的展示外，tensorboardX 更偏重對模型的訓練過程的展示，記錄了模型的損失值等資訊，讀者還可以進一步嘗試加入對準確率的記錄。

第 7 章 ResNet 實戰

隨著卷積網路模型的成功，更深、更寬、更複雜的網路似乎成為卷積神經
網路架設的主流。卷積神經網路能夠用來提取所偵測物件的低、中、高特徵，
網路的層數越多，表示能夠提取到不同等級的特徵越豐富。透過還原鏡像發現，
越深的網路提取的特徵越抽象，越具有語義資訊。

這也產生了一個非常大的疑問，是否可以單純地透過增加神經網路模型的
深度和寬度（增加更多的隱藏層和每個層中的神經元）來獲得更好的結果？

答案是不可能。因為根據實驗發現，隨著卷積神經網路層數的加深，出現
了另一個問題，即在訓練集上，準確率難以達到 100% 正確，甚至產生了下降。

這似乎不能簡單地解釋為卷積神經網路的性能下降，因為卷積神經網路加
深的基礎理論就是越深越好。如果強行解釋為產生了「過擬合」，似乎也不能
夠解釋準確率下降的原因，因為如果產生了過擬合，那麼在訓練集上卷積神經
網路應該表現得更好才對。

這個問題被稱為「神經網路退化」。

神經網路退化問題的產生說明了卷積神經網路不能夠被簡單地使用堆積層數的方法進行最佳化。

2015 年，152 層深的 ResNet（殘差網路）從天而降，取得當年 ImageNet 競賽冠軍，相關論文在 CVPR 2016 斬獲最佳論文獎。ResNet 成為視覺乃至整個 AI 界的經典。ResNet 使得訓練深度達到數百甚至數千層的網路成為可能，而且性能仍然優越。

本章主要介紹 ResNet 及其變種。後面章節介紹的 Attention 模組也是基於 ResNet 模型的擴展，因此本章內容非常重要。

讓我們站在巨人的肩膀上，從冠軍開始！

7.1 ResNet 基礎原理與程式設計基礎

為了獲取更好的準確率和辨識度，科學研究人員不斷使用更深、更寬、更大的網路來挖掘物件的資料特徵，但是隨之而來的研究發現，過多的參數和層數並不能帶來性能上的提升，反而由於網路層數的增加，訓練過程會帶來訓練的不穩定性增加。因此，無論是科學界還是工業界都在探索和尋找一種新的神經網路結構模型。

ResNet 的出現徹底改變了傳統靠堆積卷積層所帶來的固定思維，破天荒地提出了採用模組化的集合模式來替代整體的卷積層，透過一個個模組的堆疊來替代不斷增加的卷積層。

對 ResNet 的研究和不斷改進，成為過去幾年中電腦視覺和深度學習領域最具突破性的工作。由於其表徵能力強，ResNet 在影像分類任務以外的許多電腦視覺應用上都獲得了巨大的性能提升，例如物件檢測和人臉辨識。

7.1.1 ResNet 誕生的背景

卷積神經網路的實質就是無限擬合一個符合對應目標的函式。而根據泛逼近定理（Universal Approximation Theorem），如果給定足夠的容量，一個單層的前饋網路就足以表示任何函式。但是，這個層可能非常大，而且網路資料容易過擬合。因此，學術界有一個共識，就是網路架構需要更深。

但是，研究發現只是簡單地將層堆疊在一起，增加網路的深度並不會起太大的作用。這是由於難搞的梯度消失（Vanishing Gradient）問題，深層的網路很難訓練。因為梯度反向傳播到前一層，重複相乘可能使梯度無限小。結果就是，隨著網路層數的加深，其性能趨於飽和，甚至開始迅速下降，如圖 7-1 所示。

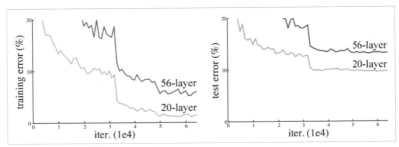

▲ 圖 7-1 隨著網路層數的加深，其性能趨於飽和，甚至開始迅速下降

在 ResNet 之前，已經出現好幾種處理梯度消失問題的方法，但是沒有一種方法能夠真正解決這個問題。何愷明等人於 2015 年發表的論文《用於影像辨識的深度殘差學習》（*Deep Residual Learning for Image Recognition*）中，認為堆疊的層不應該降低網路的性能，可以簡單地在當前網路上堆疊映射層（不處理任何事情的層），並且所得到的架構性能不變。

$$f'(x) = \begin{cases} x \\ f(x) + x \end{cases}$$

即當 $f(x)$ 為 0 時，$f'(x)$ 等於 x，而當 $f(x)$ 不為 0，所獲得的 $f'(x)$ 性能要優於單純地輸入 x。公式表明，較深的模型所產生的訓練誤差不應比較淺的模型的誤差更高。假設讓堆疊的層擬合一個殘差映射（Residual Mapping）要比讓它們直接擬合所需的底層映射更容易。

從圖 7-2 可以看到，殘差映射與傳統的直接相連的卷積網路相比，最大的變化是加入了一個恒等映射層 *y=x* 層。其主要作用是使得網路隨著深度的增加而不會產生權重衰減、梯度衰減或消失這些問題。

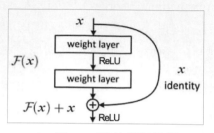

▲ 圖 7-2　殘差框架模組

圖 7-2 中，*F*(*x*) 表示的是殘差，*F*(*x*) +*x* 是最終的映射輸出，因此可以得到網路的最終輸出為 *H*(*x*) = *F*(*x*) + *x*。由於網路框架中有 2 個卷積層和 2 個 ReLU 函式，因此最終的輸出結果可以表示為：

$$H_1(x) = \mathrm{Re\,LU}_1(w_1 \times x)$$
$$H_2(x) = \mathrm{Re\,LU}_2(w_2 \times h_1(x))$$
$$H(x) = H_2(x) + x$$

其中 H_1 是第一層的輸出，而 H_2 是第二層的輸出。這樣在輸入與輸出有相同維度時，可以使用直接輸入的形式將資料傳遞到框架的輸出層。

ResNet 整體結構圖及與 VGGNet 的比較如圖 7-3 所示。

圖 7-3 展示了 VGGNet19、一個 34 層的普通結構神經網路以及與一個 34 層的 ResNet 網路的對比圖。透過驗證可以知道，在使用了 ResNet 的結構後，可以發現層數不斷加深導致的訓練集上誤差增大的現象被消除了，ResNet 網路的訓練誤差會隨著層數的增加而逐漸減小，並且在測試集上的表現也會變好。

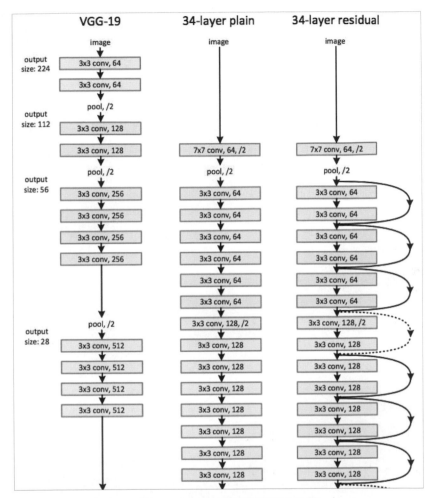

▲ 圖 7-3 ResNet 模型結構及比較

但是，除了用以講解的二層殘差學習單元外，實際上更多的是使用 [1,1] 結構的三層殘差學習單元，如圖 7-4 所示。

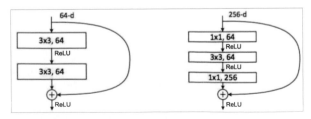

▲ 圖 7-4 二層（左）和三層（右）殘差單元的比較

　　這是參考了 NIN 模型的思想，在二層殘差單元中包含一個 [3,3] 卷積層的基礎上，還包含了兩個 [1,1] 大小的卷積層，放在 [3,3] 卷積層的前後，執行先降維再升維的操作。

　　無論採用哪種連接方式，ResNet 的核心是引入一個「身份捷徑連接」（Identity Shortcut Connection），直接跳過一層或多層將輸入層與輸出層進行連接。實際上，ResNet 並不是第一個利用身份捷徑連接的方法，較早期有相關研究人員就在卷積神經網路中引入了「門控短路電路」，即參數化的門控系統允許特定資訊透過網路通道，如圖 7-5 所示。

　　但是並不是所有加入了 Shortcut 的卷積神經網路都會提高傳輸效果。在後續的研究中，有不少研究人員對殘差塊進行了改進，但是很遺憾並不能獲得性能上的提高。

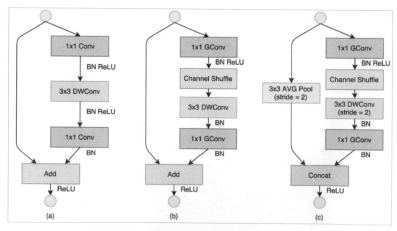

▲ 圖 7-5 門控短路電路

7.1.2 PyTorch 2.0 中的模組工具

在正式講解 ResNet 之前，我們先熟悉一下 ResNet 建構過程中所使用的 PyTorch 2.0 模組。

在建構自己的殘差網路之前，需要準備好相關的程式設計工具。這裡的工具是指那些已經設計好結構，可以直接使用的程式。最重要的是卷積核心的建立方法。從模型上看，需要更改的內容很少，即卷積核心的大小、輸出通道數以及所定義的卷積層的名稱，程式如下：

```
torch.nn.Conv2d
```

Conv2d 這個 PyTorch 卷積模型在前面的學習中已經介紹過，後期我們還會學習其 1d 模式。

此外，還有一個非常重要的方法是獲取資料的 BatchNormalization，這是使用批次正則化對資料進行處理，程式如下：

```
torch.nn.BatchNorm2d
```

在這裡，BatchNorm2d 類別生成時需要定義輸出的最後一個維度，從而在初始化時生成一個特定的資料維度。

還有最大池化層，程式如下：

```
torch.nn.MaxPool2d
```

平均池化層，程式如下：

```
torch.nn.AvgPool2d
```

這些是在模型單元中需要使用的基本工具，這些工具的用法我們在後續的模型實現中會進行講解，有了這些工具，就可以直接建構 ResNet 模型單元。

7.1.3　ResNet 殘差模組的實現

　　ResNet 網路結構已經在前文做了介紹，它突破性地使用模組化思維來對網路進行疊加，從而實現了資料在模組內部特徵的傳遞不會產生遺失。

　　如圖 7-6 所示，模組內部實際上是 3 個卷積通道相互疊加，形成了一種瓶頸設計。對於每個殘差模組使用 3 層卷積。這 3 層分別是 1×1、3×3 和 1×1 的卷積層，其中 1×1 層卷積對輸入資料造成「整形」的作用，透過修改通道數使得 3×3 卷積層具有較小的輸入 / 輸出資料結構。

　　實現的瓶頸 3 層卷積結構的程式如下：

```
torch.nn.Conv2d(input_dim,input_dim//4,kernel_size=1,padding=1)
torch.nn.ReLU(input_dim//4)

torch.nn.Conv2d(input_dim//4,input_dim//4,kernel_size=3,padding=1)
torch.nn.ReLU(input_dim//4)
torch.nn.BatchNorm2d(input_dim//4)

torch.nn.Conv2d(input_dim,input_dim,kernel_size=1,padding=1)
torch.nn.ReLU(input_dim)
```

　　程式中輸入的資料首先經過 Conv2d 卷積層計算，輸出的維度為 1/4 的輸出維度，這是為了降低輸入資料的整個資料量，為進行下一層的 [3,3] 計算打下基礎。同時，因為 PyTorch 2.0 的關係，需要顯式地加入 ReLU 和 BatchNorm2d 作為啟動層和批次處理層。

　　在資料傳遞的過程中，ResNet 模組使用了名為 shortcut 的「資訊公路」，Shortcut 連接相當於簡單執行了同等映射，不會產生額外的參數，也不會增加計算複雜度。而且，整個網路依舊可以透過點對點的反向傳播訓練。

正是因為有了 Shortcut 的出現，才使得資訊可以在每個區塊 BLOCK 中進行傳播，據此組成的 ResNet BasicBlock 程式如下：

```python
import torch
import torch.nn as nn


class BasicBlock(nn.Module):
    expansion = 1
    def __init__(self, in_channels, out_channels, stride=1):
        super().__init__()

        #residual function
        self.residual_function = nn.Sequential(
            nn.Conv2d(in_channels, out_channels, kernel_size=3, stride=stride,
padding=1, bias=False),
            nn.BatchNorm2d(out_channels),
            nn.ReLU(inplace=True),
            nn.Conv2d(out_channels, out_channels * BasicBlock.expansion, kernel_
size=3, padding=1, bias=False),
            nn.BatchNorm2d(out_channels * BasicBlock.expansion)
        )

        #shortcut
        self.shortcut = nn.Sequential()
        # 判定輸出的維度是否和輸入相一致
        if stride != 1 or in_channels != BasicBlock.expansion * out_channels:
            self.shortcut = nn.Sequential(
                nn.Conv2d(in_channels, out_channels * BasicBlock.expansion, kernel_
size=1, stride=stride, bias=False),
                nn.BatchNorm2d(out_channels * BasicBlock.expansion)
            )

    def forward(self, x):
        return nn.ReLU(inplace=True)(self.residual_function(x) + self.shortcut(x))
```

在這裡實現的是經典的 ResNet Block 模型，除此之外，還有很多 ResNet 模組化的方式，如圖 7-7 所示。

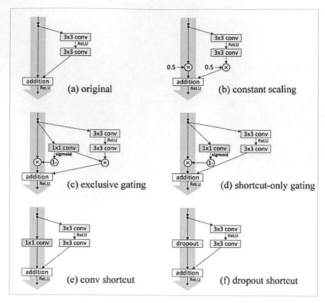

▲ 圖 7-7　其他 ResNet 模組化的方式

有興趣的讀者可以嘗試更多的模組結構。

7.1.4　ResNet 網路的實現

在介紹完 ResNet 模組的實現後，下面使用完成的 ResNet Block 模型實現完整的 ResNet。ResNet 的結構如圖 7-8 所示。

layer name	output size	18-layer	34-layer	50-layer	101-layer	152-layer
conv1	112×112	7×7, 64, stride 2				
conv2_x	56×56	3×3 max pool, stride 2				
		$\begin{bmatrix} 3\times3, 64 \\ 3\times3, 64 \end{bmatrix}$×2	$\begin{bmatrix} 3\times3, 64 \\ 3\times3, 64 \end{bmatrix}$×3	$\begin{bmatrix} 1\times1, 64 \\ 3\times3, 64 \\ 1\times1, 256 \end{bmatrix}$×3	$\begin{bmatrix} 1\times1, 64 \\ 3\times3, 64 \\ 1\times1, 256 \end{bmatrix}$×3	$\begin{bmatrix} 1\times1, 64 \\ 3\times3, 64 \\ 1\times1, 256 \end{bmatrix}$×3
conv3_x	28×28	$\begin{bmatrix} 3\times3, 128 \\ 3\times3, 128 \end{bmatrix}$×2	$\begin{bmatrix} 3\times3, 128 \\ 3\times3, 128 \end{bmatrix}$×4	$\begin{bmatrix} 1\times1, 128 \\ 3\times3, 128 \\ 1\times1, 512 \end{bmatrix}$×4	$\begin{bmatrix} 1\times1, 128 \\ 3\times3, 128 \\ 1\times1, 512 \end{bmatrix}$×4	$\begin{bmatrix} 1\times1, 128 \\ 3\times3, 128 \\ 1\times1, 512 \end{bmatrix}$×8
conv4_x	14×14	$\begin{bmatrix} 3\times3, 256 \\ 3\times3, 256 \end{bmatrix}$×2	$\begin{bmatrix} 3\times3, 256 \\ 3\times3, 256 \end{bmatrix}$×6	$\begin{bmatrix} 1\times1, 256 \\ 3\times3, 256 \\ 1\times1, 1024 \end{bmatrix}$×6	$\begin{bmatrix} 1\times1, 256 \\ 3\times3, 256 \\ 1\times1, 1024 \end{bmatrix}$×23	$\begin{bmatrix} 1\times1, 256 \\ 3\times3, 256 \\ 1\times1, 1024 \end{bmatrix}$×36
conv5_x	7×7	$\begin{bmatrix} 3\times3, 512 \\ 3\times3, 512 \end{bmatrix}$×2	$\begin{bmatrix} 3\times3, 512 \\ 3\times3, 512 \end{bmatrix}$×3	$\begin{bmatrix} 1\times1, 512 \\ 3\times3, 512 \\ 1\times1, 2048 \end{bmatrix}$×3	$\begin{bmatrix} 1\times1, 512 \\ 3\times3, 512 \\ 1\times1, 2048 \end{bmatrix}$×3	$\begin{bmatrix} 1\times1, 512 \\ 3\times3, 512 \\ 1\times1, 2048 \end{bmatrix}$×3
	1×1	average pool, 1000-d fc, softmax				
FLOPs		1.8×10^9	3.6×10^9	3.8×10^9	7.6×10^9	11.3×10^9

▲ 圖 7-8　ResNet 的結構

圖 7-8 一共舉出了 5 種深度的 ResNet，分別是 18、34、50、101 和 152，其中所有的網路都分成 5 部分，分別是 conv1、conv2_x、conv3_x、conv4_x 和 conv5_x。

說明：ResNet 完整的實現需要較高性能的顯示卡，因此我們對其做了修改，去掉了 Pooling 層，並降低了每次 filter 的數目和每層的層數，這一點請讀者注意。

完整實現 ResNet 模型的結構如下：

```python
import torch
import torch.nn as nn

class BasicBlock(nn.Module):

    expansion = 1

    def __init__(self, in_channels, out_channels, stride=1):
        super().__init__()

        #residual function
        self.residual_function = nn.Sequential(
            nn.Conv2d(in_channels, out_channels, kernel_size=3, stride=stride,
padding=1, bias=False),
            nn.BatchNorm2d(out_channels),
            nn.ReLU(inplace=True),
            nn.Conv2d(out_channels, out_channels * BasicBlock.expansion, kernel_
size=3, padding=1, bias=False),
            nn.BatchNorm2d(out_channels * BasicBlock.expansion)
        )

        #shortcut
        self.shortcut = nn.Sequential()
        # 判定輸出的維度是否和輸入相一致
        if stride != 1 or in_channels != BasicBlock.expansion * out_channels:
            self.shortcut = nn.Sequential(
                nn.Conv2d(in_channels, out_channels * BasicBlock.expansion, kernel_
size=1, stride=stride, bias=False),
                nn.BatchNorm2d(out_channels * BasicBlock.expansion)
```

```
            )

    def forward(self, x):
        return nn.ReLU(inplace=True)(self.residual_function(x) + self.shortcut(x))


class ResNet(nn.Module):

    def __init__(self, block, num_block, num_classes=100):
        super().__init__()
        self.in_channels = 64
        self.conv1 = nn.Sequential(
            nn.Conv2d(3, 64, kernel_size=3, padding=1, bias=False),
            nn.BatchNorm2d(64),
            nn.ReLU(inplace=True))
        # 在這裡我們使用建構函式的形式，根據傳入的模型結構進行建構，讀者直接記住這種寫法即可
        self.conv2_x = self._make_layer(block, 64, num_block[0], 1)
        self.conv3_x = self._make_layer(block, 128, num_block[1], 2)
        self.conv4_x = self._make_layer(block, 256, num_block[2], 2)
        self.conv5_x = self._make_layer(block, 512, num_block[3], 2)
        self.avg_pool = nn.AdaptiveAvgPool2d((1, 1))
        self.fc = nn.Linear(512 * block.expansion, num_classes)

    def _make_layer(self, block, out_channels, num_blocks, stride):

        strides = [stride] + [1] * (num_blocks - 1)
        layers = []
        for stride in strides:
            layers.append(block(self.in_channels, out_channels, stride))
            self.in_channels = out_channels * block.expansion

        return nn.Sequential(*layers)

    def forward(self, x):
        output = self.conv1(x)
        output = self.conv2_x(output)
        output = self.conv3_x(output)
        output = self.conv4_x(output)
        output = self.conv5_x(output)
        output = self.avg_pool(output)
```

```
# 首先使用 view 作為全域池化層,fc 是最終的分類函式,為每層對應的類別進行分類計算
        output = output.view(output.size(0), -1)
        output = self.fc(output)

        return output

#18 層的 ResNet
def resnet18():
    return ResNet(BasicBlock, [2, 2, 2, 2])

#34 層的 ResNet
def resnet34():
    return ResNet(BasicBlock, [3, 4, 6, 3])

if __name__ == '__main__':
    image = torch.randn(size=(5,3,224,224))
    resnet = ResNet(BasicBlock, [2, 2, 2, 2])

    img_out = resnet(image)
    print(img_out.shape)
```

　　在這裡需要提醒的是,根據輸入層數的不同,作者採用 PyTorch 2.0 中特有的建構方法對傳入的區塊形式進行建構,使用 view 層作為全域池化層,之後的 fc 層對結果進行最終的分類。請讀者注意,這裡為了配合 7.2 節的 CIFAR-10 資料集分類,分類結果被設定成 10 種。

　　為了演示,在這裡實現了 18 層和 34 層的 ResNet 模型的建構,更多的模型請讀者自行完成。

7.2 ResNet 實戰：CIFAR-10 資料集分類

本節將使用 ResNet 實現 CIFAR-10 資料集分類。

7.2.1 CIFAR-10 資料集簡介

CIFAR-10 資料集共有 60000 幅彩色影像，這些影像是 32×32 像素的，分為 10 個類，每類 6000 幅圖。這裡面有 50000 幅用於訓練，組成了 5 個訓練批，每一批 10000 幅圖；另外 10000 幅圖用於測試，單獨組成一批。測試批的資料取自 100 類中的每一類，每一類隨機取 1000 幅圖。抽剩下的就隨機排列組成訓練批。注意，一個訓練批中的各類影像的數量並不一定相同，總的來看，訓練批每一類都有 5000 幅圖，如圖 7-9 所示。

▲ 圖 7-9　CIFAR-10 資料集

讀者自行搜尋 CIFAR-10 資料集下載網址，進入下載頁面後，選擇下載方式，如圖 7-10 所示。

Download

If you're going to use this dataset, please cite the tech report at the bottom of this page.

Version	Size	md5sum
CIFAR-10 python version	163 MB	c58f30108f718f92721af3b95e74349a
CIFAR-10 Matlab version	175 MB	70270af85842c9e89bb428ec9976c926
CIFAR-10 binary version (suitable for C programs)	162 MB	c32a1d4ab5d03f1284b67883e8d87530

▲ 圖 7-10　下載方式

由於 PyTorch 2.0 採用 Python 語言程式設計，因此選擇 python version 版本下載。下載之後解壓縮，得到如圖 7-11 所示的幾個檔案。

● batches	2009/3/31 12:45	META 文件	1 KB
data_batch_1	2009/3/31 12:32	文件	30,309 KB
data_batch_2	2009/3/31 12:32	文件	30,308 KB
data_batch_3	2009/3/31 12:32	文件	30,309 KB
data_batch_4	2009/3/31 12:32	文件	30,309 KB
data_batch_5	2009/3/31 12:32	文件	30,309 KB
readme	2009/6/5 4:47	QQBrowser HTML ...	1 KB
test_batch	2009/3/31 12:32	文件	30,309 KB

▲ 圖 7-11　得到的檔案

data_batch_1 ～ data_batch_5 是劃分好的訓練資料，每個檔案中包含 10000 幅圖片，test_batch 是測試集資料，也包含 10000 幅圖片。

讀取資料的程式如下：

```
import pickle
def load_file(filename):
    with open(filename, 'rb') as fo:
        data = pickle.load(fo, encoding='latin1')
    return data
```

首先定義讀取資料的函式，這幾個檔案都是透過 pickle 產生的，所以在讀取的時候也要用到這個套件。傳回的 data 是一個字典，先來看這個字典裡面有哪些鍵。

```
data = load_file('data_batch_1')
print(data.keys())
```

輸出結果如下：

```
dict_keys([ 'batch_label', 'labels', 'data', 'filenames' ])
```

具體說明如下：

- batch_label：對應的值是一個字串，用來表明當前檔案的一些基本資訊。

- labels：對應的值是一個長度為 10000 的串列，每個數字設定值範圍為 0~9，代表當前圖片所屬的類別。

- data：10000×3072 的二維陣列，每一行代表一幅圖片的像素值。

- filenames：長度為 10000 的串列，裡面每一項是代表圖片檔案名稱的字串。

完整的資料讀取函式如下。

```python
import pickle
import numpy as np
import os
def get_cifar10_train_data_and_label(root=""):
    def load_file(filename):
        with open(filename, 'rb') as fo:
            data = pickle.load(fo, encoding='latin1')
        return data

    data_batch_1 = load_file(os.path.join(root, 'data_batch_1'))
    data_batch_2 = load_file(os.path.join(root, 'data_batch_2'))
    data_batch_3 = load_file(os.path.join(root, 'data_batch_3'))
    data_batch_4 = load_file(os.path.join(root, 'data_batch_4'))
    data_batch_5 = load_file(os.path.join(root, 'data_batch_5'))
    dataset = []
    labelset = []
    for data in [data_batch_1, data_batch_2, data_batch_3, data_batch_4, data_
batch_5]:
        img_data = (data["data"])
        img_label = (data["labels"])
        dataset.append(img_data)
        labelset.append(img_label)
    dataset = np.concatenate(dataset)
    labelset = np.concatenate(labelset)
    return dataset, labelset

def get_cifar10_test_data_and_label(root=""):
```

```
    def load_file(filename):
        with open(filename, 'rb') as fo:
            data = pickle.load(fo, encoding='latin1')
        return data
    data_batch_1 = load_file(os.path.join(root, 'test_batch'))
    dataset = []
    labelset = []
    for data in [data_batch_1]:
        img_data = (data["data"])
        img_label = (data["labels"])
        dataset.append(img_data)
        labelset.append(img_label)
    dataset = np.concatenate(dataset)
    labelset = np.concatenate(labelset)
    return dataset, labelset

def get_CIFAR10_dataset(root=""):
    train_dataset, label_dataset = get_cifar10_train_data_and_label(root=root)
    test_dataset, test_label_dataset = get_cifar10_train_data_and_label(root=root)
    return train_dataset, label_dataset, test_dataset, test_label_dataset

if __name__ == "__main__":
    train_dataset, label_dataset, test_dataset, test_label_dataset = get_CIFAR10_
dataset(root="../dataset/cifar-10-batches-py/")

train_dataset = np.reshape(train_dataset,[len(train_dataset),3,32,32]).
astype(np.float32)/255.
test_dataset = np.reshape(test_dataset,[len(test_dataset),3,32,32]).
astype(np.float32)/255.
label_dataset = np.array(label_dataset)
test_label_dataset = np.array(test_label_dataset)
```

其中的 root 參數是下載資料解壓後的目錄，os.join 函式將其組合成資料檔案的位置。最終傳回訓練檔案、測試檔案以及它們對應的 label。由於我們提取出的檔案資料格式為 [-1,3072]，因此需要重新對資料維度進行調整，使之適用模型的輸入。

7.2.2　基於 ResNet 的 CIFAR-10 資料集分類

前面章節中，我們對 ResNet 模型以及 CIFAR-10 資料集做了介紹，本小節將使用前面定義的 ResNet 模型進行分類任務。

在 7.2.1 節中已經介紹了 CIFAR-10 資料集的基本組成，並講解了 ResNet 的基本模型結構，接下來直接匯入對應的資料和模型即可。完整的模型訓練如下：

```python
import torch
import resnet
import get_data
import numpy as np

train_dataset, label_dataset, test_dataset, test_label_dataset = get_data.get_CIFAR10_
dataset(root="../dataset/cifar-10-batches-py/")

train_dataset = np.reshape(train_dataset,[len(train_dataset),3,32,32]).
astype(np.float32)/255.
test_dataset = np.reshape(test_dataset,[len(test_dataset),3,32,32]).
astype(np.float32)/255.
label_dataset = np.array(label_dataset)
test_label_dataset = np.array(test_label_dataset)

device = "cuda" if torch.cuda.is_available() else "cpu"
model = resnet.resnet18()                          # 匯入 ResNet 模型
model = model.to(device)                           # 將計算模型傳入 GPU 硬體等待計算
model = torch.compile(model)                       #PyTorch 2.0 的特性，加速計算速度
optimizer = torch.optim.Adam(model.parameters(), lr=2e-5)     # 設定最佳化函式
loss_fn = torch.nn.CrossEntropyLoss()

batch_size = 128
train_num = len(label_dataset)//batch_size
for epoch in range(63):

    train_loss = 0.
    for i in range(train_num):
        start = i * batch_size
        end = (i + 1) * batch_size
```

```
        x_batch = torch.from_numpy(train_dataset[start:end]).to(device)
        y_batch = torch.from_numpy(label_dataset[start:end]).to(device)

        pred = model(x_batch)
        loss = loss_fn(pred, y_batch.long())

        optimizer.zero_grad()
        loss.backward()
        optimizer.step()

        train_loss += loss.item()   # 記錄每個批次的損失值

    # 計算並列印損失值
    train_loss /= train_num
    accuracy = (pred.argmax(1) == y_batch).type(torch.float32).sum().item() / batch_
size

    #2048 可根據讀者 GPU 顯示記憶體大小調整
    test_num = 2048
    x_test = torch.from_numpy(test_dataset[:test_num]).to(device)
    y_test = torch.from_numpy(test_label_dataset[:test_num]).to(device)
    pred = model(x_test)
    test_accuracy = (pred.argmax(1) == y_test).type(torch.float32).sum().item() /
test_num
    print("epoch：",epoch,"train_loss:",
round(train_loss,2),";accuracy:",round(accuracy,2),";test_accuracy:",round(test_
accuracy,2))
```

在這裡使用訓練集資料對模型進行訓練，之後使用測試集資料對其輸出進行測試，訓練結果如圖 7-12 所示。

```
epoch:  0 train_loss: 1.83 ;accuracy: 0.6 ;test_accuracy: 0.56
epoch:  1 train_loss: 1.13 ;accuracy: 0.64 ;test_accuracy: 0.66
epoch:  2 train_loss: 0.82 ;accuracy: 0.76 ;test_accuracy: 0.79
epoch:  3 train_loss: 0.48 ;accuracy: 0.91 ;test_accuracy: 0.9
epoch:  4 train_loss: 0.21 ;accuracy: 0.99 ;test_accuracy: 0.95
epoch:  5 train_loss: 0.11 ;accuracy: 0.99 ;test_accuracy: 0.98
```

▲ 圖 7-12　訓練結果

可以看到，經過 5 輪後，模型在訓練集的準確率達到 0.99，在測試集的準確率也達到 0.98，這是一個較好的成績，可以看到模型的性能達到較高水準。

其他層次的模型請讀者自行嘗試，根據讀者自己不同的硬體裝置，模型的參數和訓練集的 batch_size 都需要作出調整，具體數值請根據需要對它們進行設定。

7.3　本章小結

本章是一個起點，讓讀者站在巨人的肩膀上，從冠軍開始！

ResNet 透過「直連」和「模組」的方法開創了一個 AI 時代，改變了人們僅依靠堆積神經網路層來獲取更高性能的做法，在一定程度上解決了梯度消失和梯度爆炸的問題。這是一項跨時代的發明。

當簡單的堆積神經網路層的做法失效的時候，人們開始採用模組化的思想設計網路，同時在不斷「加寬」模組的內部通道。但是，當這些能夠使用的方法被挖掘窮盡後，有沒有新的方法能夠進一步提升卷積神經網路的效果呢？

答案是有的。對深度學習來說，除了對模型的精巧設計以外，還要對損失函式和最佳化函式進行修正，甚至隨著對深度學習的研究，科學研究人員對深度學習有了進一步的了解，新的模型結構也被提出，這在後面的章節中也會講解。

第8章 有趣的詞嵌入

詞嵌入（Word Embedding）是什麼？為什麼要詞嵌入？在深入了解這個概念之前，先看幾個例子：

- 在購買商品或入住酒店後，會邀請顧客填寫相關的評價表來表明對服務的滿意程度。

- 使用幾個詞在搜尋引擎上搜尋一下。

- 有些部落格網站會在部落格下面標記一些相關的 tag 標籤。

那麼問題來了，這些是怎麼做到的呢？

實際上這是文字處理後的應用，目的是用這些文字進行情緒分析、同義詞聚類、文章分類和打標籤。

讀者在閱讀文章或評論服務的時候，可以準確地說出這個文章大致講了什麼、評論的傾向如何，但是電腦是怎麼做到的呢？電腦可以匹配字串，然後告訴你是否與所輸入的字串相同，但是我們怎麼能讓電腦在你搜尋梅西的時候，告訴你有關足球或皮耶羅的事情？

詞嵌入由此誕生，它就是對文字的數字表示。透過其表示和計算可以使得電腦很容易得到以下公式：

$$梅西 - 阿根廷 + 巴西 = 內馬爾$$

本章將著重介紹詞嵌入的相關內容，首先透過多種計算詞嵌入的方式循序漸進地講解如何獲取對應的詞嵌入，然後使用詞嵌入進行文字分類。

8.1　文字資料處理

無論是使用深度學習還是傳統的自然語言處理方式，一個非常重要的內容就是將自然語言轉換成電腦可以辨識的特徵向量。文字的前置處理就是如此，透過文字分詞（又稱斷詞，本書使用分詞）、詞向量訓練、特徵詞取出這 3 個主要步驟組建能夠代表文字內容的矩陣向量。

8.1.1　Ag_news 資料集介紹和資料清洗

新聞分類資料集 AG 是由學術社區 ComeToMyHead 提供的，該資料集包括從 2000 多個不同的新聞來源搜集的超過 100 萬篇新聞文章，用於研究分類、聚類、資訊獲取等非商業活動。在 AG 語料庫的基礎上，Xiang Zhang 為了研究需要，從中提取了 127600 樣本作為 Ag_news 資料集，其中抽出 120000 作為訓練集，而 7600 作為測試集。分為以下 4 類：

- World
- Sports
- Business
- Sci/Tec

Ag_news 資料集使用 CSV 檔案格式儲存，打開後內容如圖 8-1 所示。

3	Wall St. Bears Claw Back Into the Black (Reuters)	Reuters - Short-sellers, Wall Street's dwindling\band of ultra-cynics, are seeing green again.
3	Carlyle Looks Toward Commercial Aerospace (Reuters)	Reuters - Private investment firm Carlyle Group,\which has a reputation for making well-timed and occasionally\controversial play
3	Oil and Economy Cloud Stocks' Outlook (Reuters)	Reuters - Soaring crude prices plus worries\about the economy and the outlook for earnings are expected to\hang over the stock ma
3	Iraq Halts Oil Exports from Main Southern Pipeline (	Reuters - Authorities have halted oil export\flows from the main pipeline in southern Iraq after\intelligence showed a rebel mili
3	Oil prices soar to all-time record, posing new menac	AFP - Tearaway world oil prices, toppling records and straining wallets, present a new economic menace barely three months before
3	Stocks End Up, But Near Year Lows (Reuters)	Reuters - Stocks ended slightly higher on Friday\but stayed near lows for the year as oil prices surged past #36;46\a barrel, of
3	Money Funds Fell in Latest Week (AP)	AP - Assets of the nation's retail money market mutual funds fell by #36;1.17 billion in the latest week to #36;849.98 trillion
3	Fed minutes show dissent over inflation (USATODAY.co	USATODAY.com - Retail sales bounced back a bit in July, and new claims for jobless benefits fell last week, the government said T
3	Safety Net (Forbes.com)	Forbes.com - After earning a PH.D. in Sociology, Danny Bazil Riley started to work as the general manager at a commercial real es
3	Wall St. Bears Claw Back Into the Black	NEW YORK (Reuters) - Short-sellers, Wall Street's dwindling band of ultra-cynics, are seeing green again.
3	Oil and Economy Cloud Stocks' Outlook	NEW YORK (Reuters) - Soaring crude prices plus worries about the economy and the outlook for earnings are expected to hang ove
3	No Need for OPEC to Pump More-Iran Gov	TEHRAN (Reuters) - OPEC can do nothing to douse scorching oil prices when markets are already oversupplied by 2.8 million barr
3	Non-OPEC Nations Should Up Output-Purnomo	JAKARTA (Reuters) - Non-OPEC oil exporters should consider increasing output to cool record crude prices, OPEC President Purno
3	Google IPO Auction Off to Rocky Start	WASHINGTON/NEW YORK (Reuters) - The auction for Google Inc.'s highly anticipated initial public offering got off to a rocky st
3	Dollar Falls Broadly on Record Trade Gap	NEW YORK (Reuters) - The dollar tumbled broadly on Friday after data showing a record U.S. trade deficit in June cast fresh do
3	Rescuing an Old Saver	If you think you may need to help your elderly relatives with their finances, don't be shy about having the money talk -- soon.
3	Kids Rule for Back-to-School	The purchasing power of kids is a big part of why the back-to-school season has become such a huge marketing phenomenon.
3	In a Down Market, Head Toward Value Funds	There is little cause for celebration in the stock market these days, but investors in value-focused mutual funds have reason to
3	US trade deficit swells in June	The US trade deficit has exploded 19 to a record \$55.8bn as oil costs drove imports higher, according to a latest figures.
3	Shell 'could be target for Total'	Oil giant Shell could be bracing itself for a takeover attempt, possibly from French rival Total, a press report claims.
3	Google IPO faces Playboy slip-up	The bidding gets underway for Google's public offering, despite last-minute worries over an interview with its bosses in Playboy
3	Eurozone economy keeps growing	Official figures show the 12-nation eurozone economy continues to grow, but there are warnings it may slow down later in the year
3	Expansion slows in Japan	Economic growth in Japan slows down as the country experiences a drop in domestic and corporate spending.
3	Rand falls on shock SA rate cut	Interest rates are trimmed to 7.5 by the South African central bank, but the lack of warning hits the rand and surprises markets
3	Car prices down across the board	The cost of buying both new and second hand cars fell sharply over the past five years, a new survey has found.
3	South Korea lowers interest rates	South Korea's central bank cuts interest rates by a quarter percentage point to 3.5 in a bid to drive growth in the economy.
3	Google auction begins on Friday	An auction of shares in Google, the web search engine which could be floated for as much as \$36bn, takes place on Friday.

▲ 圖 8-1 AG_news 資料集

第 1 列是新聞分類，第 2 列是新聞標題，第 3 列是新聞的正文部分，使用「,」和「.」作為斷句的符號。

由於獲取的資料集是由社區自動化儲存和收集的，無可避免地存有大量的資料雜質：

```
    Reuters - Was absenteeism a little high\on Tuesday among the guys at the office? EA Sports would like\to think it was because "Madden NFL 2005" came out that day,\and some fans of the football simulation are rabid enough to\take a sick day to play it.
    Reuters - A group of technology companies\including Texas Instruments Inc. (TXN.N), STMicroelectronics\(STM.PA) and Broadcom Corp. (BRCM.O), on Thursday said they\will propose a new wireless networking standard up to 10 times\the speed of the current generation.
```

因此，第一步是對資料進行清洗，步驟如下。

1. 資料的讀取與儲存

資料集的儲存格式為 CSV，需要按列隊資料進行讀取，程式如下。

➔ 【程式 8-1】

```
import csv
agnews_train = csv.reader(open("./dataset/train.csv","r"))
for line in agnews_train:
    print(line)
```

輸出結果如圖 8-2 所示。

```
['2', 'Sharapova wins in fine style', 'Maria Sharapova and Amelie Mauresmo opened their challenges at the WTA Champ
['2', 'Leeds deny Sainsbury deal extension', 'Leeds chairman Gerald Krasner has laughed off suggestions that he has
['2', 'Rangers ride wave of optimism', 'IT IS doubtful whether Alex McLeish had much time eight weeks ago to dwell
['2', 'Washington-Bound Expos Hire Ticket Agency', 'WASHINGTON Nov 12, 2004 - The Expos cleared another logistical
['2', 'NHL #39;s losses not as bad as they say: Forbes mag', 'NEW YORK - Forbes magazine says the NHL #39;s financi
['1', 'Resistance Rages to Lift Pressure Off Fallujah', 'BAGHDAD, November 12 (IslamOnline.net  amp; News Agencies)
```

▲ 圖 8-2　AG_news 資料集中的資料形式

讀取的 train 中的每行資料內容被預設以逗點分隔、按列依次儲存在序列不同的位置中。為了分類方便，可以使用不同的陣列將資料按類別進行儲存。當然，也可以根據需要使用 Pandas，但是為了後續操作和運算速度，這裡主要使用 Python 原生函式和 NumPy 進行計算。

➜ 【程式 8-2】

```python
import csv
agnews_label = []
agnews_title = []
agnews_text = []
agnews_train = csv.reader(open("./dataset/train.csv","r"))
for line in agnews_train:
    agnews_label.append(line[0])
    agnews_title.append(line[1].lower())
    agnews_text.append(line[2].lower())
```

可以看到，不同的內容被儲存在不同的陣列中，並且為了統一執行，將所有的字母轉換成小寫以便於後續的計算。

2. 文字的清洗

文字中除了常用的標點符號外，還包含著大量的特殊字元，因此需要對文字進行清洗。

文字清洗的方法一般是使用正規表示法，可以匹配小寫 'a'~'z'、大寫 'A'~'Z' 或數字 '0'~'9' 之外的所有字元，並用空格代替，這個方法無須指定所有標點符號，程式如下：

```
import re
text = re.sub(r"[^a-z0-9]"," ",text)
```

這裡 re 是 Python 中對應正規表示法的 Python 套件,字串「^」的意義是求反,即只保留要求的字元,而替換不要求保留的字元。進一步分析可以知道,文字清洗中除了將不需要的符號使用空格替換外,還會產生一個問題,即空格數目過多或在文字的首尾有空格殘留,同樣會影響文字的讀取,因此還需要對替換符號後的文字進行二次處理。

➜ 【程式 8-3】

```
import re
def text_clear(text):
    text = text.lower()                          # 將文字轉換成小寫
    text = re.sub(r"[^a-z0-9]"," ",text)         # 替換非標準字元,^ 是求反操作
    text = re.sub(r" +", " ", text)              # 替換多重空格
    text = text.strip()                          # 取出首尾空格
text = text.split(" ")                           # 對句子按空格分隔
    return text
```

由於載入了新的資料清洗工具,因此在讀取資料時可以使用自訂的函式將文字資訊處理後儲存,程式如下:

➜ 【程式 8-4】

```
import csv
import tools
import numpy as np
agnews_label = []
agnews_title = []
agnews_text = []
agnews_train = csv.reader(open("./dataset/train.csv","r"))
for line in agnews_train:
    agnews_label.append(np.float32(line[0]))
    agnews_title.append(tools.text_clear(line[1]))
    agnews_text.append(tools.text_clear(line[2]))
```

這裡使用了額外的套件和 NumPy 函式對資料進行處理,因此可以獲得處理後較為乾淨的資料,如圖 8-3 所示。

```
pilots union at united makes pension deal
quot us economy growth to slow down next year quot
microsoft moves against spyware with giant acquisition
aussies pile on runs
manning ready to face ravens 39 aggressive defense
gambhir dravid hit tons as india score 334 for two night lead
croatians vote in presidential elections mesic expected to win second term afp
nba wrap heat tame bobcats to extend winning streak
historic turkey eu deal welcomed
```

▲ 圖 8-3　清理後的 AG_news 資料

8.1.2　停用詞的使用

　　觀察分好詞的文字集，每組文字中除了能夠表達含義的名詞和動詞外，還有大量沒有意義的副詞，例如 is、are、the 等。這些詞的存在並不會給句子增加太多含義，反而由於頻率非常高，會影響後續的詞向量分析。因此，為了減少我們要處理的詞彙量，降低後續程式的複雜度，需要清除停用詞。清除停用詞一般用的是 NLTK 工具套件。安裝程式如下：

```
conda install nltk
```

　　然後，只是安裝 NLTK 並不能夠使用停用詞，還需要額外下載 NLTK 停用詞套件，建議讀者透過控制端進入 NLTK，之後執行如圖 8-4 所示的程式，打開 NLTK 下載主控台。

▲ 圖 8-4　安裝 NLTK 並打開主控台

　　主控台如圖 8-5 所示。

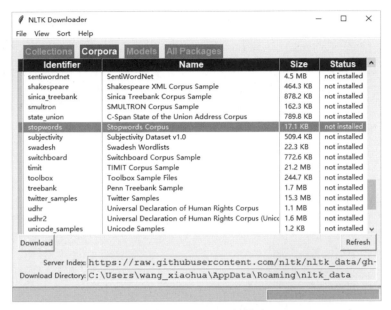

▲ 圖 8-5 NLTK 主控台

在 Corpora 標籤下選擇 stopwords，按一下 Download 按鈕下載資料。下載後驗證方法如下：

```
stoplist = stopwords.words('english')
print(stoplist)
```

stoplist 將停用詞獲取到一個陣列串列中，列印結果如圖 8-6 所示。

['i', 'me', 'my', 'myself', 'we', 'our', 'ours', 'ourselves', 'you', "you're", "you've", "you'll", "you'd", 'your', 'yours', 'yourself', 'yourselves', 'he', 'him', 'his', 'himself', 'she', "she's", 'her', 'hers', 'herself', 'it', "it's", 'its', 'itself', 'they', 'them', 'their', 'theirs', 'themselves', 'what', 'which', 'who', 'whom', 'this', 'that', "that'll", 'these', 'those', 'am', 'is', 'are', 'was', 'were', 'be', 'been', 'being', 'have', 'has', 'had', 'having', 'do', 'does', 'did', 'doing', 'a', 'an', 'the', 'and', 'but', 'if', 'or', 'because', 'as', 'until', 'while', 'of', 'at', 'by', 'for', 'with', 'about', 'against', 'between', 'into', 'through', 'during', 'before', 'after', 'above', 'below', 'to', 'from', 'up', 'down', 'in', 'out', 'on', 'off', 'over', 'under', 'again', 'further', 'then', 'once', 'here', 'there', 'when', 'where', 'why', 'how', 'all', 'any', 'both', 'each', 'few', 'more', 'most', 'other', 'some', 'such', 'no', 'nor', 'not', 'only', 'own', 'same', 'so', 'than', 'too', 'very', 's', 't', 'can', 'will', 'just', 'don', "don't", 'should', "should've", 'now', 'd', 'll', 'm', 'o', 're', 've', 'y', 'ain', 'aren', "aren't", 'couldn', "couldn't", 'didn', "didn't", 'doesn', "doesn't", 'hadn', "hadn't", 'hasn', "hasn't", 'haven', "haven't", 'isn', "isn't", 'ma', 'mightn', "mightn't", 'mustn', "mustn't", 'needn', "needn't", 'shan', "shan't", 'shouldn', "shouldn't", 'wasn', "wasn't", 'weren', "weren't", 'won', "won't", 'wouldn', "wouldn't"]

▲ 圖 8-6 停用詞資料

　　下面將停用詞資料載入到文字清潔器中，除此之外，由於英文文字的特殊性，單字會具有不同的變化和變形，例如尾碼 'ing' 和 'ed' 丟棄、'ies' 用 'y' 替換等。這樣可能會變成不是完整詞的詞幹，但是只要這個詞的所有形式都還原成同一個詞幹即可。NLTK 中對這部分詞根還原的處理使用的函式如下：

```
PorterStemmer().stem(word)
```

　　整體程式如下：

```
def text_clear(text):
    text = text.lower()                                       # 將文字轉化成小寫
    text = re.sub(r"[^a-z0-9]"," ",text)                      # 替換非標準字元，^ 是求反操作
    text = re.sub(r" +", " ", text)                           # 替換多重空格
    text = text.strip()                                       # 取出首尾空格
    text = text.split(" ")
    text = [word for word in text if word not in stoplist]    # 去除停用詞
    text = [PorterStemmer().stem(word) for word in text]      # 還原詞幹部分
    text.append("eos")                                        # 新增結束符號
    text = ["bos"] + text                                     # 新增開始符號
return text
```

　　這樣生成的最終結果如圖 8-7 所示。

```
['baghdad', 'reuters', 'daily', 'struggle', 'dodge', 'bullets', 'bombings', 'enough', 'many', 'iraqis', 'face', 'freezing'
['abuja', 'reuters', 'african', 'union', 'said', 'saturday', 'sudan', 'started', 'withdrawing', 'troops', 'darfur', 'ahead'
['beirut', 'reuters', 'syria', 'intense', 'pressure', 'quit', 'lebanon', 'pulled', 'security', 'forces', 'three', 'key',
['karachi', 'reuters', 'pakistani', 'president', 'pervez', 'musharraf', 'said', 'stay', 'army', 'chief', 'reneging', 'pled'
['red', 'sox', 'general', 'manager', 'theo', 'epstein', 'acknowledged', 'edgar', 'renteria', 'luxury', '2005', 'red', 'sox'
['miami', 'dolphins', 'put', 'courtship', 'lsu', 'coach', 'nick', 'saban', 'hold', 'comply', 'nfl', 'hiring', 'policy', 'i'
```

▲ 圖 8-7　生成的資料

　　可以看到，相對於未處理過的文字，獲取的是相對乾淨的文字資料。下面對文字的清潔處理步驟做個總結。

- **Tokenization**：對句子進行拆分，以單一詞或字元的形式進行儲存，文字清潔函式中的 text.split 函式執行的就是這個操作。

- **Normalization**：將詞語正則化，lower 函式和 PorterStemmer 函式做了此方面的工作，用於將資料轉為小寫和還原詞幹。

- **Rare Word Replacement**：對稀疏性較低的詞進行替換，一般將詞頻小於 5 的替換成一個特殊的 Token <UNK>。通常把 Rare Word 視為雜訊，故此法可以降噪並減小字典的大小。

- **Add <BOS> <EOS>**：新增每個句子的開始和結束識別字。

- Long Sentence Cut-Off or Short Sentence Padding：對於過長的句子進行截取，對於過短的句子進行補全。

由於模型的需要，在處理的時候並沒有完整地執行以上步驟。在不同的專案中，讀者可以自行斟酌使用。

8.1.3 詞向量訓練模型 Word2Vec 使用介紹

Word2Vec 是 Google 在 2013 年推出的 NLP（Natural Language Processing，自然語言處理）工具，它的特點是將所有的詞向量化，這樣詞與詞之間就可以定量地度量它們之間的關係，挖掘詞之間的聯繫。Word2Vec 模型如圖 8-8 所示。

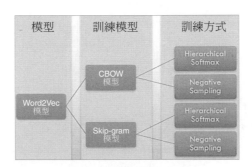

▲ 圖 8-8　Word2Vec 模型

用詞向量來表示詞並不是 Word2Vec 的首創，在很久之前就出現了。最早的詞向量是很冗長的，它使用詞向量維度大小為整個詞彙表的大小，對於每個具體的詞彙表中的詞，將對應的位置置為 1。

例如 5 個片語成的詞彙表，詞 "Queen" 的序號為 2，那麼它的詞向量就是 (0,1,0,0,0)(0,1,0,0,0)。同樣的道理，詞 "Woman" 的詞向量就是 (0,0,0,1,0)(0,0,0,1,0)。這種詞向量的編碼方式一般叫作 1-of-N Representation 或 One-Hot。

One-Hot 用來表示詞向量非常簡單，但是卻有很多問題。最大的問題是詞彙表一般都非常大，比如達到百萬等級，這樣每個詞都用百萬維的向量來表示基本是不可能的。而且這樣的向量除了一個位置是 1，其餘的位置全部是 0，表達的效率不高。將其使用在卷積神經網路中可以使得網路難以收斂。

Word2Vec 是一種可以解決 One-Hot 的方法，它的想法是透過訓練將每個詞都映射到一個較短的詞向量上來。所有的這些詞向量就組成了向量空間，進而可以用普通的統計學方法來研究詞與詞之間的關係。

Word2Vec 具體的訓練方法主要有兩部分：CBOW 模型和 Skip-Gram 模型。

（1）CBOW 模型：CBOW（Continuous Bag-Of-Word，連續詞袋）模型是一個三層神經網路。如圖 8-9 所示，該模型的特點是輸入已知的上下文，輸出對當前單字的預測。

（2）Skip-Gram 模型：Skip-Gram 模型與 CBOW 模型正好相反，由當前詞預測上下文詞，如圖 8-10 所示。

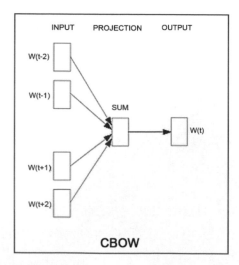
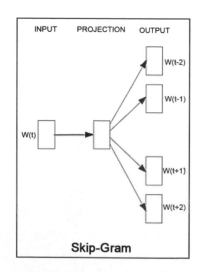

▲ 圖 8-9　CBOW 模型　　　　　▲ 圖 8-10　Skip-Gram 模型

Word2Vec 更為細節的訓練模型和訓練方式這裡不做討論。本小節將主要介紹訓練一個可以獲得和使用的 Word2Vec 向量。

對於詞向量的模型訓練提出了很多方法，最為簡單的是使用 Python 工具套件中的 Gensim 套件對資料進行訓練。

1. 訓練 Word2Vec 模型

對詞模型進行訓練的程式非常簡單：

```
from gensim.models import word2vec                    # 匯入 Gensim 套件
model = word2vec.Word2Vec(agnews_text,size=64, min_count = 0,window = 5) # 設定訓練參數
model_name = "corpusWord2Vec.bin"                     # 模型儲存名稱
model.save(model_name)                                # 將訓練好的模型儲存
```

首先在程式中匯入 Gensim 套件，之後使用 Word2Vec 函式根據設定的參數對 Word2Vec 模型進行訓練。這裡解釋一下主要參數。Word2Vec 函式的主要參數如下：

```
Word2Vec(sentences, workers=num_workers, size=num_features, min_count = min_word_
count, window = context, sample = downsampling,iter = 5)
```

其中，sentences 是輸入資料，worker 是並行執行的執行緒數，size 是詞向量的維數，min_count 是最小的詞頻，window 是上下文視窗大小，sample 是對頻繁詞彙下採樣設定，iter 是迴圈的次數。一般不是有特殊要求，按預設值設定即可。

save 函式用於將生成的模型進行儲存供後續使用。

2. Word2Vec 模型的使用

模型的使用非常簡單，程式如下：

```
text = "Prediction Unit Helps Forecast Wildfires"
text = tools.text_clear(text)
print(model[text].shape)
```

其中 text 是需要轉換的文字，同樣呼叫 text_clear 函式對文字進行清理。之後使用已訓練好的模型對文字進行轉換。轉換後的文字內容如下：

```
['bos', 'predict', 'unit', 'help', 'forecast', 'wildfir', 'eos']
```

計算後的 Word2Vec 文字向量實際上是一個 [7,64] 大小的矩陣，部分如圖 8-11 所示。

```
[[-2.30043262e-01   9.95051086e-01  -5.99774718e-01  -2.18779755e+00
  -2.42732501e+00   1.42853677e+00   4.19419765e-01   1.01147270e+00
   3.12305957e-01   9.40802813e-01  -1.26786101e+00   1.90110123e+00
  -1.00584543e+00   5.89528739e-01   6.55723274e-01  -1.54996490e+00
  -1.46146846e+00  -6.19645091e-03   1.97032082e+00   1.67241061e+00
   1.04563618e+00   3.28550845e-01   6.12566888e-01   1.49095607e+00
   7.72413433e-01  -8.21017563e-01  -1.71305871e+00   1.74249041e+00
   6.58117175e-01  -2.38789499e-01  -1.29177213e-01   1.35001493e+00]]
```

▲ 圖 8-11　Word2Vec 文字向量

3. 對已有模型補充訓練

模型訓練完畢後，可以對其儲存，但是隨著要訓練的文件的增加，Gensim 同樣提供了持續性訓練模型的方法，程式如下：

```
from gensim.models import word2vec                             # 匯入 Gensim 套件
model = word2vec.Word2Vec.load('./corpusWord2Vec.bin')         # 載入儲存的模型
model.train(agnews_title, epochs=model.epochs, total_examples=model.corpus_count) # 繼
續模型訓練
```

可以看到，Word2Vec 提供了載入儲存模型的函式。之後 train 函式繼續對模型進行訓練，可以看到在最初的訓練集中，agnews_text 作為初始的訓練文件，而 agnews_title 是後續訓練部分，這樣合在一起可以作為更多的訓練檔案進行訓練。完整程式如下。

➔ 【程式 8-5】

```
import csv
import tools
import numpy as np
agnews_label = []
agnews_title = []
agnews_text = []
agnews_train = csv.reader(open("./dataset/train.csv","r"))
for line in agnews_train:
    agnews_label.append(np.float32(line[0]))
    agnews_title.append(tools.text_clear(line[1]))
```

```
    agnews_text.append(tools.text_clear(line[2]))

print(" 開始訓練模型 ")
from gensim.models import word2vec
model = word2vec.Word2Vec(agnews_text,size=64, min_count = 0,window = 5,iter=128)
model_name = "corpusWord2Vec.bin"
model.save(model_name)
from gensim.models import word2vec
model = word2vec.Word2Vec.load('./corpusWord2Vec.bin')
model.train(agnews_title, epochs=model.epochs, total_examples=model.corpus_count)
```

模型的使用在前面已經做了介紹，請讀者自行完成。

對於需要訓練的資料集和需要測試的資料集，建議讀者在使用的時候一起進行訓練，這樣才能夠獲得最好的語義標注。在現實專案中，對資料的訓練往往都有著極大的訓練樣本，文字容量能夠達到幾十甚至上 GB 的資料，因而不會產生詞語缺失的問題，所以在實際專案中只需要在訓練集上對文字進行訓練即可。

8.1.4 文字主題的提取：基於 TF-IDF

使用卷積神經網路對文字進行分類，文字主題的提取並不是必須的。

一般來說，文字的提取主要涉及以下幾種：

- 基於 TF-IDF 的文字關鍵字提取。
- 基於 TextRank 的文字關鍵字提取。

當然，除此之外，還有很多模型和方法能夠幫助進行文字取出，特別是對於大文字內容。本書由於篇幅關係，對這方面的內容並不展開描寫，有興趣的讀者可以參考相關教學。下面先介紹基於 TF-IDF 的文字關鍵字提取。

1. TF-IDF 簡介

目標文字經過文字清洗和停用詞的去除後，一般認為剩下的都是有著目標含義的詞。如果需要對其特徵進行進一步的提取，那麼提取的應該是那些能代表文章的元素，包括詞、短語、句子、標點以及其他資訊的詞。從詞的角度考慮，需要提取對文章表達貢獻度大的詞，如圖 8-12 所示。

　　TF-IDF 是一種用於資訊檢索與諮詢勘測的常用加權技術。TF-IDF 是一種統計方法，用來衡量一個詞對一個檔案集的重要程度。字詞的重要性與其在檔案中出現的次數成正比，而與其在檔案集中出現的次數成反比。該演算法在資料探勘、文字處理和資訊檢索等領域獲得了廣泛的應用，最為常見的應用是從文章中提取關鍵字。

$$w_{i,j} = tf_{i,j} \times \log(\frac{N}{df_i})$$

TFIDF公式

$tf_{i,j}$：文件 j 中含有字元 w 的詞頻數 i

N　：語料庫中文件的總數

df_i：字元 w 出現在多少個文件中

▲ 圖 8-12　TF-IDF 簡介

　　TF-IDF 的主要思想是：如果某個詞或短語在一篇文章中出現的頻率 TF 高，並且在其他文章中很少出現，則認為此詞或短語具有很好的類別區分能力，適合用來進行分類。其中 TF（Term Frequency）表示詞條在文章（Document）中出現的頻率。

$$詞頻（TF）= \frac{某個詞在單個文字中出現的次數}{某個詞在整個語料庫中出現的次數}$$

IDF（Inverse Document Frequency）的主要思想是，如果包含某個詞（Word）的文件越少，那麼這個詞的區分度就越大，也就是 IDF 越大。

$$逆文件頻率（IDF）= \log（\frac{語料庫中的文字總數}{語料庫中包含該詞的文字數 +1}）$$

而 TF-IDF 的計算實際上就是 TF×IDF。

$$TF - IDF = 詞頻 \times 逆文件頻率 = TF \times IDF$$

2. TF-IDF 的實現

首先計算 IDF，程式如下：

```
import math
def idf(corpus):    # corpus 為輸入的全部語料文字資料庫檔案
    idfs = {}
    d = 0.0
    # 統計詞出現的次數
    for doc in corpus:
        d += 1
        counted = []
        for word in doc:
            if not word in counted:
                counted.append(word)
                if word in idfs:
                    idfs[word] += 1
                else:
                    idfs[word] = 1
    # 計算每個詞的逆文件值
    for word in idfs:
        idfs[word] = math.log(d/float(idfs[word]))
    return idfs
```

然後使用計算好的 IDF 計算每個文件的 TF-IDF 值：

```
idfs = idf(agnews_text)                      # 獲取計算好的文字中每個詞的 IDF 詞頻
for text in agnews_text:                     # 獲取文件集中的每個文件
    word_tfidf = {}
    for word in text:                        # 依次獲取每個文件中的每個詞
        if word in word_tfidf:               # 計算每個詞的詞頻
            word_tfidf[word] += 1
        else:
            word_tfidf[word] = 1
    for word in word_tfidf:
        word_tfidf[word] *= idfs[word]       # 計算每個詞的 TF-IDF 值
```

計算 TF-IDF 的完整程式如下。

→ 【程式 8-6】

```python
import math
def idf(corpus):
    idfs = {}
    d = 0.0
    # 統計詞出現的次數
    for doc in corpus:
        d += 1
        counted = []
        for word in doc:
            if not word in counted:
                counted.append(word)
                if word in idfs:
                    idfs[word] += 1
                else:
                    idfs[word] = 1
    # 計算每個詞的逆文件值
    for word in idfs:
        idfs[word] = math.log(d/float(idfs[word]))
    return idfs
idfs = idf(agnews_text)    # 獲取計算好的文字中每個詞的 IDF 詞頻，agnews_text 是經過處理後的
語料庫文件，在 8.1.1 節中詳細介紹過了
for text in agnews_text:                    # 獲取文件集中的每個文件
    word_tfidf = {}
    for word in text:                       # 依次獲取每個文件中的每個詞
        if word in word_idf:                # 計算每個詞的詞頻
            word_tfidf[word] += 1
        else:
            word_tfidf[word] = 1
    for word in word_tfidf:
        word_tfidf[word] *= idfs[word]          # word_tfidf 為計算後的每個詞的 TF-IDF 值

    values_list = sorted(word_tfidf.items(), key=lambda item: item[1], reverse=True)
# 按 value 排序
    values_list = [value[0] for value in values_list]        # 生成排序後的單一文件
```

3. 將重排的文件根據訓練好的 **Word2Vec** 向量建立一個有限量的詞矩陣

請讀者自行完成。

4. 將 **TF-IDF** 單獨定義一個類別

將 TF-IDF 的計算函式單獨整合到一個類別中,這樣方便後續使用,程式如下。

➡ 【程式 8-7】

```
class TFIDF_score:
    def __init__(self,corpus,model = None):
        self.corpus = corpus
        self.model = model
        self.idfs = self.__idf()


    def __idf(self):
        idfs = {}
        d = 0.0
        # 統計詞出現的次數
        for doc in self.corpus:
            d += 1
            counted = []
            for word in doc:
                if not word in counted:
                    counted.append(word)
                    if word in idfs:
                        idfs[word] += 1
                    else:
                        idfs[word] = 1
        # 計算每個詞的逆文件值
        for word in idfs:
            idfs[word] = math.log(d / float(idfs[word]))
        return idfs

    def __get_TFIDF_score(self, text):
        word_tfidf = {}
        for word in text:                    # 依次獲取每個文件中的每個詞
            if word in word_tfidf:           # 計算每個詞的詞頻
```

```
                    word_tfidf[word] += 1
                else:
                    word_tfidf[word] = 1
        for word in word_tfidf:
            word_tfidf[word] *= self.idfs[word]    # 計算每個詞的 TF-IDF 值
        values_list = sorted(word_tfidf.items(), key=lambda word_tfidf: word_tfidf[1],
reverse=True) # 將 TF-IDF 資料按重要程度從大到小排序
        return values_list


    def get_TFIDF_result(self,text):
        values_list = self.__get_TFIDF_score(text)
        value_list = []
        for value in values_list:
            value_list.append(value[0])
        return (value_list)
```

使用方法如下：

```
tfidf = TFIDF_score(agnews_text)                         #agnews_text 為獲取的資料集
for line in agnews_text:
value_list = tfidf.get_TFIDF_result(line)
print(value_list)
print(model[value_list])
```

其中 agnews_text 為從文件中獲取的正文資料集，也可以使用標題或文件進行處理。

8.1.5 文字主題的提取：基於 TextRank

TextRank 演算法的核心思想來源於著名的網頁排名演算法 PageRank，如圖 8-13 所示。PageRank 是 Sergey Brin 與 Larry Page 於 1998 年在 WWW7 會議上提出來的，用來解決連結分析中網頁排名的問題。在衡量一個網頁的排名時，可以根據感覺認為：

- 當一個網頁被越多網頁所連結時，其排名會越靠前。

- 排名高的網頁應具有更大的表決權，即當一個網頁被排名高的網頁所連結時，其重要性也會對應提高。

TextRank 演算法與 PageRank 演算法類似,其將文字拆分成最小組成單元,即詞彙,作為網路節點,組成詞彙網路圖模型。TextRank 在迭代計算詞彙權重時與 PageRank 一樣,理論上是需要計算邊權的,但是為了簡化計算,通常會預設使用相同的初始權重,並在分配相鄰詞彙權重時進行均分,如圖 8-14 所示。

▲ 圖 8-13 PageRank 演算法

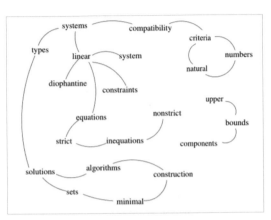

▲ 圖 8-14 TextRank 演算法

1. TextRank 前置介紹

TextRank 用於對文字關鍵字進行提取,步驟如下:

(1)把給定的文字 T 按照完整句子進行分割。

(2)對於每個句子,進行分詞和詞性標注處理,並過濾掉停用詞,只保留指定詞性的單字,如名詞、動詞、形容詞等。

(3)建構候選關鍵字圖 $G = (V,E)$,其中 V 為節點集,由每個詞之間的相似度作為連接的邊值。

(4)根據以下公式,迭代傳播各節點的權重,直至收斂。

$$WS(V_i) = (1-d) + d \times \sum_{V_j \in \text{In}(V_i)} \frac{w_{ji}}{\sum_{V_k \in \text{Out}(V_j)} w_{jk}} WS(V_j)$$

對節點權重進行倒序排序,作為按重要程度排列的關鍵字。

2. TextRank 類別的實現

整體 TextRank 的實現如下。

➡ 【程式 8-8】

```
class TextRank_score:
    def __init__(self,agnews_text):
        self.agnews_text = agnews_text
        self.filter_list = self.__get_agnews_text()
        self.win = self.__get_win()
        self.agnews_text_dict = self.__get_TextRank_score_dict()

    def __get_agnews_text(self):
        sentence = []
        for text in self.agnews_text:
            for word in text:
                sentence.append(word)
        return sentence

    def __get_win(self):
        win = {}
        for i in range(len(self.filter_list)):
            if self.filter_list[i] not in win.keys():
                win[self.filter_list[i]] = set()
            if i - 5 < 0:
                lindex = 0
            else:
                lindex = i - 5
            for j in self.filter_list[lindex:i + 5]:
                win[self.filter_list[i]].add(j)
        return win
    def __get_TextRank_score_dict(self):
        time = 0
        score = {w: 1.0 for w in self.filter_list}
        while (time < 50):
            for k, v in self.win.items():
                s = score[k] / len(v)
                score[k] = 0
                for i in v:
```

```
                score[i] += s
            time += 1
        agnews_text_dict = {}
        for key in score:
            agnews_text_dict[key] = score[key]
        return agnews_text_dict


    def __get_TextRank_score(self, text):
        temp_dict = {}
        for word in text:
            if word in self.agnews_text_dict.keys():
                temp_dict[word] = (self.agnews_text_dict[word])
        values_list = sorted(temp_dict.items(), key=lambda word_tfidf: word_tfidf[1],
                        reverse=False)    # 將 TextRank 資料按重要程度從大到小排序
        return values_list
    def get_TextRank_result(self,text):
        temp_dict = {}
        for word in text:
            if word in self.agnews_text_dict.keys():
                temp_dict[word] = (self.agnews_text_dict[word])
        values_list = sorted(temp_dict.items(), key=lambda word_tfidf: word_tfidf[1],
reverse=False)
        value_list = []
        for value in values_list:
            value_list.append(value[0])
        return (value_list)
```

　　TextRank 是另一種能夠實現關鍵字取出的方法。除此之外，還有基於相似度聚類以及其他方法。對本書提供的資料集來說，對於文字的提取並不是必須的。本節為選學內容，有興趣的讀者可以自行學習。

8.2　更多的詞嵌入方法──FastText 和預訓練詞向量

　　在實際的模型計算過程中，Word2Vec 一個最常用也是最重要的作用是將「詞」轉換成「詞嵌入（Word Embedding）」。

對普通的文字來說，供人類所了解和掌握的資訊傳遞方式並不能簡易地被電腦所理解，因此詞嵌入是目前來說解決向電腦傳遞文字資訊的最好的方式，如圖 8-15 所示。

單字	長度為 3 的詞向量		
我	0.3	-0.2	0.1
愛	-0.6	0.4	0.7
我	0.3	-0.2	0.1
的	0.5	-0.8	0.9
祖	-0.4	0.7	0.2
國	-0.9	0.3	-0.4

▲ 圖 8-15　詞嵌入

隨著研究人員對詞嵌入的研究深入和電腦處理能力的提高，更多、更好的方法被提出，例如新的 FastText 和使用預訓練的詞嵌入模型來對資料進行處理。

本節延續 8.1 節，介紹 FastText 的訓練和預訓練詞向量的使用方法。

8.2.1　FastText 的原理與基礎演算法

相對於傳統的 Word2Vec 計算方法，FastText 是一種更為快速和新的計算詞嵌入的方法，其優點主要有以下幾個方面：

- FastText 在保持高精度的情況下加快了訓練速度和測試速度。
- FastText 對詞嵌入的訓練更加精準。
- FastText 採用兩個重要的演算法：N-Gram 和 Hierarchical Softmax。

1. N-Gram 架構

相對於 Word2Vec 中採用的 CBOW 架構，FastText 採用的是 N-Gram 架構，如圖 8-16 所示。

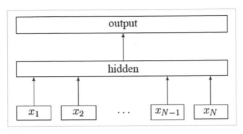

▲ 圖 8-16　N-Gram 架構

其中，$x_1,x_2,\cdots,x_{N-1},x_N$ 表示一個文字中的 N-Gram 向量，每個特徵是詞向量的平均值。這裡順便介紹一下 N-Gram 的意義。

常用的 N-Gram 架構有 3 種：1-Gram、2-Gram 和 3-Gram，分別對應一元、二元和三元。

以「我想去成都吃火鍋」為例，對其進行分詞處理，得到下面的陣列：[" 我 "，" 想 "，" 去 "，" 成 "，" 都 "，" 吃 "，" 火 "，" 鍋 "]。這就是 1-Gram，分詞的時候對應一個滑動視窗，視窗大小為 1，所以每次只取一個值。

同理，假設使用 2-Gram，就會得到 [" 我想 "，" 想去 "，" 去成 "，" 成都 "，" 都吃 "，" 吃火 "，" 火鍋 "]。N-Gram 模型認為詞與詞之間有關係的距離為 N，如果超過 N，則認為它們之間沒有聯繫，所以就不會出現「我成」「我去」這些詞。

如果使用 3-Gram，就是 [" 我想去 "，" 想去成 "，" 去成都 "，…]。N 理論上可以設定為任意值，但是一般設定成上面 3 個類型就足夠了。

2. Hierarchical Softmax 架構

當語料類別較多時，使用 Hierarchical Softmax(hs) 以減輕計算量。FastText 中的 Hierarchical Softmax 利用 Huffman 樹實現，將詞向量作為葉子節點，之後根據詞向量建構 Huffman 樹，如圖 8-17 所示。

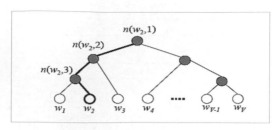

▲ 圖 8-17　Hierarchical Softmax 架構

　　Hierarchical Softmax 的演算法較為複雜，這裡就不過多闡述了，有興趣的讀者可以自行研究。

8.2.2　FastText 訓練及其與 PyTorch 2.0 的協作使用

　　前面介紹了 FastText 架構和理論，本小節開始使用 FastText。這裡主要介紹中文部分的 FastText 處理。

1. 資料收集與分詞

　　為了演示 FastText 的使用，建構如圖 8-18 所示的資料集。

```
text = [
 " 卷積神經網路在影像處理領域獲得了極大成功,其結合特徵提取和目標訓練為一體的模型能夠最好的利用已有的資訊對結果進行回饋訓練。",
 " 對文字辨識的卷積神經網路來說,同樣也是充分利用特徵提取時提取的文字特徵來計算文字特徵權值大小的,歸一化處理需要處理的資料。",
 " 這樣使得原來的文字資訊抽象成一個向量化的樣本集,之後將樣本集和訓練好的範本輸入卷積神經網路進行處理",
 " 本節將在上一節的基礎上使用卷積神經網路實現文字分類的問題,這裡將採用兩種主要基於字元的和基於 word embedding 形式的詞卷積神經網路處理方法。",
 " 實際上無論是基於字元的還是基於 word embedding 形式的處理方式都是可以相互轉換的,這裡介紹使用基本的使用模型和方法,更多的應用還需要讀者自行挖掘和設計。"
]
```

▲ 圖 8-18　演示資料集

　　text 中是一系列的短句文字，以每個逗點為一句進行區分，一個簡單的處理函式如下：

```
import jieba
jieba_cut_list = []
for line in text:
        jieba_cut = jieba.lcut(line)
        jieba_cut_list.append(jieba_cut)
print(jieba_cut)
```

列印結果如圖 8-19 所示。

```
['卷積','神經網路','在','影像處理','領域','獲得','了','極大','成功','。','我','結合','特徵提取','和','目標','訓練','為','一體','的','模型','能夠','最好','的','利用','已有','的','資訊','對','結果','進行','回饋','訓練']
['對','文字','辨識','的','卷積','神經網路','來說','，','同樣','也','是','充分利用','特徵提取','時','提取','的','文字','特徵','來','計算','文字','特徵','權值','大小','的','歸一化','處理','需要','處理','的','資料','可']
['這樣','使得','原來','的','文字','資訊','抽象','成','一個','向量化','的','樣本','集','之後','將','樣本','果','和','訓練','好','的','範本','輸入','卷積','神經網路','進行','處理','。']
['本節','將','在','上','一節','的','基礎','上','使用','卷積','神經網路','實現','文字','分類','的','問題','，','這裡','將','採用','兩種','主要','基於','字元','的','和','基於','word','，','embedding','形式','的','詞','卷積','。']
['實際上','無論是','基於','字元','的','還是','基於','word','，','embedding','形式','的','處理','方式','都','是','可以','相互','轉換','的','一','道道','只','介紹','使用','基本','的','使用','模型','和','方法','更','多','。']
```

▲ 圖 8-19 列印結果

可以看到，其中每一行根據 jieba 分詞模型進行分詞處理，之後儲存在每一行中的是已經被分過詞的資料。

2. 使用 Gensim 中的 FastText 進行詞嵌入計算

gensim.models 中除了包含前文介紹過的 Word2Vec 函式外，還包含 FastText 的專用計算類別，程式如下：

```
from gensim.models import FastText
model = FastText(min_count=5,vector_size=300,window=7,workers=10,
epochs=50,seed=17,sg=1,hs=1)
```

其中 FastText 的參數定義如下。

- sentences (iterable of iterables, optional)：供訓練的句子，可以使用簡單的串列，但是對於大語料庫，建議直接從磁碟 / 網路串流迭代傳輸句子。

- vector_size (int, optional)：詞向量的維度。

- window (int, optional)：一個句子中當前單字和被預測單字的最大距離。

- min_count (int, optional)：忽略詞頻小於此值的單字。

- workers (int, optional)：訓練模型時使用的執行緒數。

- sg ({0, 1}, optional)：模型的訓練演算法：1 代表 skip-gram；0 代表 CBOW。

- hs ({0, 1}, optional)：1 採用 Hierarchical Softmax 訓練模型；0 採用負採樣。

- epochs：模型迭代的次數。

- seed (int, optional)：隨機數發生器種子。

在定義的 FastText 類別中，依次設定了最低詞頻度、單字訓練的最大距離、迭代數以及訓練模型等。完整訓練例子如下。

→ 【程式 8-9】

```
text = [
    "卷積神經網路在影像處理領域獲得了極大成功，其結合特徵提取和目標訓練為一體的模型能夠最好地利用已有的資訊對結果進行回饋訓練。",
    "對文字辨識的卷積神經網路來説，同樣也是充分利用特徵提取時提取的文字特徵來計算文字特徵權值大小的，歸一化處理需要處理的資料。",
    "這樣使得原來的文字資訊抽象成一個向量化的樣本集，之後將樣本集和訓練好的範本輸入卷積神經網路進行處理。",
    "本節將在上一節的基礎上使用卷積神經網路實現文字分類的問題，這裡將採用兩種主要基於字元的和基於 word embedding 形式的詞卷積神經網路處理方法。",
    "實際上無論是基於字元的還是基於 word embedding 形式的處理方式都是可以相互轉換的，這裡只介紹使用基本的使用模型和方法，更多的應用還需要讀者自行挖掘和設計。"
]

import jieba

jieba_cut_list = []
for line in text:
    jieba_cut = jieba.lcut(line)
    jieba_cut_list.append(jieba_cut)
    print(jieba_cut)

from gensim.models import FastText
model =
FastText(min_count=5,vector_size=300,window=7,workers=10,epochs=50,seed=17,sg=1,hs=1)
model.build_vocab(jieba_cut_list)
model.train(jieba_cut_list, total_examples=model.corpus_count, epochs=model.epochs)#這裡使用作者舉出的固定格式即可
model.save("./xiaohua_fasttext_model_jieba.model")
```

model 中的 build_vocab 函式用於對資料建立詞庫，而 train 函式用於對 model 模型設定訓練模式，這裡使用作者舉出的格式即可。

對於訓練好的模型的儲存，這裡模型被儲存在 models 資料夾中。

3. 使用訓練好的 FastText 進行參數讀取

使用訓練好的 FastText 進行參數讀取很方便，直接載入訓練好的模型，之後將附帶測試的文字輸入即可，程式如下：

```
from gensim.models import FastText
model = FastText.load("./xiaohua_fasttext_model_jieba.model")
embedding = model.wv[" 設計 "]      #「設計」這個詞在上面提供的代文字中出現，並經過 jieba 分詞
後得到模型的訓練
print(embedding)
```

程式中，「設計」 這個詞在作者的提供的代文字中出現，並經過 jieba 分詞後得到模型的訓練。與訓練過程不同的是，這裡 FastText 使用附帶的 load 函式將儲存的模型載入，之後使用類似於傳統的 list 方式將已訓練過的值列印出來。列印結果如圖 8-20 所示。

```
[-1.85652229e-03  1.06951549e-04 -1.29939604e-03 -2.34862976e-03
 -6.68820925e-04  1.26710674e-03 -1.97672029e-03 -1.04239455e-03
 -8.38022737e-04  6.35023462e-05  9.96836461e-04  1.45770342e-03
  7.53837754e-04  5.64315473e-04 -1.27105368e-03 -8.11854668e-04
  1.84631464e-03  7.92698353e-04  2.69438024e-05 -2.72928341e-03
  1.66522607e-03 -1.27705897e-03  7.12231966e-04  6.97845593e-04
 -2.03090278e-03  6.80215948e-04 -5.58388012e-04 -2.13399762e-05
 -1.41401729e-03 -3.24102934e-04  6.42388535e-04  1.45976734e-03
  3.52950243e-04  6.96734118e-04 -7.11251458e-04 -1.24862022e-03
```

▲ 圖 8-20 列印結果

注意：FastText 模型只能列印已訓練過的詞向量，而不能列印未經過訓練的詞。在上例中，模型輸出的值是已經過訓練的「設計」這個詞。

列印輸出值可維度如下：

```
print(embedding.shape)
```

具體讀者可自行決定。

4. 繼續已有的 FastText 模型進行詞嵌入訓練

　　有時需要在訓練好的模型上繼續進行詞嵌入訓練，可以利用已訓練好的模型或利用電腦碎片時間進行迭代訓練。理論上，資料集內容越多，訓練時間越長，則訓練精度越高。

```
from gensim.models import FastText
model = FastText.load("./xiaohua_fasttext_model_jieba.model")
#embedding = model.wv[" 設計 "]# 「設計」這個詞在上面提供的代文字中出現，並經過 jieba 分詞後得
到模型的訓練
model.build_vocab(jieba_cut_list, update=True)
model.train(jieba_cut_list, total_examples=model.corpus_count, epochs=6)
model.min_count = 10
model.save("./xiaohua_fasttext_model_jieba.model")
```

　　在這裡需要額外設定一些 model 的參數，讀者仿照作者寫的格式設定即可。

5. 提取 FastText 模型的訓練結果作為預訓練詞嵌入資料（請讀者一定注意位置對應關係）

　　訓練好的 FastText 模型可以作為深度學習的預訓練詞嵌入輸入模型中使用，相對於隨機生成的向量，預訓練的詞嵌入資料帶有部分位置和語義資訊。

　　獲取預訓練好的詞嵌入資料的程式如下：

```
def get_embedding_model(Word2VecModel):
    vocab_list = [word for word in Word2VecModel.wv.key_to_index]  # 儲存所有的詞語

    word_index = {" ": 0}           # 初始化 [word : token]，後期 tokenize 語料庫就是用該詞典
    word_vector = {}                # 初始化 [word : vector] 字典

    # 初始化儲存所有向量的大矩陣，留意其中多一位（首行），詞向量全為 0，用於 padding 補零
    # 行數為所有單字數 +1，比如 10000+1；列數為詞向量維度，比如 100
    embeddings_matrix = np.zeros((len(vocab_list) + 1, Word2VecModel.vector_size))

    # 填充上述的字典和大矩陣
    for i in range(len(vocab_list)):
        word = vocab_list[i]            # 每個詞語
        word_index[word] = i + 1        # 詞語：序號
```

```
    word_vector[word] = Word2VecModel.wv[word]          # 詞語：詞向量
    embeddings_matrix[i + 1] = Word2VecModel.wv[word]   # 詞向量矩陣
```

```
# 這裡的 word_vector 資料量較大時不好列印
return word_index, word_vector, embeddings_matrix        #word_index 和 embeddings_
matrix 的作用在下文闡述
```

在範例程式中,首先透過迭代方法獲取訓練的詞庫串列,之後建立字典,使得詞和序號一一對應。

傳回值是 3 個數值,分別 word_index、word_vector 和 embeddings_matrix,這裡 word_index 是詞的序列,embeddings_matrix 是生成的與詞向量表所對應的 embedding 矩陣。在這裡需要提示的是,實際上 embedding 可以根據傳入的資料不同而對其位置進行修正,但是此修正必須伴隨 word_index 一起改變位置。

使用輸出的 embeddings_matrix 由以下函式完成:

```
import torch
embedding = torch.nn.Embedding(num_embeddings= embeddings_matrix.shape[0],
embedding_dim=embeddings_matrix.shape[1])
embedding.weight.data.copy_(torch.tensor(embeddings_matrix))
```

在這裡訓練好的 embeddings_matrix 被作為參數傳遞給 Embedding 串列,讀者只需要遵循這種寫法即可。

有一個問題是 PyTorch 的 Embedding 中進行 look_up 查詢時,傳入的是每個字元的序號,因此需要一個編碼器將字元編碼為對應的序號。

```
# tokenizer 對輸入文字中每個單字或字元進行序列化操作,並傳回由每個單字或字元所對應的索引
# 組成的索引串列。這個只能對單一字使用,無法處理詞語切詞的情形
def tokenizer(texts, word_index):
    token_indexs = []
    for sentence in texts:
        new_txt = []
        for word in sentence:
            try:
                new_txt.append(word_index[word])  # 把句子中的詞語轉為 index
            except:
```

```
            new_txt.append(0)
      token_indexs.append(new_txt)
  return token_indexs
```

tokenizer 函式用作對單字的序列化，這裡根據上文生成的 word_index 對每個詞語進行編號。具體應用請讀者參考前面的內容自行嘗試。

8.2.3　使用其他預訓練參數來生成 PyTorch 2.0 詞嵌入矩陣（中文）

無論是使用 Word2Vec 還是 FastText 作為訓練基礎都是可以的。但是對個人使用者或規模不大的公司機構來說，做一個龐大的預訓練專案是一個費時費力的專案。

他山之石，可以攻玉。我們可以借助其他免費的訓練好的詞向量作為使用基礎，如圖 8-21 所示。

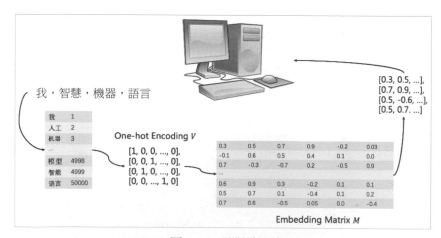

▲ 圖 8-21　預訓練詞向量

在中文部分，較為常用且免費的詞嵌入預訓練資料為騰訊的詞向量，位址如下：

```
https://ai.tencent.com/ailab/nlp/embedding.html
```

下載介面如圖 8-22 所示。

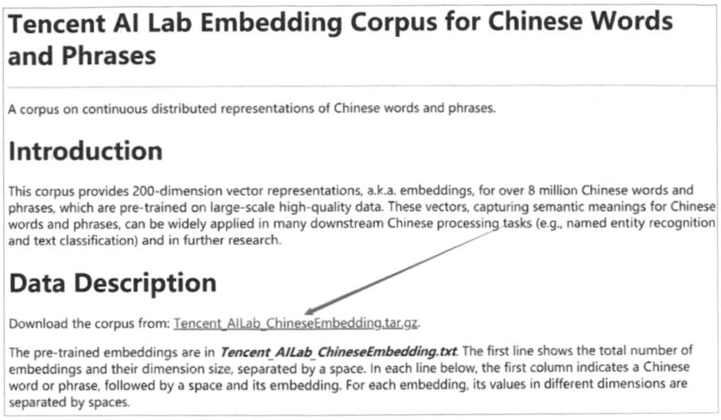

Tencent AI Lab Embedding Corpus for Chinese Words and Phrases

A corpus on continuous distributed representations of Chinese words and phrases.

Introduction

This corpus provides 200-dimension vector representations, a.k.a. embeddings, for over 8 million Chinese words and phrases, which are pre-trained on large-scale high-quality data. These vectors, capturing semantic meanings for Chinese words and phrases, can be widely applied in many downstream Chinese processing tasks (e.g., named entity recognition and text classification) and in further research.

Data Description

Download the corpus from: Tencent_AILab_ChineseEmbedding.tar.gz.

The pre-trained embeddings are in **Tencent_AILab_ChineseEmbedding.txt**. The first line shows the total number of embeddings and their dimension size, separated by a space. In each line below, the first column indicates a Chinese word or phrase, followed by a space and its embedding. For each embedding, its values in different dimensions are separated by spaces.

▲ 圖 8-22 騰訊的詞向量下載介面

可以使用以下程式載入預訓練模型進行詞矩陣的初始化：

```
from gensim.models.word2vec import KeyedVectors
wv_from_text = KeyedVectors.load_word2vec_format(file, binary=False)
```

接下來的步驟與 8.2.2 節相似，讀者可以自行撰寫完成。

8.3 針對文字的卷積神經網路模型簡介── 字元卷積

卷積神經網路在影像處理領域獲得了極大成功，其結合特徵提取和目標訓練為一體的模型能夠最好地利用已有的資訊對結果進行回饋訓練。

對文字辨識的卷積神經網路來說，同樣也是充分利用特徵提取時提取的文字特徵來計算文字特徵權值大小的，歸一化處理需要處理的資料。這樣使得原來的文字資訊抽象成一個向量化的樣本集，之後將樣本集和訓練好的範本輸入卷積神經網路進行處理。

本節將在上一節的基礎上使用卷積神經網路實現文字分類的問題，這裡將採用兩種處理方法，分別是基於字元的處理方法和基於 Word Embedding 的處理方法。實際上,基於字元的和基於 Word Embedding 的處理方法是可以相互轉換的,這裡只介紹基本的模型和方法,更多的應用還需要讀者自行挖掘和設計。

8.3.1 字元(非單字)文字的處理

本小節將介紹基於字元的 CNN 處理方法。基於單字的卷積處理內容將在下一節介紹,讀者可以循序漸進地學習。

任何一個英文單字都是由字母組成的,因此可以簡單地將英文單字拆分成字母的表示形式:

```
hello -> ["h","e","l","l","o"]
```

這樣可以看到一個單字 hello 被人為地拆分成「h」「e」「l」「l」「o」這5 個字母。而對於 Hello 的處理有兩種方法,即採用 One-Hot 的方式和採用詞嵌入(按單字元分割)的方式處理。這樣的話,hello 這個單字就被轉換成一個 [5,n]大小的矩陣,本例採用 One-Hot 的方式處理。

使用卷積神經網路計算字元矩陣,對於每個單字拆分成的資料,根據不同的長度對其進行卷積處理,提取出高層抽象概念。這樣做的好處是不需要使用預訓練好的詞向量和語法句法結構等資訊。除此之外,字元級還有一個好處就是可以很容易地推廣到所有語言。使用 CNN 處理字元文字分類的原理如圖 8-23所示。

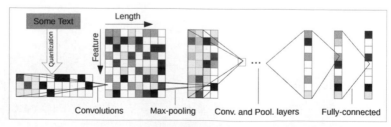

▲ 圖 8-23 使用 CNN 處理字元文字分類

1. 標題文字的讀取與轉化

對 AG_news 資料集來說，每個分類的文字條例既有對應的分類，又有標題和文字內容，對於文字內容的取出，在 8.1 節的選學內容中介紹過了，這裡採用直接使用標題文字的方法進行處理，如圖 8-24 所示。

```
3 Money Funds Fell in Latest Week (AP)
3 Fed minutes show dissent over inflation (USATODAY.com)
3 Safety Net (Forbes.com)
3 Wall St. Bears Claw Back Into the Black
3 Oil and Economy Cloud Stocks' Outlook
3 No Need for OPEC to Pump More-Iran Gov
3 Non-OPEC Nations Should Up Output-Purnomo
3 Google IPO Auction Off to Rocky Start
3 Dollar Falls Broadly on Record Trade Gap
3 Rescuing an Old Saver
3 Kids Rule for Back-to-School
3 In a Down Market, Head Toward Value Funds
```

▲ 圖 8-24 AG_news 標題文字

讀取標題和 label 的程式請讀者參考 8.1 節的內容自行完成。由於只是對文字標題進行處理，因此在進行資料清洗的時候不用處理停用詞和進行詞幹還原，並且對於空格，由於是進行字元計算，因此不需要保留空格，直接將其刪除即可。完整程式如下：

```python
def text_clearTitle(text):
    text = text.lower()                      # 將文字轉換成小寫
    text = re.sub(r"[^a-z]"," ",text)        # 替換非標準字元，^ 是求反操作
    text = re.sub(r" +", " ", text)          # 替換多重空格
    text = text.strip()                      # 取出首尾空格
    text = text + " eos"                     # 新增結束符號，請注意，eos 前面有一個空格
return text
```

這樣獲取的結果如圖 8-25 所示。

```
wal mart dec sales still seen up pct eos
sabotage stops iraq s north oil exports eos
corporate cost cutters miss out eos
murdoch will shell out mil for manhattan penthouse eos
au says sudan begins troop withdrawal from darfur reuters eos
insurgents attack iraq election offices reuters eos
syria redeploys some security forces in lebanon reuters eos
security scare closes british airport ap eos
iraqi judges start quizzing saddam aides ap eos
musharraf says won t quit as army chief reuters eos
```

▲ 圖 8-25 AG_news 標題文字取出結果

可以看到，不同的標題被整合成一系列可能對人類來說沒有任何意義的字元。

2. 文字的 One-Hot 處理

對生成的字串進行 One-Hot 處理，處理的方式非常簡單，首先建立一個 26 個字母的字元表：

```
alphabet_title = "abcdefghijklmnopqrstuvwxyz"
```

針對不同的字元獲取字元表對應位置進行提取，根據提取的位置將對應的字元位置設定成 1，其他為 0，例如字元 c 在字元表中第 3 個，那麼獲取的字元矩陣為：

```
[0,0,1,0,0,0,0,0,0,0,0,0,0,0,0,0,0,0,0,0,0,0,0,0,0,0]
```

其他的類似，程式如下：

```
def get_one_hot(list):
values = np.array(list)
n_values = len(alphabet_title) + 1
return np.eye(n_values)[values]
```

這段程式的作用是將生成的字元序列轉換成矩陣，如圖 8-26 所示。

```
[1,2,3,4,5,6,0]
```

↓

```
[[0. 1. 0. 0. 0. 0. 0. 0. 0. 0. 0. 0. 0. 0. 0. 0. 0. 0. 0. 0. 0. 0. 0. 0. 0.
  0. 0. 0.]
 [0. 0. 1. 0. 0. 0. 0. 0. 0. 0. 0. 0. 0. 0. 0. 0. 0. 0. 0. 0. 0. 0. 0. 0. 0.
  0. 0. 0.]
 [0. 0. 0. 1. 0. 0. 0. 0. 0. 0. 0. 0. 0. 0. 0. 0. 0. 0. 0. 0. 0. 0. 0. 0. 0.
  0. 0. 0.]
 [0. 0. 0. 0. 1. 0. 0. 0. 0. 0. 0. 0. 0. 0. 0. 0. 0. 0. 0. 0. 0. 0. 0. 0. 0.
  0. 0. 0.]
 [0. 0. 0. 0. 0. 1. 0. 0. 0. 0. 0. 0. 0. 0. 0. 0. 0. 0. 0. 0. 0. 0. 0. 0. 0.
  0. 0. 0.]
 [0. 0. 0. 0. 0. 0. 1. 0. 0. 0. 0. 0. 0. 0. 0. 0. 0. 0. 0. 0. 0. 0. 0. 0. 0.
  0. 0. 0.]
 [1. 0. 0. 0. 0. 0. 0. 0. 0. 0. 0. 0. 0. 0. 0. 0. 0. 0. 0. 0. 0. 0. 0. 0. 0.
  0. 0. 0.]]
```

▲ 圖 8-26　字元轉換成矩陣示意圖

然後將字串按字元表中的順序轉換成數字序列，程式如下：

```python
def get_char_list(string):
    alphabet_title = "abcdefghijklmnopqrstuvwxyz"
    char_list = []
    for char in string:
        num = alphabet_title.index(char)
        char_list.append(num)
    return char_list
```

這樣生成的結果如下：

```
hello  ->  [7, 4, 11, 11, 14]
```

將程式整合在一起，最終結果如下：

```python
def get_one_hot(list,alphabet_title = None):
    if alphabet_title == None:                    # 設定字元集
        alphabet_title = "abcdefghijklmnopqrstuvwxyz"
    else:alphabet_title = alphabet_title
    values = np.array(list)                       # 獲取字元數列
    n_values = len(alphabet_title) + 1            # 獲取字元表長度
    return np.eye(n_values)[values]

def get_char_list(string,alphabet_title = None):
    if alphabet_title == None:
        alphabet_title = "abcdefghijklmnopqrstuvwxyz"
    else:alphabet_title = alphabet_title
    char_list = []
    for char in string:                           # 獲取字串中的字元
        num = alphabet_title.index(char)          # 獲取對應位置
        char_list.append(num)                     # 組合位置編碼
    return char_list
# 主程式
def get_string_matrix(string):
    char_list = get_char_list(string)
    string_matrix = get_one_hot(char_list)
    return string_matrix
```

這樣生成的結果如圖 8-27 所示。

```
[[0. 0. 0. 0. 0. 0. 0. 1. 0. 0. 0. 0. 0. 0. 0. 0. 0. 0. 0. 0. 0. 0. 0.
  0. 0. 0.]
 [0. 0. 0. 0. 1. 0. 0. 0. 0. 0. 0. 0. 0. 0. 0. 0. 0. 0. 0. 0. 0. 0. 0.
  0. 0. 0.]
 [0. 0. 0. 0. 0. 0. 0. 0. 0. 0. 0. 0. 1. 0. 0. 0. 0. 0. 0. 0. 0. 0. 0.
  0. 0. 0.]
 [0. 0. 0. 0. 0. 0. 0. 0. 0. 0. 0. 0. 1. 0. 0. 0. 0. 0. 0. 0. 0. 0. 0.
  0. 0. 0.]
 [0. 0. 0. 0. 0. 0. 0. 0. 0. 0. 0. 0. 0. 0. 1. 0. 0. 0. 0. 0. 0. 0. 0.
  0. 0. 0.]]
```

▲ 圖 8-27　轉換字串並進行 One-Hot 處理

可以看到，單字 hello 被轉換成一個 [5,26] 大小的矩陣，供下一步處理。但是這裡又產生一個新的問題，對於不同長度的字串，組成的矩陣行長度不同。雖然卷積神經網路可以處理具有不同長度的字串，但是在本例中還是以相同大小的矩陣作為資料登錄進行計算。

3. 生成文字矩陣的細節處理——矩陣補全

根據文字標題生成 One-Hot 矩陣，對於第 2 步中的矩陣生成的 One-Hot 矩陣函式，讀者可以自行將其變更成類別使用，這樣能夠在使用時更簡便，同時我們也會將已完成的其他函式直接匯入使用，這一點請讀者注意。

```python
import csv
import numpy as np
import tools
agnews_title = []
agnews_train = csv.reader(open("./dataset/train.csv","r"))
for line in agnews_train:
    agnews_title.append(tools.text_clearTitle(line[1]))
for title in agnews_title:
    string_matrix = tools.get_string_matrix(title)
    print(string_matrix.shape)
```

補全後的矩陣維度，列印結果如下：

```
(51, 28)
(59, 28)
(44, 28)
(47, 28)
```

```
(51, 28)
(91, 28)
(54, 28)
(42, 28)
```

可以看到，生成的文字矩陣被整形成一個有一定大小規則的矩陣輸出。但是這裡出現了一個新的問題，對不同長度的文字，單字和字母的多少並不是固定的，雖然對全卷積神經網路來說，輸入的資料維度可以不統一和固定，但是本部分還是對其進行處理。

對於不同長度的矩陣，一個簡單的想法就是對其進行規範化處理，即長的截短，短的補長。這裡的想法也是如此，程式如下：

```
def get_handle_string_matrix(string,n = 64):          #n 為設定的長度,可以根據需要修正
    string_length= len(string)                        # 獲取字串長度
    if string_length > 64:                            # 判斷是否大於 64
        string = string[:64]                          # 長度大於 64 的字串予以截短
        string_matrix = get_string_matrix(string) # 獲取文字矩陣
        return string_matrix
    else:    # 對於長度不夠的字串
        string_matrix = get_string_matrix(string) # 獲取字串矩陣
        handle_length = n - string_length             # 獲取需要補全的長度
        pad_matrix = np.zeros([handle_length,28]) # 使用全 0 矩陣進行補全
        string_matrix = np.concatenate([string_matrix,pad_matrix],axis=0)   # 將字元矩陣
和全 0 矩陣進行疊加,將全 0 矩陣疊加到字元矩陣後面
        return string_matrix
```

程式分成兩部分，首先對不同長度的字元進行處理，對於長度大於 64 的字串，只保留前 64 位元字元，這個 64 是人為設定的截取或保留長度，可以根據需要對其進行修改。

而對於長度不到 64 的字串，則需要對其進行補全，生成由餘數組成的全 0 矩陣對生成矩陣進行處理。

經過修飾後的程式如下：

```
import csv
import numpy as np
```

```
import tools
agnews_title = []
agnews_train = csv.reader(open("./dataset/train.csv","r"))
for line in agnews_train:
    agnews_title.append(tools.text_clearTitle(line[1]))
for title in agnews_title:
    string_matrix = tools. get_handle_string_matrix (title)
    print(string_matrix.shape)
```

標準化補全後的矩陣維度，列印結果如下：

```
(64, 28)
(64, 28)
(64, 28)
(64, 28)
(64, 28)
(64, 28)
(64, 28)
(64, 28)
```

4. 標籤的 One-Hot 矩陣建構

對於分類的表示，這裡同樣可以使用 One-Hot 方法對其分類進行重構，程式如下：

```
def get_label_one_hot(list):
    values = np.array(list)
    n_values = np.max(values) + 1
    return np.eye(n_values)[values]
```

仿照文字的 One-Hot 函式，根據傳進來的序列化參數對串列進行重構，形成一個新的 One-Hot 矩陣，從而能夠反映出不同的類別。

5. 資料集的建構

透過準備文字資料集，對文字進行清洗，去除不相干的詞，提取主幹，並根據需要設定矩陣維度和大小，全部程式以下（tools 程式為上文的分佈程式，在主程式後面）：

```
import csv
import numpy as np
import tools
agnews_label = []                                            # 空標籤串列
agnews_title = []                                            # 空文字標題文件
agnews_train = csv.reader(open("./dataset/train.csv","r"))   # 讀取資料集
for line in agnews_train:                                    # 分行迭代文字資料
    agnews_label.append(np.int(line[0]))                     # 將標籤讀取標籤串列
    agnews_title.append(tools.text_clearTitle(line[1]))      # 將文字讀取
train_dataset = []
for title in agnews_title:
    string_matrix = tools.get_handle_string_matrix(title)    # 建構文字矩陣
    train_dataset.append(string_matrix)                 # 將文字矩陣讀取訓練串列
train_dataset = np.array(train_dataset)            # 將原生的訓練串列轉換成 NumPy 格式
label_dataset = tools.get_label_one_hot(agnews_label)# 將 label 串列轉換成 One-Hot 格式
```

這裡首先透過 CSV 函式庫獲取全文字資料，之後逐行將文字和標籤讀取，分別將其轉換成 One-Hot 矩陣後，利用 NumPy 函式庫將對應的串列轉換成 NumPy 格式。標準化轉換後的 AG_news 結果如下：

```
(120000, 64, 28)
(120000, 5)
```

這裡分別生成了訓練集數量資料和標籤資料的 One-Hot 矩陣串列，訓練集的維度為 [12000,64,28]，第一個數字是總的樣本數，第 2 個和第 3 個數字分別為生成的矩陣維度。

標籤資料為一個二維矩陣，12000 是樣本的總數，5 是類別。這裡讀者可能會提出疑問，明明只有 4 個類別，為什麼會出現 5 個？因為 One-Hot 是從 0 開始的，而標籤的分類是從 1 開始的，所以會自動生成一個 0 的標籤，這點請讀者自行處理。全部 tools 函式如下，讀者可以將其改成類別的形式進行處理。

```
import re
import csv
#rom nltk.corpus import stopwords
from nltk.stem.porter import PorterStemmer
import numpy as np
```

```python
# 對英文文字進行資料清洗
#stoplist = stopwords.words('english')
def text_clear(text):
    text = text.lower()                              # 將文字轉換成小寫
    text = re.sub(r"[^a-z]"," ",text)                # 替換非標準字元，^ 是求反操作
    text = re.sub(r" +", " ", text)                  # 替換多重空格
    text = text.strip()                              # 取出首尾空格
    text = text.split(" ")
    #text = [word for word in text if word not in stoplist]    # 去除停用詞
    text = [PorterStemmer().stem(word) for word in text]       # 還原詞幹部分
    text.append("eos")                               # 新增結束符號
    text = ["bos"] + text                            # 新增開始符號
    return text
# 對標題進行處理
def text_clearTitle(text):
    text = text.lower()                              # 將文字轉換成小寫
    text = re.sub(r"[^a-z]"," ",text)                # 替換非標準字元，^ 是求反操作
    text = re.sub(r" +", " ", text)                  # 替換多重空格
    #text = re.sub(" ", "", text)                    # 替換隔斷空格
    text = text.strip()                              # 取出首尾空格
    text = text + " eos"                             # 新增結束符號
    return text
# 生成標題的 One-Hot 標籤
def get_label_one_hot(list):
    values = np.array(list)
    n_values = np.max(values) + 1
    return np.eye(n_values)[values]
# 生成文字的 One-Hot 矩陣
def get_one_hot(list,alphabet_title = None):
    if alphabet_title == None:                               # 設定字元集
        alphabet_title = "abcdefghijklmnopqrstuvwxyz "
    else:alphabet_title = alphabet_title
    values = np.array(list)                                  # 獲取字元數列
    n_values = len(alphabet_title) + 1                       # 獲取字元表長度
    return np.eye(n_values)[values]
# 獲取文字在詞典中的位置串列
def get_char_list(string,alphabet_title = None):
    if alphabet_title == None:
```

```
        alphabet_title = "abcdefghijklmnopqrstuvwxyz "
    else:alphabet_title = alphabet_title
    char_list = []
    for char in string:                              # 獲取字串中的字元
        num = alphabet_title.index(char)             # 獲取對應位置
        char_list.append(num)                        # 組合位置編碼
    return char_list
# 生成文字矩陣
def get_string_matrix(string):
    char_list = get_char_list(string)
    string_matrix = get_one_hot(char_list)
    return string_matrix
# 獲取補全後的文字矩陣
def get_handle_string_matrix(string,n = 64):
    string_length= len(string)
    if string_length > 64:
        string = string[:64]
        string_matrix = get_string_matrix(string)
        return string_matrix
    else:
        string_matrix = get_string_matrix(string)
        handle_length = n - string_length
        pad_matrix = np.zeros([handle_length,28])
        string_matrix = np.concatenate([string_matrix,pad_matrix],axis=0)
        return string_matrix
# 獲取資料集
def get_dataset():
    agnews_label = []
    agnews_title = []
    agnews_train = csv.reader(open("../dataset/ag_news 資料集 /dataset/train.csv","r"))
    for line in agnews_train:
        agnews_label.append(np.int(line[0]))
        agnews_title.append(text_clearTitle(line[1]))
    train_dataset = []
    for title in agnews_title:
        string_matrix = get_handle_string_matrix(title)
        train_dataset.append(string_matrix)
    train_dataset = np.array(train_dataset)
    label_dataset = get_label_one_hot(agnews_label)
```

```
    return train_dataset,label_dataset

if __name__ == '__main__':
    get_dataset()
```

8.3.2　卷積神經網路文字分類模型的實現──Conv1d（一維卷積）

對文字的資料集部分處理完畢後，接下來需要設計基於卷積神經網路的分類模型。模型的組成包括多個部分，如圖 8-28 所示。

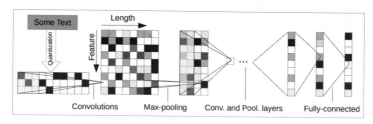

▲　圖 8-28　使用 CNN 處理字元文字分類

如圖 8-31 所示的結構，作者根據類似的模型設計了一個由 5 層神經網路組成的文字分類模型，如表 8-1 所示。

▼　表 8-1　5 層神經網路組成的文字分類模型

層　　數	層　　名
1	Conv 3×3 1×1
2	Conv 5×5 1×1
3	Conv 3×3 1×1
4	full_connect 512
5	full_connect 5

這裡使用的是 5 層神經網路，前 3 個基於一維的卷積神經網路，後兩個全連接層用於分類任務，程式如下：

```python
import torch
import einops.layers.torch as elt

def char_CNN(input_dim = 28):
    model = torch.nn.Sequential(
        # 第一層卷積
        elt.Rearrange("b l c -> b c l"),
        torch.nn.Conv1d(input_dim,32,kernel_size=3,padding=1),
        elt.Rearrange("b c l -> b l c"),
        torch.nn.ReLU(),
        torch.nn.LayerNorm(32),

        # 第二層卷積
        elt.Rearrange("b l c -> b c l"),
        torch.nn.Conv1d(32, 28, kernel_size=3, padding=1),
        elt.Rearrange("b c l -> b l c"),
        torch.nn.ReLU(),
        torch.nn.LayerNorm(28),

        #flatten
        torch.nn.Flatten(),   #[batch_size,64 * 28]
        torch.nn.Linear(64 * 28,64),
        torch.nn.ReLU(),

        torch.nn.Linear(64,5),
        torch.nn.Softmax()
    )

    return model

if __name__ == '__main__':
    embedding = torch.rand(size=(5,64,28))
    model = char_CNN()
    print(model(embedding).shape)
```

這裡是完整的訓練模型，訓練程式如下：

```python
import get_data
from sklearn.model_selection import train_test_split
train_dataset,label_dataset = get_data.get_dataset()
```

```
X_train,X_test, y_train, y_test = train_test_split(train_dataset,label_dataset,test_
size=0.1, random_state=828)   # 將資料集劃分為訓練集和測試集
# 獲取 device
device = "cuda" if torch.cuda.is_available() else "cpu"
model = char_CNN().to(device)
# 定義交叉熵損失函式
def cross_entropy(pred, label):
res = -torch.sum(label * torch.log(pred)) / label.shape[0]
    return torch.mean(res)
optimizer = torch.optim.Adam(model.parameters(), lr=1e-4)
batch_size = 128
train_num = len(X_test)//128
for epoch in range(99):
    train_loss = 0.
    for i in range(train_num):
        start = i * batch_size
        end = (i + 1) * batch_size

        x_batch = torch.tensor(X_train[start:end]).type(torch.float32).to(device)
        y_batch = torch.tensor(y_train[start:end]).type(torch.float32).to(device)

        pred = model(x_batch)
        loss = cross_entropy(pred, y_batch)
        optimizer.zero_grad()
        loss.backward()
        optimizer.step()

        train_loss += loss.item()   # 記錄每個批次的損失值
    # 計算並列印損失值
    train_loss /= train_num
    accuracy = (pred.argmax(1) == y_batch.argmax(1)).type(torch.float32).sum().item() /
 batch_size

    print("epoch：",epoch,"train_loss:", round(train_loss,2),"accuracy:",
round(accuracy,2))
```

　　首先獲取完整的資料集，之後透過 train_test_split 函式對資料集進行劃分，將資料分為訓練集和測試集，而模型的計算和損失函式的最佳化與前面的 PyTorch 方法類似，這裡就不過多闡述了。

最終結果請讀者自行完成。需要說明的是，這裡的模型是一個較為簡易的基於短文字分類的文字分類模型，8.4 節將用另一種方式對這個模型進行修正。

8.4 針對文字的卷積神經網路模型簡介——詞卷積

使用字元卷積對文字進行分類是可以的，但是相對詞來說，字元包含的資訊沒有詞多，即使卷積神經網路能夠較好地對資料資訊進行學習，但是由於包含的內容關係，其最終效果也只是差強人意。

在字元卷積的基礎上，研究人員嘗試使用詞為基礎資料對文字進行處理，圖 8-29 是使用 CNN 來建構詞卷積模型。

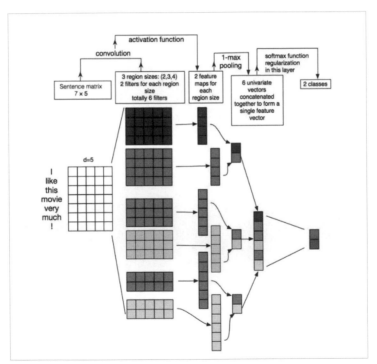

▲ 圖 8-29 使用 CNN 來建構詞卷積模型

在實際讀寫中，短文字用於表達較為集中的思想，文字長度有限，結構緊湊，能夠獨立表達意思，因此可以使用基於詞卷積的神經網路對資料進行處理。

8.4.1　單字的文字處理

　　首先對文字進行處理，使用卷積神經網路對單字進行處理的基本要求就是將文字轉換成電腦可以辨識的資料。8.3 節使用卷積神經網路對字元的 One-Hot 矩陣進行了分析處理，一個簡單的想法是，是否可以將文字中的單字依舊處理成 One-Hot 矩陣進行處理，如圖 8-30 所示。

$$\begin{pmatrix} the \\ cat \\ sat \\ on \\ the \\ mat \end{pmatrix} = \begin{pmatrix} 1 & 0 & 0 & 0 & 0 \\ 0 & 1 & 0 & 0 & 0 \\ 0 & 0 & 1 & 0 & 0 \\ 0 & 0 & 0 & 1 & 0 \\ 1 & 0 & 0 & 0 & 0 \\ 0 & 0 & 0 & 0 & 1 \end{pmatrix}$$

▲　圖 8-30　詞的 One_Hot 處理

　　使用 One-Hot 對單字進行表示從理論上可行，但是事實上並不是一種可行方案，對基於字元的 One-Hot 方案來說，所有的字元都會在一個相對合適的字形檔中選取，例如從 26 個字母或一些常用的字元中選取，總量並不會很多（通常少於 128 個），因此組成的矩陣也不會很大。

　　但是對單字來說，常用的英文單字或中文詞語一般在 5000 左右，因此建立一個稀疏的、龐大的 One-Hot 矩陣是一個不切實際的想法。

　　目前來說，一個較好的解決方法是使用 Word2Vec 的 Word Embedding，這樣可以透過學習將字形檔中的詞轉換成維度一定的向量，作為卷積神經網路的計算依據。本小節的處理和計算依舊使用文字標題作為處理的目標。單字的詞向量的建立步驟如下。

1. 分詞模型的處理

　　對讀取的資料進行分詞處理，與 One-Hot 的資料讀取類似，首先對文字進行清理，去除停用詞和標準化文字，但是需要注意的是，對 Word2Vec 訓練模型來說，需要輸入若干個詞串列，因此對獲取的文字要進行分詞，轉換成陣列的形式儲存。

```
def text_clearTitle_word2vec(text):
    text = text.lower()                    # 將文字轉換成小寫
    text = re.sub(r"[^a-z]"," ",text)      # 替換非標準字元，^ 是求反操作
    text = re.sub(r" +", " ", text)        # 替換多重空格
    text = text.strip()                    # 取出首尾空格
    text = text + " eos"                   # 新增結束符號，注意 eos 前有空格
    text = text.split(" ")                 # 對文字分詞轉成串列儲存
    return text
```

請讀者自行驗證。

2. 分詞模型的訓練與載入

對分詞模型進行訓練與載入，基於已有的分詞陣列對不同維度的矩陣分別進行處理。這裡需要注意的是，對 Word2Vec 詞向量來說，簡單地將待補全的矩陣用全 0 補全是不合適的，最好的方法是將全 0 矩陣修改為一個非常小的常數矩陣，程式如下：

```
def get_word2vec_dataset(n = 12):
    agnews_label = []                      # 建立標籤串列
    agnews_title = []                      # 建立標題串列
    agnews_train = csv.reader(open("../dataset/ag_news 資料集 /dataset/train.csv","r"))
    for line in agnews_train:              # 將資料讀取到對應串列中
        agnews_label.append(np.int(line[0]))
        agnews_title.append(text_clearTitle_word2vec(line[1]))    # 對資料進行清洗之後
再讀取
    from gensim.models import word2vec     # 匯入 Gensim 套件
    model = word2vec.Word2Vec(agnews_title, vector_size=64, min_count=0, window=5)# 設
定訓練參數
    train_dataset = []                     # 建立訓練集串列
    for line in agnews_title:              # 對長度進行判定
        length = len(line)                 # 獲取串列長度
        if length > n:                     # 對串列長度進行判斷
            line = line[:n]                # 截取需要的長度串列
            word2vec_matrix = (model.wv[line])  # 獲取 word2vec 矩陣
            train_dataset.append(word2vec_matrix) # 將 word2vec 矩陣新增到訓練集中
        else:                   # 補全長度不夠的操作
            word2vec_matrix = (model.wv[line])       # 獲取 word2vec 矩陣
            pad_length = n - length                   # 獲取需要補全的長度
```

```
                pad_matrix = np.zeros([pad_length, 64]) + 1e-10# 建立補全矩陣並增加一個小數值
                word2vec_matrix = np.concatenate([word2vec_matrix, pad_matrix], axis=0) # 矩
陣補全
                train_dataset.append(word2vec_matrix)         # 將 word2vec 矩陣新增到訓練集中
    train_dataset = np.expand_dims(train_dataset,3)          # 對三維矩陣進行擴展
    label_dataset = get_label_one_hot(agnews_label)         # 轉換成 one-hot 矩陣
return train_dataset, label_dataset
```

經過向量化處理後的 AG_news 資料集，最終結果如下：

```
(120000, 12, 64, 1)
(120000, 5)
```

注意：在程式的倒數第 4 行使用了 np.expand_dims 函式對三維矩陣進行擴展，在不改變具體數值大小的前提下擴展了矩陣的維度，這樣是為下一步使用二維卷積對文字進行分類做資料準備。

8.4.2 卷積神經網路文字分類模型的實現──Conv2d（二維卷積）

如圖 8-31 所示是對卷積神經網路進行設計。

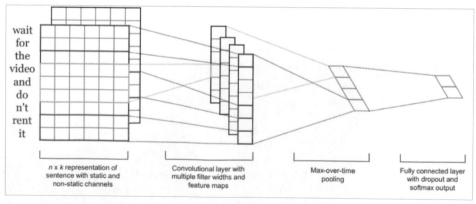

▲ 圖 8-31　使用二維卷積進行文字分類

　　模型的思想很簡單，根據輸入的已轉化成 word embedding 形式的詞矩陣，透過不同的卷積提取不同的長度進行二維卷積計算，對最終的計算值進行連結，然後經過池化層獲取不同矩陣的平均值，最後透過一個全連接層對其進行分類。

　　使用模型進行完整訓練的程式如下：

```python
import torch
import einops.layers.torch as elt

def word2vec_CNN(input_dim = 28):
    model = torch.nn.Sequential(

        elt.Rearrange("b l d 1 -> b 1 l d"),
        # 第一層卷積
        torch.nn.Conv2d(1,3,kernel_size=3),
        torch.nn.ReLU(),
        torch.nn.BatchNorm2d(num_features=3),

        # 第二層卷積
        torch.nn.Conv2d(3, 5, kernel_size=3),
        torch.nn.ReLU(),
        torch.nn.BatchNorm2d(num_features=5),

        #flatten
        torch.nn.Flatten(),  #[batch_size,64 * 28]
        torch.nn.Linear(2400,64),
        torch.nn.ReLU(),
        torch.nn.Linear(64,5),
        torch.nn.Softmax()
    )
    return model

"--------------- 下面是模型訓練部分 ----------------------------"
import get_data_84 as get_data
from sklearn.model_selection import train_test_split
train_dataset,label_dataset = get_data.get_word2vec_dataset()
X_train,X_test, y_train, y_test = train_test_split(train_dataset,label_dataset,test_
size=0.1, random_state=828)   # 將資料集劃分為訓練集和測試集
```

```python
# 獲取 device
device = "cuda" if torch.cuda.is_available() else "cpu"
model = word2vec_CNN().to(device)

# 定義交叉熵損失函式
def cross_entropy(pred, label):
    res = -torch.sum(label * torch.log(pred)) / label.shape[0]
    return torch.mean(res)

optimizer = torch.optim.Adam(model.parameters(), lr=1e-4)
batch_size = 128
train_num = len(X_test)//128

for epoch in range(99):
    train_loss = 0.
    for i in range(train_num):
        start = i * batch_size
        end = (i + 1) * batch_size
        x_batch = torch.tensor(X_train[start:end]).type(torch.float32).to(device)
        y_batch = torch.tensor(y_train[start:end]).type(torch.float32).to(device)
        pred = model(x_batch)
        loss = cross_entropy(pred, y_batch)

        optimizer.zero_grad()
        loss.backward()
        optimizer.step()
        train_loss += loss.item()  # 記錄每個批次的損失值

    # 計算並列印損失值
    train_loss /= train_num
    accuracy = (pred.argmax(1) == y_batch.argmax(1)).type(torch.float32).sum().item()
/ batch_size
    print("epoch：",epoch,"train_loss:",
round(train_loss,2),"accuracy:",round(accuracy,2))
```

模型使用不同的卷積核心分別生成了 3 通道和 5 通道的卷積計算值，池化以後將資料拉伸並連接為平整結構，之後使用兩個全連接層完成最終的矩陣計算與預測。

透過對模型的訓練可以看到，最終測試集的準確率應該在 80% 左右，請讀者根據設定自行完成。

8.5 使用卷積對文字分類的補充內容

在前面的章節中，透過不同的卷積（一維卷積和二維卷積）實現了文字的分類，並且透過使用 Gensim 掌握了對文字進行詞向量轉換的方法。詞向量是目前常用的將文字轉換成向量的方法，比較適合較為複雜的詞袋中片語較多的情況。

使用 one-hot 方法對字元進行表示是一種非常簡單的方法，但是由於其使用受限較大，產生的矩陣較為稀疏，因此實用性並不是很強，這裡推薦使用詞向量的方式對詞進行處理。

可能有讀者會產生疑問，使用 Word2Vec 的形式來計算字元的字向量是否可行？答案是完全可以，並且相對於單純採用 one-hot 形式的矩陣表示，會有更好的表現和準確度。

8.5.1 中文字的文字處理

對於中文字的文字處理，一個非常簡單的方法是將中文字轉換成拼音的形式，可以使用 Python 提供的拼音函式庫套件：

```
pip install pypinyin
```

使用方法如下：

```
from pypinyin import pinyin, lazy_pinyin, Style
value = lazy_pinyin(' 你好 ')   # 不考慮破音字的情況
print(value)
```

列印結果如下：

```
['ni', 'hao']
```

這裡使用不考慮破音字的普通模式，除此之外，還有附帶拼音符號的破音字字母，有興趣的讀者可以自行學習。

較為常用的對中文字文字進行的方法是使用分詞器對文字進行分詞，將分詞後的詞數列去除停用詞和副詞之後，製作詞向量，如圖 8-32 所示。

在上面的章節中，作者透過不同的卷積（一維卷積和二維卷積）實現了文字的分類，並且透過使用 Gensim 掌握了對文字進行詞向量轉化的方法。詞向量 wordEmbedding 是目前最常用的將文字轉成向量的方法，比較適合較為複雜詞袋中片語較多的情況。

使用 one-hot 方法對字元進行表示是一種非常簡單的方法，但是由於其使用受限較大，產生的矩陣較為稀疏，因此在實用性上並不是很強，作者在這裡統一推薦使用 wordEmbedding 的方式對詞進行處理。

可能有讀者會產生疑問，如果使用 word2vec 的形式來計算字元的 "字向量" 是否可行。

那麼作者的答案是完全可以，並且準確度相對於單純採用 one-hot 形式的矩陣表示，都能有更好的表現和準確度。

▲ 圖 8-32　使用分詞器對文字進行分詞

接下來對文字進行分詞並將其轉化成詞向量的形式進行處理。

1. 讀取資料

對於資料的讀取，這裡為了演示，直接使用字串作為資料的儲存格式，而對於多行文字的讀取，讀者可以使用 Python 類別庫中的文字讀取工具，這裡不過多闡述。

text=" 在上面的章節中，作者透過不同的卷積（一維卷積和二維卷積）實現了文字的分類，並且透過使用 Gensim 掌握了對文字進行詞向量轉換的方法。詞向量 Word Embedding 是目前最常用的將文字轉成向量的方法，比較適合較為複雜詞袋中片語較多的情況。使用 one-hot 方法對字元進行表示是一種非常簡單的方法，但是由於其使用受限較大，產生的矩陣較為稀疏，因此在實用性上並不是很強，作者在這裡統一推薦使用 Word Embedding 的方式對詞進行處理。可能有讀者會產生疑問，如果使用 Word2Vec 的形式來計算字元的「字向量」是否可行。那麼作者的答案是完全可以，並且準確度相對於單純採用 one-hot 形式的矩陣表示，都能有更好的表現和準確度。"

2. 中文文字的清理與分詞

使用分詞工具對中文文字進行分詞計算。對於文字分詞工具，Python 類別庫中最為常用的是 jieba 分詞，匯入如下：

```
import jieba                    #分詞器
import re                       #正規表示法函式庫套件
```

對於正文的文字，首先需要對其進行清洗和提出非標準字元，這裡採用 re 正規表示法對文字進行處理，部分處理程式如下：

```
text = re.sub(r"[a-zA-Z0-9-，。「」（）]"," ",text)    #替換非標準字元，^是求反操作
text = re.sub(r" +", " ", text)            #替換多重空格
text = re.sub(" ", "", text)               #替換隔斷空格
```

處理好的文字如圖 8-33 所示。

在上面的章節中作者透過不同的卷積一維卷積和二維卷積實現了文字的分類並且透過使用掌握了對文字進行詞向量轉化的方法詞向量是目前最常用的將文字轉成向量的方法比較適合較為複雜詞袋中片語較多的情況使用方法對字元進行表示是一種非常簡單的方法但是由於其使用受限較大產生的矩陣較為稀疏因此在實用性上並不是很強作者在這裡統一推薦使用的方式對詞進行處理可能有讀者會產生疑問如果使用的形式來計算字元的字向量是否可行那麼作者的答案是完全可以並且準確度相對於單純採用形式的矩陣表示都能有更好的表現和準確度

▲ 圖 8-33 處理好的文字

可以看到，文字中的數字、非中文字元以及標點符號已經被刪除，並且其中由於刪除不標準字元所遺留的空格也一一被刪除，留下的是完整的待切分的文字內容。

jieba 函式庫可用於對中文文字進行分詞，其分詞函式如下：

```
text_list = jieba.lcut_for_search(text)
```

這裡使用 jieba 函式庫對文字進行分詞，然後將分詞後的結果以陣列的形式儲存，列印結果如圖 8-34 所示。

['在','上面','的','章節','中','作者','透過','不同','的','卷積','一維','卷積','和','二維','卷積','實現','了','文字','的','分類','並且','透過','使用','掌握','了','對','文字','進行','詞','向量','轉化','的','方法','詞','向量','是','目前','最','常用','的','將','文字','轉','成','向量','的','方法','比較','適合','較為','複雜','詞','袋中','片語','較','多','的','情況','使用','方法','對','字元','進行','表示','是','一種','非常','簡單','非常簡單','的','方法','但是','由於','其','使用','受限','較大','產生','的','矩陣','較為','稀疏','因此','在','實用','實用性','上','並','不是','很強','作者','在','這裡','統一','推薦','使用','的','方式','對詞','進行','處理','可能','有','讀者','會','產生','疑問','如果','使用','的','形式','來','計算','字元','的','字','向量','是否','可行','那麼','作者','的','答案','是','完全','可以','並且','準確','準確度','相','對','於','單純','採用','形式','的','矩陣','表示','都','能','有','更好','的','表現','和','準確','準確度']

▲ 圖 8-34 分詞後的中文文字

3. 使用 Gensim 建構詞向量

讀者應該比較熟悉 Gensim 建構詞向量的方法，這裡直接使用，程式如下：

```
from gensim.models import word2vec                    # 匯入 Gensim 套件
# 設定訓練參數，注意方括號中的內容
model = word2vec.Word2Vec([text_list], size=50, min_count=1, window=3)
print(model[" 章節 "])
```

有一個非常重要的細節，因為 Word2Vec.Word2Vec 函式接收的是一個二維陣列，而本文透過 jieba 分詞的結果是一個一維陣列，因此需要在其上新增一個陣列符號，人為地建構一個新的資料結構，否則在列印詞向量時會顯示出錯。

執行程式，等待 Gensim 訓練完成後，列印一個字元向量，如圖 8-35 所示。

```
[ 0.00700214 -0.00771189 -0.00651557  0.00805341  0.00060104 -0.00614405
  0.00336286 -0.00911157  0.0008981   0.00469631 -0.00536773 -0.00359946
  0.0051344  -0.00519805 -0.00942803 -0.00215036 -0.00504649 -0.00531102
  0.00060753 -0.00373814 -0.00554779 -0.00814913  0.00525336 -0.00070392
  0.00515197  0.00504736 -0.00126333 -0.00581168  0.00431437  0.00871824
  0.00618446  0.00265644  0.00094638 -0.0051491   0.00861935  0.0091601
 -0.00820806 -0.00257573 -0.00670012  0.01000227  0.00413029  0.00592533
 -0.00560609 -0.00134225  0.00945567 -0.00521776  0.00641463  0.00850249
 -0.00726161  0.0013621 ]
```

▲ 圖 8-35　單一中文詞的向量

完整程式如下。

➔ 【程式 8-10】

```
import jieba
import re

text = re.sub(r"[a-zA-Z0-9-，。「」（ ）]"," ",text)        # 替換非標準字元，^是求反操作
text = re.sub(r" +", " ", text)                           # 替換多重空格
text = re.sub(" ", "", text)                              # 替換隔斷空格
print(text)
text_list = jieba.lcut_for_search(text)
from gensim.models import word2vec                        # 匯入 Gensim 套件
model = word2vec.Word2Vec([text_list], size=50, min_count=1, window=3)  # 設定訓練參數
print(model[" 章節 "])
```

後續專案讀者可以參考二維卷積對文字處理的模型進行計算。

8.5.2 其他細節

透過上一小節的演示讀者可以看到，對於普通的文字完全可以透過一系列的清洗和向量化處理將其轉換成矩陣的形式，之後透過卷積神經網路對文字進行處理。在 8.5.1 節中只是做了中文向量的詞處理，缺乏主題提取、去除停用詞等操作，讀者可以自行學習，根據需要進行補全。

一個非常重要的想法是，對於詞嵌入組成的矩陣，能否使用已有的模型進行處理？例如在前面的章節中一步步帶領讀者實現的 ResNet 網路，以及加上了注意力機制的 ResNet 模型，如圖 8-36 所示。

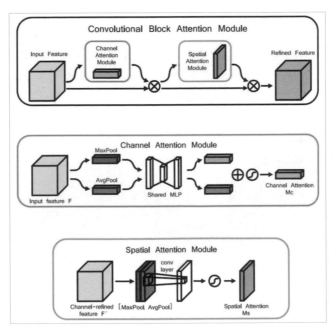

▲ 圖 8-36 在不同維度上新增注意力機制的 ResNet 模型

答案是可以的，作者在進行文字辨識的過程中，使用過 ResNet50 作為文字模型辨識器，同樣可以獲得不低於現有模型的準確率，有興趣的讀者可以自行驗證。

8.6　本章小結

卷積神經網路並不是只能對影像進行處理，本章演示了使用卷積神經網路對文字進行分類的方法。對文字處理來說，傳統的基於貝氏分類和循環神經網路實現的文字分類方法，卷積神經網路同樣可以實現，而且效果並不比前面的差。

卷積神經網路的應用非常廣泛，透過正確的資料處理和建模，可以達到程式設計人員心中所要求的目標。更為重要的是，相對循環神經網路來說，卷積神經網路在訓練過程中，訓練速度更快（併發計算），處理範圍更大（圖矩陣），能夠獲取更多的相互連結（感受野）。因此，卷積神經網路在機器學習中的作用越來越重要。

預訓練詞向量是本章新加入的內容，可能有讀者會問使用 Word Embedding 等價於什麼？等價於把 Embedding 層的網路用預訓練好的參數矩陣初始化。但是只能初始化第一層網路參數，再高層的參數就無能為力了。

而下游 NLP 任務在使用詞嵌入的時候一般有兩種做法：一種是 Frozen，就是詞嵌入這層網路參數固定不動；另一種是 Fine-Tuning（微調），就是詞嵌入這層參數使用新的訓練集合訓練，也需要跟著訓練過程更新詞嵌入。

第 9 章　基於循環神經網路的中文情感分類實戰

前面的章節帶領讀者實現了影像降噪與影像辨識等方面的內容，並且在第 8 章基於卷積神經網路完成了英文新聞分類的工作。相信讀者學習到本章內容時，對使用 PyTorch 2.0 完成專案已經有了一定的把握。

但是在前期的學習過程中，主要以卷積神經網路為主，而較少講解神經網路中的另一個非常重要的內容——循環神經網路。本章將講解循環神經網路的基本理論，以其一個基本實現 GRU 為例來講解循環神經網路的使用方法。

9.1　實戰：循環神經網路與情感分類

循環神經網路用來處理序列資料。

傳統的神經網路模型是從輸入層到隱藏層再到輸出層，層與層之間是全連接的，每層之間的節點是不需連線的。但是這種普通的神經網路對很多問題無能為力。舉例來說，你要預測句子的下一個單字是什麼，一般需要用到前面的單字，因為一個句子中的前後單字並不是獨立的，即一個序列當前的輸出與前面的輸出也有關。

循環神經網路的具體表現形式為：網路會對前面的資訊進行記憶並應用於當前輸出的計算中，即隱藏層之間的節點不再是不需連線的，而是有連接的，並且隱藏層的輸入不僅包括輸入層的輸出，還包括上一時刻隱藏層的輸出，如圖 9-1 所示。

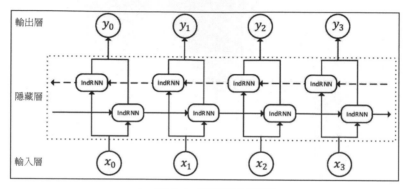

▲ 圖 9-1　循環神經網路

在講解循環神經網路的理論知識之前，最好的學習方式就是透過實例實現並執行對應的專案，在這裡首先帶領讀者完成循環神經網路的情感分類實戰的準備工作。

1. 資料的準備

首先是資料集的準備工作，在這裡我們完成的是中文資料集的情感分類，因此準備了一套已完成情感分類的資料集，讀者可以參考本書附帶的 dataset 資料集中的 chnSenticrop.txt 檔案確認。此時，讀者需要掌握資料的讀取和準備工作，讀取的程式如下：

```
max_length = 80          # 設定獲取的文字長度為 80
labels = []              # 用以存放 label
context = []             # 用以存放中文文字
vocab = set()
```

```
with open("../dataset/cn/ChnSentiCorp.txt", mode="r", encoding="UTF-8") as emotion_
file:
    for line in emotion_file.readlines():
        line = line.strip().split(",")

        # labels.append(int(line[0]))
        if int(line[0]) == 0:
            labels.append(0)# 由於在後面直接採用 PyTorch 附帶的 crossentroy 函式，因此這裡直
接輸入 0，否則輸入 [1,0]
        else:
            labels.append(1)
        text = "".join(line[1:])
        context.append(text)
        for char in text: vocab.add(char)    # 建立 vocab 和 vocab 編號

voacb_list = list(sorted(vocab))
# print(len(voacb_list))
token_list = []
# 下面對 context 內容根據 vocab 進行 token 處理
for text in context:
    token = [voacb_list.index(char) for char in text]
    token = token[:max_length] + [0] * (max_length - len(token))
    token_list.append(token)
```

2. 模型的建立

下面根據需求建立需要的模型，在這裡實現了一個帶有單向 GRU 和一個雙
向 GRU 的循環神經網路，程式如下：

```
class RNNModel(torch.nn.Module):
    def __init__(self,vocab_size = 128):
        super().__init__()
        self.embedding_table = torch.nn.Embedding(vocab_size,embedding_dim=312)
        self.gru = torch.nn.GRU(312,256)  # 注意這裡輸出有兩個，分別是 out 與 hidden，
out 是序列在模型執行後全部隱藏層的狀態，而 hidden 是最後一個隱藏層的狀態
        self.batch_norm = torch.nn.LayerNorm(256,256)

        self.gru2 = torch.nn.GRU(256,128,bidirectional=True)  # 注意這裡輸出有兩個，分
別是 out 與 hidden，out 是序列在模型執行後全部隱藏層的狀態，而 hidden 是最後一個隱藏層的狀態
```

```
def forward(self,token):
    token_inputs = token
    embedding = self.embedding_table(token_inputs)
    gru_out,_ = self.gru(embedding)
    embedding = self.batch_norm(gru_out)
    out,hidden = self.gru2(embedding)

    return out
```

這裡需要注意的是，對於 GRU 進行神經網路訓練，無論是單向還是雙向 GUR，其結果輸出都是兩個隱藏層狀態，分別是 out 與 hidden。out 是序列在模型執行後全部隱藏層的狀態，而 hidden 是此序列最後一個隱藏層的狀態。

這裡使用的是兩層 GRU，有讀者可能會注意到，在對第二個 GRU 進行定義時，有一個額外的參數 bidirectional，用於定義在循環神經網路中是單向計算還是雙向計算，其具體形式如圖 9-2 所示。

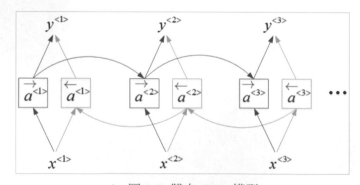

▲ 圖 9-2 雙向 GRU 模型

從圖 9-2 中可以很明顯地看到，左右兩個連續的模組並聯組成了不同方向的循環神經網路單向計算層，這兩個方向同時作用後生成了最終的隱藏層。

3. 模型的實現

9.1.1 節完成了循環神經網路的資料準備和模型的定義，本小節對中文資料集進行情感分類，完整的程式如下：

```
import numpy as np

max_length = 80          # 設定獲取的文字長度為 80
labels = []              # 用以存放 label
context = []             # 用以存放中文字文字
vocab = set()

with open("../dataset/cn/ChnSentiCorp.txt", mode="r", encoding="UTF-8") as emotion_
file:
    for line in emotion_file.readlines():
        line = line.strip().split(",")

        # labels.append(int(line[0]))
        if int(line[0]) == 0:
            labels.append(0)     # 由於在後面直接採用 PyTorch 附帶的 crossentroy 函式，因此這
裡直接輸入 0，否則輸入 [1,0]
        else:
            labels.append(1)
        text = "".join(line[1:])
        context.append(text)
        for char in text: vocab.add(char)     # 建立 vocab 和 vocab 編號

voacb_list = list(sorted(vocab))
# print(len(voacb_list))
token_list = []
# 下面對 context 內容根據 vocab 進行 token 處理
for text in context:
    token = [voacb_list.index(char) for char in text]
    token = token[:max_length] + [0] * (max_length - len(token))
    token_list.append(token)

seed = 17
np.random.seed(seed);np.random.shuffle(token_list)
np.random.seed(seed);np.random.shuffle(labels)

dev_list = np.array(token_list[:170])
dev_labels = np.array(labels[:170])

token_list = np.array(token_list[170:])
labels = np.array(labels[170:])
```

```python
import torch
class RNNModel(torch.nn.Module):
    def __init__(self,vocab_size = 128):
        super().__init__()
        self.embedding_table = torch.nn.Embedding(vocab_size,embedding_dim=312)
        self.gru  = torch.nn.GRU(312,256)  # 注意這裡輸出有兩個，分別是 out 與 hidden，
out 是序列在模型執行後全部隱藏層的狀態，而 hidden 是最後一個隱藏層的狀態
        self.batch_norm = torch.nn.LayerNorm(256,256)

        self.gru2  = torch.nn.GRU(256,128,bidirectional=True)  # 注意這裡輸出有兩個，
分別是 out 與 hidden，out 是序列在模型執行後全部隱藏層的狀態，而 hidden 是最後一個隱藏層的狀態

    def forward(self,token):
        token_inputs = token
        embedding = self.embedding_table(token_inputs)
        gru_out,_ = self.gru(embedding)
        embedding = self.batch_norm(gru_out)
        out,hidden = self.gru2(embedding)

        return out

# 這裡使用順序模型建立訓練模型
def get_model(vocab_size = len(voacb_list),max_length = max_length):
    model = torch.nn.Sequential(
        RNNModel(vocab_size),
        torch.nn.Flatten(),
        torch.nn.Linear(2 * max_length * 128,2)
    )
    return model

device = "cuda"
model = get_model().to(device)
model = torch.compile(model)
optimizer = torch.optim.Adam(model.parameters(), lr=2e-4)

loss_func = torch.nn.CrossEntropyLoss()

batch_size = 128
```

```
train_length = len(labels)
for epoch in (range(21)):
    train_num = train_length // batch_size
    train_loss, train_correct = 0, 0
    for i in (range(train_num)):
        start = i * batch_size
        end = (i + 1) * batch_size

        batch_input_ids = torch.tensor(token_list[start:end]).to(device)
        batch_labels = torch.tensor(labels[start:end]).to(device)

        pred = model(batch_input_ids)

        loss = loss_func(pred, batch_labels.type(torch.uint8))

        optimizer.zero_grad()
        loss.backward()
        optimizer.step()

        train_loss += loss.item()
        train_correct += ((torch.argmax(pred, dim=-1) ==
(batch_labels)).type(torch.float).sum().item() / len(batch_labels))

    train_loss /= train_num
    train_correct /= train_num
    print("train_loss:", train_loss, "train_correct:", train_correct)

    test_pred = model(torch.tensor(dev_list).to(device))
    correct = (torch.argmax(test_pred, dim=-1) ==
(torch.tensor(dev_labels).to(device))).type(torch.float).sum().item() / len(test_pred)
    print("test_acc:",correct)
    print("-------------------")
```

在這裡使用順序模型建立循環神經網路模型，在使用 GRU 對資料進行計算
後，又使用 Flatten 對序列 Embedding 進行了平整化處理。最終的 Linear 是分類
器，用於對結果進行分類。具體結果請讀者自行測試查看。

9.2　循環神經網路理論講解

前面完成了循環神經網路對情感分類的實戰工作，本節開始進入循環神經網路的理論講解部分，還是以 GRU 為例介紹。

9.2.1　什麼是 GRU

在前面的實戰過程中，使用 GRU 作為核心神經網路層，GRU 是循環神經網路的一種，是為了解決長期記憶和反向傳播中的梯度等問題而提出來的一種神經網路結構，是一種用於處理序列資料的神經網路。

GRU 更擅長處理序列變化的資料，比如某個單字的意思會因為上文提到的內容不同而有不同的含義，GRU 就能夠極佳地解決這類問題。

1. GRU 的輸入與輸出結構

GRU 的輸入與輸出結構如圖 9-3 所示。

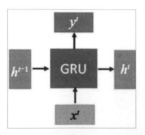

▲ 圖 9-3　GRU 的輸入與輸出結構

透過 GRU 的輸入與輸出結構可以看到，在 GRU 中有一個當前的輸入 x^t，和上一個節點傳遞下來的隱藏狀態（Hidden State）h^{t-1}，這個隱藏狀態包含之前節點的相關資訊。

結合 x^t 和 h^{t-1}，GRU 會得到當前隱藏節點的輸出 y^t 和傳遞給下一個節點的隱藏狀態 h^t。

2. 門 -GRU 的重要設計

一般認為，門是 GRU 能夠替代傳統的 RNN 的原因。先透過上一個傳輸下來的狀態 h^{t-1} 和當前節點的輸入 x^t 來獲取兩個門控狀態，如圖 9-4 所示。

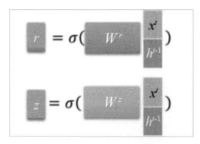

▲ 圖 9-4 兩個門控狀態

其中 r 用於控制重置的門控（Reset Gate），z 則用於控制更新的門控（Update Gate）。而 σ 為 Sigmoid 函式，透過這個函式可以將資料變換為 0~1 範圍內的數值，從而來充當門控訊號。

得到門控訊號之後，首先使用重置門控來得到重置之後的資料 $h^{(t-1)'} = h^{t-1} \times r$，再將 $h^{(t-1)'}$ 與輸入 x^t 進行拼接，透過一個 Tanh 啟動函式來將資料縮放到 -1~1 的範圍內，得到如圖 9-5 所示的 h'。

▲ 圖 9-5 得到 h'

這裡的 h' 主要是包含當前輸入的 x^t 資料。有針對性地將 h' 新增到當前的隱藏狀態，相當於「記憶了當前時刻的狀態」。

3. GRU 的結構

最後介紹 GRU 最關鍵的步驟，可以稱之為「更新記憶」階段。在這個階段，GRU 同時進行了遺忘和記憶兩個步驟，如圖 9-6 所示。

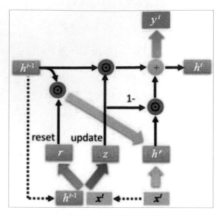

▲ 圖 9-6 更新記憶

使用了先前得到的更新門控 z，從而能夠獲得新的更新，公式如下：

$$h' = zh^{t-1} + (1-z)h'$$

公式說明如下。

- zh^{t-1}：表示對原本的隱藏狀態選擇性「遺忘」。這裡的 z 可以想像成遺忘門（Forget Gate），忘記 h^{t-1} 維度中一些不重要的資訊。

- $(1-z)h'$：表示對包含當前節點資訊的 h' 進行選擇性「記憶」。與前面類似，這裡的 $1-z$ 也會忘記 h' 維度中一些不重要的資訊。或，這裡更應當看作是對 h' 維度中的一些資訊進行選擇。

- 結上所述，整個公式的操作就是忘記傳遞下來的 h^{t-1} 中的一些維度資訊，並加入當前節點輸入的一些維度資訊。

可以看到，這裡的遺忘 z 和選擇（1-z）是聯動的。也就是說，對於傳遞進來的維度資訊，我們會進行選擇性遺忘，遺忘了多少權重（z），我們就會使用包含當前輸入的 h' 中所對應的權重彌補（1-z）的量，從而使得 GRU 的輸出保持一種「恒定」狀態。

9.2.2 單向不行，那就雙向

在前面簡單介紹了 GRU 中的參數 bidirectional，bidirectional 參數是雙向傳輸的，其目的是將相同的資訊以不同的方式呈現給循環網路，這樣可以提高精度並緩解遺忘問題。雙向 GRU 是一種常見的 GRU 變形，常用於自然語言處理任務。

GRU 特別依賴於順序或時間，它按連續處理輸入序列的時間步，而打亂時間步或反轉時間步會完全改變 GRU 從序列中提取的表示。正是由於這個原因，如果順序對問題很重要（比如室溫預測等問題），GRU 的表現就會很好。

雙向 GRU 利用了這種順序敏感性，每個 GRU 分別沿一個方向對輸入序列進行處理（時間正序和時間反向），然後將它們的表示合併在一起，如圖 9-7 所示。透過沿這兩個方向處理序列，雙向 GRU 可以捕捉到可能被單向 GRU 所忽略的特徵模式。

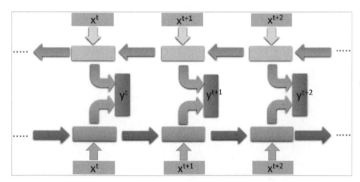

▲ 圖 9-7 雙向 GRU

一般來說，按時間正序的模型會優於按時間反向的模型。但是對應文字分類等問題，一個單字對理解句子的重要性通常並不取決於它在句子中的位置，即用正序序列和反向序列，或隨機打斷「詞語（不是字）」出現的位置，之後將新的資料作為樣本輸入給 GRU 進行重新訓練並評估，性能幾乎相同。這證實了一個假設：雖然單字順序對理解語言很重要，但使用哪種順序並不重要。

$$\vec{h}_{it} = \overrightarrow{\mathrm{GRU}}(x_{it}), t \in [1, T]$$
$$\overleftarrow{h}_{it} = \overleftarrow{\mathrm{GRU}}(x_{it}), t \in [T, 1]$$

　　雙向循環層還有一個好處是，在機器學習中，如果一種資料表示不同但有用，那麼總是值得加以利用，這種表示與其他表示的差異越大越好，它們提供了查看資料的全新角度，抓住了資料中被其他方法忽略的內容，因此可以提高模型在某個任務上的性能。

9.3　本章小結

　　本章介紹了循環神經網路的基本用途與理論定義方法，可以看到循環神經網路能夠較好地對序列的離散資料進行處理，這是一種較好的處理方法。但是在實際應用中讀者應該會發現，這種模型訓練的結果差強人意。

　　但是讀者不用擔心，因為每個深度學習模型設計人員都是從最基本的內容開始學習的，後續我們還會學習更為高級的 PyTorch 程式設計方法。

## 第10章

從零開始學習自然語言處理的編碼器

好，我們又要從 0 開始了。

前面的章節帶領讀者掌握了使用多種方式對字元進行表示的方法。例如原始的 One-Hot 方法，現在較為常用的 Word2Vec 和 FastText 方法等。這些都是將字元進行向量化處理的方法。問題來了，無論是使用舊方法還是現在常用的方法，或是將來出現的新方法，有沒有一個統一的稱謂？答案是有的，所有的這些處理方法都可以被簡稱為 Encoder（編碼器），如圖 10-1 所示。

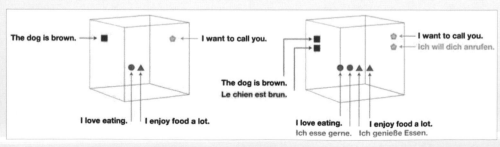

▲ 圖 10-1 編碼器對文字進行投影

編碼器的作用是建構一種能夠儲存字元（詞）的若干個特徵的表達方式（雖然這個特徵具體是什麼我們也不知道，但這樣做就行了），這個就是前文講的 Embedding 形式。

本章將從一個簡單的編碼器開始，介紹其核心架構、整體框架及其實現，並以此為基礎引入程式設計實戰，即一個對中文字和拼音轉換的翻譯。

但是編碼器並不是簡單地使用，其更重要的內容是在此基礎上引入 transform 架構的基礎概念，這是目前最為流行和通用的編碼器架構，並在此基礎上衍生出了更多的內容，這在第 11 章會詳細介紹。本章著重講解通用解碼器，讀者可以將其當成獨立的內容來學習。

10.1 編碼器的核心──注意力模型

編碼器的作用是對輸入的字元序列進行編碼處理，從而獲得特定的詞向量結果。為了簡便起見，作者直接使用 transformer 的編碼器方案，這也是目前最為常用的編碼器架構方案。編碼器的結構如圖 10-2 所示。

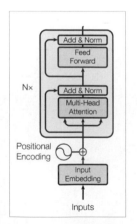

▲ 圖 10-2 編碼器結構示意圖

從圖 10-2 可見，編碼器由以下多個模組組成：

- 初始詞向量（Input Embedding）層。

- 位置編碼器（Positional Encoding）層。

- 多頭自注意力（Multi-Head Attention）層。

- 前饋（Feed Forward）層。

實際上，編碼器的組成模組並不是固定的，也沒有特定的形式，transformer 的編碼器架構是目前最為常用的，因此接下來將以此為例介紹。首先介紹編碼器的核心內容：注意力模型和架構，然後以此為基礎完成整個編碼器的介紹和撰寫。

10.1.1 輸入層──初始詞向量層和位置編碼器層

初始詞向量層和位置編碼器層是資料登錄最初的層，作用是將輸入的序列透過計算組合成向量矩陣，如圖 10-3 所示。

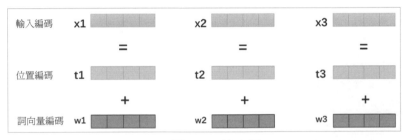

▲ 圖 10-3 輸入層

下面對每一部分依次進行講解。

1. 初始詞向量層

如同大多數的向量建構方法一樣，首先將每個輸入單字透過詞嵌入演算法轉為詞向量。其中每個詞向量被設定為固定的維度，本書後面將所有詞向量的維度設定為 312。具體程式如下：

```
import torch
word_embedding_table = torch.nn.Embedding(num_embeddings=encoder_vocab_size,
embedding_dim=312)
encoder_embedding = word_embedding_table(inputs)
```

這裡對程式進行解釋，首先使用 torch.nn.Embedding 函式建立了一個隨機初始化的向量矩陣，encoder_vocab_size 是字形檔的個數，一般在編碼器中字形檔是包含所有可能出現的「字」的集合。而 embedding_dim 定義的 Embedding 向量維度，這裡使用通用的 312 即可。

詞向量初始化在 PyTorch 中只發生在最底層的編碼器中。額外一提，所有的編碼器都有一個相同的特點，即它們接收一個向量串列，列表中的每個向量大小為 312 維。在底層（最開始）編碼器中，它就是詞向量，但是在其他編碼器中，它就是下一層編碼器的輸出（也是一個向量串列）。

2. 位置編碼

位置編碼是一個既重要又有創新性的結構輸入。一般自然語言處理使用的都是連續的長度序列，因此為了使用輸入的順序資訊，需要將序列對應的相對位置和絕對位置資訊注入模型中。

基於此目的，一個樸素的想法就是將位置編碼設計成與詞嵌入同樣大小的向量維度，之後將其直接相加使用，從而使得模型能夠既獲取到詞嵌入資訊，也能獲取到位置資訊。

具體來說，位置向量的獲取方式有以下兩種：

- 透過模型訓練所得。

- 根據特定的公式計算所得（用不同頻率的 sin 和 cos 函式直接計算）。

因此，在實際操作中，模型插入位置編碼可以設計一個可以隨模型訓練的層，也可以使用一個計算好的矩陣直接插入序列的位置函式，公式如下：

$$\text{PE}_{(\text{pos},2i)} = \sin(\text{pos} / 10000^{2i/d_{\text{model}}})$$
$$\text{PE}_{(\text{pos},2i+1)} = \cos(\text{pos} / 10000^{2i/d_{\text{model}}})$$

序列中任意一個位置都可以用三角函式表示，pos 是輸入序列的最大長度，i 是序列中依次的各個位置，d_{model} 是設定的與詞向量相同的位置 312。程式如下：

```
class PositionalEncoding(torch.nn.Module):
    def __init__(self, d_model = 312, dropout = 0.05, max_len=80):
```

```
    """
    :param d_model: pe 編碼維度，一般與 Word Embedding 相同，方便相加
    :param dropout: dorp out
    :param max_len: 語料庫中最長句子的長度，即 Word Embedding 中的 L
    """
    super(PositionalEncoding, self).__init__()
    # 定義 drop out
    self.dropout = torch.nn.Dropout(p=dropout)
    # 計算 pe 編碼
    pe=torch.zeros(max_len, d_model) # 建立空白資料表，每行代表一個詞的位置，每列代表
一個編碼位元
    position = torch.arange(0, max_len).unsqueeze(1) # 建個 arrange 表示詞的位置，以
便使用公式計算，size=(max_len,1)
    div_term = torch.exp(torch.arange(0, d_model, 2) * #計算公式中的 10000**（2i/d_
model)
                        -(math.log(10000.0) / d_model))
    pe[:, 0::2] = torch.sin(position * div_term)  # 計算偶數維度的 pe 值
    pe[:, 1::2] = torch.cos(position * div_term)  # 計算奇數維度的 pe 值
    pe = pe.unsqueeze(0)  # size=(1, L, d_model)，為了後續與 word_embedding 相加，意
為 batch 維度下的操作相同
    self.register_buffer('pe', pe)  # pe 值是不參加訓練的

def forward(self, x):
    # 輸入的最終編碼 = word_embedding + positional_embedding
    x = x + self.pe[:, :x.size(1)].clone().detach().requires_grad_(False)
    return self.dropout(x) # size = [batch, L, d_model]
```

這種位置編碼函式的寫法過於複雜，讀者直接使用即可。最終將詞向量矩陣和位置編碼組合如圖 10-4 所示。

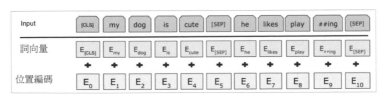

▲ 圖 10-4 初始詞向量

10.1.2　自注意力層

自注意力層不但是本章的重點，而且是本書的重要內容（然而實際上非常簡單）。

注意力層是使用注意力機制建構的，是能夠脫離距離的限制建立相互關係的一種電腦制。注意力機制最早是在視覺影像領域提出的，來自於 2014 年「Google Brain」團隊的論文 *Recurrent Models of Visual Attention*，其在 RNN 模型上使用了注意力機制來進行影像分類。

隨後，Bahdanau 等在論文 *Neural Machine Translation by Jointly Learning to Align and Translate* 中，使用類似注意力的機制在機器翻譯任務上將翻譯和對齊同時進行，這實際上是第一次將注意力機制應用到 NLP 領域中。

接下來，注意力機制被廣泛應用於基於 RNN/CNN 等神經網路模型的各種NLP 任務中。2017 年，Google 機器翻譯團隊發表的 *Attention is all you need* 中大量使用了自注意力（Self-Attention）機制來學習文字表示。自注意力機制也成為大家近期的研究熱點，並在各種自然語言處理任務上進行探索。

自然語言中的自注意力機制通常指的是不使用其他額外的資訊，只使用自我注意力的形式關注本身，進而從句子中取出相關資訊。自注意力又稱作內部注意力，它在很多工上都有十分出色的表現，比如閱讀理解、文字繼承、自動文字摘要等。

下面將介紹一個簡單的自注意機制。

本章內容非常重要，建議讀者第一次先通讀一遍本章內容，再結合實戰程式部分重新閱讀 2 遍以上。

1. 自注意力中的 Query、Key 和 Value

自注意力機制是進行自我關注從而取出相關資訊的機制。從具體實現來看，注意力函式的本質可以被描述為一個查詢（Query）到一系列鍵 - 值（key-value）對的映射，它們被身為抽象的向量，主要用於計算和輔助自注意力，如圖 10-5 所示。

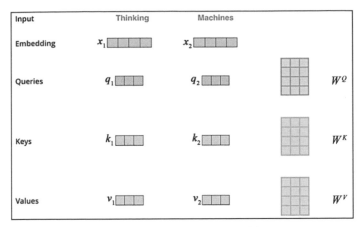

▲ 圖 10-5 自注意力機制

　　如圖 10-5 所示，一個單字 Thinking 經過向量初始化後，經過 3 個不同的全連接層重新計算後獲取特定維度的值，即看到的 q_1，而 q_2 的來歷也是如此。單字 Machines 經過 Embedding 向量初始化後，經過與上一個單字相同的全連接層計算，之後依次將 q_1 和 q_2 連接起來，組成一個新的連接後的二維矩陣 W^Q，被定義成 Query。

```
WQ= concat([q1, q2],axis = 0)
```

　　而由於是自注意力機制，因此 Key 和 Value 和 Query 的值相同，如圖 10-6 所示。

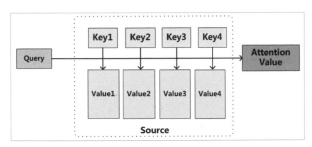

▲ 圖 10-6 自注意力層中的 Query、Key 和 Value

2. 使用 Query、Key 和 Value 計算自注意力的值

　　下面使用 Query、Key 和 Value 計算自注意力的值，其過程如下：

（1）將 Query 和每個 Key 進行相似度計算得到權重，常用的相似度函式有點積、拼接、感知機等，這裡使用的是點積計算，如圖 10-7 所示。

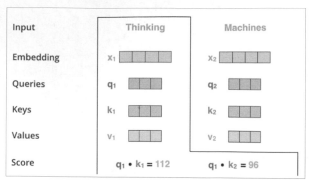

▲ 圖 10-7　點積計算

（2）使用一個 Softmax 函式對這些權重進行歸一化。

Softmax 函式的作用是計算不同輸入之間的權重「分數」，又稱為權重係數。舉例來說，正在考慮 Thinking 這個詞，就用它的 q_1 乘以每個位置的 k_i，隨後將得分加以處理再傳遞給 Softmax，然後透過 Softmax 計算，其目的是使分數歸一化，如圖 10-8 所示。

這個 Softmax 計算分數決定了每個單字在該位置表達的程度。相連結的單字將具有相應位置上最高的 Softmax 分數。用這個得分乘以每個 Value 向量，可以增強需要關注單字的值，或降低對不相關單字的關注度。

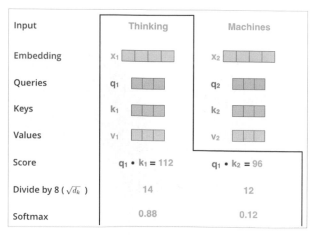

▲ 圖 10-8　使用 Softmax 函式

Softmax 的分數決定了當前單字在每個句子中每個單字位置的表示程度。很明顯，當前單字對應句子中此單字所在位置的 Softmax 的分數最高，但是有時 attention 機制也能關注到此單字外的其他單字。

（3）每個 Value 向量乘以 Softmax 後的得分，如圖 10-9 所示。

累加計算相關向量。這會在此位置產生自注意力層的輸出（對於第一個單字），即將權重和相應的鍵值 Value 進行加權求和，得到最後的注意力值。

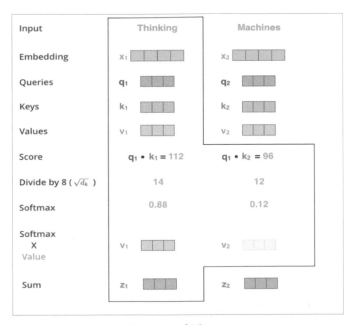

▲ 圖 10-9　乘以 Softmax

總結自注意力的計算過程，根據輸入的 query 與 key 計算兩者之間的相似性或相關性，之後透過一個 Softmax 來對值進行歸一化處理，獲得注意力權重值，然後對 Value 進行加權求和，並得到最終的 Attention 數值。然而，在實際的實現過程中，該計算會以矩陣的形式完成，以便更快地處理。自注意力公式如下：

$$\text{Attention}(\text{Query}, \text{Source}) = \sum_{i=1}^{Lx} \text{Similarity}(\text{Query}, \text{key}_i) \times \text{Value}_i$$

換成更為通用的矩陣點積的形式來實現，其結構和形式如圖 10-10 所示。

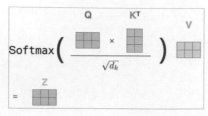

▲ 圖 10-10 矩陣點積

3. 自注意力的程式實現

下面進行自注意力的程式實現，實際上透過上面兩步的講解，自注意力模型的基本架構其實並不複雜，基本程式以下（僅供演示）。

➡ 【程式 10-1】

```
import torch
import math
import einops.layers.torch as elt
# word_embedding_table =
torch.nn.Embedding(num_embeddings=encoder_vocab_size,embedding_dim=312)
# encoder_embedding = word_embedding_table(inputs)

vocab_size = 1024      # 字元的種類
embedding_dim = 312
hidden_dim = 256
token = torch.ones(size=(5,80),dtype=int)
# 建立一個輸入 Embedding 值
input_embedding =
torch.nn.Embedding(num_embeddings=vocab_size,embedding_dim=embedding_dim)(token)

# 對輸入的 input_embedding 進行修正，這裡進行了簡寫
query = torch.nn.Linear(embedding_dim,hidden_dim)(input_embedding)
key = torch.nn.Linear(embedding_dim,hidden_dim)(input_embedding)
value = torch.nn.Linear(embedding_dim,hidden_dim)(input_embedding)

key = elt.Rearrange("b l d -> b d l")(key)
# 計算 query 與 key 之間的權重係數
attention_prob = torch.matmul(query,key)
```

```
# 使用 softmax 對權重係數進行歸一化計算
attention_prob = torch.softmax(attention_prob,dim=-1)

# 計算權重係數與 value 的值，從而獲取注意力值
attention_score = torch.matmul(attention_prob,value)

print(attention_score.shape)
```

核心程式實現起來實際上很簡單，這裡讀者先掌握這些核心程式即可。

換個角度，從概念上對注意力機制進行解釋，注意力機制可以視為從大量資訊中有選擇地篩選出少量重要資訊並聚焦到這些重要資訊上，忽略大多不重要的資訊，這種想法仍然成立。聚焦的過程表現在權重係數的計算上，權重越大，越聚焦於其對應的 Value 值上，即權重代表資訊的重要性，而權重與 Value 的點積是其對應的最終資訊。

完整的注意力層程式如下。這裡讀者需要注意的是，在實現 Attention 的完整程式中，相對於前面的程式碼部分，在這裡加入了 mask 部分，用於在計算時忽略為了將所有的序列 padding 成一樣的長度而進行的遮罩計算的操作，具體在 10.1.3 節會介紹。

➜ 【程式 10-2】

```
import torch
import math
import einops.layers.torch as elt

class Attention(torch.nn.Module):
    def __init__(self,embedding_dim = 312,hidden_dim = 256):
        super().__init__()
        self.query_layer = torch.nn.Linear(embedding_dim, hidden_dim)
        self.key_layer = torch.nn.Linear(embedding_dim, hidden_dim)
        self.value_layer = torch.nn.Linear(embedding_dim, hidden_dim)

    def forward(self,embedding,mask):
        input_embedding = embedding

        query = self.query_layer(input_embedding)
```

```
key = self.key_layer(input_embedding)
value = self.value_layer(input_embedding)

key = elt.Rearrange("b l d -> b d l")(key)
# 計算 query 與 key 之間的權重係數
attention_prob = torch.matmul(query, key)

# 使用 softmax 對權重係數進行歸一化計算
attention_prob += mask * -1e5   # 在自注意力權重基礎上加上遮罩值
attention_prob = torch.softmax(attention_prob, dim=-1)

# 計算權重係數與 value 的值，從而獲取注意力值
attention_score = torch.matmul(attention_prob, value)
return (attention_score)
```

具體結果請讀者自行列印查閱。

10.1.3 ticks 和 Layer Normalization

10.1.2 節的最後，我們基於 PyTorch 2.0 自訂層的形式撰寫了注意力模型的程式。與演示的程式有區別的是，實戰程式中在這一部分的自注意層中還額外加入了 mask 值，即遮罩層。遮罩層的作用是獲取輸入序列的「有意義的值」，而忽視本身就是用作填充或補全序列的值。一般用 0 表示有意義的值，而用 1 表示填充值（這點並不固定，0 和 1 的意思可以互換）。

```
[2,3,4,5,5,4,0,0,0] -> [0,0,0,0,0,0,1,1,1]
```

遮罩計算的程式如下：

```
def create_padding_mark(seq):
    mask = torch.not_equal(seq, 0).float()
    mask = torch.unsqueeze(mask, dim=-1)
    return mask
```

此外，計算出的 Query 與 Key 的點積還需要除以一個常數，其作用是縮小點積的值以方便進行 Softmax 計算。這常被稱為 ticks，即採用一個小技巧使得模型訓練能夠更加準確和便捷。Layer Normalization 函式也是如此。下面對其進行詳細介紹。

Layer Normalization 函式是專門用作對序列進行整形的函式，其目的是防止字元序列在計算過程中發散，從而使得神經網路在擬合的過程中受影響。PyTorch 2.0 中對 Layer Normalization 的使用準備了高級 API，呼叫如下：

```
layer_norm = torch.nn.LayerNorm(normalized_shape, eps=1e-05, elementwise_affine=True,
device=None, dtype=None) 函式
embedding = layer_norm(embedding)          # 使用 layer_norm 對輸入資料進行處理
```

圖 10-11 展示了 Layer Normalization 函式與 Batch Normalization 函式的不同。從圖 10-11 中可以看到，Batch Normalization 是對一個 batch 中不同序列中處於同一位置的資料進行歸一化計算，而 Layer Normalization 是對同一序列中不同位置的資料進行歸一化處理。

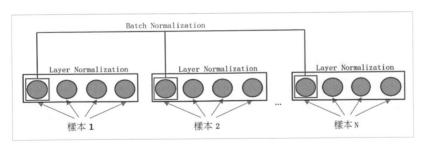

▲ 圖 10-11 Layer Normalization 函式與 Batch Normalization 函式的不同

有興趣的讀者可以展開學習，這裡就不再過多闡述了。具體的使用以下（注意一定要顯式宣告歸一化的維度）：

```
embedding = torch.rand(size=(5,80,312))
print(torch.nn.LayerNorm(normalized_shape=[80,312])(embedding).shape)          # 顯式宣告歸
一化的維度
```

10.1.4 多頭注意力

10.1.2 節的最後實現了使用 PyTorch 2.0 自訂層撰寫自注意力模型。從中可以看到，除了使用自注意力核心模型以外，還額外加入了遮罩層和點積的除法運算，以及為了整形所使用的 Layer Normalization 函式。實際上，這些都是為了使得整體模型在訓練時更加簡易和便捷而做出的最佳化。

讀者應該發現了，前面無論是遮罩計算、點積計算還是使用 Layer Normalization，都是在一些細枝末節上的修補，有沒有可能對注意力模型進行較大的結構調整，使其更加適應模型的訓練？

下面在此基礎上介紹一種較為大型的 ticks，即多頭注意力（Multi-Head Attention）架構，該架構在原始的自注意力模型的基礎上做出了較大的最佳化。

多頭注意力架構如圖 10-12 所示，Query、Key、Value 首先經過一個線性變換，之後計算相互之間的注意力值。相對於原始自注意計算方法，注意這裡的計算要做 h 次（h 為「頭」的數目），其實也就是所謂的多頭，每次算一個頭，而每次 Query、Key、Value 進行線性變換的參數 W 是不一樣的。

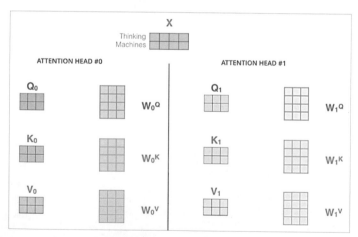

▲ 圖 10-12 多頭注意力架構

　　將 h 次縮放點積注意力值的結果進行拼接，再進行一次線性變換，得到的值作為多頭注意力的結果，如圖 10-13 所示。

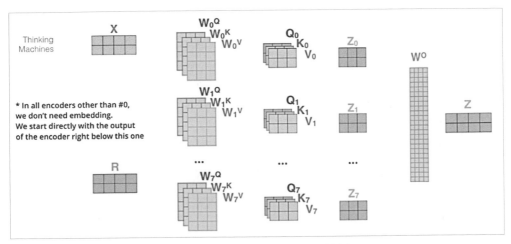

▲ 圖 10-13　多頭注意力的結果

　　可以看到，這樣計算得到的多頭注意力值的不同之處在於，進行了 h 次計算，而不只是計算一次。這樣做的好處是可以允許模型在不同的表示子空間中學習到相關的資訊，並且相對於單獨的注意力模型，多頭注意力模型的計算複雜度大大降低了。拆分多頭模型的程式如下：

```
def splite_tensor(tensor,h_head):
    embedding = elt.Rearrange("b l (h d) -> b l h d",h = h_head)(tensor)
    embedding = elt.Rearrange("b l h d -> b h l d", h=h_head)(embedding)
    return embedding
```

　　在此基礎上，可以對注意力模型進行修正，新的多頭注意力層程式如下：

➡ 【程式 10-3】

```
class Attention(torch.nn.Module):
    def __init__(self,embedding_dim = 312,hidden_dim = 312,n_head = 6):
        super().__init__()
        self.n_head = n_head
        self.query_layer = torch.nn.Linear(embedding_dim, hidden_dim)
        self.key_layer = torch.nn.Linear(embedding_dim, hidden_dim)
```

```python
        self.value_layer = torch.nn.Linear(embedding_dim, hidden_dim)

    def forward(self,embedding,mask):
        input_embedding = embedding
        query = self.query_layer(input_embedding)
        key = self.key_layer(input_embedding)
        value = self.value_layer(input_embedding)
        query_splited = self.splite_tensor(query,self.n_head)
        key_splited = self.splite_tensor(key,self.n_head)
        value_splited = self.splite_tensor(value,self.n_head)

        key_splited = elt.Rearrange("b h l d -> b h d l")(key_splited)
        # 計算 query 與 key 之間的權重係數
        attention_prob = torch.matmul(query_splited, key_splited)

        # 使用 softmax 對權重係數進行歸一化計算
        attention_prob += mask * -1e5   # 在自注意力權重的基礎上加上遮罩值
        attention_prob = torch.softmax(attention_prob, dim=-1)

        # 計算權重係數與 value 的值，從而獲取注意力值
        attention_score = torch.matmul(attention_prob, value_splited)
        attention_score = elt.Rearrange("b h l d -> b l (h d)")(attention_score)
        return (attention_score)

    def splite_tensor(self,tensor,h_head):
        embedding = elt.Rearrange("b l (h d) -> b l h d",h = h_head)(tensor)
        embedding = elt.Rearrange("b l h d -> b h l d", h=h_head)(embedding)
        return embedding

if __name__ == '__main__':
    embedding = torch.rand(size=(5,16,312))
    mask = torch.ones((5,1,16,1))           #注意設計 mask 的位置，長度是 16
    Attention()(embedding,mask)
```

相比較單一的注意力模型，多頭注意力模型能夠簡化計算，並且在更多維的空間對資料進行整合。最新的研究表明，實際上使用「多頭」注意力模型，每個「頭」所關注的內容並不一致，有的「頭」關注相鄰之間的序列，而有的「頭」會關注更遠處的單字。

圖 10-14 展示了一個 8 頭注意力模型的架構,具體請讀者自行實現。

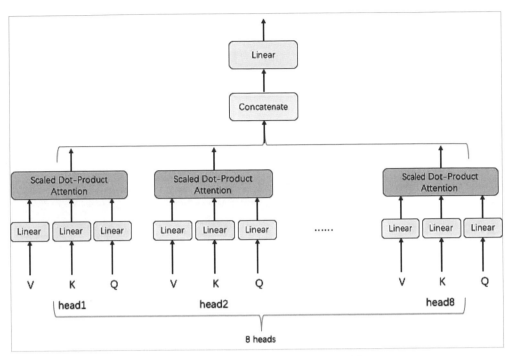

▲ 圖 10-14 8 頭注意力模型的架構

10.2 編碼器的實現

本節開始介紹編碼器的寫法。

前面的章節對編碼器的核心部件——注意力模型做了介紹,並且對輸入端的詞嵌入初始化方法和位置編碼做了介紹,正如一開始所介紹的,本節將使用 transformer 的編碼器方案來建構,這是目前最為常用的架構方案。

從圖 10-15 中可以看到,一個編碼器的建構分成 3 部分:初始向量層、注意力層和前饋層。

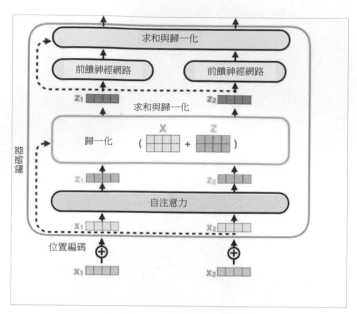

▲ 圖 10-15　編碼器的建構

初始向量層和注意力層在 10.1 節已經介紹完畢，本節將介紹最後一部分：前饋層。之後將使用這 3 部分建構本書的編碼器架構。

10.2.1　前饋層的實現

從編碼器輸入的序列經過一個自注意力層後，會傳遞到前饋神經網路中，這個神經網路被稱為「前饋層」。這個前饋層的作用是進一步整形透過注意力層獲取的整體序列向量。

本書的解碼器遵循的是 transformer 架構，因此參考 transformer 中解碼器的建構，如圖 10-16 所示。相信讀者看到圖 10-16 一定會很詫異，是否放錯圖了？並沒有。

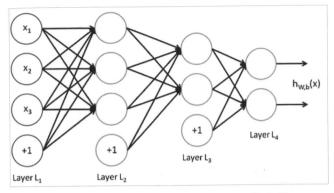

▲ 圖 10-16 transformer 中解碼器的建構

所謂前饋神經網路，實際上就是載入了啟動函式的全連接層神經網路（或使用一維卷積實現的神經網路，這點不在這裡介紹）。

既然了解了前饋神經網路，其實現也很簡單，程式如下。

➜ 【程式 10-4】

```python
import torch

class FeedForWard(torch.nn.Module):
    def __init__(self,embdding_dim = 312,scale = 4):
        super().__init__()
        self.linear1 = torch.nn.Linear(embdding_dim,embdding_dim*scale)
        self.relu_1 = torch.nn.ReLU()
        self.linear2 = torch.nn.Linear(embdding_dim*scale,embdding_dim)
        self.relu_2 = torch.nn.ReLU()
        self.layer_norm = torch.nn.LayerNorm(normalized_shape=embdding_dim)
    def forward(self,tensor):
        embedding = self.linear1(tensor)
        embedding = self.relu_1(embedding)
        embedding = self.linear2(embedding)
        embedding = self.relu_2(embedding)
        embedding = self.layer_norm(embedding)
        return embedding
```

　　程式很簡單，需要提醒讀者的是，以上程式使用了兩個全連接神經網路來實現前饋神經網路，然而實際上為了減少參數，減輕執行負擔，可以使用一維卷積或「空洞卷積」替代全連接層實現前饋神經網路，具體讀者可以自行完成。

10.2.2　編碼器的實現

　　經過前面的分析可以得知，實現一個 transformer 架構的編碼器並不困難，只需要按架構依次將其組合在一起即可。下面按步提供程式，讀者可參考註釋進行學習。

```python
import torch
import math
import einops.layers.torch as elt

class FeedForWard(torch.nn.Module):
    def __init__(self,embdding_dim = 312,scale = 4):
        super().__init__()
        self.linear1 = torch.nn.Linear(embdding_dim,embdding_dim*scale)
        self.relu_1 = torch.nn.ReLU()
        self.linear2 = torch.nn.Linear(embdding_dim*scale,embdding_dim)
        self.relu_2 = torch.nn.ReLU()
        self.layer_norm = torch.nn.LayerNorm(normalized_shape=embdding_dim)
    def forward(self,tensor):
        embedding = self.linear1(tensor)
        embedding = self.relu_1(embedding)
        embedding = self.linear2(embedding)
        embedding = self.relu_2(embedding)
        embedding = self.layer_norm(embedding)
        return embedding

class Attention(torch.nn.Module):
    def __init__(self,embedding_dim = 312,hidden_dim = 312,n_head = 6):
        super().__init__()
        self.n_head = n_head
        self.query_layer = torch.nn.Linear(embedding_dim, hidden_dim)
        self.key_layer = torch.nn.Linear(embedding_dim, hidden_dim)
        self.value_layer = torch.nn.Linear(embedding_dim, hidden_dim)
```

```python
    def forward(self,embedding,mask):
        input_embedding = embedding

        query = self.query_layer(input_embedding)
        key = self.key_layer(input_embedding)
        value = self.value_layer(input_embedding)

        query_splited = self.splite_tensor(query,self.n_head)
        key_splited = self.splite_tensor(key,self.n_head)
        value_splited = self.splite_tensor(value,self.n_head)

        key_splited = elt.Rearrange("b h l d -> b h d l")(key_splited)
        # 計算 query 與 key 之間的權重係數
        attention_prob = torch.matmul(query_splited, key_splited)

        # 使用 softmax 對權重係數進行歸一化計算
        attention_prob += mask * -1e5  # 在自注意力權重的基礎上加上遮罩值
        attention_prob = torch.softmax(attention_prob, dim=-1)

        # 計算權重係數與 value 的值，從而獲取注意力值
        attention_score = torch.matmul(attention_prob, value_splited)
        attention_score = elt.Rearrange("b h l d -> b l (h d)")(attention_score)

        return (attention_score)

    def splite_tensor(self,tensor,h_head):
        embedding = elt.Rearrange("b l (h d) -> b l h d",h = h_head)(tensor)
        embedding = elt.Rearrange("b l h d -> b h l d", h=h_head)(embedding)
        return embedding

class PositionalEncoding(torch.nn.Module):
    def __init__(self, d_model = 312, dropout = 0.05, max_len=80):
        """
        :param d_model: pe 編碼維度，一般與 Word Embedding 相同，方便相加
        :param dropout: dorp out
        :param max_len: 語料庫中最長句子的長度，即 Word Embedding 中的 L
        """
        super(PositionalEncoding, self).__init__()
        # 定義 drop out
```

```
            self.dropout = torch.nn.Dropout(p=dropout)
            # 計算 pe 編碼
            pe = torch.zeros(max_len, d_model) #建立空白資料表，每行代表一個詞的位置，每列代表
一個編碼位元
            position = torch.arange(0, max_len).unsqueeze(1) # 建個 arrange 表示詞的位置，以
便使用公式計算，size=(max_len,1)
            div_term = torch.exp(torch.arange(0, d_model, 2)*  # 計算公式中的 10000**（2i/d_
model）
                                 -(math.log(10000.0) / d_model))
            pe[:, 0::2] = torch.sin(position * div_term)  # 計算偶數維度的 pe 值
            pe[:, 1::2] = torch.cos(position * div_term)  # 計算奇數維度的 pe 值
            pe = pe.unsqueeze(0)   # size=(1, L, d_model)，為了後續與 word_embedding 相加，意
為 batch 維度下的操作相同
            self.register_buffer('pe', pe)   # pe 值是不參加訓練的


    def forward(self, x):
        # 輸入的最終編碼 = word_embedding + positional_embedding
        x = x + self.pe[:, :x.size(1)].clone().detach().requires_grad_(False)
        return self.dropout(x) # size = [batch, L, d_model]


class Encoder(torch.nn.Module):
    def __init__(self,vocab_size = 1024,max_length = 80,embedding_size = 312,n_head =
6,scale = 4,n_layer = 3):
        super().__init__()
        self.n_layer = n_layer
        self.embedding_table = torch.nn.Embedding(num_embeddings=vocab_size,embedding_
dim=embedding_size)
        self.position_embedding = PositionalEncoding(max_len=max_length)
        self.attention = Attention(embedding_size,embedding_size,n_head)
        self.feedward = FeedForWard()
    def forward(self,token_inputs):
        token = token_inputs
        mask = self.create_mask(token)

        embedding = self.embedding_table(token)
        embedding = self.position_embedding(embedding)
        for _ in range(self.n_layer):
            embedding = self.attention(embedding,mask)
            embedding = torch.nn.Dropout(0.1)(embedding)
```

```
        embedding = self.feedward(embedding)

    return embedding

def create_mask(self,seq):
    mask = torch.not_equal(seq, 0).float()
    mask = torch.unsqueeze(mask, dim=-1)
    mask = torch.unsqueeze(mask, dim=1)
    return mask

if __name__ == '__main__':
    seq = torch.ones(size=(3,80),dtype=int)
    Encoder()(seq)
```

可以看到，真正實現一個編碼器，從理論和架構上來說並不困難，只需要讀者細心即可。

10.3　實戰編碼器：拼音中文字轉化模型

本節將結合前面兩節的內容實戰編碼器，即使用編碼器完成一個訓練——拼音與中文字的轉化，類似圖 10-17 的效果。

查詢文字	深智數位出版社
注音	ㄕㄣ ㄓˋ ㄕㄨˋ ㄨㄟˋ ㄔㄨ ㄅㄢˇ ㄕㄜˋ
漢語拼音	shēn zhì shù wèi chū bǎn shè
通用拼音	shen jhih shù wèi chu bǎn shè
注音二式	shēn jr̀ shù wèi chū bǎn shè
威妥瑪拼音	shên chih⁴ shu⁴ wei⁴ ch'u pan³ shê⁴
耶魯拼音	shēn jr̀ shù wèi chū bǎn shè
發音	🔊

▲ 圖 10-17 拼音和中文字

10.3.1　中文字拼音資料集處理

　　首先是資料集的準備和處理，在本例中準備了 15 萬筆中文字和拼音對應的資料。

1. 資料集展示

　　中文字拼音資料集如下：

```
A11_0   lv4 shi4 yang2 chun1 yan1 jing3 da4 kuai4 wen2 zhang1 de di3 se4 si4 yue4 de
lin2 luan2 geng4 shi4 lv4 de2 xian1 huo2 xiu4 mei4 shi1 yi4 ang4 ran2        綠 是 陽 春
煙 景 大 塊 文 章 的 底 色 四 月 的 林 巒 更 是 綠 得 鮮 活 秀 媚 詩 意 盎 然

A11_1   ta1 jin3 ping2 yao1 bu4 de li4 liang4 zai4 yong3 dao4 shang4 xia4 fan1 teng2
yong3 dong4 she2 xing2 zhuang4 ru2 hai3 tun2 yi1 zhi2 yi3 yi1 tou2 de you1 shi4 ling3
xian1   他 僅 憑 腰 部 的 力 量 在 泳 道 上 下 翻 騰 蛹 動 蛇 行 狀 如 海 豚 一 直 以 一 頭
的 優 勢 領 先

A11_10  pao4 yan3 da3 hao3 le zha4 yao4 zen3 me zhuang1 yue4 zheng4 cai2 yao3 le yao3
ya2 shu1 de tuo1 qu4 yi1 fu2 guang1 bang3 zi chong1 jin4 le shui3 cuan4 dong4        炮
 眼 打 好 了 炸 藥 怎 麼 裝 嶽 正 才 咬 了 咬 牙 倏 地 脫 去 衣 服 光 膀 子 沖 進 了 水 竄
洞

A11_100ke3 shei2 zhi1 wen2 wan2 hou4 ta1 yi1 zhao4 jing4 zi zhi3 jian4 zuo3 xia4 yan3
jian3 de xian4 you4 cu1 you4 hei1 yu3 you4 ce4 ming2 xian3 bu4 dui4 cheng1  可 誰 知 紋
完 後 她 一 照 鏡 子 只 見 左 下 眼 瞼 的 線 又 粗 又 黑 與 右 側 明 顯 不 對 稱
```

　　簡單介紹一下。資料集中的資料被分成 3 部分，每部分使用特定的空白鍵隔開：

```
A11_10 … … … ke3 shei2 … … …可 誰 … … …
```

- 第一部分 A11_i 為序號，表示序列的筆數和行號。
- 第二部分是拼音編號，這裡使用的是中文拼音，與真實的拼音標注不同的是，去除了拼音的原始標注，而使用數字 1、2、3、4 替代，分別代表當前讀音的第一聲到第四聲，這點請讀者注意。
- 最後一部分是中文字序列，這裡與第二部分的拼音部分一一對應。

2. 獲取字形檔和訓練資料

獲取資料集中字形檔的個數是一個非常重要的問題，一個非常好的辦法是使用 set 格式的資料讀取全部字形檔中的不同字元。

建立字形檔和訓練資料的完整程式如下：

```
max_length = 64
with open("zh.tsv", errors="ignore", encoding="UTF-8") as f:
    context = f.readlines()                              # 讀取內容
    for line in context:
        line = line.strip().split("        ")           # 切分每行中的不同部分
            pinyin = ["GO"] + line[1].split(" ") + ["END"]  # 處理拼音部分，在頭尾加上起止
符號
hanzi = ["GO"] + line[2].split(" ") + ["END"]           # 處理中文字部分，在頭尾加上起
止符號
        for _pinyin, _hanzi in zip(pinyin, hanzi):      # 建立字形檔
            pinyin_vocab.add(_pinyin)
hanzi_vocab.add(_hanzi)
pinyin = pinyin + ["PAD"] * (max_length - len(pinyin))
        hanzi = hanzi + ["PAD"] * (max_length - len(hanzi))
        pinyin_list.append(pinyin)                      # 建立拼音串列
hanzi_list.append(hanzi)                                # 建立中文字串列
```

這裡說明一下，首先 context 讀取了全部資料集中的內容，之後根據空格將其分成 3 部分。對於拼音和中文字部分，將其轉化成一個序列，並在前後分別加上起止符號 GO 和 END。這實際上可以不用加，為了明確地描述起止關係，從而加上了起止標注。

實際上還需要加上一個特定符號 PAD，這是為了對單行序列進行補全操作，最終的資料如下：

```
['GO', 'liu2', 'yong3' ,……… , 'gan1', ' END', 'PAD', 'PAD' ,………]
['GO', ' 柳 ', ' 永 ' ,……… , ' 感 ', ' END', 'PAD', 'PAD' ,………]
```

pinyin_list 和 hanzi_list 是兩個串列，分別用來存放對應的拼音和中文字訓練資料。最後不要忘記在字形檔中加上 PAD 符號。

```
pinyin_vocab = ["PAD"] + list(sorted(pinyin_vocab))
hanzi_vocab = ["PAD"] + list(sorted(hanzi_vocab))
```

3. 根據字形檔生成 Token 資料

獲取的拼音標注和中文字標注的訓練資料並不能直接用於模型訓練，模型需要轉化成 token 的一系列數字串列，程式如下：

```
def get_dataset():
    pinyin_tokens_ids = []              # 新的拼音 token 串列
    hanzi_tokens_ids = []               # 新的中文字 token 串列

for pinyin,hanzi in zip(tqdm(pinyin_list),hanzi_list):
# 獲取新的拼音 token
        pinyin_tokens_ids.append([pinyin_vocab.index(char) for char in pinyin])
# 獲取新的中文字 token
        hanzi_tokens_ids.append([hanzi_vocab.index(char) for char in hanzi])

    return pinyin_vocab,hanzi_vocab,pinyin_tokens_ids,hanzi_tokens_ids
```

程式中建立了兩個新的串列，分別對拼音和中文字的 token 進行儲存，獲取的是根據字形檔序號編號後新的序列 token。

10.3.2　中文字拼音轉化模型的確定

下面進行模型的撰寫。

實際上，單純使用在 10.2 節提供的模型也是可以的，但是一般來說需要對其進行修正。因此，單純使用一層編碼器對資料進行編碼，在效果上可能並沒有多層編碼器的準確率高，一個簡單方法是增加更多層的編碼器對資料進行編碼，如圖 10-18 所示。

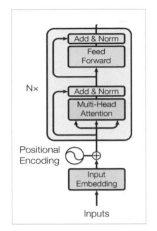

▲ 圖 10-18 使用多層編碼器進行編碼

程式如下。

➜ 【程式 10-5】

```python
import torch
import math
import einops.layers.torch as elt


class FeedForWard(torch.nn.Module):
    def __init__(self,embdding_dim = 312,scale = 4):
        super().__init__()
        self.linear1 = torch.nn.Linear(embdding_dim,embdding_dim*scale)
        self.relu_1 = torch.nn.ReLU()
        self.linear2 = torch.nn.Linear(embdding_dim*scale,embdding_dim)
        self.relu_2 = torch.nn.ReLU()
        self.layer_norm = torch.nn.LayerNorm(normalized_shape=embdding_dim)
    def forward(self,tensor):
        embedding = self.linear1(tensor)
        embedding = self.relu_1(embedding)
        embedding = self.linear2(embedding)
        embedding = self.relu_2(embedding)
        embedding = self.layer_norm(embedding)
        return embedding


class Attention(torch.nn.Module):
```

```
        def __init__(self,embedding_dim = 312,hidden_dim = 312,n_head = 6):
            super().__init__()
            self.n_head = n_head
            self.query_layer = torch.nn.Linear(embedding_dim, hidden_dim)
            self.key_layer = torch.nn.Linear(embedding_dim, hidden_dim)
            self.value_layer = torch.nn.Linear(embedding_dim, hidden_dim)

        def forward(self,embedding,mask):
            input_embedding = embedding

            query = self.query_layer(input_embedding)
            key = self.key_layer(input_embedding)
            value = self.value_layer(input_embedding)

            query_splited = self.splite_tensor(query,self.n_head)
            key_splited = self.splite_tensor(key,self.n_head)
            value_splited = self.splite_tensor(value,self.n_head)

            key_splited = elt.Rearrange("b h l d -> b h d l")(key_splited)
            # 計算 query 與 key 之間的權重係數
            attention_prob = torch.matmul(query_splited, key_splited)

            # 使用 softmax 對權重係數進行歸一化計算
            attention_prob += mask * -1e5   # 在自注意力權重的基礎上加上遮罩值
            attention_prob = torch.softmax(attention_prob, dim=-1)

            # 計算權重係數與 value 的值，從而獲取注意力值
            attention_score = torch.matmul(attention_prob, value_splited)
            attention_score = elt.Rearrange("b h l d -> b l (h d)")(attention_score)

            return (attention_score)

    def splite_tensor(self,tensor,h_head):
        embedding = elt.Rearrange("b l (h d) -> b l h d",h = h_head)(tensor)
        embedding = elt.Rearrange("b l h d -> b h l d", h=h_head)(embedding)
        return embedding

class PositionalEncoding(torch.nn.Module):
    def __init__(self, d_model = 312, dropout = 0.05, max_len=80):
```

```python
        """
        :param d_model: pe 編碼維度，一般與 Word Embedding 相同，方便相加
        :param dropout: dorp out
        :param max_len: 語料庫中最長句子的長度，即 Word Embedding 中的 L
        """
        super(PositionalEncoding, self).__init__()
        # 定義 drop out
        self.dropout = torch.nn.Dropout(p=dropout)
        # 計算 pe 編碼
        pe = torch.zeros(max_len, d_model) #建立空白資料表，每行代表一個詞的位置，每列代表
一個編碼位元
        position = torch.arange(0, max_len).unsqueeze(1) # 建個 arrange 表示詞的位置，以
便使用公式計算，size=(max_len,1)
        div_term = torch.exp(torch.arange(0, d_model, 2) *      # 計算公式中 10000**
（2i/d_model)
                             -(math.log(10000.0) / d_model))
        pe[:, 0::2] = torch.sin(position * div_term)  # 計算偶數維度的 pe 值
        pe[:, 1::2] = torch.cos(position * div_term)  # 計算奇數維度的 pe 值
        pe = pe.unsqueeze(0)  # size=(1, L, d_model)，為了後續與 word_embedding 相加，意
為 batch 維度下的操作相同
        self.register_buffer('pe', pe)  # pe 值是不參加訓練的

    def forward(self, x):
        # 輸入的最終編碼 = word_embedding + positional_embedding
        x = x + self.pe[:, :x.size(1)].clone().detach().requires_grad_(False)
        return self.dropout(x) # size = [batch, L, d_model]


class Encoder(torch.nn.Module):
    def __init__(self,vocab_size = 1024,max_length = 80,embedding_size = 312,n_head =
6,scale = 4,n_layer = 3):
        super().__init__()
        self.n_layer = n_layer
        self.embedding_table =
torch.nn.Embedding(num_embeddings=vocab_size,embedding_dim=embedding_size)
        self.position_embedding = PositionalEncoding(max_len=max_length)
        self.attention = Attention(embedding_size,embedding_size,n_head)
        self.feedward = FeedForWard()
    def forward(self,token_inputs):
        token = token_inputs
```

```
        mask = self.create_mask(token)

        embedding = self.embedding_table(token)
        embedding = self.position_embedding(embedding)
        for _ in range(self.n_layer):
            embedding = self.attention(embedding,mask)
            embedding = torch.nn.Dropout(0.1)(embedding)
            embedding = self.feedward(embedding)

        return embedding

    def create_mask(self,seq):
        mask = torch.not_equal(seq, 0).float()
        mask = torch.unsqueeze(mask, dim=-1)
        mask = torch.unsqueeze(mask, dim=1)
        return mask
```

這裡相對於 10.2.2 節中的編碼器建構範例，使用了多頭自注意力層和前饋層，需要注意的是，這裡只是在編碼器層中加入了更多層的多頭注意力層和前饋層，而非直接載入了更多的編碼器。

10.3.3　模型訓練部分的撰寫

剩下的是對模型的訓練部分的撰寫。在這裡採用簡單的模型訓練的方式完成程式的撰寫。

第一步：匯入資料集和建立資料的生成函式。

對於資料的獲取，由於模型在訓練過程中不可能一次性將所有的資料匯入，因此需要建立一個生成器，將獲取的資料按批次發送給訓練模型，在這裡我們使用一個 for 迴圈來完成這個資料登錄任務。

➜ 【程式 10-6】

```
pinyin_vocab,hanzi_vocab,pinyin_tokens_ids,hanzi_tokens_ids = get_data.get_dataset()

batch_size = 32
train_length = len(pinyin_tokens_ids)
```

```
for epoch in range(21):
    train_num = train_length // batch_size
    train_loss, train_correct = [], []

    for i in tqdm(range((train_num))):
            ...
```

這段程式是資料的生成工作，按既定的 batch_size 大小生成資料 batch，之後在 epoch 的迴圈中對資料登錄進行迭代。

下面是訓練模型的完整實戰，程式如下。

➜ 【程式 10-7】

```
import numpy as np
import torch
import attention_model
import get_data
max_length = 64
from tqdm import tqdm
char_vocab_size = 4462
pinyin_vocab_size = 1154


def get_model(embedding_dim = 312):
    model = torch.nn.Sequential(
        attention_model.Encoder(pinyin_vocab_size,max_length=max_length),
        torch.nn.Dropout(0.1),
        torch.nn.Linear(embedding_dim,char_vocab_size)
    )
    return model

device = "cuda"
model = get_model().to(device)
model = torch.compile(model)
optimizer = torch.optim.Adam(model.parameters(), lr=3e-5)
loss_func = torch.nn.CrossEntropyLoss()

pinyin_vocab,hanzi_vocab,pinyin_tokens_ids,hanzi_tokens_ids = get_data.get_dataset()
```

```
batch_size = 32
train_length = len(pinyin_tokens_ids)
for epoch in range(21):
    train_num = train_length // batch_size
    train_loss, train_correct = [], []

    for i in tqdm(range((train_num))):
        model.zero_grad()
        start = i * batch_size
        end = (i + 1) * batch_size

        batch_input_ids = torch.tensor(pinyin_tokens_ids[start:end]).int().to(device)

        batch_labels = torch.tensor(hanzi_tokens_ids[start:end]).to(device)

        pred = model(batch_input_ids)

        batch_labels = batch_labels.to(torch.uint8)
        active_loss = batch_labels.gt(0).view(-1) == 1

        loss = loss_func(pred.view(-1, char_vocab_size)[active_loss], batch_labels.
view(-1)[active_loss])

        optimizer.zero_grad()
        loss.backward()
        optimizer.step()

    if (epoch +1) %10 == 0:
        state = {"net":model.state_dict(), "optimizer":optimizer.state_dict(),
"epoch":epoch}
        torch.save(state, "./saver/modelpara.pt")
```

透過將訓練程式部分和模型組合在一起，即可完成模型的訓練。而最後預測部分，即使用模型進行自訂實戰拼音和中文字的轉化，請讀者自行完成。

10.4 本章小結

首先，需要向讀者說明的是，本章的模型設計並沒有完全遵守 transformer 中編碼器的設計，而是僅建立了多頭注意力層和前饋層，這是與真實的 transformer 中解碼器不一致的地方。

其次，在資料的設計上，本章直接將不同字元或拼音作為獨立的字元進行儲存，這樣做的好處在於可以使資料的最終生成更簡單，但是增加了字元個數，增大了搜尋空間，因此對訓練要求更高。還有一種劃分方法，即將拼音拆開，使用字母和音標分離的方式進行處理，有興趣的讀者可以嘗試一下。

再次，作者在寫作本章時發現，對輸入的資料來說，這裡輸入的值是詞嵌入的 Embedding 和位置編碼的和，如果讀者嘗試只使用單一的詞嵌入 Embedding 的話，可以發現，相對於使用疊加的 Embedding 值，單一的詞嵌入 Embedding 對於同義字的分辨會產生問題，即：

```
qu4 na3 去哪  去拿
```

qu4 na3 的發音相同，無法分辨出到底是「去哪」還是「去拿」。有興趣的讀者可以測試一下，也可以深入此方面研究。

本章就是這些內容，但是相對 transformer 架構來說，僅有編碼器是不完整的，在編碼器的基礎上，還有對應的解碼器，將會在第 11 章介紹，並且會解決一個非常重要的問題——文字對齊。

讀者一定急不可耐地想繼續學習下去，但是請記住本章的閱讀提示，如果你沒有閱讀本章內容 3 遍以上，建議重複閱讀和練習本章內容，而非直接學習下一章內容。

現在請你重新閱讀本章內容，帶著編碼器和中文字拼音轉化模型重新開始。

第11章 站在巨人肩膀上的預訓練模型 BERT

　　學看到這裡，讀者應該對使用深度學習框架 PyTorch 2.0 進行自然語言處理有了一個基礎性的認識，如果按部就班地學習，那麼你會覺得這部分內容也不是很難。

　　在第 10 章介紹了一種新的基於注意力模型的編碼器，如果讀者在學習第 10 章內容時注意到，作為編碼器的 encoder_layer 與用於分類的 dense_layer（全連接層）可以分開獨立使用，那麼一個自然而然的想法就是能否將編碼器層和全連接層分開，利用訓練好的模型作為編碼器獨立使用，並且可以根據具體專案接上不同的「尾端」，以便在預訓練好的編碼器上透過「微調」進行訓練。

　　有了想法就要行動起來。

11.1　預訓練模型 BERT

　　BERT（Bidirectional Encoder Representation from Transformer）是 2018 年 10 月由 Google AI 研究院提出的一種預訓練模型。其使用了第 10 章介紹的編碼器結構的層級和建構方法，最大的特點是拋棄了傳統的循環神經網路和卷積神經網路，透過注意力模型將任意位置的兩個單字的距離轉換成 1，有效地解決了自然語言處理中棘手的文字長期依賴問題，如圖 11-1 所示。

▲ 圖 11-1　BERT

　　BERT 實際上是一種替代了 Word Embedding 的新型文字編碼方案，是目前計算文字在不同文字中的語境而「動態編碼」的最佳方法。BERT 被用來學習文字句子的語義資訊，比如經典的詞向量表示。BERT 包括句子等級的任務（如句子推斷、句子間的關係）和字元等級的任務（如實體辨識）。

11.1.1　BERT 的基本架構與應用

　　BERT 的模型架構是一個多層的雙向注意力結構的 Encoder 部分。本節先來看 BERT 的輸入，再來看 BERT 的模型架構。

1. BERT 的輸入

　　BERT 的輸入的編碼向量（長度是 512）是 3 個嵌入特徵的單位，如圖 11-2 所示。

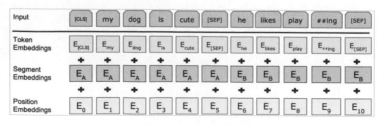

▲ 圖 11-2　BERT 的輸入

- 詞嵌入（Token Embedding）：根據每個字元在「字表」中的位置賦予一個特定的 Embedding 值。

- 位置嵌入（Position Embedding）：將單字的位置資訊編碼成特徵向量，是向模型中引入單字位置關係至關重要的一環。

- 分割嵌入（Segment Embedding）：用於區分兩個句子，例如 B 是不是 A 的下文（對話場景、問答場景等）。對於句子對，第一個句子的特徵值是 0，第二個句子的特徵值是 1。

2. BERT 的模型架構

與第 9 章中介紹的編碼器的結構相似，BERT 實際上是由多個 Encoder Block 疊加而成的，透過使用注意力模型的多個層次來獲得文字的特徵提取，如圖 11-3 所示。

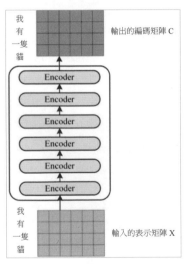

▲ 圖 11-3　BERT 的模型架構

11.1.2　BERT 預訓練任務與微調

在介紹 BERT 的預訓練任務前，首先介紹 BERT 在使用時的想法，即 BERT 在訓練過程中將自己的訓練任務和可替換的微調系統（Fine Tuning）分離。

1. 創新的預訓練任務方案

　　Fine-Tuning 的目的是根據具體任務的需求替換不同的後端介面，即在已經訓練好的語言模型的基礎上，加入少量任務專門的屬性。舉例來說，對於分類問題，在語言模型的基礎上加一層 Softmax 網路，然後在新的語料上重新訓練來進行 Fine-Tuning。除了最後一層外，所有的參數都沒有變化，如圖 11-4 所示。

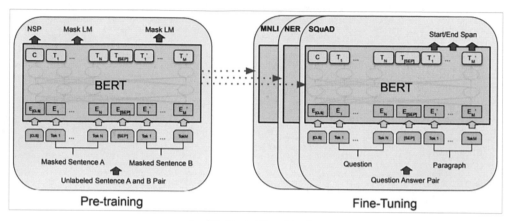

▲ 圖 11-4　Fine-Tuning

　　BERT 在設計時將其作為預訓練模型進行訓練任務，為了更進一步地讓 BERT 掌握自然語言的含義並加深對語義的理解，BERT 採用了多工的方式，包括遮蔽語言模型（Masked Language Model，MLM）和下一個句子預測（Next Sentence Prediction，NSP）。

任務 1：MLM

　　MLM 是指在訓練的時候隨機從輸入語料中遮蔽掉一些單字，然後透過上下文預測該單字，該任務非常像讀者在中學時期經常做的克漏字。正如傳統的語言模型演算法和 RNN 匹配一樣，MLM 的這個性質和 transformer 的結構是非常匹配的。在 BERT 的實驗中，15% 的 Embedding Token 會被隨機遮蔽掉。在訓練模型時，一個句子會被多次「餵」到模型中用於參數學習，但是 Google 並沒有每次都遮蔽這些單字，而是在確定要遮蔽的單字之後按一定比例進行處理：80% 直接替換為 [Mask]，10% 替換為其他任意單字，10% 保留原始 Token。

- 80%：my dog is hairy -> my dog is [mask]。

- 10%：my dog is hairy -> my dog is apple。

- 10%：my dog is hairy -> my dog is hairy。

這麼做的原因是，如果句子中的某個 Token 100% 被遮蔽，那麼在 Fine-Tuning 的時候模型就會有一些沒有見過的單字，如圖 11-5 所示。

▲ 圖 11-5 MLM

加入隨機 Token 的原因是，Transformer 要保持對每個輸入 Token 的分散式表徵，否則模型就會記住這個 [mask] 是 Token 'hairy'。至於單字帶來的負面影響，因為一個單字被隨機替換的機率只有 15%×10% =1.5%，所以這個負面影響其實是可以忽略不計的。

任務 2：NSP

NSP 的任務是判斷句子 B 是不是句子 A 的下文。如果是的話，就輸出 'IsNext'，否則輸出 'NotNext'。訓練資料的生成方式是從平行語料中隨機取出連續的兩句話，其中 50% 保留取出的兩句話，符合 IsNext 關係；剩下的 50% 隨機從語料中提取，它們的關係是 NotNext 的。這個關係儲存在圖 11-6 中的 [CLS] 符號中。

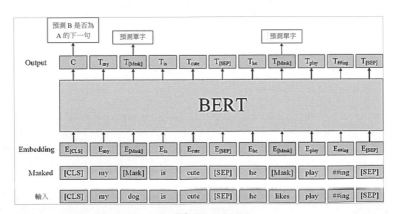

▲ 圖 11-6 NSP

2. BERT 用於具體的 NLP 任務（Fine-Tuning）

　　在巨量單語料上訓練完 BERT 之後，便可以將其應用到 NLP 的各個任務中了。對其他任務來說，我們也可以根據 BERT 的輸出資訊做出對應的預測。圖 11-7 展示了 BERT 在 11 個不同任務中的模型，它們只需要在 BERT 的基礎上再新增一個輸出層便可以完成對特定任務的微調。這些任務類似於我們做過的文科試卷冊，其中有選擇題、簡答題等。

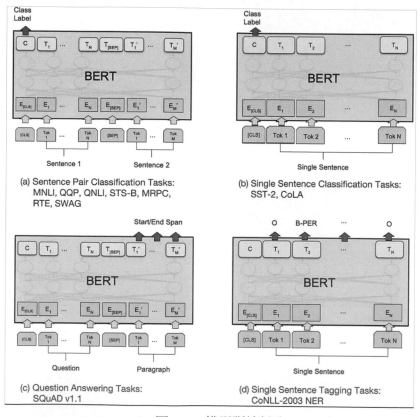

▲ 圖 11-7　模型訓練任務

　　預訓練得到的 BERT 模型可以在後續執行 NLP 任務時進行微調（Fine-Tuning），主要涉及以下幾項內容。

- 一對句子的分類任務：自然語言推斷 （MNLI）、句子語義等價判斷（QQP）等，如圖 11-7（a）所示，需要將兩個句子傳入 BERT，然後使用 [CLS] 的輸出值 C 對句子對進行分類。

- 單一句子的分類任務：句子情感分析（SST-2）、判斷句子語法是否可以接受（CoLA）等，如圖 11-7（b）所示。只需要輸入一個句子，無須使用 [SEP] 標識，然後使用 [CLS] 的輸出值 C 進行分類。

- 問答任務：SQuAD v1.1 資料集，樣本是敘述對（Question, Paragraph）。其中，Question 表示問題；Paragraph 是一段來自 Wikipedia 的文字，包含問題的答案。訓練的目標是在 Paragraph 中找出答案的位置（Start，End）。如圖 11-7（c）所示，將 Question 和 Paragraph 傳入 BERT，然後 BERT 根據 Paragraph 所有單字的輸出預測 Start 和 End 的位置。

- 單一句子的標注任務：命名實體辨識（NER）等。輸入單一句子，然後根據 BERT 對每個單字的輸出 T，預測這個單字屬於 Person、Organization、Location、Miscellaneous，還是 Other（非命名實體）。

11.2 實戰 BERT：中文文字分類

前面介紹了 BERT 的結構與應用，本節將實戰 BERT 的文字分類。

11.2.1 使用 Hugging Face 獲取 BERT 預訓練模型

BERT 是一個預訓練模型，其基本架構和存檔都有相應的服務公司提供下載服務，而 Hugging Face 是一家目前專門免費提供自然語言處理預訓練模型的公司。

Hugging Face 是一家總部位於紐約的聊天機器人初創服務商，開發的應用在青少年中頗受歡迎，相比於其他公司，Hugging Face 更加注重產品帶來的情感以及環境因素。在 GitHub 上開放原始碼的自然語言處理、預訓練模型函式庫 Transformers 提供了 NLP 領域大量優秀的預訓練語言模型和呼叫框架。

步驟 01 安裝相依。

安裝 Hugging Face 相依的方法很簡單，命令如下：

```
pip install transformers
```

安裝完成後，即可使用 Hugging Face 提供的預訓練模型 BERT。

步驟 02 使用 Hugging Face 提供的程式格式進行 BERT 的引入與使用，程式如下：

```
from transformers import BertTokenizer
from transformers import BertModel

tokenizer = BertTokenizer.from_pretrained('bert-base-chinese')
pretrain_model = BertModel.from_pretrained("bert-base-chinese")
```

從網上下載該模型的過程如圖 11-8 所示，模型下載完畢後即可使用。

```
Downloading (…)solve/main/vocab.txt: 100%|█████| 110k/110k [00:00<00:00, 159kB/s]
C:\miniforge3\lib\site-packages\huggingface_hub\file_download.py:129: UserWarning: `huggingface_hub
To support symlinks on Windows, you either need to activate Developer Mode or to run Python as an a
  warnings.warn(message)
Downloading (…)okenizer_config.json: 100%|█████| 29.0/29.0 [00:00<00:00, 9.69kB/s]
Downloading (…)lve/main/config.json: 100%|█████| 624/624 [00:00<00:00, 156kB/s]
```

▲ 圖 11-8　從網上下載該模型的過程

下面的程式演示使用 BERT 編碼器獲取對應文字的 Token。

➔ 【程式 11-1】

```
from transformers import BertTokenizer
from transformers import BertModel

tokenizer = BertTokenizer.from_pretrained('bert-base-chinese')
pretrain_model = BertModel.from_pretrained("bert-base-chinese")
tokens = tokenizer.encode(" 春眠不覺曉 ",max_length=12, padding="max_length",
truncation=True)
print(tokens)
print("----------------------")
```

```
print(tokenizer(" 春眠不覺曉 ",max_length=12,padding="max_length",truncation=True))
```

這裡使用兩種方法列印，列印結果如下：

```
[101, 3217, 4697, 679, 6230, 3236, 102, 0, 0, 0, 0, 0]
---------------------
{'input_ids': [101, 3217, 4697, 679, 6230, 3236, 102, 0, 0, 0, 0, 0], 'token_type_
ids': [0, 0, 0, 0, 0, 0, 0, 0, 0, 0, 0, 0], 'attention_mask': [1, 1, 1, 1, 1, 1, 1, 0,
0, 0, 0, 0]}
```

第一行是使用 encode 函式獲取的 Token，第二行是直接對其加碼獲取的 3 種不同的 Token 表示，對應 11.1 節說明的 BERT 輸入，請讀者驗證學習。

需要注意的是，我們輸入的是 5 個字元「春眠不覺曉」，而在加碼後變成了 7 個字元，這是因為 BERT 預設會在單獨的文字中加入 [CLS] 和 [SEP] 作為特定的分隔符號。

如果想列印使用 BERT 計算的對應文字的 Embedding 值，就使用以下程式。

➡ 【程式 11-2】

```python
import torch
from transformers import BertTokenizer
from transformers import BertModel

tokenizer = BertTokenizer.from_pretrained('bert-base-chinese')
pretrain_model = BertModel.from_pretrained("bert-base-chinese")

tokens = tokenizer.encode(" 春眠不覺曉 ",max_length=12,padding="max_length",
truncation=True)
print(tokens)
print("---------------------")
print(tokenizer(" 春眠不覺曉 ",max_length=12,padding="max_length",truncation=True))
print("---------------------")

tokens = torch.tensor([tokens]).int()
print(pretrain_model(tokens))
```

列印結果如圖 11-9 所示。最終獲得一個維度為 [1,12,768] 大小的矩陣，用以表示輸入的文字。

```
BaseModelOutputWithPoolingAndCrossAttentions(last_hidden_state=tensor([[[-0.7610,  0.5203, -0.5595,  ...,  0.2348, -0.3034, -0.2319],
        [-0.3700,  0.3413,  0.1149,  ..., -0.4818, -0.4290,  0.2263],
        [ 0.3181, -0.6902, -0.5592,  ...,  0.0486, -0.9572,  0.5351],
        ...,
        [-0.4579,  0.1151, -0.4484,  ..., -0.0074, -0.3413, -0.0734],
        [-0.3379,  0.0399, -0.5630,  ...,  0.0669, -0.3690, -0.0972],
        [-0.4661, -0.0887, -0.4187,  ...,  0.0287, -0.3780, -0.1812]]],
       grad_fn=<NativeLayerNormBackward0>), pooler_output=tensor([[ 0.9663,  0.9998,  0.5572,  0.9757,  0.5380,  0.7366, -0.5035, -0.9482,
         0.9395, -0.9557,  0.9999,  0.4464, -0.9639, -0.9798,  0.9971, -0.9789,
        -0.1002,  0.9984,  0.9760, -0.1109,  0.9822, -1.0000, -0.9701,  0.5122,
         0.3168,  0.8870,  0.5767, -0.8974, -0.9999,  0.8627,  0.8348,  0.9847,
         0.8508, -0.9999, -0.9871,  0.3431, -0.6705,  0.8024, -0.8633, -0.9536,
        -0.9600, -0.3843,  0.4416, -0.8395, -0.9982,  0.2444, -1.0000, -0.9959,
         0.1417,  0.9994, -0.7871, -0.9966, -0.1539,  0.3426, -0.8759,  0.9154,
        -0.9940,  0.5318,  1.0000,  0.9626,  0.9977, -0.8483,  0.7340, -0.9917,
```

▲ 圖 11-9　列印結果

11.2.2　BERT 實戰文字分類

我們在第 9 章帶領讀者完成了基於循環神經網路的情感分類實戰，但是當時的結果可能並不能令人滿意，本小節透過預訓練模型查看預測結果。

步驟 01　資料的準備。

這裡使用與第 1 章相同的酒店評論資料集（見圖 1.1）。

步驟 02　資料的處理。

使用 BERT 附帶的 tokenizer 函式將文字轉換成需要的 Token。完整程式如下：

```
import numpy as np
from transformers import BertTokenizer
tokenizer = BertTokenizer.from_pretrained('bert-base-chinese')

max_length = 80          # 設定獲取的文字長度為 80
labels = []              # 用以存放 label
context = []             # 用以存放中文字文字
token_list = []

with open("../dataset/cn/ChnSentiCorp.txt", mode="r", encoding="UTF-8") as
```

```
emotion_file:
    for line in emotion_file.readlines():
        line = line.strip().split(",")

        # labels.append(int(line[0]))
        if int(line[0]) == 0:
            labels.append(0)      # 由於在後面直接採用 PyTorch 附帶的 crossentroy 函式，因此這
裡直接輸入 0，否則輸入 [1,0]
        else:
            labels.append(1)
        text = "".join(line[1:])
        token = tokenizer.encode(text,max_length=max_length,padding="max_length",
truncation=True)

        token_list.append(token)
        context.append(text)

seed = 828
np.random.seed(seed);np.random.shuffle(token_list)
np.random.seed(seed);np.random.shuffle(labels)

dev_list = np.array(token_list[:170]).astype(int)
dev_labels = np.array(labels[:170]).astype(int)

token_list = np.array(token_list[170:]).astype(int)
labels = np.array(labels[170:]).astype(int)
```

在這裡首先透過 BERT 附帶的 tokenize 對輸入的文字進行編碼處理，之後將其拆分成訓練集與驗證集。

步驟 03 模型的設計。

與第 1 章的不同之處在於，這裡使用 BERT 作為文字的特徵提取器，後面只使用了一個二分類層作為分類函式，需要說明的是，由於 BERT 的輸入不同，這裡將其拆分成兩種模型，分別是 simple 版與標準版。Simple 預訓練模型程式如下：

```
import torch
import torch.utils.data as Data
```

```python
from transformers import BertModel
from transformers import BertTokenizer
from transformers import AdamW

# 定義下游任務模型
class ModelSimple(torch.nn.Module):
    def __init__(self, pretrain_model_name = "bert-base-chinese"):
        super().__init__()
        self.pretrain_model = BertModel.from_pretrained(pretrain_model_name)
        self.fc = torch.nn.Linear(768, 2)

    def forward(self, input_ids):
        with torch.no_grad():   # 上游的模型不進行梯度更新
            output = self.pretrain_model(input_ids=input_ids)  # input_ids: 編碼之後的
數字 (Token) )
        output = self.fc(output[0][:, 0])  # 取出每個 batch 的第一列作為 CLS，即 (16,
786)
        output = output.softmax(dim=1)  # 透過 softmax 函式，使其在 1 維上進行縮放，使元
素位於 [0,1] 範圍內，總和為 1
        return output
```

標準版預訓練模型程式如下：

```python
class Model(torch.nn.Module):
    def __init__(self, pretrain_model_name = "bert-base-chinese"):
        super().__init__()
        self.pretrain_model = BertModel.from_pretrained(pretrain_model_name)
        self.fc = torch.nn.Linear(768, 2)

    def forward(self, input_ids,attention_mask,token_type_ids):
        with torch.no_grad():   # 上游的模型不進行梯度更新
            # input_ids: 編碼之後的數字 (Token)
            # attention_mask: 其中 padding 的位置是 0，其他位置是 1
            # token_type_ids: 第一個句子和特殊符號的位置是 0，第二個句子的位置是 1
            output = self.pretrain_model(input_ids=input_ids,
                        attention_mask=attention_mask,  token_type_ids=token_type_ids)
        # 取出每個 batch 的第一列作為 CLS，即 (16, 786)
        output = self.fc(output[0][:, 0])
        # 透過 softmax 函式，使其在 1 維上進行縮放，使元素位於 [0,1] 範圍內，總和為 1
```

```
        output = output.softmax(dim=1)
        return output
```

標準版和 simple 版的區別主要在於輸入格式不同，對於不同的輸入格式，有興趣的讀者可以在學完本章內容後自行嘗試。

步驟 04 模型的訓練。

完整程式如下。

➜ 【程式 11-3】

```
import torch
import model

device = "cuda"
model = model.ModelSimple().to(device)
model = torch.compile(model)
optimizer = torch.optim.Adam(model.parameters(), lr=2e-4)


loss_func = torch.nn.CrossEntropyLoss()

import get_data
token_list = get_data.token_list
labels = get_data.labels


dev_list = get_data.dev_list
dev_labels = get_data.dev_labels


batch_size = 128
train_length = len(labels)
for epoch in (range(21)):
    train_num = train_length // batch_size
    train_loss, train_correct = 0, 0
    for i in (range(train_num)):
        start = i * batch_size
        end = (i + 1) * batch_size

        batch_input_ids = torch.tensor(token_list[start:end]).to(device)
        batch_labels = torch.tensor(labels[start:end]).to(device)
```

```
        pred = model(batch_input_ids)
        loss = loss_func(pred, batch_labels.type(torch.uint8))
        optimizer.zero_grad()
        loss.backward()
        optimizer.step()

        train_loss += loss.item()
        train_correct += ((torch.argmax(pred, dim=-1) ==
(batch_labels)).type(torch.float).sum().item() / len(batch_labels))

    train_loss /= train_num
    train_correct /= train_num
    print("train_loss:", train_loss, "train_correct:", train_correct)

    test_pred = model(torch.tensor(dev_list).to(device))
    correct = (torch.argmax(test_pred, dim=-1) ==
(torch.tensor(dev_labels).to(device))).type(torch.float).sum().item() / len(test_pred)
    print("test_acc:",correct)
    print("-------------------")
```

上面的程式較為簡單，這裡就不再過多闡述了。需要注意的是，使用 BERT 增大了顯示記憶體的消耗，這裡 batch_size 被設定成 128，對於不同的顯示記憶體，其結果有著不同的輸入大小。最終結果如圖 11-10 所示。

▲ 圖 11-10　10 個 epoch 的過程

這裡展示了 10 個 epoch 中後面 6 個 epoch 的過程，最終準確率達到了 0.9176。另外，由於這裡設定的訓練時間與學習率的關係，該結果並不是最佳的結果，讀者可以自行嘗試完成。

11.3 更多的預訓練模型

Hugging Face 除了提供 BERT 預訓練模型下載之外，還提供了更多的預訓練模型下載，打開 Hugging Face 主頁，如圖 11-11 所示。

▲ 圖 11-11 Hugging Face 主頁

按一下主頁頂端的 Models 選單之後，出現預訓練模型的選擇介面，如圖 11-12 所示。

▲ 圖 11-12 預訓練模型的選擇介面

　　左側依次是 Tasks、Libraries、DataSets、Languages、Licenses、Other 標籤，按一下 Libraries 標籤，在其下選擇我們使用的 PyTorch 與 zh 標籤，即使用 PyTorch 建構的中文資料集，右邊會呈現對應的模型，如圖 11-13 所示。

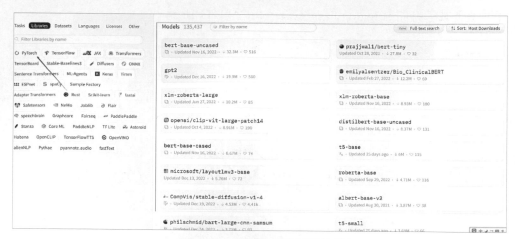

▲ 圖 11-13　選擇我們需要的模型

　　圖 11-13 右側為 Hugging Face 提供的基於 PyTorch 框架的中文預訓練模型，剛才我們所使用的 BERT 模型也在其中。我們可以選擇另一個模型進行模型訓練，比如基於「全詞遮蔽」的 GPT-2 模型進行訓練，如圖 11-14 所示。

▲ 圖 11-14　選擇中文的 PyTorch 的 BERT 模型

這裡首先複製 Hugging Face 所提供的預訓練模型全名：

```
model_name = "uer/gpt2-chinese-ancient"
```

注意，需要保留「/」和前後的名稱。替換不同的預訓練模型只需要替換說明字元，程式如下：

```
from transformers import BertTokenizer,GPT2Model
model_name = "uer/gpt2-chinese-ancient"
tokenizer = BertTokenizer.from_pretrained(model_name)
pretrain_model = GPT2Model.from_pretrained(model_name)

tokens = tokenizer.encode(" 春眠不覺曉 ",max_length=12,padding="max_length",
truncation=True)
print(tokens)
print("---------------------")
print(tokenizer(" 春眠不覺曉 ",max_length=12,padding="max_length",truncation=True))
print("---------------------")

tokens = torch.tensor([tokens]).int()
print(pretrain_model(tokens))
```

剩下的內容與 11.2 節中的方法一致，有興趣的讀者可以自行完成驗證。

最終結果與普通的 BERT 預訓練模型相比可能會有出入，原因是多種多樣的，這不在本書的評判範圍，有興趣的讀者可以自行研究更多模型的使用方法。

11.4 本章小結

本章介紹了預訓練模型的使用，以經典的預訓練模型 BERT 為例演示了文字分類的方法。

除此之外，對使用的預訓練模型來說，使用每個序列中的第一個 Token 可以較好地表示完整序列的功能，這在某些任務中有較好的作用。

　　Hugging Face 網站提供了很多預訓練模型下載，本章也介紹了多種使用預訓練模型的方法，有興趣的讀者自行學習和比較訓練結果。

第12章 從 1 開始自然語言處理的解碼器

本章從 1 開始。

第 10 章介紹了編碼器的架構和實現程式。如果讀者按本章內容的學習建議閱讀了 3 遍以上,那麼相信你對編碼器的撰寫已經很熟悉了。

解碼器是在編碼器的基礎上對模型進行少量修正,在不改變整體架構的基礎上進行模型設計,可以說,如果讀者掌握了編碼器的原理,那麼學習解碼器的概念、設計和原理一定易如反掌。

本章首先介紹解碼器的原理和程式撰寫,然後著重解決一個非常大的問題——文字對齊。這是自然語言處理中一個不可輕易逾越的障礙,本章將以翻譯模型為例,系統地講解文字對齊的方法,並實現一個基於中文字和拼音的「翻譯系統」。本章是對第 11 章的繼承,在閱讀時,如果有讀者想先完整地體驗編碼器 - 解碼器系統,可以先查看 12.1.4 節,這是對解碼器的完整實現,並詳細學習 12.2 節的實戰部分。待程式執行暢通之後,傳回參考 12.1 節,重新學習解碼器相關內容，加深印象。如果讀者想了解更多細節，建議按本章講解的順序循序漸進地學習。

12.1 解碼器的核心——注意力模型

解碼器在深度學習模型中具有非常重要的作用，即對傳送過來的資料進行解碼，生成具有特定格式的、內容可被理解的模型元件。解碼器的結構如圖 12-1 所示。

解碼器的架構整體上與編碼器類似，但還是有一部分區別，下面說明。

- 相對於編碼器的單一輸入（無論是疊加還是單獨的詞向量 Embedding），解碼器的輸入有兩部分，分別是編碼器的輸入和目標的 Embedding 輸入。

相對於編碼器中的多頭注意力模型，解碼器中的多頭注意力模型分成兩種，分別是多頭自注意力層和多頭互動注意力層。

總而言之，相對於編碼器中的「單一模組」，解碼器中更多的是「雙模組」，即需要編碼器的輸入和解碼器本身的輸入協作處理。本節對這些內容進行詳細介紹。

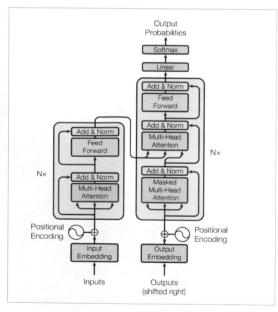

▲ 圖 12-1 解碼器的結構示意圖

12.1.1 解碼器的輸入和互動注意力層的遮罩

如果換一種編碼器和解碼器的表示方法，如圖 12-2 所示，可以清楚地看到，經過多層編碼器的輸出被輸入多層解碼器中。但是需要注意的是，編碼器的輸出對解碼器來說並不是直接使用，而是解碼器本身先進行一次自注意力編碼。下面就這兩部分進一步說明。

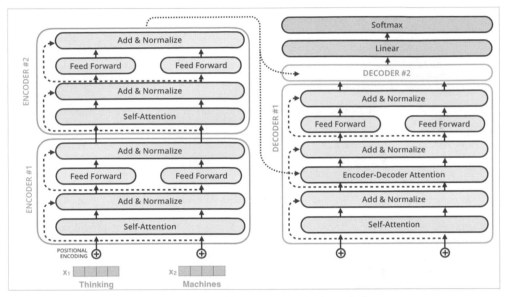

▲ 圖 12-2 編碼器和解碼器的表示方法

1. 解碼器的詞嵌入輸入

與編碼器的詞嵌入輸入方式一樣，解碼器本身的詞嵌入處理也是由初始化的詞向量和位置向量組成的，結構如圖 12-3 所示。

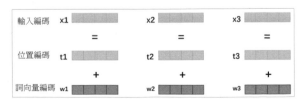

▲ 圖 12-3 詞嵌入處理

2. 解碼器的自注意力層（重點學習遮罩的建構）

解碼器的自注意力層是對輸入的詞嵌入進行編碼的部分，這裡的構造與編碼器中的構造相同，不再過多闡述。

相對於編碼器的遮罩部分，解碼器的遮罩操作有其特殊的要求。

事實上，解碼器的輸入和編碼器在處理上不太一樣，一般認為編碼器的輸入是一個完整的序列，而解碼器在訓練和資料的生成過程中是一個一個進行 Token 的生成的。因此，為了防止「偷看」，解碼器的自注意力層只能夠關注輸入序列當前位置以及之前的字，不能夠關注之後的字。因此，需要將當前輸入的字元 Token 之後的內容都進行遮罩（mask）處理，使其在經過 Softmax 計算之後的權重變為 0，不參與後續模型損失函式的計算，從而強制使得模型僅依靠之前輸入的序列內容生成後續的「下一個字元序號」。程式如下：

```
def create_look_ahead_mask(size):
    mask = 1 - tf.linalg.band_part(tf.ones((size, size)), -1, 0)
    return mask
```

如果單獨列印程式如下：

```
mask = create_look_ahead_mask(4)
print(mask)
```

這裡的參數 size 設定成 4，則列印結果如圖 12-4 所示。

```
tf.Tensor(
[[0. 1. 1. 1.]
 [0. 0. 1. 1.]
 [0. 0. 0. 1.]
 [0. 0. 0. 0.]], shape=(4, 4), dtype=float32)
```

▲ 圖 12-4　列印結果

可以看到，函式的實際作用是生成一個三角遮罩，對輸入的值生成逐行遞增的梯度序列，這樣可以保證資料在輸入模型的過程中，資料的接收也是依次增加的，當前的 Token 只與其本身和其面的 Token 進行注意力計算，而不會與後續的 Token 進行注意力計算。這段內容的圖形化效果如圖 12-5 所示。

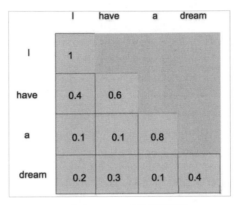

▲ 圖 12-5 三角遮罩器

此外，對於解碼器自注意力層的輸入，即 Query、Key、Value 的定義和設定，在解碼器的自注意力層的輸入都是由疊加後的詞嵌入輸入的，因此與編碼器類似，可以將其設定成同一個。

3. 解碼器和編碼器的互動注意力層（重點學習 Query、Key 和 Value 的定義）

編碼器和解碼器處理後的資料需要「交融」，從而進行新的資料整合和生成，而進行資料整合和生成的架構和模組在本例中所處的位置是互動注意力層。

編碼器中的互動注意力層的架構和同處於編碼器中的自注意力層沒有太大的差別，其差距主要是輸入的不同以及使用遮罩對資料的處理不同。下面分別進行闡述。

1）互動注意力層

互動注意力層的作用是將編碼器輸送的「全部」詞嵌入與解碼器獲取的「當前」的詞嵌入進行「融合」計算，使得當前的詞嵌入「對齊」編碼器中對應的資訊，從而獲取解碼後的資訊。

下面從解碼器的角度進行講解,如圖 12-6 所示。

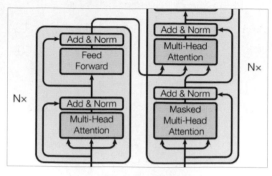

▲ 圖 12-6 解碼器

從圖 12-6 可以看到,對於「互動注意力」的輸入,從編碼器中輸入的是兩個,而解碼器自注意力層中輸入的是一個,讀者可能會有疑問,對於注意力層的 Query、Key 和 Value,到底是如何安排和處理的?

問題的解答還是要回歸注意力層的定義:

$$\text{attention}((K,V),q) = \sum_{i=1}^{N} a_i \mathrm{v}_i$$

$$= \sum_{i=1}^{N} \frac{\exp(s(k_i,q))}{\sum_j \exp(s(k_j,q))} \mathrm{v}_i$$

實際上,就是使用 Query 首先計算與 Key 的權重,之後使用權重與 Value 攜帶的資訊進行比較,從而將 Value 中的資訊「融合」到 Query 中。

可以非常簡單地得到,在互動注意力層中,解碼器的自注意力詞嵌入首先與編碼器的輸入詞嵌入計算權重,然後使用計算出來的權重來計算編碼器中的資訊。即:

```
query = 解碼器詞輸入向量
key = 編碼器詞輸出向量
value = 編碼器詞輸出向量
```

2）互動注意力中的遮罩層（對誰進行遮罩處理）

下面處理的是解碼器中多頭注意力的遮罩層，相對單一的自注意力層來說，一個非常顯著的問題是對誰進行遮罩處理。

對這個問題的解答需要重新回到注意力模型的定義：

$$z_i = \text{Softmax}\left(\text{scores}\right)\upsilon$$

從權重的計算來看，解碼器的詞嵌入（Query）與編碼器輸入詞嵌入（Key 和 Value）進行權重計算，從而將 Query 的值與 Key 和 Value 進行「融合」。基於這點考慮，選擇對編碼器輸入的詞嵌入進行遮罩處理。

如果讀者對此不理解，現在請記住：

mask the encoder input embedding （對解碼器中的編碼器輸出向量進行遮罩操作）

有興趣的讀者可以自行查閱更多的資料進行了解。

下面兩個函式分別展示普通遮罩處理和在解碼器中自注意力層遮罩的寫法：

```python
# 建立解碼器中的互動注意力遮罩
def creat_self_mask(from_tensor, to_tensor):
    """
    這裡需要注意，from_tensor 是輸入的文字序列，即 input_word_ids ，
    應該是 2D 的，即 [1,2,3,4,5,6,0,0,0,0]
    to_tensor 是輸入的 input_word_ids，應該是 2D 的，即 [1,2,3,4,5,6,0,0,0,0]
    而經過本函式的擴充維度操作後，最終是輸出兩個 3D 的相乘後的結果
    注意：後面如果需要 4D 的，則使用 expand 新增一個維度即可
    """
    batch_size, from_seq_length = from_tensor.shape

    to_mask = torch.not_equal(from_tensor, 0).int()
    to_mask = elt.Rearrange("b l -> b 1 l")(to_mask)   # 這裡擴充了資料維度

    broadcast_ones = torch.ones_like(to_tensor)
    broadcast_ones = torch.unsqueeze(broadcast_ones, dim=-1)

    mask = broadcast_ones * to_mask
```

```
    mask.to("cuda")
return mask
```

列印結果和演示請讀者自行完成。

然而，如果需要進一步提高準確率的話，還需要對遮罩進行處理：

```
def create_look_ahead_mask(from_tensor, to_tensor):
    corss_mask = creat_self_mask(from_tensor, to_tensor)
    look_ahead_mask = torch.tril(torch.ones(to_tensor.shape[1], from_tensor.shape[1]))
    look_ahead_mask = look_ahead_mask.to("cuda")

    corss_mask = look_ahead_mask * corss_mask
    return corss_mask
```

下面的程式碼部分合成了 pad_mask 和 look_ahead_mask，並透過 maximum 函式建立與或閘，將其合成為一體，即：

```
tf.Tensor(
[[[[1. 0. 0. 0.]]]
 [[[1. 1. 0. 0.]]]
 [[[1. 1. 1. 0.]]]
 [[[1. 1. 1. 1.]]]], shape=(4, 1, 1, 4), dtype=float32)


+


tf.Tensor(
[[0. 1. 1. 1.]
 [0. 0. 1. 1.]
 [0. 0. 0. 1.]
 [0. 0. 0. 0.]], shape=(4, 4), dtype=float32)


=


tf.Tensor(
[[[[1. 1. 1. 1.]
   [1. 0. 1. 1.]
   [1. 0. 0. 1.]
   [1. 0. 0. 0.]]]
```

```
[[[1. 1. 1. 1.]
   [1. 1. 1. 1.]
   [1. 1. 0. 1.]
   [1. 1. 0. 0.]]]


[[[1. 1. 1. 1.]
   [1. 1. 1. 1.]
   [1. 1. 1. 1.]
   [1. 1. 1. 0.]]]


[[[1. 1. 1. 1.]
   [1. 1. 1. 1.]
   [1. 1. 1. 1.]
   [1. 1. 1. 1.]]]],
shape=(4, 1, 4, 4), dtype=float32)
```

這樣的處理可以最大限度地對無用部分進行遮罩操作，從而使得解碼器的輸入（Query）與編碼器的輸入（Key，Value）能夠最大限度地融合在一起，減少干擾。

12.1.2 為什麼透過遮罩操作能夠減少干擾

為什麼在注意力層中，透過遮罩操作能夠減少干擾？這是由於 Query 和 Value 在進行點積計算時會產生大量的負值，而負值在進行 Softmax 計算時，由於 Softmax 的計算特性，會對平衡產生影響，程式如下。

➜ 【程式 12-1】

```
class ScaledDotProductAttention(nn.Module):
    def __init__(self):
        super(ScaledDotProductAttention, self).__init__()

    def forward(self, Q, K, V, attn_mask):
        '''
        Q: [batch_size, n_heads, len_q, d_k]
        K: [batch_size, n_heads, len_k, d_k]
        V: [batch_size, n_heads, len_v(=len_k), d_v]
```

```
attn_mask: [batch_size, n_heads, seq_len, seq_len]
'''
scores = torch.matmul(Q, K.transpose(-1, -2)) / np.sqrt(d_k)
# scores : [batch_size, n_heads, len_q, len_k]
scores.masked_fill_(attn_mask == 0, -1e9)
```
\# attn_mask 所有為 True 的部分（即被遮罩操作的部分），scores 填充為負無窮，也就是這個位置的值對於 Softmax 沒有影響
```
attn = nn.Softmax(dim=-1)(scores)
# attn： [batch_size, n_heads, len_q, len_k]
# 對每一行進行 Softmax
context = torch.matmul(attn, V)
# [batch_size, n_heads, len_q, d_v]
return context, attn
```

結果如圖 12-7 所示。

```
tf.Tensor(
[[-2.149865    0.12186236 -0.92870545  0.58555037]
 [ 0.3833625  -1.1904299  -0.5511145   0.66039836]
 [-2.110816    0.9996369   0.12759463  0.37630746]
 [ 1.6570117  -0.46462783  0.10604692 -0.8762158 ]], shape=(4, 4), dtype=float32)
tf.Tensor(
[[0.0338944   0.32864466 0.1149399   0.52252096]
 [0.3425522   0.07099658 0.13455153 0.45189962]
 [0.02230338  0.50029165 0.20917036 0.26823455]
 [0.7085763   0.08491224 0.15024884 0.05626261]], shape=(4, 4), dtype=float32)
```

▲ 圖 12-7　列印結果

實際上是不需要這些負值的，因此需要在計算時加上一個「負無窮」的值降低負值對 Softmax 計算的影響（一般使用 -1e5 即可）。

12.1.3　解碼器的輸出（移位訓練方法）

前面兩個小節介紹了解碼器的一些基本操作，本小節將主要介紹解碼器在最終階段解碼的變化和一些相關的細節，如圖 12-8 所示。

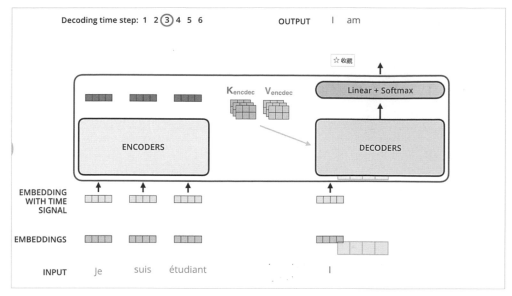

▲ 圖 12-8 解碼器的輸出

　　解碼器透過互動注意力的計算選擇將當前的解碼器詞嵌入關注到編碼器詞嵌入中，選擇生成一個新的詞嵌入。

　　這是整體的步驟，當程式開始啟動時，首先將編碼器中的詞嵌入全部輸入，解碼器首先接收一個起始符號的詞嵌入，從而生成第一個解碼的結果。

　　這種輸入和輸出錯位的訓練方法是「移位訓練」方法。

　　接下來重複這個過程，每個步驟的輸出在下一個時間步被提供給底端解碼器，並且就像編碼器之前做的那樣，這些解碼器會輸出它們的解碼結果。直到到達一個特殊的結束字元號，它表示編碼器 - 解碼器架構已經完成了它的輸出。

　　還有一點需要補充，解碼器堆疊輸出一個詞嵌入，那如何將其變成一個輸出詞呢？這是最後一個全連接層的工作，並使用 Softmax 對輸出進行歸類計算。

　　全連接層是一個簡單的全連接神經網路，它將解碼器堆疊產生的向量投影到另一個向量維度，維度的大小對應生成字形檔的個數。之後的 Softmax 層將維度數值轉為機率。選擇機率最大的維度，並對應地生成與之連結的字或詞作為此時間步的輸出。

之後的 Softmax 層將這些分數轉為機率。選擇機率最大的維度，並對應地生成與之連結的字或詞作為此時間步的輸出。

12.1.4　解碼器的實現

本小節介紹解碼器的實現。

首先，多注意力層實際上是通用的，程式如下。

➜ 【程式 12-2】

```
class MultiHeadAttention(tf.keras.layers.Layer):
    def __init__(self):
        super(MultiHeadAttention, self).__init__()

    def build(self, input_shape):
        self.dense_query = tf.keras.layers.Dense(units=embedding_size,
activation=tf.nn.relu)
        self.dense_key = tf.keras.layers.Dense(units=embedding_size,
activation=tf.nn.relu)
        self.dense_value = tf.keras.layers.Dense(units=embedding_size,
activation=tf.nn.relu)
        self.dense = tf.keras.layers.Dense(units=embedding_size,activation=tf.nn.relu)
        super(MultiHeadAttention, self).build(input_shape)  # 一定要在最後呼叫它

    def call(self, inputs):
        query,key,value,mask = inputs
        shape = tf.shape(query)

        query_dense = self.dense_query(query)
        key_dense = self.dense_query(key)
        value_dense = self.dense_query(value)

        query_dense = splite_tensor(query_dense)
        key_dense = splite_tensor(key_dense)
        value_dense = splite_tensor(value_dense)

        attention = tf.matmul(query_dense,key_dense,transpose_b=True)/
```

```
tf.math.sqrt(tf.cast(embedding_size,tf.float32))

        attention += (mask*-1e9)
        attention = tf.nn.softmax(attention)
        attention = tf.matmul(attention,value_dense)
        attention = tf.transpose(attention,[0,2,1,3])
        attention = tf.reshape(attention,[shape[0],-1,embedding_size])
        attention = self.dense(attention)

        return attention
```

其次，前饋層也可以通用，程式如下。

➜ 【程式 12-3】

```
class FeedForWard(tf.keras.layers.Layer):
    def __init__(self):
        super(FeedForWard, self).__init__()

    def build(self, input_shape):
        self.conv_1 = tf.keras.layers.Conv1D(embedding_size*4,1,activation=tf.nn.relu)
        self.conv_2 = tf.keras.layers.Conv1D(embedding_size,1,activation=tf.nn.relu)
        super(FeedForWard, self).build(input_shape)  # 一定要在最後呼叫它

    def call(self, inputs):
        output = self.conv_1(inputs)
        output = self.conv_2(output)
        return output
```

綜合利用多層注意力層和前饋層，實現了專用的解碼器的程式設計，程式如下。

➜ 【程式 12-4】

```
class DecoderLayer(nn.Module):
    def __init__(self):
        super(DecoderLayer, self).__init__()
        self.dec_self_attn = MultiHeadAttention()
        self.dec_enc_attn = MultiHeadAttention()
```

```
            self.pos_ffn = PoswiseFeedForwardNet()

    def forward(self, dec_inputs, enc_outputs, dec_self_attn_mask, dec_enc_attn_mask):
        '''
        dec_inputs: [batch_size, tgt_len, d_model]
        enc_outputs: [batch_size, src_len, d_model]
        dec_self_attn_mask: [batch_size, tgt_len, tgt_len]
        dec_enc_attn_mask: [batch_size, tgt_len, src_len]
        '''
        # dec_outputs: [batch_size, tgt_len, d_model], dec_self_attn: [batch_size,
n_heads, tgt_len, tgt_len]
        dec_outputs, dec_self_attn = self.dec_self_attn(dec_inputs,
dec_inputs, dec_inputs, dec_self_attn_mask)
        # dec_outputs: [batch_size, tgt_len, d_model], dec_enc_attn: [batch_size,
h_heads, tgt_len, src_len]

        dec_outputs, dec_enc_attn = self.dec_enc_attn(dec_outputs, enc_outputs,
enc_outputs, dec_enc_attn_mask)
        # encoder-decoder attention 部分
        dec_outputs = self.pos_ffn(dec_outputs)  # [batch_size, tgt_len, d_model]
        # 特徵提取
        return dec_outputs, dec_self_attn, dec_enc_attn
```

12.2 解碼器實戰──拼音中文字翻譯模型

經過前面章節的學習，本節進入解碼器實戰──拼音中文字翻譯模型。

前面的章節帶領讀者學習了注意力模型、前饋層以及遮罩相關知識。這 3 部分內容共同組成了編碼器 - 解碼器架構的主要內容，共同組成的就是 transformer 這個基本架構，如圖 12-9 所示。

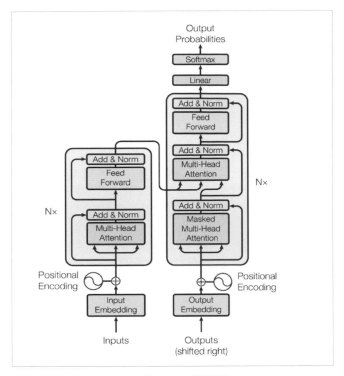

▲ 圖 12-9 解碼器

　　本節帶領讀者利用前面學習的知識完成一個翻譯系統。不過在開始之前，有以下兩個問題留給讀者：

　　（1）編碼器 - 解碼器的翻譯模型與編碼器的轉換模型有什麼區別？

　　（2）如果想做中文字→拼音的翻譯系統，編碼器和解碼器的輸入端分別輸入什麼內容？

　　接下來讓我們開始吧。

12.2.1　資料集的獲取與處理

　　首先是資料集的準備和處理，本小節準備了 15 萬筆中文字和拼音對應資料。

1. 資料集展示

本小節用於實戰的中文字拼音資料集如下：

```
A11_0  lv4 shi4 yang2 chun1 yan1 jing3 da4 kuai4 wen2 zhang1 de di3 se4 si4 yue4 de
lin2 luan2 geng4 shi4 lv4 de2 xian1 huo2 xiu4 mei4 shi1 yi4 ang4 ran2  綠 是 陽 春 煙
景 大 塊 文 章 的 底 色 四 月 的 林 巒 更 是 綠 得 鮮 活 秀 媚 詩 意 盎 然

A11_1  ta1 jin3 ping2 yao1 bu4 de li4 liang4 zai4 yong3 dao4 shang4 xia4 fan1 teng2
yong3 dong4 she2 xing2 zhuang4 ru2 hai3 tun2 yi1 zhi2 yi3 yi1 tou2 de you1 shi4 ling3
xian1  他 僅 憑 腰 部 的 力 量 在 泳 道 上 下 翻 騰 蛹 動 蛇 行 狀 如 海 豚 一 直 以 一 頭
的 優 勢 領 先

A11_10 pao4 yan3 da3 hao3 le zha4 yao4 zen3 me zhuang1 yue4 zheng4 cai2 yao3 le yao3
ya2 shu1 de tuo1 qu4 yi1 fu2 guang1 bang3 zi chong1 jin4 le shui3 cuan4 dong4  炮 眼
打 好 了 炸 藥 怎 麼 裝 嶽 正 才 咬 了 咬 牙 倏 地 脫 去 衣 服 光 膀 子 沖 進 了 水 竄 洞

A11_100 ke3 shei2 zhi1 wen2 wan2 hou4 ta1 yi1 zhao4 jing4 zi zhi3 jian4 zuo3 xia4 yan3
jian3 de xian4 you4 cu1 you4 hei1 yu3 you4 ce4 ming2 xian3 bu4 dui4 cheng1  可 誰 知 紋
完 後 她 一 照 鏡 子 只 見 左 下 眼 瞼 的 線 又 粗 又 黑 與 右 側 明 顯 不 對 稱
```

下面簡單介紹一下。資料集中的資料分成 3 部分，每部分使用特定的空白鍵隔開。

```
A11_10 … … … ke3 shei2 … … …可 誰 … … …
```

- 第一部分 A11_i 為序號，表示序列的筆數和行號。
- 第二部分是拼音編號，這裡使用的是中文拼音，與真實的拼音標注不同的是，去除了拼音原始標注，而使用數字 1、2、3、4 替代，分別代表當前讀音的第一聲到第四聲，這點請讀者注意。
- 最後一部分是中文字的序列，這裡與第二部分的拼音部分一一對應。

2. 獲取字形檔和訓練資料

獲取資料集中字形檔的個數很重要，這裡使用 set 格式的資料對全部字形檔中的不同字元進行讀取。

建立字形檔和訓練資料的完整程式如下。

```python
import numpy as np
sentences = []
src_vocab = {'⊙': 0, '＞': 1, '＜': 2}      # 這個是中文字 vccab
tgt_vocab = {'⊙': 0, '＞': 1, '＜': 2}      # 這個是拼音 vocab

with open("../dataset/zh.tsv", errors="ignore", encoding="UTF-8") as f:
    context = f.readlines()
    for line in context:
        line = line.strip().split("        ")
        pinyin = line[1]
        hanzi = line[2]
        (hanzi_s) = hanzi.split(" ")
        (pinyin_s) = pinyin.split(" ")
        #[ ＞＜ ]
        pinyin_inp = ["＞"] + pinyin_s
        pinyin_trg = pinyin_s + ["＜"]
        line = [hanzi_s,pinyin_inp,pinyin_trg]
        for char in hanzi_s:
            if char not in src_vocab:
                src_vocab[char] = len(src_vocab)
        for char in pinyin_s:
            if char not in tgt_vocab:
                tgt_vocab[char] = len(tgt_vocab)

        sentences.append(line)
```

這裡做一個說明，首先 context 讀取了全部資料集中的內容，之後根據空格將其分成 3 部分。對於拼音和中文字部分，將其轉化成一個序列，並在前後分別加上起止符號 GO 和結束字元 END。這實際上可以不用加，為了明確地描述起止關係，從而加上了起止標注。

實際上還需要加上一個特定符號 PAD，這是為了對單行序列進行補全的操作，最終的資料如下：

```
['GO', 'liu2', 'yong3' , … … … , 'gan1', ' END', 'PAD', 'PAD' , … … …]
 ['GO', '柳', '永' , … … … , '感', ' END', 'PAD', 'PAD' , … … …]
```

　　pinyin_list 和 hanzi_list 是兩個串列，分別用來存放對應的拼音和中文字訓練資料。最後不要忘記在字形檔中加上 PAD 符號。

```
pinyin_vocab = ["PAD"] + list(sorted(pinyin_vocab))
hanzi_vocab = ["PAD"] + list(sorted(hanzi_vocab))
```

3. 根據字形檔生成 Token 資料

　　獲取的拼音標注和中文字標注的訓練資料並不能直接用於模型訓練，模型需要轉化成 Token 的一系列數字串列，程式如下：

```
enc_inputs, dec_inputs, dec_outputs = [], [], []
for line in sentences:
    enc = line[0];dec_in = line[1];dec_tgt = line[2]
    if len(enc) <= src_len and len(dec_in) <= tgt_len and len(dec_tgt) <= tgt_len:

        enc_token = [src_vocab[char] for char in enc];enc_token = enc_token + [0] *
(src_len - len(enc_token))
        dec_in_token = [tgt_vocab[char] for char in dec_in];dec_in_token =
dec_in_token + [0] * (tgt_len - len(dec_in_token))
        dec_tgt_token = [tgt_vocab[char] for char in dec_tgt];dec_tgt_token =
dec_tgt_token + [0] * (tgt_len - len(dec_tgt_token))
        enc_inputs.append(enc_token);dec_inputs.append(dec_in_token);dec_outputs.
append(dec_tgt_token)
```

　　程式中建立了兩個新的串列，分別對拼音和中文字的 Token 進行儲存，從而獲取根據字形檔序號編號後新的序列 Token。

12.2.2　翻譯模型

　　翻譯模型就是經典的編碼器 - 解碼器模型，整體程式如下。

➜ 【程式 12-5】

```
# 匯入庫
import math
import torch
import numpy as np
```

```python
import torch.nn as nn
import torch.optim as optim
import torch.utils.data as Data
import einops.layers.torch as elt

import get_dataset_v2
from tqdm import tqdm

sentences = get_dataset_v2.sentences
src_vocab = get_dataset_v2.src_vocab
tgt_vocab = get_dataset_v2.tgt_vocab

src_vocab_size = len(src_vocab) #4462
tgt_vocab_size  = len(tgt_vocab)     #1154

src_len = 48
tgt_len = 47       # 由於輸出比輸入多一個符號，因此就用這個
# **********************************************#
# transformer 的參數
# Transformer Parameters
d_model = 512
# 每一個詞的 Word Embedding 用多少位元表示
# （包括 positional encoding 應該用多少位元表示，因為這兩個維度要相加，應該是一樣的維度）
d_ff = 2048   # FeedForward dimension
# forward 線性層變成多少位元 (d_model->d_ff->d_model)
d_k = d_v = 64  # dimension of K(=Q), V
# K、Q、V 矩陣的維度（K 和 Q 一定是一樣的，因為要用 K 乘以 Q 的轉置），V 不一定
'''
換一種說法，就是在進行 self-attention 的時候，
從 input（當然是加了位置編碼之後的 input）線性變換之後的 3 個向量 K、Q、V 的維度
'''
n_layers = 6
# encoder 和 decoder 各有多少層
n_heads = 8

# multi-head attention 有幾個頭
# **********************************************#

# 資料前置處理
```

```
# 將 encoder_input、decoder_input 和 decoder_output 進行 id 化

enc_inputs, dec_inputs, dec_outputs = [], [], []
for line in sentences:
    enc = line[0];dec_in = line[1];dec_tgt = line[2]
    if len(enc) <= src_len and len(dec_in) <= tgt_len and len(dec_tgt) <= tgt_len:

        enc_token = [src_vocab[char] for char in enc];enc_token = enc_token + [0] *
(src_len - len(enc_token))
        dec_in_token = [tgt_vocab[char] for char in dec_in];dec_in_token = dec_in_
token + [0] * (tgt_len - len(dec_in_token))
        dec_tgt_token = [tgt_vocab[char] for char in dec_tgt];dec_tgt_token = dec_tgt_
token + [0] * (tgt_len - len(dec_tgt_token))
        enc_inputs.append(enc_token);dec_inputs.append(dec_in_token);dec_outputs.
append(dec_tgt_token)

enc_inputs = torch.LongTensor(enc_inputs)
dec_inputs = torch.LongTensor(dec_inputs)
dec_outputs = torch.LongTensor(dec_outputs)
# print(enc_inputs[0])
# print(dec_inputs[0])
# print(dec_outputs[0])


# ***********************************************#
print(enc_inputs.shape,dec_inputs.shape,dec_outputs.shape)

class MyDataSet(Data.Dataset):
    def __init__(self, enc_inputs, dec_inputs, dec_outputs):
        super(MyDataSet, self).__init__()
        self.enc_inputs = enc_inputs
        self.dec_inputs = dec_inputs
        self.dec_outputs = dec_outputs
    def __len__(self):
        return self.enc_inputs.shape[0]
    # 有幾個 sentence
    def __getitem__(self, idx):
        return self.enc_inputs[idx], self.dec_inputs[idx], self.dec_outputs[idx]
    # 根據索引查詢 encoder_input,decoder_input,decoder_output
```

```python
loader = Data.DataLoader(
    MyDataSet(enc_inputs, dec_inputs, dec_outputs),
    batch_size=512,
    shuffle=True)


# **********************************************#
class PositionalEncoding(nn.Module):
    def __init__(self, d_model, dropout=0.1, max_len=5000):
        super(PositionalEncoding, self).__init__()
        self.dropout = nn.Dropout(p=dropout)
        # max_length_（一個 sequence 的最大長度）
        pe = torch.zeros(max_len, d_model)
        # pe [max_len,d_model]
        position = torch.arange(0, max_len, dtype=torch.float).unsqueeze(1)
        # position   [max_len，1]

        div_term = torch.exp(
            torch.arange(0, d_model, 2).float()
            * (-math.log(10000.0) / d_model))
        # div_term:[d_model/2]
        # e^(-i*log10000/d_model)=10000^(-i/d_model)
        # d_model 為 embedding_dimension

        # 兩個相乘的維度為 [max_len,d_model/2]
        pe[:, 0::2] = torch.sin(position * div_term)
        pe[:, 1::2] = torch.cos(position * div_term)
        # 計算 position encoding
        # pe 的維度為 [max_len,d_model]，每一行的奇數和偶數分別取 sin 和 cos(position * div_
term) 中的值
        pe = pe.unsqueeze(0).transpose(0, 1)
        # 維度變成 (max_len,1,d_model)
        # 所以直接用 pe=pe.unsqueeze(1) 也可以
        self.register_buffer('pe', pe)
        # 放入 buffer 中，參數不會訓練

    def forward(self, x):
        '''
        x: [seq_len, batch_size, d_model]
        '''
```

```
        x = x + self.pe[:x.size(0), :, :]
        # 選取和 x 一樣維度的 seq_length，將 pe 加到 x 上
        return self.dropout(x)
    # ************************************************#


# 由於在 Encoder 和 Decoder 中都需要進行遮罩操作，
# 因此無法確定這個函式的參數中 seq_len 的值
# 如果是在 Encoder 中呼叫的，seq_len 就等於 src_len
# 如果是在 Decoder 中呼叫的，seq_len 就有可能等於 src_len
# 也有可能等於 tgt_len（因為 Decoder 有兩次遮罩操作）
# src_len 是在 encoder-decoder 中的 mask
# tgt_len 是 decdoer mask

def creat_self_mask(from_tensor, to_tensor):
    """
    這裡需要注意，
    from_tensor 是輸入的文字序列，即 input_word_ids ，應該是 2D 的，即 [1,2,3,4,5,6,0,0,0,0]
    to_tensor 是輸入的 input_word_ids，應該是 2D 的，即 [1,2,3,4,5,6,0,0,0,0]
    最終的結果是輸出 2 個 3D 的相乘
    注意：後面如果需要 4D 的，則使用 expand 新增一個維度即可
    """
    batch_size, from_seq_length = from_tensor.shape
    # 這裡只能做 self attention，不能做互動
    # assert from_tensor == to_tensor,print(" 輸入 from_tensor 與 to_tensor 不一致，檢查
mask 建立部分，需要自己完成 ")

    to_mask = torch.not_equal(from_tensor, 0).int()
    to_mask = elt.Rearrange("b l -> b 1 l")(to_mask)  # 這裡擴充了資料型態

    broadcast_ones = torch.ones_like(to_tensor)
    broadcast_ones = torch.unsqueeze(broadcast_ones, dim=-1)

    mask = broadcast_ones * to_mask
    mask.to("cuda")
    return mask

def create_look_ahead_mask(from_tensor, to_tensor):
    corss_mask = creat_self_mask(from_tensor, to_tensor)
    look_ahead_mask = torch.tril(torch.ones(to_tensor.shape[1], from_tensor.shape[1]))
```

```
    look_ahead_mask = look_ahead_mask.to("cuda")

    corss_mask = look_ahead_mask * corss_mask
    return corss_mask

# **********************************************#
class ScaledDotProductAttention(nn.Module):
    def __init__(self):
        super(ScaledDotProductAttention, self).__init__()

    def forward(self, Q, K, V, attn_mask):
        '''
        Q: [batch_size, n_heads, len_q, d_k]
        K: [batch_size, n_heads, len_k, d_k]
        V: [batch_size, n_heads, len_v(=len_k), d_v]
        attn_mask: [batch_size, n_heads, seq_len, seq_len]
        '''
        scores = torch.matmul(Q, K.transpose(-1, -2)) / np.sqrt(d_k)
        # scores : [batch_size, n_heads, len_q, len_k]
        scores.masked_fill_(attn_mask == 0, -1e9)
        # attn_mask 所有為 True 的部分（有 Padding 的部分），scores 填充為負無窮，也就是這個位
置的值對於 Softmax 沒有影響
        attn = nn.Softmax(dim=-1)(scores)
        # attn： [batch_size, n_heads, len_q, len_k]
        # 對每一行進行 Softmax 計算
        context = torch.matmul(attn, V)
        # [batch_size, n_heads, len_q, d_v]
        return context, attn

'''
這裡要做的是，透過 Q 和 K 計算出 scores，然後將 scores 和 V 相乘，得到每個單字的 context
vector
第一步是將 Q 和 K 的轉置相乘，沒什麼好講的，相乘之後得到的 scores 還不能立刻進行 softmax，需
要和 attn_mask 相加，把一些需要遮罩的資訊遮罩掉，attn_mask 是一個僅由 True 和 False 組成的
tensor，並且一定會保證 attn_mask 和 scores 的維度 4 個值相同（不然無法對對應位置相加）
遮罩操作完成之後，就可以對 Scores 進行 Softmax 計算了。然後與 V 相乘，得到 context
'''
# **********************************************#
class MultiHeadAttention(nn.Module):
```

```python
    def __init__(self):
        super(MultiHeadAttention, self).__init__()
        self.W_Q = nn.Linear(d_model, d_k * n_heads, bias=False)
        self.W_K = nn.Linear(d_model, d_k * n_heads, bias=False)
        self.W_V = nn.Linear(d_model, d_v * n_heads, bias=False)
        # 3 個矩陣，分別對輸入進行 3 次線性變化
        self.fc = nn.Linear(n_heads * d_v, d_model, bias=False)
        # 變換維度

    def forward(self, input_Q, input_K, input_V, attn_mask):
        '''
        input_Q: [batch_size, len_q, d_model]
        input_K: [batch_size, len_k, d_model]
        input_V: [batch_size, len_v(=len_k), d_model]
        attn_mask: [batch_size, seq_len, seq_len]
        '''
        residual, batch_size = input_Q, input_Q.size(0)
        #    [batch_size, len_q, d_model]
        # (W)-> [batch_size, len_q,d_k * n_heads]
        # (view)->[batch_size, len_q,n_heads,d_k]
        # (transpose)-> [batch_size,n_heads, len_q,d_k ]
        Q = self.W_Q(input_Q).view(batch_size, -1, n_heads, d_k).transpose(1, 2)
        K = self.W_K(input_K).view(batch_size, -1, n_heads, d_k).transpose(1, 2)
        V = self.W_V(input_V).view(batch_size, -1, n_heads, d_v).transpose(1, 2)
        # 生成 Q、K、V 矩陣

        attn_mask = attn_mask.unsqueeze(1)
        # attn_mask : [batch_size, n_heads, seq_len, seq_len]

        context, attn = ScaledDotProductAttention()(Q, K, V, attn_mask)
        # context: [batch_size, n_heads, len_q, d_v],
        # attn: [batch_size, n_heads, len_q, len_k]
        context = context.transpose(1, 2).reshape(batch_size, -1, n_heads * d_v)
        # context: [batch_size, len_q, n_heads * d_v]
        output = self.fc(context)
        # [batch_size, len_q, d_model]
        return nn.LayerNorm(d_model).cuda()(output + residual), attn

...
```

完整程式中,一定會有三處呼叫 MultiHeadAttention(),Encoder Layer 呼叫一次,傳入的 input_Q、input_K、input_V 全部都是 enc_inputs;Decoder Layer 中呼叫兩次,第一次都是 decoder_inputs,第二次是兩個 encoder_outputs 和一個 decoder_input

```python
'''
# ***********************************************#
class PoswiseFeedForwardNet(nn.Module):
    def __init__(self):
        super(PoswiseFeedForwardNet, self).__init__()
        self.fc = nn.Sequential(
            nn.Linear(d_model, d_ff, bias=False),
            nn.ReLU(),
            nn.Linear(d_ff, d_model, bias=False)
        )

    def forward(self, inputs):
        '''
        inputs: [batch_size, seq_len, d_model]
        '''
        residual = inputs
        output = self.fc(inputs)
        return nn.LayerNorm(d_model).cuda()(output + residual)  # [batch_size, seq_len, d_model]
    # 也有殘差連接和 layer normalization
    # 這段程式非常簡單,就是做兩次線性變換,殘差連接後再跟一個 Layer Norm


# ***********************************************#
class EncoderLayer(nn.Module):
    def __init__(self):
        super(EncoderLayer, self).__init__()
        self.enc_self_attn = MultiHeadAttention()
        # 多頭注意力機制
        self.pos_ffn = PoswiseFeedForwardNet()
        # 提取特徵

    def forward(self, enc_inputs, enc_self_attn_mask):
        '''
        enc_inputs: [batch_size, src_len, d_model]
        enc_self_attn_mask: [batch_size, src_len, src_len]
        '''
```

```
        # enc_outputs: [batch_size, src_len, d_model],
        # attn: [batch_size, n_heads, src_len, src_len] 每一個投一個注意力矩陣
        enc_outputs, attn = self.enc_self_attn(enc_inputs, enc_inputs, enc_inputs,
enc_self_attn_mask)
        # enc_inputs to same Q,K,V
        # 乘以 WQ、WK、WV 生成 QKV 矩陣（由於此時是自注意力模型，因此傳入的資料是相同內容。）
        # 但在 decoder-encoder 的 mulit-head 中，
        # 由於此時是互動注意力，因此需要傳入的是的解碼器輸入向量與編碼器輸出向量。
        # 為了使用方便，我們在定義 enc_self_atten 函式的時候就定義的是有 3 個形參的

        enc_outputs = self.pos_ffn(enc_outputs)
        # enc_outputs: [batch_size, src_len, d_model]
        # 輸入和輸出的維度是一樣的
        return enc_outputs, attn


# 將上述元件拼起來，就是一個完整的 Encoder Layer
# ***********************************************#
class DecoderLayer(nn.Module):
    def __init__(self):
        super(DecoderLayer, self).__init__()
        self.dec_self_attn = MultiHeadAttention()
        self.dec_enc_attn = MultiHeadAttention()
        self.pos_ffn = PoswiseFeedForwardNet()


    def forward(self, dec_inputs, enc_outputs, dec_self_attn_mask, dec_enc_attn_mask):
        '''
        dec_inputs: [batch_size, tgt_len, d_model]
        enc_outputs: [batch_size, src_len, d_model]
        dec_self_attn_mask: [batch_size, tgt_len, tgt_len]
        dec_enc_attn_mask: [batch_size, tgt_len, src_len]
        '''
        # dec_outputs: [batch_size, tgt_len, d_model], dec_self_attn: [batch_size, n_
heads, tgt_len, tgt_len]
        dec_outputs, dec_self_attn = self.dec_self_attn(dec_inputs, dec_inputs, dec_
inputs, dec_self_attn_mask)
        # dec_outputs: [batch_size, tgt_len, d_model], dec_enc_attn: [batch_size, h_
heads, tgt_len, src_len]
        # 先是 decoder 的 self-attention
```

```
        # print(dec_outputs.shape)
        # print(enc_outputs.shape)
        #
        # print(dec_enc_attn_mask.shape)

        dec_outputs, dec_enc_attn = self.dec_enc_attn(dec_outputs, enc_outputs, enc_
outputs, dec_enc_attn_mask)
        # 再是 encoder-decoder attention 部分

        dec_outputs = self.pos_ffn(dec_outputs)  # [batch_size, tgt_len, d_model]
        # 特徵提取
        return dec_outputs, dec_self_attn, dec_enc_attn

# 在 Decoder Layer 中會呼叫兩次 MultiHeadAttention,第一次是計算 Decoder Input 的 self-
attention,得到輸出 dec_outputs
# 然後將 dec_outputs 作為生成 Q 的元素,enc_outputs 作為生成 K 和 V 的元素,再呼叫一次
MultiHeadAttention,得到的是 Encoder 和 Decoder Layer 之間的 context vector。最後將 dec_
outptus 做一次維度變換,最後傳回最終的解碼器輸出結果
# ********************************************#
class Encoder(nn.Module):
    def __init__(self):
        super(Encoder, self).__init__()
        self.src_emb = nn.Embedding(src_vocab_size, d_model)

        self.pos_emb = PositionalEncoding(d_model)
        # 計算位置向量

        self.layers = nn.ModuleList([EncoderLayer() for _ in range(n_layers)])
        # 將 6 個 Encoder Layer 組成一個 module

    def forward(self, enc_inputs):
        '''
        enc_inputs: [batch_size, src_len]
        '''
        enc_outputs = self.src_emb(enc_inputs)
        # 對每個單字進行詞向量計算
        # enc_outputs [batch_size, src_len, d_model]
```

```
        enc_outputs = self.pos_emb(enc_outputs.transpose(0, 1)).transpose(0, 1)
        # 新增位置編碼
        #  enc_outputs [batch_size, src_len, d_model]

        enc_self_attn_mask = creat_self_mask(enc_inputs, enc_inputs)
        # enc_self_attn: [batch_size, src_len, src_len]
        # 計算得到輸入到編碼器注意力中的遮罩矩陣

        enc_self_attns = []
        # 建立一個串列，儲存接下來計算的 attention score（query 與 key 的相關性計算結果）

        for layer in self.layers:
            # enc_outputs: [batch_size, src_len, d_model]
            # enc_self_attn: [batch_size, n_heads, src_len, src_len]
            enc_outputs, enc_self_attn = layer(enc_outputs, enc_self_attn_mask)
            enc_self_attns.append(enc_self_attn)
            # 再傳進來就不用 positional decoding 了
            # 記錄下每一次的 attention
        return enc_outputs, enc_self_attns

# nn.ModuleList() 中的參數是串列，列表裡面存了 n_layers 個 Encoder Layer

# 由於我們控制好了 Encoder Layer 的輸入維度和輸出維度相同，因此可以直接用 for 迴圈以巢狀結構的
方式
# 將上一次 Encoder Layer 的輸出作為下一次 Encoder Layer 的輸入
# **********************************************#
class Decoder(nn.Module):
    def __init__(self):
        super(Decoder, self).__init__()
        self.tgt_emb = nn.Embedding(tgt_vocab_size, d_model)
        self.pos_emb = PositionalEncoding(d_model)
        self.layers = nn.ModuleList([DecoderLayer() for _ in range(n_layers)])

    def forward(self, dec_inputs, enc_inputs, enc_outputs):
        '''
        dec_inputs: [batch_size, tgt_len]
        enc_intpus: [batch_size, src_len]
        enc_outputs: [batsh_size, src_len, d_model] 經過 6 次 encoder 之後得到的東西
        '''
```

```
        dec_outputs = self.tgt_emb(dec_inputs)
        # [batch_size, tgt_len, d_model]
        # 同樣地，對 decoder_layer 進行詞向量的生成
        dec_outputs = self.pos_emb(dec_outputs.transpose(0, 1)).transpose(0, 1).cuda()
        # 計算其位置向量
        # [batch_size, tgt_len, d_model]


        dec_self_attn_mask = creat_self_mask(dec_inputs, dec_inputs)
        # [batch_size, tgt_len, tgt_len]


        #dec_self_attn_subsequence_mask = create_look_ahead_mask(dec_inputs).cuda()
        # [batch_size, tgt_len, tgt_len]
        # 當前時刻看不到未來時刻的東西


        dec_enc_attn_mask = create_look_ahead_mask(enc_inputs,dec_inputs)
        # [batch_size, tgt_len, tgt_len]
        # 布林 +int   false 0 true 1，gt 大於 True
        # 這樣把 dec_self_attn_pad_mask 和 dec_self_attn_subsequence_mask 中為 True 的部分
都剔除掉了
        # 也就是説，遮罩掉 Padding，也遮罩掉 Mask


        # 在 decoder 的第二個 attention 中使用
        dec_self_attns, dec_enc_attns = [], []

        for layer in self.layers:
            # dec_outputs: [batch_size, tgt_len, d_model],
            # dec_self_attn: [batch_size, n_heads, tgt_len, tgt_len],
            # dec_enc_attn: [batch_size, h_heads, tgt_len, src_len]
            dec_outputs, dec_self_attn, dec_enc_attn = layer(dec_outputs, enc_outputs,
dec_self_attn_mask, dec_enc_attn_mask)
            dec_self_attns.append(dec_self_attn)
            dec_enc_attns.append(dec_enc_attn)
        return dec_outputs, dec_self_attns, dec_enc_attns

# *******************************************#
class Transformer(nn.Module):
    def __init__(self):
        super(Transformer, self).__init__()
        self.encoder = Encoder().cuda()
```

```
        self.decoder = Decoder().cuda()
        self.projection = nn.Linear(d_model, tgt_vocab_size, bias=False).cuda()
        # 對 decoder 的輸出轉換維度
        # 從隱藏層維數 -> 英文單字詞典大小（選取機率最大的那個作為我們的預測結果）


    def forward(self, enc_inputs, dec_inputs):
        '''
        enc_inputs 維度：[batch_size, src_len]
        對於 encoder-input，一個 batch 中有幾個 sequence，一個 sequence 有幾個字
        dec_inputs: [batch_size, tgt_len]
        對於 decoder-input，一個 batch 中有幾個 sequence，一個 sequence 有幾個字
        '''

        # enc_outputs: [batch_size, src_len, d_model]，
        # d_model 是每一個字的 Word Embedding 長度
        """

        enc_self_attns: [n_layers, batch_size, n_heads, src_len, src_len]
        注意力矩陣，對於 encoder 和 decoder，每一層、每一句話、每一個頭、每兩個字之間都有一個
權重係數，
        這些權重係數組成了注意力矩陣（之後的 dec_self_attns 同理，當然 decoder 還有一個
decoder-encoder 矩陣）
        """
        enc_outputs, enc_self_attns = self.encoder(enc_inputs)

        # dec_outpus: [batch_size, tgt_len, d_model],
        # dec_self_attns: [n_layers, batch_size, n_heads, tgt_len, tgt_len],
        # dec_enc_attn: [n_layers, batch_size, tgt_len, src_len]
        dec_outputs, dec_self_attns, dec_enc_attns = self.decoder(dec_inputs, enc_
inputs, enc_outputs)

        dec_logits = self.projection(dec_outputs)
        # 將輸出的維度從 [batch_size, tgt_len, d_model] 變成 [batch_size, tgt_len, tgt_
vocab_size]
        # dec_logits: [batch_size, tgt_len, tgt_vocab_size]

        return dec_logits.view(-1, dec_logits.size(-1)), enc_self_attns, dec_self_
attns, dec_enc_attns

# dec_logits 的維度是 [batch_size * tgt_len, tgt_vocab_size]，可以視為
# 這個句子有 batch_size*tgt_len 個單字，每個單字有 tgt_vocab_size 種情況，取機率最大者
```

```
# transformer 主要就是呼叫 Encoder 和 Decoder。最後傳回
# ***********************************************#
save_path = "./saver/transformer.pt"
device = "cuda"
model = Transformer()
model.to(device)
#model.load_state_dict(torch.load(save_path))
criterion = nn.CrossEntropyLoss(ignore_index=0)
optimizer = optim.AdamW(model.parameters(), lr=2e-5)
# ***********************************************#
for epoch in range(1024):
    pbar = tqdm((loader), total=len(loader))   # 顯示進度指示器
    for enc_inputs, dec_inputs, dec_outputs in pbar:

        enc_inputs, dec_inputs, dec_outputs = enc_inputs.to(device), dec_inputs.
to(device), dec_outputs.to(device)
        # outputs: [batch_size * tgt_len, tgt_vocab_size]
        outputs, enc_self_attns, dec_self_attns, dec_enc_attns = model(enc_inputs,
dec_inputs)
        loss = criterion(outputs, dec_outputs.view(-1))

        optimizer.zero_grad()
        loss.backward()
        optimizer.step()
        pbar.set_description(f"epoch {epoch + 1} : train loss {loss.item():.6f} ")   #
: learn_rate {lr_scheduler.get_last_lr()[0]:.6f}

    torch.save(model.state_dict(), save_path)

idx2word = {i: w for i, w in enumerate(tgt_vocab)}
enc_inputs, dec_inputs, dec_outputs = next(iter(loader))
predict, e_attn, d1_attn, d2_attn = model(enc_inputs[0].view(1, -1).cuda(), dec_
inputs[0].view(1, -1).cuda())
predict = predict.data.max(1, keepdim=True)[1]
print(enc_inputs[0], '->', [idx2word[n.item()] for n in predict.squeeze()])
```

以上程式就是 transformer 的結構程式，實際上就是綜合前面所學的全部知
識，結合編碼器和解碼器。讀者可以使用以下程式對程式進行測試。

```
if __name__ == "__main__":
    encoder_input = tf.keras.Input(shape=(None,))
    decoder_input = tf.keras.Input(shape=(None,))

    output = Transformer(1024,1024)([encoder_input,decoder_input])
    model = tf.keras.Model((encoder_input,decoder_input),output)
    print(model.summary())
```

列印結果請讀者自行驗證。

12.2.3　拼音中文字模型的訓練

本小節進行 transformer 的訓練。需要注意的是，相對於第 11 章的學習，transformer 的訓練過程需要特別注意編碼器的輸出和解碼器輸入的錯位計算。

第 1 次輸入：編碼器輸入完整的序列 [GO]ni hao ma[END]。與此同時，解碼器的輸入端輸入的是解碼開始符號 GO，經過互動計算後，解碼器的輸出為「你」。

第 2 次輸入：編碼器輸入完整的序列 [GO]ni hao ma[END]。與此同時，解碼器的輸入端輸入的是解碼開始符號 GO 和字元「你」，經過互動計算後，解碼器的輸出為「你好」。

這樣依次進行輸出。

然後依次進行錯位輸入。

最後一次輸入：編碼器輸入的還是完整序列，此時在解碼器的輸出端會輸出帶有結束符號的序列，表明解碼結束。

第 1 次輸入：

```
編碼器輸入：[GO]ni hao ma[END]
解碼器輸入：[GO]
解碼器輸出：你
```

第 2 次輸入：

編碼器輸入：[GO]ni hao ma[END]
解碼器輸入：[GO] 你
解碼器輸出：你 好

第 3 次輸入：

編碼器輸入：[GO]ni hao ma[END]
解碼器輸入：[GO] 你 好
解碼器輸出：你 好 嗎

最後一次輸入：

編碼器輸入：[GO]ni hao ma[END]
解碼器輸入：[GO] 你 好 嗎
解碼器輸出：你 好 嗎 [END]

計算步驟如圖 12-10 所示。

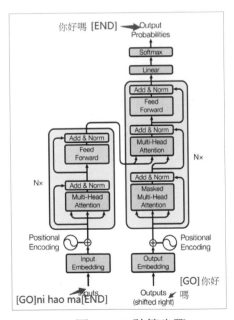

▲ 圖 12-10 計算步驟

如編碼器讀取資料一樣，由於硬體裝置的原因，需要使用資料生成器循環生成資料，並且在生成器中進行錯位輸入。具體請讀者自行完成。

12.2.4　拼音中文字模型的使用

相信讀者一定發現了，相對於拼音中文字轉換模型，拼音中文字翻譯模型並不是整體一次性輸出的，而是根據在編碼器中的輸入內容生成特定的輸出內容。

根據這個特性，如果想獲取完整的解碼器生成的資料內容，則需要採用迴圈輸入的方式完成模型的使用，程式如下。

➜ 【程式 12-6】

```
idx2pinyin = {i: w for i, w in enumerate(tgt_vocab)}
idx2hanzi = {i: w for i, w in enumerate(src_vocab)}

context = " 你好嗎 "
token = [src_vocab[char] for char in context]
token = torch.tensor(token)
sentence_tensor = torch.LongTensor(token).unsqueeze(0).to(device)
outputs = [1]
for i in range(tgt_len):
        trg_tensor = torch.LongTensor(outputs).unsqueeze(0).to(device)

        with torch.no_grad():
            output= model(sentence_tensor, trg_tensor)
        best_guess  = torch.argmax(output,dim=-1).detach().cpu()

        outputs.append(best_guess[-1])
        # if best_guess[-1] == 2:
        #      break
print([idx2pinyin[id.item()] for id in outputs[1:]])
```

以上程式演示了迴圈輸出預測結果，這裡使用了一個 for 迴圈對預測進行輸入，具體請讀者自行驗證。

12.3 本章小結

首先回答 12.2 節提出的兩個問題。

（1）編碼器 - 解碼器的翻譯模型與編碼器的轉換模型有什麼區別？

答：對轉換模型來說，模型在工作時不需要進行處理，預設所有的資訊都包含在編碼器編碼的詞嵌入中，最後直接進行 Softmax 計算即可。而編碼器 - 解碼器的翻譯模型需要綜合編碼器的編碼內容和解碼器的原始輸入共同完成後續的互動計算。

（2）如果想做中文字→拼音的翻譯系統，編碼器和解碼器的輸入端分別輸入什麼內容？

答：編碼器的輸入端是中文字，解碼器的輸入端是錯位的拼音。

本章和第 10 章是相互銜接的，主要介紹了當前非常流行的 transformer 深度學習模型，從其架構入手詳細介紹其主要架構部分：編碼器和解碼器，並且還介紹了各種 ticks 和小細節，有針對性地對模型最佳化做了說明。對於解決自然語言處理問題，目前 transformer 架構是最重要的方法。讀者在學習這兩章的時候一定要多次閱讀，儘量掌握全部內容。

第**13**章 基於 PyTorch 2.0 的 強化學習實戰

　　強化學習（Reinforcement Learning，RL）又稱再勵學習、評價學習或增強學習，是機器學習的範式和方法論之一，用於描述和解決智慧體（Agent）在與環境的互動過程中，透過學習策略以達成回報最大化或實現特定目標的目的。

　　換句話說，強化學習是一種學習如何從狀態映射到行為以使得獲取的獎勵最大的學習機制。這樣的智慧體需要不斷地在環境中進行實驗，透過環境給予的回饋（獎勵）來不斷最佳化狀態 - 行為的對應關係。因此，反覆實驗（Trial and Error）和延遲獎勵（Delayed Reward）是強化學習最重要的兩個特徵，如圖 13-1 所示。

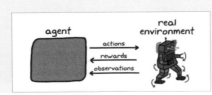

▲ 圖 13-1 基於強化學習的自走機器人

借助 ChatGPT 的成功，強化學習從原本的不太受重視一躍而起，成為協助 ChatGPT 登頂的重要輔助工具。本章將講解強化學習方面的內容，使用儘量少的公式，而採用圖示或講解的形式對其中的理論內容介紹。

13.1　基於強化學習的火箭回收實戰

我們也可以成為馬斯克，這並不是天方夜譚。對馬斯克來說，他創立的 SpaceX 公司的獵鷹火箭回收技術處於世界領先水準。然而，火箭回收技術對深度學習者來說，是一個遙不可及的夢想嗎？答案是否定的。中國的老子說過「九層之台，起於累土；千里之行，始於足下」。接下來從頭開始實現這個火箭回收技術。

13.1.1　火箭回收基本執行環境介紹

前面章節介紹了強化學習的基本內容，本小節需要完成基於強化學習的火箭回收實戰，也就是透過強化學習方案完成對火箭的控制，從而讓其正常降落。

首先進行專案環境的架設，在這裡讀者要有一定的深度學習基礎以及相應的環境，即 Python 的執行環境 Miniconda 以及 PyTorch 2.0 框架。除此之外，還需要一個專用的深度學習框架 Gym，本節會根據 Gym 來實現強化學習，在該遊戲中，對系統的操作和更新都在 Gym 內部處理，讀者只需要關注強化學習部分即可。因此，所以我們只需要考慮「狀態」→「神經網路」→「動作」即可。

對 Gym 的安裝如下。

```
pip install gym
pip install box2d box2d-kengz --user
```

這裡需要注意，如果有顯示出錯，請讀者自行查詢相關的網路文章來解決。為了驗證具體的安裝情況，執行以下程式碼部分：

```
import gym
import time
```

```
# 環境初始化
env = gym.make('LunarLander-v2', render_mode='human')
if True:
    state = env.reset()
    while True:
        # 著色畫面
        # env.render()
        # 從動作空間隨機獲取一個動作
        action = env.action_space.sample()
        # Agent 與環境進行一步互動
        observation, reward, done, _ , _= env.step(action)
        print('state = {0}; reward = {1}'.format(state, reward))
        # 判斷當前 episode 是否完成
        if done:
            print(' 遊戲結束 ')
            break
        time.sleep(0.01)
env.close()# 環境結束
```

這是匯入了 Gym 的執行環境，即完成了火箭回收的環境設定，讀者透過執行此程式碼部分可以看到如圖 13-2 所示的介面。

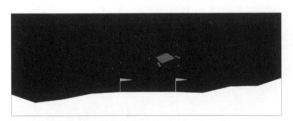

▲ 圖 13-2 火箭回收的執行介面

這是火箭回收的執行介面，在下方的輸出框中有如圖 13-3 所示的內容輸出。

```
state = (array([ 0.00245399, 1.4199276 , 0.24854021, 0.40032664, -0.0028367 ,
    -0.05629814, 0.      , 0.      ], dtype=float32), {}); reward = 3.693495331315576
state = (array([ 0.00245399, 1.4199276 , 0.24854021, 0.40032664, -0.0028367 ,
    -0.05629814, 0.      , 0.      ], dtype=float32), {}); reward = 2.9992074375700044
state = (array([ 0.00245399, 1.4199276 , 0.24854021, 0.40032664, -0.0028367 ,
    -0.05629814, 0.      , 0.      ], dtype=float32), {}); reward = 2.209163362966821
state = (array([ 0.00245399, 1.4199276 , 0.24854021, 0.40032664, -0.0028367 ,
    -0.05629814, 0.      , 0.      ], dtype=float32), {}); reward = -100
```

▲ 圖 13-3 輸出的資料

13.1.2 火箭回收參數介紹

13.1.1 節列印了火箭回收的 state 參數，這是火箭回收過程中的環境參數值，也就是可以透過觀測器獲取到的火箭狀態數值，分別如下：

- 水平座標 x。

- 垂直座標 y。

- 水平速度。

- 垂直速度。

- 角度。

- 角速度。

- 腿 1 觸地。

- 腿 2 觸地。

對操作者來說，可以有 4 種離散的行動對火箭操作，分別說明如下。

- 0 代表不採取任何行動。

- 2 代表主引擎向下噴射。

- 1、3 分別代表向左、右噴射。

除此之外，對於火箭還有一個最終的獎勵，即對於每一步的操作都要額外計算分值，說明如下。

- 小艇墜毀得到 -100 分。

- 小艇在黃旗幟之間成功著地得 100~140 分。

- 噴射主引擎（向下噴火）每次得 -0.3 分。

- 小艇最終完全靜止再得 100 分。

- 「腿 1」和「腿 2」都落地得 10 分。

13.1.3 基於強化學習的火箭回收實戰

下面完成基於強化學習的火箭回收內容。完整程式以下（請讀者執行本章原始程式中的「火箭回收」程式，第一次讀者學會執行即可，部分程式碼部分的詳細講解請參考 13.1.4 節的演算法部分進行對照學習）：

```python
import matplotlib.pyplot as plt
import torch
from torch.distributions import Categorical
import gym
import time
import numpy as np
import random
from IPython import display
class Memory:
    def __init__(self):
        """ 初始化 """
        self.actions = []        # 行動（共 4 種）
        self.states = []         # 狀態，由 8 個數字組成
        self.logprobs = []       # 機率
        self.rewards = []        # 獎勵
        self.is_dones = []       # 遊戲是否結束：is_terminals?
    def clear_memory(self):
        del self.actions[:]
        del self.states[:]
        del self.logprobs[:]
        del self.rewards[:]
        del self.is_dones[:]
class Action(torch.nn.Module):
    def __init__(self, state_dim=8, action_dim=4):
        super().__init__()
        # actor
        self.action_layer = torch.nn.Sequential(
            torch.nn.Linear(state_dim, 128),
            torch.nn.ReLU(),
            torch.nn.Linear(128, 64),
            torch.nn.ReLU(),
            torch.nn.Linear(64, action_dim),
```

```python
            torch.nn.Softmax(dim=-1)
        )
    def forward(self, state):
        action_logits = self.action_layer(state)   # 計算 4 個方向的機率
        return action_logits
class Value(torch.nn.Module):
    def __init__(self, state_dim=8):
        super().__init__()
        # value
        self.value_layer = torch.nn.Sequential(
            torch.nn.Linear(state_dim, 128),
            torch.nn.ReLU(),
            torch.nn.Linear(128, 64),
            torch.nn.ReLU(),
            torch.nn.Linear(64, 1)
        )

    def forward(self, state):
        state_value = self.value_layer(state)
        return state_value
class PPOAgent:
    def __init__(self,state_dim,action_dim,n_latent_var,lr,betas,gamma, K_epochs, eps_clip):
        self.lr = lr   # 學習率
        self.betas = betas  # betas
        self.gamma = gamma  # gamma
        self.eps_clip = eps_clip  # 裁剪，限制值範圍
        self.K_epochs = K_epochs  # 獲取的每批次的資料作為訓練使用的次數
        # action
        self.action_layer = Action()
        # critic
        self.value_layer = Value()
        self.optimizer = torch.optim.Adam([{"params":self.action_layer.
parameters()},{"params":self.value_layer.parameters()}], lr=lr, betas=betas)
        #損失函式
        self.MseLoss = torch.nn.MSELoss()
    def evaluate(self,state,action):
        action_probs = self.action_layer(state)   # 這裡輸出的結果是 4 類別的 [-1,4]
        dist = Categorical(action_probs)          # 轉換成類別分佈
```

```
        # 計算機率密度，log( 機率 )
    action_logprobs = dist.log_prob(action)
        # 計算資訊熵
    dist_entropy = dist.entropy()
        # 評判，對當前的狀態進行評判
    state_value = self.value_layer(state)
        # 傳回行動機率密度、評判值、行動機率熵
    return action_logprobs, torch.squeeze(state_value), dist_entropy
def update(self,memory):
    # 預測狀態回報
    rewards = []
    discounted_reward = 0    #discounted = 不重要
```

這裡是不是可以這樣理解，當前步驟是決定未來的步驟，而模型需要根據當前步驟對未來的最終結果進行修正，如果遵循了當前步驟，就可以看到未來的結果如何
這樣未來的結果會很差，所以模型需要遠離會造成壞的結果的步驟
所以就反過來計算
#print(len(self.memory.rewards),len(self.memory.is_dones)) 這裡就是做成批次，1200 批次資料做一次

```
    for reward, is_done in zip(reversed(memory.rewards), reversed(memory.is_
dones)):
        # 回合結束
        if is_done:
            discounted_reward = 0
        # 更新削減獎勵 ( 當前狀態獎勵 + 0.99* 上一狀態獎勵 )
        discounted_reward = reward + (self.gamma * discounted_reward)
        # 首插入
        rewards.insert(0, discounted_reward)
    #print(len(rewards))        # 這裡的長度就是根據 batch_size 的長度設定的
    # 標準化獎勵
    rewards = torch.tensor(rewards, dtype=torch.float32)
    rewards = (rewards - rewards.mean()) / (rewards.std() + 1e-5)

    #print(len(self.memory.states),len(self.memory.actions), len(self.memory.
logprobs))
    # 這裡的長度就是根據 batch_size 的長度設定的
    # 張量轉換
    #convert list to tensor
    old_states = torch.tensor(memory.states)
    old_actions = torch.tensor(memory.actions)
```

```
            old_logprobs = torch.tensor(memory.logprobs)
            # 迭代最佳化 K 次
            for _ in range(5):
                # Evaluating old actions and values：新策略重用舊樣本進行訓練
                logprobs, state_values, dist_entropy = self.evaluate(old_states, old_
actions)
                ratios = torch.exp(logprobs - old_logprobs.detach())
                advantages = rewards - state_values.detach()
                surr1 = ratios * advantages
                surr2 = torch.clamp(ratios, 1 - self.eps_clip,1 + self.eps_clip) *
advantages
                loss = -torch.min(surr1, surr2)  +  0.5 * self.MseLoss(state_values,
rewards) - 0.01 * dist_entropy
                # take gradient step
                self.optimizer.zero_grad()
                loss.mean().backward()
                self.optimizer.step()
    def act(self,state):
        state = torch.from_numpy(state).float()
        # 計算 4 個方向的機率
        action_probs = self.action_layer(state)
        # 透過最大機率計算最終行動方向
        dist = Categorical(action_probs)
        action = dist.sample()    #這個是根據 action_probs 做出符合分佈 action_probs 的抽樣
結果
        return action.item(),dist.log_prob(action)


state_dim = 8                      # 遊戲的狀態是一個 8 維向量
action_dim = 4                     # 遊戲的輸出有 4 個設定值
n_latent_var = 128                 # 神經元個數
update_timestep = 1200             # 每 1200 步 policy 更新一次
lr = 0.002                         # learning rate
betas = (0.9, 0.999)
gamma = 0.99                       # discount factor
K_epochs = 5                       # policy 迭代更新次數
eps_clip = 0.2                     # clip parameter for PPO   論文中表明 0.2 效果不錯
random_seed = 929


agent = PPOAgent(state_dim ,action_dim,n_latent_var,lr,betas,gamma,K_epochs,eps_clip)
```

```
memory = Memory()
# agent.network.train()          # Switch network into training mode
EPISODE_PER_BATCH = 5            # update the  agent every 5 episode
NUM_BATCH = 200                  # totally update the agent for 400 time
avg_total_rewards, avg_final_rewards = [], []
env = gym.make('LunarLander-v2', render_mode='rgb_array')
rewards_list = []
for i in range(200):
    rewards = []
    # collect trajectory
    for episode in range(EPISODE_PER_BATCH):
        # 重開一把遊戲
        state = env.reset()[0]
        while True:
        # 這裡，agent 做出 act 動作後，資料已經被儲存了。另外，注意這裡是使用 old_policity_act
做的
            with torch.no_grad():
                action,action_prob = agent.act(state) # 按照策略網路輸出的機率隨機採樣一
個動作
                memory.states.append(state)
                memory.actions.append(action)
                memory.logprobs.append(action_prob)
            next_state, reward, done, _, _ = env.step(action) # 與環境 state 進行互動，
輸出 reward 和環境 next_state
            state = next_state
            rewards.append(reward)          # 記錄每一個動作的 reward
            memory.rewards.append(reward)
            memory.is_dones.append(done)
            if len(memory.rewards) >= 1200:
                agent.update(memory)
                memory.clear_memory()

            if done or len(rewards) > 1024:
                rewards_list.append(np.sum(rewards))
                #print(' 遊戲結束 ')
                break
    print(f"epoch: {i} ,rewards looks like ", rewards_list[-1])

plt.plot(range(len(rewards_list)),rewards_list)
```

```
plt.show()
plt.close()
env = gym.make('LunarLander-v2', render_mode='human')
for episode in range(EPISODE_PER_BATCH):
    # 重開一把遊戲
    state = env.reset()[0]
    step = 0
    while True:
        step += 1
        # 這裡，agent 做出 act 動作後，資料已經被儲存了。另外，注意這裡是使用 old_policity_
act 做的
        action,action_prob = agent.act(state)   # 按照策略網路輸出的機率隨機採樣一個動作
        # agent 與環境進行一步互動
        state, reward, terminated, truncated, info = env.step(action)
        #print('state = {0}; reward = {1}'.format(state, reward))
        # 判斷當前 episode 是否完成
        if terminated or step >= 600:
            print(' 遊戲結束 ')
            break
        time.sleep(0.01)
print(np.mean(rewards_list))
```

此時，火箭回收的最終得分圖如圖 13-4 所示。

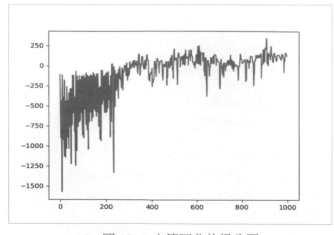

▲ 圖 13-4　火箭回收的得分圖

13.1.4 強化學習的基本內容

在完成了強化學習的實戰程式後，下面將講解一些強化學習的基本理論，從而幫助讀者加深對強化學習的理解。

1. 強化學習的整體思想

強化學習背後的思想是，代理（Agent）將透過與環境（Environment）的動作（Action）互動，進而獲得獎勵（Reward）。

從與環境的互動中進行學習，這一思想來自於我們的自然經驗，想像一下當你是個孩子的時候，看到一團火，並嘗試接觸它，如圖 13-5 所示。

▲ 圖 13-5 嘗試接觸火

你覺得火很溫暖，你感覺很開心（獎勵 +1），你就會覺得火是個好東西，如圖 13-6 所示。

▲ 圖 13-6 覺得火很溫暖

然而，一旦你嘗試去觸控它，就會狠狠地被教育，即火把你的手燒傷了（懲罰 -1），如圖 13-7 所示。你才會明白只有與火保持一定距離，火才會產生溫暖，才是個好東西，但如果太過靠近的話，就會燒傷自己。

▲ 圖 13-7 被火燒傷了手

這一過程是人類透過互動進行學習的方式。強化學習是一種可以根據行為進行計算的學習方式，如圖 13-8 所示。

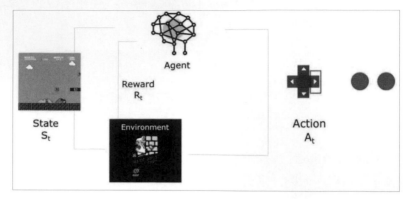

▲ 圖 13-8　強化學習的過程

舉個例子，思考如何訓練 Agent，學會玩超級瑪麗遊戲。這一強化學習過程可以被建模為以下的一組循環過程：

- Agent 從環境中接收到狀態 S_0。
- 基於狀態 S_0，Agent 執行 A 操作。
- 環境轉移至新狀態 S_1。
- 環境給予 R_1 獎勵。

強化學習的整體過程中會循環輸出狀態、行為、獎勵的序列，而整體的目標是最大化全域獎勵的期望。

2. 強化學習的獎勵與衰減

獎勵與衰減是強化學習的核心思想，在強化學習中，為了得到最好的行為序列，我們需要最大化累積獎勵的期望，也就是獎勵的最大化是強化學習的核心目標。

對於獎勵的獲取，每個時間步的累積獎勵可以寫作：

$$G_t = R_{t+1} + R_{t+2} + \cdots$$

等價於：

$$G_t = \sum_{k=0}^{T} R_{t+k+1}$$

但是相對長期獎勵來說，更簡單的是對短期獎勵的獲取，短期獎勵來的很快，且發生的機率非常大，因此比起長期獎勵，短期獎勵更容易預測。

用圖 13-9 所示的貓捉老鼠例子來說明，Agent 是老鼠，對手是貓，目標是在被貓吃掉之前，先吃掉最多的乳酪。

從圖 13-9 中可以看到，吃掉身邊的乳酪要比吃掉貓旁邊的乳酪要容易許多。

但是由於一旦被貓抓住，遊戲就會結束，因此貓身邊的乳酪獎勵會有衰減，也要把這個因素考慮進去，對折扣的處理以下（定義 Gamma 為衰減比例，設定值範圍為 0~1）：

- Gamma 越大，帶來的衰減越小。這表示 Agent 的學習過程更關注長期的回報。

- Gamma 越小，帶來的衰減越大。這表示 Agent 更關注短期的回報。

▲ 圖 13-9 長期與短期激勵

衰減後的累計獎勵期望為：

$$G_t = \sum_{k=0}^{\infty} r^k R_{t+k+1} \text{ where } r \in [0,1)$$

$$R_{t+1} + \gamma R_{t+2} + \gamma^2 R_{t+3} \cdots$$

每個時間步之間的獎勵將與 Gamma 參數相乘，以獲得衰減後的獎勵值。隨著時間步的增加，貓距離我們更近，因此未來的獎勵機率將變得越來越小。

3. 強化學習的任務分類

任務是強化學習問題中的基礎單元，任務分為兩類：事件型任務與持續型任務。

事件型任務指的是在這個任務中，有一個起始點和終止點（終止狀態）。這會建立一個事件：一組狀態、行為、獎勵以及新獎勵。對超級瑪麗來說，一個事件從遊戲開始進行記錄，直到角色被殺結束，如圖 13-10 所示。

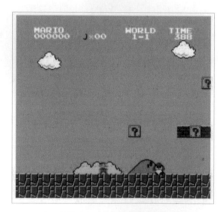

▲ 圖 13-10 事件型任務

而持續型任務表示任務不存在終止狀態。在這個任務中，Agent 將學習如何選擇最好的動作，並與環境同步互動。舉例來說，透過 Agent 進行自動股票交易，這個任務不存在起始點和終止狀態，在我們主動終止之前，Agent 將一直執行下去，如圖 13-11 所示。

▲ 圖 13-11 持續型任務

4. 強化學習的基本處理方法

對一般的強化學習來說，其主要的學習與訓練方法有兩種，分別是基於值函式的學習方法與基於策略梯度的學習方法，另外還有把兩者結合起來的 AC 演算法。分別說明如下：

- 基於值函式的學習方法來學習價值函式，計算每個動作在當前環境下的價值，目標就是獲取最大的動作價值，即每一步採取回報最大的動作和環境進行互動。

- 基於策略梯度的學習方法來學習策略函式，計算當前環境下每個動作的機率，目標是獲取最大的狀態價值，即該動作發生後期望回報越大越好。

- AC 演算法：融合了上述兩種方法，將價值函式和策略函式一起進行最佳化。價值函式負責在環境學習並提升自己的價值判斷能力，而策略函式則接受價值函式的評價，儘量採取在價值函式中可以得到高分的策略。

讀者可以參考走迷宮的例子來學習。走迷宮時每個步驟的評分是由基於值的演算法在計算環境回饋後得出，如圖 13-12 所示。在迷宮問題中，在每一步對周圍環境進行評分，將選擇得分最高的前進，即 -7、-6、-5 等。而這裡每個步驟的評分是由基於策略梯度的演算法在計算實施動作後得出的，如圖 13-13 所示。

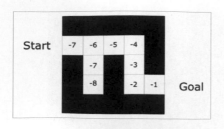 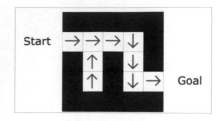

▲ 圖 13-12　對每個環境本身進行評分　▲ 圖 13-13　對行走者的每個動作進行評分

這個過程中的每個動作（也就是其行進方向）是由模型決定的。

這兩種方法一種施加在環境中，另一種施加在動作人上，各有利弊。因此，為了取長補短，研究人員提出了一種新的處理方法——AC 演算法，如圖 13-14 所示。

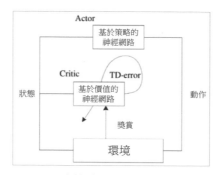

▲ 圖 13-14　AC 演算法（Action 和 Critic Method）

AC 演算法將基於值函式和基於策略梯度的學習方法做了結合，同時對環境和施用者進行建模，從而可以獲得更好的環境調配性。

AC 演算法分為兩部分：Actor 用的是 Policy Gradient，它可以在連續動作空間內選擇合適的動作；Critic 用的是 Q-Learning，它可以解決離散動作空間的問題。除此之外，又因為 Actor 只能在一個回合之後進行更新，導致學習效率較慢，Critic 的加入就可以使用 TD 方法實現單步更新。這樣兩種演算法相輔相成，形成了 AC 演算法。

Actor 對每個動作（Action）做出機率輸出，而 Critic 會對輸出進行評判，之後將評判結果傳回給 Actor，從而修正下一次 Actor 做出的結果。

13.2 強化學習的基本演算法——PPO 演算法

一般強化學習過程中，一份資料只能進行一次更新，更新完就只能丟掉，再等待下一份資料。但是這種方式對深度學習來說是一種極大的浪費，尤其在強化學習中，資料的獲取是彌足珍貴的。

因此，我們需要一種新的演算法，能夠透過獲得完整的資料內容進行模型的多次更新，即需要對每次獲取到的資料進行多次利用，而進行多次利用的演算法，具有代表性的就是 PPO（Proximal Policy Optimization，近線策略最佳化）演算法。

13.2.1 PPO 演算法簡介

PPO 演算法是 AC 演算法框架下的一種強化學習代表演算法，在採樣策略梯度演算法訓練的同時，還可以重複利用歷史的採樣資料進行網路參數更新，提升了策略梯度演算法的效率。

PPO 演算法的突破在於對新舊策略函式進行約束，希望新的策略網路與舊的策略網路越接近越好，即實現近線策略最佳化的本質目的：新網路可以利用舊網路學習到的資料進行學習，不希望這兩個策略相差很大。PPO 損失函式的公式如下：

$$L^{\text{clip}+vf+s}\left(\theta\right) = E\left(L^{\text{clip}}\left(\theta\right) - c_1 L^{vf}\left(\theta\right) + c_2 S\left[\pi_\theta\right]\left(S_t\right)\right)$$

參數說明如下。

- L^{clip}：價值網路評分，即 Critic 網路評分，採用 clip 的方式使得新舊網路的差距不會過大。

- L^{vf}：價值網路預測的結果和真實環境的回報值越接近越好。

- S：策略網路的輸出結果，這個值越大越好，目的是希望策略網路的輸出分佈機率不要過於集中，提高了不同動作在環境中發生的可能。

13.2.2　函式使用說明

在講解 PPO 演算法時，需要用到一些特定的函式，這些函式以前沒有用過，我們先講解一下。

1. Categorical 類別

Categorical 類別的作用是根據傳遞的資料機率建立相應的資料抽樣分佈，其使用如下：

```python
import torch
from torch.distributions import Categorical


action_probs = torch.tensor([0.3,0.7])          # 首先人工建立一個機率值
dist = Categorical(action_probs)                # 根據機率進行建立分佈
c0 = 0
c1 = 1
for _ in range(10240):
    action = dist.sample()                      # 根據機率分佈進行抽樣
    if action == 0:                             # 對抽樣結果進行儲存
        c0 += 1
    else:
        c1 += 1
print("c0 的機率為：",c0/(c0 + c1)           # 列印輸出的結果
print("c1 的機率為：",c1/(c0 + c1))
```

首先人工建立一個機率值，之後 Categorical 類別幫助我們建立依照這個機率組成的分佈函式，sample 的作用是依據儲存的機率進行抽樣。

從最終的列印結果可以看到，輸出的結果可以反映人工機率的分佈。

```
c0 的機率為：0.3014354066985646
c1 的機率為：0.6985645933014354
```

2. log_prob 函式

log_prob(x) 用來計算輸入資料 x 的機率密度的對數值,讀者可以透過以下程式碼部分進行驗證:

```python
import torch
from torch.distributions import Categorical

action_probs = torch.tensor([0.3,0.7])
# 輸出不同分佈的 log 值
print(torch.log(action_probs))
# 根據機率建立一個分佈並抽樣
dist = Categorical(action_probs)
action = dist.sample()
# 獲取抽樣結果對應的分佈 log 值
action_logprobs = dist.log_prob(action)
print(action_logprobs)
```

透過列印結果可以看到,首先輸出了不同分佈的 log 值,之後再反查出不同設定值所對應的分佈 log 值。

```
c0 的機率為:0.3014354066985646
c1 的機率為:0.6985645933014354
```

3. entropy 函式

在前面講解的過程中涉及交叉熵（crossEntropy）相關內容,而 entropy 用於計算資料中蘊含的資訊量,在這裡熵的計算如下:

```python
import torch
from torch.distributions import Categorical

action_probs = torch.tensor([0.3,0.7])
# 自己定義的 entropy 實現
def entropy(data):
    min_real = torch.min(data)
    logits = torch.clamp(data,min=min_real)
```

```
    p_log_p = logits * torch.log(data)
    return -p_log_p.sum(-1)

print(entropy(action_probs))
```

讀者可以對這裡自訂的 entropy 與 PyTorch 2.0 附帶的 entropy 計算方式進行比較，程式如下：

```
import torch
from torch.distributions import Categorical

action_probs = torch.tensor([0.3,0.7])
#根據機率建立一個分佈並抽樣
dist = Categorical(action_probs)
dist_entropy = dist.entropy()
print("dist_entropy：",dist_entropy)

#自己定義的 entropy 實現
def entropy(data):
    min_real = torch.min(data)
    logits = torch.clamp(data,min=min_real)
    p_log_p = logits * torch.log(data)
    return -p_log_p.sum(-1)

print("self_entropy：",entropy(action_probs))
```

從最終結果可以看到，兩者的計算結果是一致的。

```
dist_entropy：tensor(0.6109)
self_entropy：tensor(0.6109)
```

13.2.3　一學就會的 TD-error 理論介紹

下面介紹 ChatGPT 中的非常重要的理論演算法——TD-error，TD-error 的作用是動態地解決後續資料量的估算問題，簡單說就是：TD-error 主要是讓我們明確分段思維，而不能憑主觀評價經驗來對事物進行估量，如圖 13-15 所示。

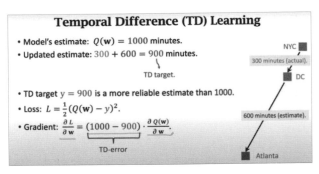

▲ 圖 13-15 TD-error

1. 專案描述與模型預估

在圖 13-15 右側，一名司機需要駕車從 NYC 到 Atlanta，中途有個中轉站 DC。按照現有的先驗知識可以獲得以下資訊：

- NYC 到 Atlana 的距離為 90 公里，而 DC 中轉站位於距離出發點 NYC 300 公里的中轉站。

- 訓練好的模型預估整體路途需要耗時 1000 分鐘。

- 訓練好的模型預估從 NYC 到 DC 耗時 400 分鐘。

- 訓練好的模型預估從 DC 到 Atlanta 耗時 600 分鐘。

這是對專案的描述，完整用到預估的知識內容。這裡需要注意的是，整體 1000 分鐘的耗時是由離線模型在出發前預先訓練好的，而不能根據具體情況隨時調整。

2. 到達 DC 後模型重新估算整體耗時

當司機實際到達中轉站 DC 時，發現耗時只有 300 分鐘，此時如果模型進一步估算剩餘的路程時間，按照出發前的演算法，剩餘時間應該為 1000-400 = 600 分鐘。此時進一步估算整體用時，可以使用公式如下：

$$900 = 300 + 600$$

　　這是模型在 DC 估算的整體用時。其中 300 為出發點 NYC 到 DC 的耗時，而 600 為模型按原演算法估算的 DC 到 Atalanta 的耗時。整體 900 為已訓練模型在 DC 估算的整體耗時。

　　此時，如果模型在中轉站重新進行時間評估的話，到達終點的整體耗費時間就會變為 900。

3. 問題

　　有讀者可能會問，為什麼不用按比例縮短的剩餘時間進行估算，即剩下的時間變為：

$$V_{future} = 600 \times 300 / 400$$

　　這樣做的問題在於，我們需要相信前期模型做出的預測是基於很好的訓練做出來的可信度很高的值，不能人為隨意地對整體的路途進行修正，即前一段路途可能因為種種原因（順風、逆風等）造成了時間變更，但是並不能保證在後續的路途同樣會遇到這樣的情況。

　　因此，我們在剩餘的這次模型擬合過程中，依舊需要假定模型對未來的原始擬合是正確的，而不能加入自己的假設。

　　有讀者可能會繼續問，如果下面再遇到一些狀況，修正了原計劃的路途，怎麼辦呢？一個非常好的解決辦法就是以那個時間段為中轉站重新訓練整個模型。把前面路過的作為前部分，後面沒有路過的作為後部分處理。

　　在這個問題中，我們把整體的路段分成了若干份，每隔一段就重新估算時間，這樣使得最終的時間與真實時間的差值不會太大。

4. TD-error

　　此時模型整體估算的差值 100=1000-900，這點相信讀者很容易理解，即 TD-error 代表的是現階段（也就是在 DC 位置）估算時間與真實時間的差值為 100。

可以看到，這裡的 TD-error 實際上就是根據現有的誤差修正整體模型的預估結果，這樣可以使得模型在擬合過程中更進一步地反映真實的資料。

13.2.4 基於 TD-error 的結果修正

本小節會涉及 PPO 演算法的一些細節部分。

1. 修正後的模型做出的預測不應該和未修正的模型做出的預測有太大的差別

繼續 13.2.3 節的例子，如果按原始的假設，對於總路程的擬合分析，在 DC 中轉站估算的耗費時間為：

錯誤的模型估算時間：300+600x300/400=750

模型應該輸入的時間：300+600=900

此時，除了在前面講的加入訓練人的主觀因素外，還有一個比較重要的原因是，相對於原始的估算值 1000，模型對於每次修正的幅度太大（錯誤的差距為 250，而正確的差距為 100），這樣並不適合模型儘快地使用已有的資料重新擬合剩下的耗費時間。換算到模型輸出，其決策器的輸出跳躍比較大，很有可能造成模型失真的問題。

下面回到 PPO 演算法的說明，對於每次做出動作的決定，決策器 policy 會根據更新生成一個新的分佈，我們可以將其記作 $p_\theta'(at \mid st)$，而對於舊的 $p_\theta(at \mid st)$，這兩個分佈差距太大的話，也就是變化過大，會導致模型難以接受。讀者可以參考下面兩個分佈的修正過程：

[0.1,0.2] → [0.15,0.20] → [0.25,0.30] → [0.45,0.40]　一個好的分佈修正過程

[0.1,0.2] → [1.5,0.48] → [1.2,4.3] → [-0.1,0.7]　　　一個壞的分佈修正過程

這部分的實現可以參考範例原始程式中的這筆程式進行解讀：

```
ratios = torch.exp(logprobs - old_logprobs.detach())
```

具體公式可以參考圖 13-16。

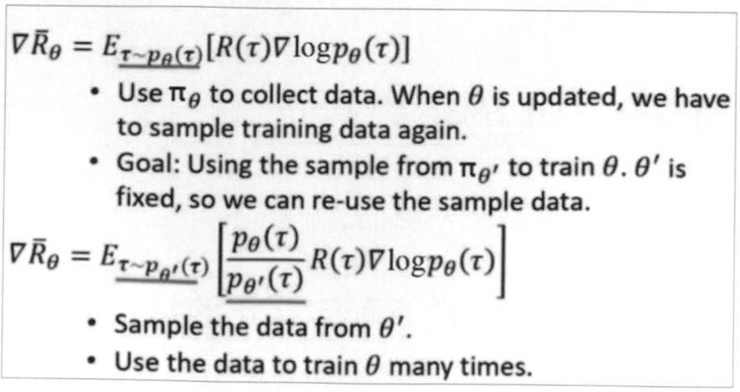

$$\nabla \bar{R}_\theta = E_{\underline{\tau \sim p_\theta(\tau)}}[R(\tau)\nabla \log p_\theta(\tau)]$$

- Use π_θ to collect data. When θ is updated, we have to sample training data again.
- Goal: Using the sample from $\pi_{\theta'}$ to train θ. θ' is fixed, so we can re-use the sample data.

$$\nabla \bar{R}_\theta = E_{\underline{\tau \sim p_{\theta'}(\tau)}}\left[\frac{p_\theta(\tau)}{p_{\theta'}(\tau)}R(\tau)\nabla \log p_\theta(\tau)\right]$$

- Sample the data from θ'.
- Use the data to train θ many times.

▲ 圖 13-16　具體公式 1

2. 對於模型每次輸出機率的權重問題

對於以下公式：

$$模型應該輸入的時間：300 + 600 = 900$$

$$TD - error = 1000 - 900 = 100$$

$$Adventure = \frac{100}{1000} = 0.1$$

如果我們繼續對下面的路徑進行劃分，對於不同的路徑，可以得到以下的 $TD - error$ 序列：

$$TD\text{-}error1 = 80$$
$$TD\text{-}error2 = 50$$
$$TD\text{-}error3 = 20$$
$$\vdots$$

對於後期多次的模型擬合，輸出新的動作機率時，需要一種連續的機率修正方法，即將當前具體的動作機率輸出與不同的整體結果誤差的修正聯繫在一起，具體實現如下：

```
ratios =  torch.exp(logprobs - old_logprobs.detach())
advantages = rewards - state_values.detach()          #多個 advantage 組成的序列
surr1 = ratios * advantages
```

advantages 表示新的輸出對原有輸出的改變和修正，具體公式如圖 13-17 所示。

Gradient for update

$$\nabla f(x) = f(x)\nabla \log f(x)$$

$$= E_{(s_t,a_t)\sim\pi_\theta}[A^\theta(s_t,a_t)\nabla log p_\theta(a_t^n|s_t^n)]$$

$A^{\theta'}(s_t,a_t)$ This term is from sampled data.

$$= E_{(s_t,a_t)\sim\pi_{\theta'}}[\frac{P_\theta(s_t,a_t)}{P_{\theta'}(s_t,a_t)}\underline{A^\theta(s_t,a_t)}\nabla \log p_\theta(a_t^n|s_t^n)]$$

▲ 圖 13-17 具體公式 2

其中畫線部分出現的就是離散後的 advantages，其作用是對輸出的機率進行修正。

13.2.5 對於獎勵的倒序組成的說明

關於獎勵的組成方法，實現程式如下：

```
for reward, is_done in zip(reversed(memory.rewards), reversed(memory.is_dones)):
# 回合結束
if is_done:
discounted_reward = 0

# 更新削減獎勵（當前狀態獎勵 + 0.99* 上一狀態獎勵）
discounted_reward = reward + (self.gamma * discounted_reward)
# 首插入
rewards.insert(0, discounted_reward)
# 標準化獎勵
rewards = torch.tensor(rewards, dtype=torch.float32)
rewards = (rewards - rewards.mean()) / (rewards.std() + 1e-5)
```

可以看到，在這裡對獲取的獎勵進行倒轉，之後將獎勵得分進行疊加，對於這部分的處理，讀者可以這樣理解：當前步驟是決定未來的步驟，而模型需要根據當前步驟對未來的最終結果進行修正，如果遵循了當前步驟，就可以看到未來的結果如何，如果未來的結果很差，模型就需要盡可能遠離造成此結果的步驟，即對輸出進行修正。

13.3　本章小結

　　本章是強化學習的實戰部分，由於涉及較多的理論講解，因此難度較大，但是相信透過本章的講解，讀者可以了解並掌握強化學習模型，並可以獨立訓練成功一個強化學習模型。

　　讀者可以根據自身的需要繼續強化學習模型的學習，本章選用的是一個比較簡單的火箭回收例子，其作用只是拋磚引玉，向讀者介紹強化學習的基本演算法和訓練方式。

第14章 ChatGPT 前身——只具有解碼器的 GPT-2 模型

本章回到自然語言處理中,前面的章節介紹了自然語言處理中編碼器與解碼器的使用,並結合在一起完成了一個較為重量級的任務——中文字與拼音的翻譯任務,如圖 14-1 所示。

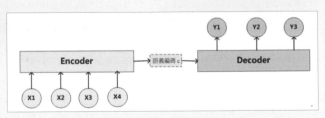

▲ 圖 14-1 編碼器與解碼器的使用

可以看到,基於編碼器與解碼器的翻譯模型是深度學習較重要的任務之一,其中的編碼器本書使用了大量的篇幅來講解,這也是本書前面章節用來進行文字分類的主要方法之一。

　　本章主要介紹另一個重要元件——解碼器。隨著人們對深度學習的研究日趨成熟，了解和認識到只使用解碼器來完成模型的生成任務可能會更加有效，並基於此完成了最終的 ChatGPT。

　　本章首先介紹 ChatGPT 重要的前期版本——GPT-2 的使用，然後透過實戰演示介紹這種僅使用解碼器的文字生成模型——GPT-2。

14.1　GPT-2 模型簡介

　　本節內容不需要掌握，讀者僅做了解即可。GPT-2 是 OpenAI 推出的一項基於單純解碼器的深度學習文字生成模型，其在誕生之初就展現出了令人印象深刻的能力，能夠撰寫連貫而充滿激情的文章，其超出了我們預期的當前語言模型所擁有的能力。但是，GPT-2 並不是特別新穎的架構，它的架構與我們在前面的翻譯模型中使用的 Decoder 非常相似，它在大量資料集上進行了訓練，因此可以認為它是一種具有龐大輸出能力的語言模型。

14.1.1　GPT-2 模型的輸入和輸出結構——自回歸性

　　首先我們來看 GPT-2 模型的輸入和輸出結構。GPT-2 模型是一種機器學習模型，能夠查看句子的一部分並預測下一個單字。最著名的語言模型是智慧型手機鍵盤，可根據使用者當前輸入的內容提示下一個單字。GPT-2 模型也仿照這種輸入輸出格式，透過對輸入的下一個詞進行預測從而獲得其生成能力，如圖 14-2 所示。

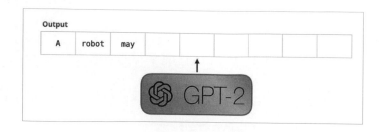

▲ 圖 14-2 GPT-2 模型

從圖 14-2 可以看到，GPT-2 模型的工作方式是，一個 Token 輸出之後，這個 Token 就會被新增到句子的輸入中，從而將新的句子變成下一次輸出的輸入，這種策略被稱為自回歸性（Auto-Regression），這也是 RNN 成功的關鍵之一。

繼續深入這種預測方式，我們可以改變其輸入格式，從而使得 GPT-2 模型具有問答性質的能力。圖 14-3 演示了 GPT-2 模型進行問答的解決方案，即在頭部加上一個特定的 Prompt。目前讀者可以將其單純地理解成一個「問題」或「引導詞」，而 GPT-2 模型則根據這個 Prompt 生成後續的文字。

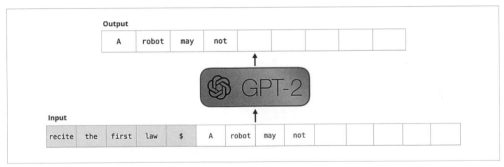

▲ 圖 14-3 生成後續的文字

可以看到，此時的 GPT-2 模型是一種新的深度學習模型結構，只採用 Decoder Block 作為語言模型，拋棄了 Encoder，如圖 14-4 所示。

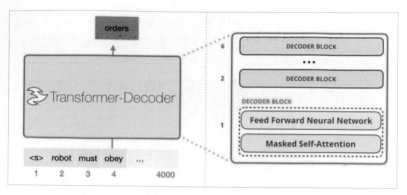

▲ 圖 14-4　只採用 Decoder Block 作為語言模型

14.1.2　GPT-2 模型的 PyTorch 實現

前面介紹了 GPT-2 模型的組成和組成方法，下面將實現基於 GPT-2 模型的組成方案。首先我們來看一下 GPT-2 模型的基本結構，如圖 14-5 所示。

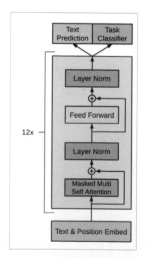

▲ 圖 14-5　GPT-2 模型的基本結構

從圖 14-5 可以看到，對 GPT-2 來說，實際上就相當於使用了一個單獨的解碼器模組來完成資料編碼和輸出的工作，其主要的資料處理部分都是在解碼器中完成的，而根據不同的任務需求，最終的任務結果又可以透過設定不同的頭部處理器進行完整的處理。

1. GPT-2 模型的 Block 類別

　　GPT-2 模型中 Block 類別的作用是透過一個個小的模組來完成資料的處理工作，其包含 Attention 類別和 Feedford 類別。在這裡，這兩個類別的名稱我們重複使用了前面介紹的翻譯模型，生疏的讀者可以參考前面的講解複習相關的內容。Block 類別的實現如下：

```python
import copy
import torch
import math
import torch.nn as nn
from torch.nn.parameter import Parameter
def gelu(x):
    return 0.5 * x * (1 + torch.tanh(math.sqrt(2 / math.pi) * (x + 0.044715 * torch.pow(x, 3))))
class LayerNorm(nn.Module):
    def __init__(self, hidden_size, eps=1e-12):
        """Construct a layernorm module in the TF style (epsilon inside the square root).
        """
        super(LayerNorm, self).__init__()
        self.weight = nn.Parameter(torch.ones(hidden_size))
        self.bias = nn.Parameter(torch.zeros(hidden_size))
        self.variance_epsilon = eps
    def forward(self, x):
        u = x.mean(-1, keepdim=True)
        s = (x - u).pow(2).mean(-1, keepdim=True)
        x = (x - u) / torch.sqrt(s + self.variance_epsilon)
        return self.weight * x + self.bias
class Conv1D(nn.Module):
    def __init__(self, nf, nx):
        super(Conv1D, self).__init__()
        self.nf = nf
        w = torch.empty(nx, nf)
        nn.init.normal_(w, std=0.02)
        self.weight = Parameter(w)
        self.bias = Parameter(torch.zeros(nf))

    def forward(self, x):
```

```
        size_out = x.size()[:-1] + (self.nf,)
        x = torch.addmm(self.bias, x.view(-1, x.size(-1)), self.weight)
        x = x.view(*size_out)
        return x
class Attention(nn.Module):
    def __init__(self, nx, n_ctx, config, scale=False):
        super(Attention, self).__init__()
        n_state = nx  # in Attention: n_state=768 (nx=n_embd)
        # [switch nx => n_state from Block to Attention to keep identical to TF
implem]
        assert n_state % config.n_head == 0
        self.register_buffer("bias", torch.tril(torch.ones(n_ctx, n_ctx)).view(1, 1, n_
ctx, n_ctx))
        self.n_head = config.n_head
        self.split_size = n_state
        self.scale = scale
        self.c_attn = Conv1D(n_state * 3, nx)
        self.c_proj = Conv1D(n_state, nx)
    def _attn(self, q, k, v):
        w = torch.matmul(q, k)
        if self.scale:
            w = w / math.sqrt(v.size(-1))
        nd, ns = w.size(-2), w.size(-1)
        b = self.bias[:, :, ns-nd:ns, :ns]
        w = w * b - 1e10 * (1 - b)
        w = nn.Softmax(dim=-1)(w)
        return torch.matmul(w, v)
    def merge_heads(self, x):
        x = x.permute(0, 2, 1, 3).contiguous()
        new_x_shape = x.size()[:-2] + (x.size(-2) * x.size(-1),)
        return x.view(*new_x_shape)  # in Tensorflow implem: fct merge_states
    def split_heads(self, x, k=False):
        new_x_shape = x.size()[:-1] + (self.n_head, x.size(-1) // self.n_head)
        x = x.view(*new_x_shape)  # in Tensorflow implem: fct split_states
        if k:
            return x.permute(0, 2, 3, 1)  # (batch, head, head_features, seq_length)
        else:
            return x.permute(0, 2, 1, 3)  # (batch, head, seq_length, head_features)
    def forward(self, x, layer_past=None):
```

```
        x = self.c_attn(x)
        query, key, value = x.split(self.split_size, dim=2)
        query = self.split_heads(query)
        key = self.split_heads(key, k=True)
        value = self.split_heads(value)
        if layer_past is not None:
            past_key, past_value = layer_past[0].transpose(-2, -1), layer_past[1]  #
transpose back cf below
            key = torch.cat((past_key, key), dim=-1)
            value = torch.cat((past_value, value), dim=-2)
        present = torch.stack((key.transpose(-2, -1), value))  # transpose to have
same shapes for stacking
        a = self._attn(query, key, value)
        a = self.merge_heads(a)
        a = self.c_proj(a)
        return a, present
class MLP(nn.Module):
    def __init__(self, n_state, config):  # in MLP: n_state=3072 (4 * n_embd)
        super(MLP, self).__init__()
        nx = config.n_embd
        self.c_fc = Conv1D(n_state, nx)
        self.c_proj = Conv1D(nx, n_state)
        self.act = gelu
    def forward(self, x):
        h = self.act(self.c_fc(x))
        h2 = self.c_proj(h)
        return h2


class Block(nn.Module):
    def __init__(self, n_ctx, config, scale=False):
        super(Block, self).__init__()
        nx = config.n_embd
        self.ln_1 = LayerNorm(nx, eps=config.layer_norm_epsilon)
        self.attn = Attention(nx, n_ctx, config, scale)
        self.ln_2 = LayerNorm(nx, eps=config.layer_norm_epsilon)
        self.mlp = MLP(4 * nx, config)
    def forward(self, x, layer_past=None):
        a, present = self.attn(self.ln_1(x), layer_past=layer_past)
        x = x + a
```

```
        m = self.mlp(self.ln_2(x))
        x = x + m
        return x, present
```

2. GPT-2 模型的 Model 類別

　　下面介紹 GPT-2 模型的 Model 類別，其作用是將 Block 組合在一起，組成一個完整的資料處理模組，並將資料傳輸到任務分類別模組中，程式如下：

```
class GPT2Model(nn.Module):
    def __init__(self, config):
        super(GPT2Model, self).__init__()
        self.n_layer = config.n_layer
        self.n_embd = config.n_embd
        self.n_vocab = config.vocab_size
        self.wte = nn.Embedding(config.vocab_size, config.n_embd)
        self.wpe = nn.Embedding(config.n_positions, config.n_embd)
        block = Block(config.n_ctx, config, scale=True)
        self.h = nn.ModuleList([copy.deepcopy(block) for _ in range(config.n_layer)])
        self.ln_f = LayerNorm(config.n_embd, eps=config.layer_norm_epsilon)
    def set_embeddings_weights(self, model_embeddings_weights):
        embed_shape = model_embeddings_weights.shape
        self.decoder = nn.Linear(embed_shape[1], embed_shape[0], bias=False)
        self.decoder.weight = model_embeddings_weights  # Tied weights
    def forward(self, input_ids, position_ids=None, token_type_ids=None, past=None):
        if past is None:
            past_length = 0
            past = [None] * len(self.h)
        else:
            past_length = past[0][0].size(-2)
        if position_ids is None:
            position_ids = torch.arange(past_length, input_ids.size(-1) + past_length,
dtype=torch.long, device=input_ids.device)
            position_ids = position_ids.unsqueeze(0).expand_as(input_ids)
        input_shape = input_ids.size()
        input_ids = input_ids.view(-1, input_ids.size(-1))
        position_ids = position_ids.view(-1, position_ids.size(-1))

        inputs_embeds = self.wte(input_ids)
```

```
    position_embeds = self.wpe(position_ids)
    if token_type_ids is not None:
        token_type_ids = token_type_ids.view(-1, token_type_ids.size(-1))
        token_type_embeds = self.wte(token_type_ids)
    else:
        token_type_embeds = 0
    hidden_states = inputs_embeds + position_embeds + token_type_embeds
    presents = []
    for block, layer_past in zip(self.h, past):
        hidden_states, present = block(hidden_states, layer_past)
        presents.append(present)
    hidden_states = self.ln_f(hidden_states)
    output_shape = input_shape + (hidden_states.size(-1),)
    return hidden_states.view(*output_shape), presents
```

3. GPT-2 模型的任務分類

GPT2LMHeadModel 類別用於來進行自回歸預訓練，其可以傳入 labels 張量來計算自回歸交叉熵損失值 loss，繼而利用自回歸交叉熵損失值 loss 來最佳化整個 GPT-2 模型。

雖然 GPT2LMHeadModel 類別可以用來進行自回歸預訓練，但它也可以在下游任務或其他情景中被使用，此時便不需要為 GPT2LMHeadModel 類別傳入 labels 張量。

```
class GPT2LMHead(nn.Module):
    def __init__(self, model_embeddings_weights, config):
        super(GPT2LMHead, self).__init__()
        self.n_embd = config.n_embd
        self.set_embeddings_weights(model_embeddings_weights)
    def set_embeddings_weights(self, model_embeddings_weights):
        embed_shape = model_embeddings_weights.shape
        self.decoder = nn.Linear(embed_shape[1], embed_shape[0], bias=False)
        self.decoder.weight = model_embeddings_weights  # Tied weights
    def forward(self, hidden_state):
        # Truncated Language modeling logits (we remove the last token)
        # h_trunc = h[:, :-1].contiguous().view(-1, self.n_embd)
        lm_logits = self.decoder(hidden_state)
```

```
            return lm_logits

class GPT2LMHeadModel(nn.Module):
    def __init__(self, config):
        super(GPT2LMHeadModel, self).__init__()
        self.transformer = GPT2Model(config)
        self.lm_head = GPT2LMHead(self.transformer.wte.weight, config)
    def set_tied(self):
        """ Make sure we are sharing the embeddings
        """
        self.lm_head.set_embeddings_weights(self.transformer.wte.weight)
    def forward(self, input_ids, position_ids=None, token_type_ids=None, lm_
labels=None, past=None):
        hidden_states, presents = self.transformer(input_ids, position_ids,
token_type_ids, past)
        lm_logits = self.lm_head(hidden_states)
        if lm_labels is not None:
            loss_fct = nn.CrossEntropyLoss(ignore_index=-1)
            loss = loss_fct(lm_logits.view(-1, lm_logits.size(-1)), lm_labels.view(-
1))
            return loss
        return lm_logits, presents
```

4. GPT-2 模型的整體參數和結構

最終透過設定 GPT-2 模型的整體參數可以完成模型的建構，此時對於參數的設定，可以透過建立一個 config 類別（GPT2Config）的方法來實現，程式如下：

```
class GPT2Config(object):
    def __init__(
            self,
            vocab_size=1024,             # 字元個數
            n_positions=1024,            # 位置 Embedding 的維度
            n_ctx=1024,                  # 注意力中的 Embedding 的維度
            n_embd=768,                  #GPT 模型維度
            n_layer=12,                  #GPT 中 Block 的層數
            n_head=12,                   #GPT 中的注意力頭數
            layer_norm_epsilon=1e-5,
            initializer_range=0.02,
```

```
):
    self.vocab_size = vocab_size
    self.n_ctx = n_ctx
    self.n_positions = n_positions
    self.n_embd = n_embd
    self.n_layer = n_layer
    self.n_head = n_head
    self.layer_norm_epsilon = layer_norm_epsilon
    self.initializer_range = initializer_range
```

透過使用這個 config 類別（GPT2Config）可以完整地建構 GPT-2 的模型。

```
import gpt2_config
config = gpt2_config.GPT2Config()
#GPT2LMHeadModel
gpt2_model = GPT2LMHeadModel(config)
token = torch.randint(1,128,(2,100))
logits,presents = gpt2_model(token)
print(logits.shape)
```

14.1.3 GPT-2 模型輸入輸出格式的實現

下面需要做的是 GPT-2 模型輸入和輸出格式的處理，我們在介紹解碼器時，著重講解了訓練過程的輸入輸出，相信讀者已經應該掌握了「錯位」輸入方法。

相對完整 Transformers 架構的翻譯模型，GPT-2 的輸入和輸出與其類似，且更為簡單，即採用完整相同的輸入序列，而僅進行錯位即可。舉例來說，我們需要輸入一句完整的話「你好人工智慧！」完整的表述如圖 14-6 所示。

你	好	人	工	智	慧	！

▲ 圖 14-6 輸入一句完整的話

但是此時不能將其作為單獨的輸入端或輸出端輸入模型中進行訓練，而是需要對其進行錯誤表示，如圖 14-7 所示。

▲ 圖 14-7　對這句話進行錯位表示

可以看到，此時我們建構的資料登錄和輸出雖然長度相同，但是在位置上是錯位的，透過在前端出現的文字來預測下一個位置出現的字或詞。

另外，需要注意的是，在使用訓練後的 GPT-2 進行下一個真正文字預測時，相對於前面學習的編碼器文字的輸出格式，輸出的內容很有可能相互之間沒有關係，如圖 14-8 所示。

▲ 圖 14-8　輸出的內容

可以看到，這段模型輸出的前端部分和輸入文字部分毫無關係（淺色部分），而僅對輸出的下一個字元進行預測和展示。

而對於完整敘述的處理，則可以透過捲動迴圈的形式不斷地對下一個字元進行預測，從而完成一個完整敘述的輸出。

這段內容實現的範例程式如下：

```python
import numpy as np
from tqdm import tqdm
import torch
import einops.layers.torch as elt
from tqdm import tqdm
import torch
import numpy as np
# 下面使用 Huggingface 提供的 tokenizer
from transformers import BertTokenizer
tokenizer = BertTokenizer.from_pretrained("uer/gpt2-chinese-cluecorpussmall")
token_list = []
```

```
with open("./dataset/ChnSentiCorp.txt", mode="r", encoding="UTF-8") as emotion_file:
    for line in emotion_file.readlines():
        line = line.strip().split(",")
        text = "".join(line[1:])
        inputs = tokenizer(text,return_tensors='pt')
        token = input_ids = inputs["input_ids"]
        attention_mask = inputs["attention_mask"]
        for id in token[0]:
            token_list.append(id.item())
token_list = torch.tensor(token_list * 5)


class TextSamplerDataset(torch.utils.data.Dataset):
    def __init__(self, data, seq_len):
        super().__init__()
        self.data = data
        self.seq_len = seq_len
    def __getitem__(self, index):
        rand_start = torch.randint(0, self.data.size(0) - self.seq_len, (1,))
        full_seq = self.data[rand_start : rand_start + self.seq_len + 1].long()
        return full_seq[:-1],full_seq[1:]
    def __len__(self):
        return self.data.size(0) // self.seq_len
```

　　雖然我們實現了 GPT-2 的基本模型，但是在此並沒有完成訓練一個可以進行文字輸出的 GPT-2 模型，有興趣的讀者可以自行嘗試。

14.2 Hugging Face GPT-2 模型原始程式模型詳解

　　14.1 節介紹了 GPT-2 模型的基本架構，並詳細講解了 GPT-2 模型的輸入輸出格式，但是並沒有使用 GPT-2 模型進行訓練，這是因為相對於已訓練好的 GPT-2 模型，普通使用者基本上不可能訓練出一個具有全面水準的 GPT-2，因此我們將從 Huggingface 函式庫中的 GPT-2 模型原始程式層面深入理解 GPT-2 模型的結構。

14.2.1　GPT2LMHeadModel 類別和 GPT2Model 類別詳解

Huggingface 官方舉出了一個呼叫 GPT2LMHeadModel 類別來使用 GPT-2 模型的例子，程式如下：

```python
#!/usr/bin/env Python
# coding=utf-8
from transformers import GPT2LMHeadModel, GPT2Tokenizer
import torch
# 初始化 GPT-2 模型的 Tokenizer 類別
tokenizer = GPT2Tokenizer.from_pretrained("gpt2")
# 初始化 GPT-2 模型，此處以初始化 GPT2LMHeadModel() 類別的方式呼叫 GPT-2 模型
model = GPT2LMHeadModel.from_pretrained('gpt2')
# model.config.use_return_dict = None
# print(model.config.use_return_dict)
# GPT 模型第一次迭代輸入的上下文內容，將其編碼以序列化
# 同時，generated 也用來儲存 GPT2 模型所有迭代生成的 Token 索引
generated = tokenizer.encode("The Manhattan bridge")
# 將序列化後的第一次迭代的上下文內容轉化為 PyTorch 中的 tensor 形式
context = torch.tensor([generated])
# 第一次迭代時還沒有 past_key_values 元組
past_key_values = None
for i in range(30):
    '''
    此時模型 model 傳回的 output 為 CausalLMOutputWithPastAndCrossAttentions 類別，
    模型傳回的 logits 和 past_key_values 物件為其中的屬性
    CausalLMOutputWithPastAndCrossAttentions(
            loss=loss,
            logits=lm_logits,
            past_key_values=transformer_outputs.past_key_values,
            hidden_states=transformer_outputs.hidden_states,
            attentions=transformer_outputs.attentions,
            cross_attentions=transformer_outputs.cross_attentions,
        )
    '''
    output = model(context, past_key_values=past_key_values)
    past_key_values = output.past_key_values
```

```
    # 此時獲取 GPT2 模型計算的輸出結果 hidden_states 張量中第二維度最後一個元素的 argmax 值全得
出的 argmax 值即為此次 GPT2 模型迭代
    # 計算生成的下一個 Token。注意，此時若是第一次迭代，則輸出結果 hidden_states 張量的形狀為
(batch_size, sel_len, n_state);
    # 此時若是第二次及之後的迭代，則輸出結果 hidden_states 張量的形狀為 (batch_size, 1, n_
state)，all_head_size=n_state=nx=768
    token = torch.argmax(output.logits[..., -1, :])
    # 將本次迭代生成的 Token 的張量變為二維張量，以作為下一次 GPT2 模型迭代計算的上下文 context
    context = token.unsqueeze(0)
    # 將本次迭代計算生成的 Token 的序列索引變為串列存入 generated
    generated += [token.tolist()]

# 將 generated 中所有的 Token 的索引轉化為 Token 字元
sequence = tokenizer.decode(generated)
sequence = sequence.split(".")[:-1]
print(sequence)
```

從上述程式中可以看出，context 為每次迭代輸入模型中的 input_ids 張量；past_key_values 為 GPT-2 模型中 12 層 Block 模組計算後得到的儲存 12 個 present 張量的 presents 元組，每個 present 張量儲存著 past_key 張量與這次迭代的 key 張量合併後的新 key 張量，以及 past_value 張量與這次迭代的 value 張量合併後的新 value 張量，一個 present 張量的形狀為 (2, batch_size, num_head, sql_len+1, head_features)，其中 key 張量、past_key 張量、value 張量、past_value 張量、present 張量皆是在 Attention 模組中用於計算的。

past_key_values 是 GPT-2 中最重要的機制，其可以防止模型在文字生成任務中重新計算上一次迭代中已經計算好的上下文的值，大大提高了模型在文字生成任務中的計算效率。但要特別注意，在第一次迭代時，由於不存在上一次迭代傳回的 past_key_values 值，因此第一次迭代時 past_key_values 的值為 None。

實際上，在目前大多數可用於文字生成任務的預訓練模型中，都存在 past_key_values 機制，比如 Google 的 T5 模型、Facebook 的 BART 模型等，因此理解了 GPT-2 模型中的 past_key_values 機制，對於理解 T5、BART 等模型也會有幫助。

GPT2LMHeadModel 類別不僅可以用來進行自回歸預訓練（傳入 labels），也可以用來執行下游任務，如文字生成等，GPT-2 原始程式中 GPT2LMHead-Model 類別的部分程式如下：

```
class GPT2LMHeadModel(GPT2PreTrainedModel):
    _keys_to_ignore_on_load_missing = [r"h\.\d+\.attn\.masked_bias",
r"lm_head\.weight"]
    def __init__(self, config):
        super().__init__(config)
        # 初始化 GPT2Model(config) 類別
        self.transformer = GPT2Model(config)
        # self.lm_head 為將 GPT2Model(config) 計算輸出的 hidden_states 張量的最後一個維度由
768 維 (config.n_embd) 投影為詞典大小維度 (config.vocab_size) 的輸出層，此時 hidden_states 張量
的形狀將由 (batch_size, 1, n_embed) 投影變為 lm_logits 張量的 (batch_size, 1, vocab_size)
        self.lm_head = nn.Linear(config.n_embd, config.vocab_size, bias=False)
        # 重新初始化權重矩陣
        self.init_weights()
    def get_output_embeddings(self):
        return self.lm_head
    def prepare_inputs_for_generation(self, input_ids, past=None, **kwargs):
        token_type_ids = kwargs.get("token_type_ids", None)
        # only last token for inputs_ids if past is defined in kwargs
        if past:
            input_ids = input_ids[:, -1].unsqueeze(-1)
            if token_type_ids is not None:
                token_type_ids = token_type_ids[:, -1].unsqueeze(-1)
        attention_mask = kwargs.get("attention_mask", None)
        position_ids = kwargs.get("position_ids", None)
        if attention_mask is not None and position_ids is None:
            # create position_ids on the fly for batch generation
            position_ids = attention_mask.long().cumsum(-1) - 1
            position_ids.masked_fill_(attention_mask == 0, 1)
            if past:
                position_ids = position_ids[:, -1].unsqueeze(-1)
        else:
            position_ids = None
        return {
            "input_ids": input_ids,
            "past_key_values": past,
```

```python
            "use_cache": kwargs.get("use_cache"),
            "position_ids": position_ids,
            "attention_mask": attention_mask,
            "token_type_ids": token_type_ids,
        }
    @add_start_docstrings_to_model_forward(GPT2_INPUTS_DOCSTRING)
    @add_code_sample_docstrings(
        tokenizer_class=_TOKENIZER_FOR_DOC,
        checkpoint="gpt2",
        output_type=CausalLMOutputWithPastAndCrossAttentions,
        config_class=_CONFIG_FOR_DOC,
    )
    def forward(
        self,
        input_ids=None,
        past_key_values=None,
        attention_mask=None,
        token_type_ids=None,
        position_ids=None,
        head_mask=None,
        inputs_embeds=None,
        encoder_hidden_states=None,
        encoder_attention_mask=None,
        labels=None,
        use_cache=None,
        output_attentions=None,
        output_hidden_states=None,
        return_dict=None,
    ):
        r"""
        labels (:obj:`torch.LongTensor` of shape :obj:`(batch_size, sequence_length)`,
 `optional`):
            Labels for language modeling. Note that the labels **are shifted** inside
the model, i.e. you can set
            ``labels = input_ids`` Indices are selected in ``[-100, 0, ...,
config.vocab_size]`` All labels set to
            ``-100`` are ignored (masked), the loss is only computed for labels in
``[0, ..., config.vocab_size]``
        """
```

```
            return_dict = return_dict if return_dict is not None else
self.config.use_return_dict
            # 此時傳回的 transformer_outputs 中為
            # <1> 第一個值為 GPT-2 模型中經過 12 層 Block 模組計算後得到的最終 hidden_states 張量
            # 形狀為 (batch_size, 1, n_state)，all_head_size=n_state=nx=n_embd=768
            # <2> 第二個值為 GPT-2 模型中 12 層 Block 模組計算後得到的儲存 12 個 present 張量的
presents 元組，每個 present 張量儲存著 past_key 張量與這次迭代的 key 張量合併後的新 key 張量，以
及 past_value 張量與這次迭代的 value 張量合併後的新 value 張量
            # 一個 present 張量形狀為 (2, batch_size, num_head, sql_len+1, head_features)
            # <3> 若 output_hidden_states 為 True，則第三個值為 GPT-2 模型中 12 層 Block 模組計算
後得到的儲存 12 個隱藏狀態張量 hidden_states 的 all_hidden_states 元組
            # <4> 若 output_attentions 為 True，則第四個值為 GPT-2 模型中 12 層 Block 模組計算後得
到的儲存 12 個注意力分數張量 w 的 all_self_attentions 元組
            # <5> 若此時進行了 Cross Attention 計算，則第五個值為 GPT-2 模型中 12 層 Block 模組計
算後得到的儲存 12 個交叉注意力分數張量 cross_attention 的 all_cross_attentions 元組
            # 其中每個交叉注意力分數張量 cross_attention 的形狀為 (batch_size,num_head,1,enc_
seq_len)
            transformer_outputs = self.transformer(
                input_ids,
                past_key_values=past_key_values,
                attention_mask=attention_mask,
                token_type_ids=token_type_ids,
                position_ids=position_ids,
                head_mask=head_mask,
                inputs_embeds=inputs_embeds,
                encoder_hidden_states=encoder_hidden_states,
                encoder_attention_mask=encoder_attention_mask,
                use_cache=use_cache,
                output_attentions=output_attentions,
                output_hidden_states=output_hidden_states,
                return_dict=return_dict,
            )
            hidden_states = transformer_outputs[0]

            # self.lm_head() 輸出層將 GPT2Model(config) 計算輸出的 hidden_states 張量的最後一個維
度由 768 維 (config.n_embd) 投影為詞典大小維度 (config.vocab_size) 的輸出層，此時 hidden_states
張量的形狀將由 (batch_size, 1, n_embed) 投影變為 lm_logits 張量的 (batch_size, 1, vocab_
size)
            lm_logits = self.lm_head(hidden_states)
```

```
        loss = None
        # 若此時 labels 也輸入 GPT2LMHeadModel() 類別中,則會使用自回歸的方式計算交叉熵損失
        # 即此時的 shift_logits 為將 GPT2Model(config) 計算輸出的 hidden_states 張量的最後一
個維度由 768 維 (config.n_embd) 投影為詞典大小維度 (config.vocab_size) 所得到的 lm_logits 張量的
切片 lm_logits[..., :-1, :].contiguous(),即取 (1, n-1) 的 lm_logits 值
        # 此時的 shift_labels 的作用是將輸入的 labels 張量進行切片,只保留第一個起始字元後的序
列內容,形如 labels[..., 1:].contiguous(),即取 (2, n) 的 label 值
        # 因此利用 (1, n-1) 的 lm_logits 值與 (2, n) 的 label 值即可計算此時自回歸預訓練的交叉
熵損失值
        if labels is not None:
            # Shift so that tokens < n predict n
            shift_logits = lm_logits[..., :-1, :].contiguous()
            shift_labels = labels[..., 1:].contiguous()
            # Flatten the tokens
            loss_fct = CrossEntropyLoss()
            loss = loss_fct(shift_logits.view(-1, shift_logits.size(-1)),
shift_labels.view(-1))
        # <1> 若 loss 不為 None,則代表此時輸入了 labels 張量,進行了自回歸的交叉熵損失計算,
此時第一個值為自回歸交叉熵損失 loss
        # <2> 第二個值將 GPT2Model(config) 計算輸出的 hidden_states 張量的最後一個維度由 768
維 (config.n_embd) 投影為詞典大小維度 (config.vocab_size) 的 lm_logits 張量,其形狀為 (batch_
size, 1, vocab_size).
        # <3> 第三個值為 GPT-2 模型中 12 層 Block 模組計算後得到的儲存 12 個 present 張量的
presents 元組,每個 present 張量儲存著 past_key 張量與這次迭代的 key 張量合併後的新 key 張量,
以及 past_value 張量與這次迭代的 value 張量合併後的新 value 張量
        # 一個 present 張量形狀為 (2, batch_size, num_head, sql_len+1, head_features)
        # <4> 若 output_hidden_states 為 True,則第四個值為 GPT-2 模型中 12 層 Block 模組計算
後得到的儲存 12 個隱藏狀態張量 hidden_states 的 all_hidden_states 元組
        # <5> 若 output_attentions 為 True,則第五個值為 GPT-2 模型中 12 層 Block 模組計算後得
到的儲存 12 個注意力分數張量 w 的 all_self_attentions 元組
        # <6> 若此時進行了 Cross Attention 計算,則第六個值為 GPT-2 模型中 12 層 Block 模組計
算後得到的儲存 12 個交叉注意力分數張量 cross_attention 的 all_cross_attentions 元組
        # 其中每個交叉注意力分數張量 cross_attention 形狀為 (batch_size, num_head, 1, enc_
seq_len)
        if not return_dict:
            output = (lm_logits,) + transformer_outputs[1:]
            return ((loss,) + output) if loss is not None else output
        return CausalLMOutputWithPastAndCrossAttentions(
            loss=loss,
```

```
        logits=lm_logits,
        past_key_values=transformer_outputs.past_key_values,
        hidden_states=transformer_outputs.hidden_states,
        attentions=transformer_outputs.attentions,
        cross_attentions=transformer_outputs.cross_attentions,
    )
```

GPT2LMHeadModel 類別中的程式可參考註釋來理解。

從 GPT2LMHeadModel 類別的程式中可以看出，其主體為呼叫 GPT2Model 類別以及一個輸出層 self.lm_head，GPT2Model 類別用來進行 12 層 Block 的計算，而輸出層 self.lm_head 則將 GPT2Model 類別輸出的最後一個 Block 層隱藏狀態 hidden_states 張量的最後一個維度，由 768 維（config.n_embd）投影為詞典大小（config.vocab_size），hidden_states 張量經過輸出層投影後即為 lm_logits 張量。

當使用 GPT2LMHeadModel 類別進行自回歸預訓練時，其可以傳入 labels 張量。當 GPT2LMHeadModel 類別中使用 GPT2Model 類別與輸出層 self.lm_head 計算得出了最終的 lm_logits 值時，lm_logits 張量便可以與傳入的 labels 張量利用自回歸的方式（取 (1, n-1) 的 lm_logits 值與 (2, n) 的 label 值）來計算自回歸交叉熵損失值 loss。自回歸交叉熵損失值 loss 便可以用來反向傳播計算梯度，最終最佳化整個 GPT-2 模型。

需要注意的是，此時程式中的 config 為 transformers 函式庫 configuration_gpt2 模組中的 GPT2Config 類別，GPT2Config 類別中儲存了 GPT-2 模型中的各種超參數，若在使用 GPT-2 模型時需要修改某一超參數，則只需在傳入 GPT-2 模型的 config（GPT2Config 類別）中修改對應的超參數即可。

GPT2Model 類別的程式如下：

```
class GPT2Model(GPT2PreTrainedModel):
    def __init__(self, config):
        super().__init__(config)
        self.wte = nn.Embedding(config.vocab_size, config.n_embd)
        self.wpe = nn.Embedding(config.n_positions, config.n_embd)
        self.drop = nn.Dropout(config.embd_pdrop)
```

```python
        self.h = nn.ModuleList([Block(config.n_ctx, config, scale=True) for _ in
range(config.n_layer)])
        self.ln_f = nn.LayerNorm(config.n_embd, eps=config.layer_norm_epsilon)
        self.init_weights()
    def get_input_embeddings(self):
        return self.wte
    def set_input_embeddings(self, new_embeddings):
        self.wte = new_embeddings
    def _prune_heads(self, heads_to_prune):
        """

        Prunes heads of the model. heads_to_prune: dict of {layer_num: list of heads
to prune in this layer}
        """

        for layer, heads in heads_to_prune.items():
            self.h[layer].attn.prune_heads(heads)
    @add_start_docstrings_to_model_forward(GPT2_INPUTS_DOCSTRING)
    @add_code_sample_docstrings(
        tokenizer_class=_TOKENIZER_FOR_DOC,
        checkpoint="gpt2",
        output_type=BaseModelOutputWithPastAndCrossAttentions,
        config_class=_CONFIG_FOR_DOC,
    )
    def forward(
        self,
        input_ids=None,
        past_key_values=None,
        attention_mask=None,
        token_type_ids=None,
        position_ids=None,
        head_mask=None,
        inputs_embeds=None,
        encoder_hidden_states=None,
        encoder_attention_mask=None,
        use_cache=None,
        output_attentions=None,
        output_hidden_states=None,
        return_dict=None,
    ):
        output_attentions = output_attentions if output_attentions is not None else
```

```
self.config.output_attentions
        output_hidden_states = (
            output_hidden_states if output_hidden_states is not None else self.config.
output_hidden_states
        )
        use_cache = use_cache if use_cache is not None else self.config.use_cache
        return_dict = return_dict if return_dict is not None else self.config.use_
return_dict
```

```
        # input_ids 與 inputs_embeds 只能輸入一個，有 input_ids 便只需將 input_ids 輸入嵌入層
即可轉為類似 inputs_embeds 的張量，有 inputs_embeds 便不需要 input_ids
        if input_ids is not None and inputs_embeds is not None:
            raise ValueError("You cannot specify both input_ids and inputs_embeds at
the same time")
```

```
        # 下面確保輸入的 input_ids、token_type_ids、position_ids 等張量的形狀為正確的樣式
        # <1> 若為模型第一次迭代，則此時 input_ids、token_type_ids、position_ids 等張量的正
確形狀為 (batch_size, seq_len)
        # <2> 若為模型第二次及之後的迭代，則此時 input_ids、token_type_ids、position_ids 等
張量的正確形狀為 (batch_size, 1)
        # 最後，將輸入的 input_ids、token_type_ids、position_ids 等張量的形狀儲存到 input_
shape 中
        elif input_ids is not None:
            input_shape = input_ids.size()
            input_ids = input_ids.view(-1, input_shape[-1])
            batch_size = input_ids.shape[0]
        elif inputs_embeds is not None:
            input_shape = inputs_embeds.size()[:-1]
            batch_size = inputs_embeds.shape[0]
        else:
            raise ValueError("You have to specify either input_ids or inputs_embeds")
```

```
        if token_type_ids is not None:
            token_type_ids = token_type_ids.view(-1, input_shape[-1])
        if position_ids is not None:
            position_ids = position_ids.view(-1, input_shape[-1])
        if past_key_values is None:
            past_length = 0
            # 若此時為 GPT-2 模型第一次迭代，則不存在上一次迭代傳回的 past_key_values 串列（包
```

含 12 個 present 的串列,也就是程式中的 presents 串列),此時 past_key_values 串列為一個包含 12 個 None 值的串列

```
            past_key_values = [None] * len(self.h)
        else:
            past_length = past_key_values[0][0].size(-2)
        if position_ids is None:
            device = input_ids.device if input_ids is not None else inputs_embeds.
device
            '''<1> GPT2Model 第一次迭代時輸入 GPT2Model 的 forward() 函式中的 past_key_
values 參數為 None,此時 past_length 為 0,input_shape[-1] + past_length 就等於第一次迭代時
輸入的文字編碼 (input_ids) 的 seq_len 維度本身,建立的 position_ids 張量形狀為 (batch_size,
seq_len)
            <2> 若為 GPT2Mode 第二次及之後的迭代,此時 past_length 為上一次迭代時記錄儲存下
來的 past_key_values 中張量的 seq_len 維度,而 input_shape[-1] + past_length 則等於 seq_len
 + 1,因為在第二次及之後的迭代中,輸入的文字編碼 (input_ids) 的 seq_len 維度本身為 1,即第二次
及之後的迭代中,每次只輸入一個字的文字編碼,此時建立的 position_ids 張量形狀為 (batch_size,
1)'''
            position_ids = torch.arange(past_length, input_shape[-1] + past_length,
dtype=torch.long, device=device)
            position_ids = position_ids.unsqueeze(0).view(-1, input_shape[-1])


        # Attention mask
        # attention_mask 張量為注意力遮罩張量,其讓填充特殊符號 [PAD] 處的注意力分數極小,
        # 其 Embedding 嵌入值基本不會在多頭注意力聚合操作中被獲取到
        if attention_mask is not None:
            assert batch_size > 0, "batch_size has to be defined and > 0"
            attention_mask = attention_mask.view(batch_size, -1)
            # 在這裡基於輸入的 2D 資料 建立了一個 4D 注意力遮罩張量,大小為 [batch_size, 1, 1,
to_seq_length]
            # 其作用是與輸入的多頭向量 [batch_size, num_heads, from_seq_length, to_seq_
length] 進行疊加從而完成對遮罩部分的遮罩
            attention_mask = attention_mask[:, None, None, :]

            # 此時設定的序號 1 的位置為保留的文字部分,而 0 序號的位置是對其中的內容進行遮罩,
            # 並使用 -10000 的值進行填充,其目的是在後續的 softmax 中忽略遮罩部分的計算
            attention_mask = attention_mask.to(dtype=self.dtype)  # fp16 compatibility
            attention_mask = (1.0 - attention_mask) * -10000.0

        # If a 2D ou 3D attention mask is provided for the cross-attention
```

```
        # we need to make broadcastable to [batch_size, num_heads, seq_length, seq_
length]
```

　　# 若此時有從編碼器 encoder 中傳入的編碼器隱藏狀態 encoder_hidden_states，則獲取編碼器隱藏狀態 encoder_hidden_states 的形狀 (encoder_batch_size, encoder_sequence_length)，同時定義編碼器隱藏狀態對應的 attention_mask 張量 (encoder_attention_mask)

```
        if self.config.add_cross_attention and encoder_hidden_states is not None:
            encoder_batch_size, encoder_sequence_length, _ = encoder_hidden_states.
size()
            encoder_hidden_shape = (encoder_batch_size, encoder_sequence_length)
            if encoder_attention_mask is None:
                encoder_attention_mask = torch.ones(encoder_hidden_shape,
device=device)
            encoder_attention_mask = self.invert_attention_mask(encoder_attention_
mask)
        else:
            encoder_attention_mask = None


        # Prepare head mask if needed
        # 1.0 in head_mask indicate we keep the head
        # attention_probs has shape bsz x n_heads x N x N
        # head_mask has shape n_layer x batch x n_heads x N x N
        # prune_heads() 可結合 https://github.com/huggingface/transformers/issues/850 理解
        head_mask = self.get_head_mask(head_mask, self.config.n_layer)
```

　　# 將 input_ids、token_type_ids、position_ids 等張量輸入嵌入層 self.wte()、self.wpe() 中之後獲取其嵌入形式張量

```
        # inputs_embeds、position_embeds 與 token_type_embeds
        if inputs_embeds is None:
            inputs_embeds = self.wte(input_ids)
        position_embeds = self.wpe(position_ids)
        hidden_states = inputs_embeds + position_embeds

        if token_type_ids is not None:
            token_type_embeds = self.wte(token_type_ids)
            hidden_states = hidden_states + token_type_embeds

        '''<1> GPT2Model 第一次迭代時輸入 GPT2Model 的 forward() 函式中的 past_key_values 參
```
數為 None，此時 past_length 為 0，hidden_states 張量形狀為 (batch_size, sel_len, n_embd)，

config 的 GPT2Config() 類別中的 n_emb 預設為 768

   <2> 若為 GPT2Mode 第二次及之後的迭代，此時 past_length 為上一次迭代時記錄儲存下來的 past_key_values 中張量的 seq_len 維度，而 input_shape[-1] + past_length 則等於 seq_len + 1，因為在第二次及之後的迭代中，輸入的文字編碼 (input_ids) 的 seq_len 維度本身為 1，即第二次及之後的迭代中每次只輸入一個字的文字編碼，此時 hidden_states 張量形狀為 (batch_size, 1, n_embd)，config 的 GPT2Config() 類別中的 n_emb 預設為 768'''

```
        hidden_states = self.drop(hidden_states)

        output_shape = input_shape + (hidden_states.size(-1),)

        # config 對應的 GPT2Config() 類別中的 use_cache 預設為 True.
        presents = () if use_cache else None
        all_self_attentions = () if output_attentions else None
        all_cross_attentions = () if output_attentions and self.config.add_cross_
attention else None
        all_hidden_states = () if output_hidden_states else None

        for i, (block, layer_past) in enumerate(zip(self.h, past_key_values)):
```

   ''' 此處 past_key_values 元組中一共有 12 個元素 (layer_past)，分別對應 GPT-2 模型中的 12 層 Transformer_Block，每個 layer_past 都為模型上一次迭代中每個 Transformer_Block 保留下來的 present 張量，而每個 present 張量儲存著 Transformer_Block 中 Attention 模組將本次迭代的 key 張量與上一次迭代中的 past_key 張量 (layer_past[0]) 合併、將本次迭代的 value 張量與上一次迭代中的 past_value 張量 (layer_past[1]) 合併所得的新的 key 張量與 value 張量，之後儲存著本次迭代中 12 層 Transformer_Block 每一層中傳回的 present 張量的 presents 元組，便會被作為下一次迭代中的 past_key_values 元組輸入下一次迭代的 GPT-2 模型中。新的 key 張量與 value 張量詳細解析以下 '''

   ''' 第一次迭代時，query、key、value 張量的 seq_len 維度處的維數就為 seq_len 而非 1，第二次之後 seq_len 維度的維數大小皆為 1'''

   '''<1> 本次迭代中新的 key 張量
   此時需要透過 layer_past[0].transpose(-2, -1) 操作將 past_key 張量的形狀變為 (batch_size, num_head, head_features, sql_len)，而此時 key 張量的形狀為 (batch_size, num_head, head_features, 1)，這樣在下方就方便將 past_key 張量與 key 張量在最後一個維度 (Dim=-1) 處進行合併，這樣就將當前 Token 的 key 部分加入 past_key 的 seq_len 部分了，以方便模型在後面預測新的 Token，此時新的 key 張量的形狀為 (batch_size, num_head, head_features, sql_len+1)，new_seq_len 為 sql_len+1
   <2> 本次迭代中新的 value 張量
   此時 past_value(layer_past[1]) 不用變形，其形狀為 (batch_size, num_head, sql_len, head_features)，而此時 value 張量的形狀為 (batch_size, num_head, 1, head_features)，

這樣在下方就方便將 past_value 張量與 value 張量在倒數第二個維度 (dim=-2) 處進行合併，這樣就將當前 token 的 value 部分加入了 past_value 的 seq_len 部分以方便模型在後面預測新的 Token，此時新的 value 張量的形狀為：(batch_size, num_head, sql_len+1, head_features)，new_seq_len 為 sql_len+1'''

```
        if output_hidden_states:
            all_hidden_states = all_hidden_states + (hidden_states.view(*output_
shape),)

        if getattr(self.config, "gradient_checkpointing", False):

            def create_custom_forward(module):
                def custom_forward(*inputs):
                    # checkpointing only works with tuple returns, not with lists
                    return tuple(output for output in module(*inputs, use_cache,
output_attentions))

                return custom_forward

            outputs = torch.utils.checkpoint.checkpoint(
                create_custom_forward(block),
                hidden_states,
                layer_past,
                attention_mask,
                head_mask[i],
                encoder_hidden_states,
                encoder_attention_mask,
            )
        else:
            # 此時傳回的 outputs 串列中的元素為
            # <1> 第一個值為多頭注意力聚合操作結果張量 hidden_states 輸入前饋 MLP 層與
殘差連接之後得到的 hidden_states 張量形狀為 (batch_size, 1, n_state)，all_head_size=n_
state=nx=n_embd=768
            # <2> 第二個值為上方的 present 張量，其儲存著 past_key 張量與這次迭代的 key
張量合併後的新 key 張量，以及 past_value 張量與這次迭代的 value 張量合併後的新 value 張量，其形
狀為 (2, batch_size, num_head, sql_len+1, head_features)
            # <3> 若 output_attentions 為 True，則第三個值為 attn_outputs 串列中的注意
力分數張量 w
            # <4> 若此時進行了 Cross Attention 計算，則第四個值為 ' 交叉多頭注意力計算
```

結果串列 cross_attn_outputs' 中的交叉注意力分數張量 cross_attention，其形狀為 (batch_size, num_head, 1, enc_seq_len)

```
            outputs = block(
                hidden_states,
                layer_past=layer_past,
                attention_mask=attention_mask,
                head_mask=head_mask[i],
                encoder_hidden_states=encoder_hidden_states,
                encoder_attention_mask=encoder_attention_mask,
                use_cache=use_cache,
                output_attentions=output_attentions,
            )

        hidden_states, present = outputs[:2]
        if use_cache is True:
            presents = presents + (present,)

        if output_attentions:
            all_self_attentions = all_self_attentions + (outputs[2],)
            if self.config.add_cross_attention:
                all_cross_attentions = all_cross_attentions + (outputs[3],)
```

```
    # 將 GPT-2 模型中 12 層 Block 模組計算後得到的最終 hidden_states 張量再輸入
LayerNormalization 層中進行計算
    hidden_states = self.ln_f(hidden_states)
```

```
    hidden_states = hidden_states.view(*output_shape)
    # 將上方最後一層 Block() 迴圈結束之後得到的結果隱藏狀態張量 hidden_states 也新增到元
組 all_hidden_states 中
    if output_hidden_states:
        all_hidden_states = all_hidden_states + (hidden_states,)
```

```
    # 此時傳回的元素為
    # <1> 第一個值為 GPT-2 模型中經過 12 層 Block 模組計算後得到的最終 hidden_states 張量，
形狀為 (batch_size, 1, n_state)，all_head_size=n_state=nx=n_embd=768
    # <2> 第二個值為 GPT-2 模型中 12 層 Block 模組計算後得到的儲存 12 個 present 張量的
presents 元組，每一個 present 張量儲存著 past_key 張量與這次迭代的 key 張量合併後的新 key 張量，
以及 past_value 張量與這次迭代的 value 張量合併後的新 value 張量
    # 一個 present 張量形狀為 (2, batch_size, num_head, sql_len+1, head_features)
```

```
        # <3> 若 output_hidden_states 為 True，則第三個值為 GPT-2 模型中 12 層 Block 模組計算
後得到的儲存 12 個隱藏狀態張量 hidden_states 的 all_hidden_states 元組
        # <4> 若 output_attentions 為 True 則第四個值為 GPT-2 模型中 12 層 Block 模組計算後得到
的儲存 12 個注意力分數張量 w 的 all_self_attentions 元組
        # <5> 若此時進行了 Cross Attention 計算，則第五個值為 GPT-2 模型中 12 層 Block 模組計
算後得到的儲存 12 個交叉注意力分數張量 cross_attention 的 all_cross_attentions 元組
        # 其中每個交叉注意力分數張量 cross_attention 形狀為 (batch_size, num_head, 1, enc_
seq_len)
        if not return_dict:
            return tuple(v for v in [hidden_states, presents, all_hidden_states, all_
self_attentions] if v is not None)

        return BaseModelOutputWithPastAndCrossAttentions(
            last_hidden_state=hidden_states,
            past_key_values=presents,
            hidden_states=all_hidden_states,
            attentions=all_self_attentions,
            cross_attentions=all_cross_attentions,
        )
```

GPT2Model 類別中的程式可參考註釋來理解。

在 GPT2Model 類別中，模型的主體包含詞嵌入層 self.wte、絕對位置嵌入層 self.wpe、Dropout 層 self.drop、含有 12 個 Block 模組的 ModuleList 層 self.h，以及最後的 LayerNormalization 層 self.ln_f。

GPT2Model 類別中，會對輸入的 input_ids 張量、token_type_ids 張量、position_ids 張量、attention_mask 張量等進行前置處理工作，主要涉及以下內容：

- input_ids 張量、token_type_ids 張量、position_ids 張量經過嵌入層後變為三維的 inputs_embeds 張量、position_embeds 張量、token_type_embeds 張量，這三個張量相加即為一開始輸入 GPT-2 模型中的 hidden_states 張量。

- 而 attention_mask 張量則會擴展為四維張量從而完成對注意力分值的修正。然而在文字生成任務中一般不會新增填充特殊符號 [PAD]，即無須用到 attention_mask 張量，因此在用 GPT-2 模型進行文字生成任務時 attention_mask 一般為 None。

GPT2Model 類別中最主要的部分便是迴圈 ModuleList 層中的 12 個 Block 模組和 past_key_values 元組中的 12 個 layer_past 張量進行運算,這部分執行的操作即為 GPT-2 模型主體結構部分的運算過程。

14.2.2 Block 類別詳解

GPT-2 模型原始程式中 Block 類別的程式如下:

```
class Block(nn.Module):
    def __init__(self, n_ctx, config, scale=False):
        super().__init__()
        # config 對應的 GPT2Config() 類別中,n_embd 屬性預設為 768,因此此處 hidden_size 即為
768
        hidden_size = config.n_embd
        # config 對應的 GPT2Config() 類別中,n_inner 屬性預設為 None,因此此處 inner_dim 一般都
為 4 * hidden_size
        inner_dim = config.n_inner if config.n_inner is not None else 4 * hidden_size

        self.ln_1 = nn.LayerNorm(hidden_size, eps=config.layer_norm_epsilon)
        # 此處 n_ctx 即等於 config 對應的 GPT2Config() 類別中的 n_ctx 屬性,其值為 1024
        self.attn = Attention(hidden_size, n_ctx, config, scale)
        self.ln_2 = nn.LayerNorm(hidden_size, eps=config.layer_norm_epsilon)

        if config.add_cross_attention:
            self.crossattention = Attention(hidden_size, n_ctx, config, scale, is_
cross_attention=True)
            self.ln_cross_attn = nn.LayerNorm(hidden_size, eps=config.layer_norm_
epsilon)
        self.mlp = MLP(inner_dim, config)

    def forward(
        self,
        hidden_states,
        layer_past=None,
        attention_mask=None,
        head_mask=None,
        encoder_hidden_states=None,
        encoder_attention_mask=None,
```

```
        use_cache=False,
        output_attentions=False,
    ):

        ...
        <1> 此時的隱藏狀態 hidden_states 的形狀為 (batch_size, 1, nx)，nx = n_state = n_
embed = all_head_size = 768，即此時隱藏狀態 hidden_states 的形狀為 (batch_size, 1, 768)
        <2> 此時 layer_past 為一個儲存著 past_key 張量與 past_value 張量的大張量，其
            形狀為 (2, batch_size, num_head, sql_len, head_features)
        <3> attention_mask 張量為注意力遮罩張量，其讓填充特殊符號 [PAD] 處的注意力分數極小，
其 Embedding 嵌入值基本不會在多頭注意力聚合操作中被獲取到
        ...


    # 將此時輸入的隱藏狀態 hidden_states 先輸入 LayerNormalization 層進行層標準化計算後，
再將標準化結果輸入 ' 多頭注意力計算層 self.attn()' 中進行多頭注意力聚合操作計算
    # 此時傳回的 attn_outputs 串列中
    # <1> 第一個值為多頭注意力聚合操作結果張量 a， 形狀為 (batch_size, 1, all_head_
size)，all_head_size=n_state=nx=n_embd=768
    # <2> 第二個值為上方的 present 張量，其儲存著 past_key 張量與這次迭代的 key 張量合併
後的新 key 張量，以及 past_value 張量與這次迭代的 value 張量合併後的新 value 張量，其形狀為 (2,
batch_size, num_head, sql_len+1, head_features)
    # <3> 若 output_attentions 為 True，則第三個值為 attn_outputs 串列中的注意力分數張量 w
    attn_outputs = self.attn(
        self.ln_1(hidden_states),
        layer_past=layer_past,
        attention_mask=attention_mask,
        head_mask=head_mask,
        use_cache=use_cache,
        output_attentions=output_attentions,
    )

    # 此時的 attn_output 張量為傳回的 attn_outputs 串列中第一個值
    # 多頭注意力聚合操作結果張量 a，形狀為 (batch_size, 1, all_head_size)，all_head_
size=n_state=nx=n_embd=768
    attn_output = attn_outputs[0]  # output_attn 串列 : a, present, (attentions)
    outputs = attn_outputs[1:]

    # residual connection，進行殘差連接
    # 此時 attn_output 張量形狀為 (batch_size, 1, all_head_size)，all_head_size=n_
```

```
state=nx=n_embd=768
        # hidden_states 的形狀為 (batch_size, 1, 768)
        hidden_states = attn_output + hidden_states

        if encoder_hidden_states is not None:
            # 在互動注意力元件中新增一個自注意力計算模組
            assert hasattr(
                self, "crossattention"
            ), f"If 'encoder_hidden_states` are passed, {self} has to be instantiated
with cross-attention layers by setting `config.add_cross_attention=True'"
```

''' 此時 self.crossattention() 的 Cross_Attention 運算過程與 self.attn() 的 Attention 運算過程幾乎相同，其不同點在於：

<1> self.attn() 的 Attention 運算是將 LayerNormalization 之後的 hidden_states 透過 'self.c_attn = Conv1D(3 * n_state, nx) ' 將 hidden_states 的形狀由 (batch_size,1, 768) 投影為 (batch_size,1, 3 * 768)，再將投影後的 hidden_states 在第三維度 (dim=2) 上拆分為三份，分別賦為 query、key、value，其形狀都為 (batch_size, 1, 768)，此時 n_state = nx = num_head*head_features = 768

之後經過 split_heads() 函式拆分注意力頭且 key、value 張量分別與 past_key、past_value 張量合併之後 :query 張量的形狀變為 (batch_size, num_head, 1, head_features)，key 張量的形狀變為 (batch_size, num_head, head_features, sql_len+1)，
value 張量的形狀變為 (batch_size, num_head, sql_len+1, head_features)

<2> self.crossattention() 的 Cross_Attention 運算過程則是將 LayerNormalization 之後的 hidden_states 透過 'self.q_attn = Conv1D(n_state, nx)' 將 hidden_states 的形狀由 (batch_size,1, 768) 投影為 (batch_size,1, 768)，將此投影之後的 hidden_states 賦值作為 query 張量；再將此時從編碼器 (encoder) 中傳過來的編碼器隱藏狀態 encoder_hidden_states 透過 'self.c_attn = Conv1D(2 * n_state, nx)' 將 encoder_hidden_states 的形狀由 (batch_size, enc_seq_len, 768) 投影為 (batch_size, enc_seq_len, 2 * 768)，將投影後的 encoder_hidden_states 在第三維度 (dim=2) 上拆分為兩份，分別賦為 key、value，其形狀都為 (batch_size, enc_seq_len, 768)。此時 n_state = nx = num_head*head_features = 768

之後經過 split_heads() 函式拆分注意力頭之後 :query 張量的形狀變為 (batch_size, num_head, 1, head_features)，key 張量的形狀變為 (batch_size, num_head, head_features, enc_seq_len)，value 張量的形狀變為 (batch_size, num_head, enc_seq_len, head_features)
此時計算出的 cross_attention 張量形狀為 (batch_size, num_head, 1, enc_seq_len)'''

```
            # 此時將上方的隱藏狀態 hidden_states(Attention 運算結果 +Attention 運算前的
hidden_states) 先輸入 LayerNormalization 層進行層標準化計算後，再將標準化結果輸入 ' 交叉多頭注
意力計算層 self.crossattention()' 中與編碼器傳入的隱藏狀態 encoder_hidden_states 進行交叉多
頭注意力聚合操作計算
            # 此時傳回的 cross_attn_outputs 串列中
            # <1> 第一個值為與編碼器傳入的隱藏狀態 encoder_hidden_states 進行交叉多頭注意力
聚合操作的結果張量 a，形狀為 (batch_size, 1, all_head_size)，all_head_size=n_state=nx=n_
embd=768
            # <2> 第二個值仍為 present 張量，但由於此時是做 ' 交叉多頭注意力計算 self.
crossattention()'，此時輸入 self.crossattention() 函式的參數中不包含 layer_past( 來自 past_
key_values 串列 ) 的 past_key 與 past_value 張量，因此此時的 present 為 (None,)
            # 此處用不到 ' 交叉多頭注意力計算結果串列 cross_attn_outputs' 中的 present，將其
捨棄
            # <3> 若 output_attentions 為 True，則第三個值為：交叉注意力分數張量 w，即 cross
 attentions
            # cross_attention 張量形狀為 (batch_size, num_head, 1, enc_seq_len)
            cross_attn_outputs = self.crossattention(
                self.ln_cross_attn(hidden_states),
                attention_mask=attention_mask,
                head_mask=head_mask,
                encoder_hidden_states=encoder_hidden_states,
                encoder_attention_mask=encoder_attention_mask,
                output_attentions=output_attentions,
            )
            attn_output = cross_attn_outputs[0]
            # 殘差連接
            hidden_states = hidden_states + attn_output
            # cross_attn_outputs[2:] add cross attentions if we output attention
weights,
            # 即將 ' 交叉多頭注意力計算結果串列 cross_attn_outputs' 中的交叉注意力分數張量
cross_attention 儲存為此時的 outputs 串列中的最後一個元素
            outputs = outputs + cross_attn_outputs[2:]

        feed_forward_hidden_states = self.mlp(self.ln_2(hidden_states))
        # 殘差連接
        hidden_states = hidden_states + feed_forward_hidden_states
        outputs = [hidden_states] + outputs
```

```
        # 此時傳回的 outputs 串列中的元素為
        # <1> 第一個值為多頭注意力聚合操作結果張量 hidden_states 輸入前饋 MLP 層與殘差連
接之後得到的最終 hidden_states 張量，形狀為 (batch_size, 1, n_state)，all_head_size=n_
state=nx=n_embd=768
        # <2> 第二個值為上方的 present 張量，其儲存著 past_key 張量與這次迭代的 key 張量合併
後的新 key 張量，以及 past_value 張量與這次迭代的 value 張量合併後的新 value 張量，其形狀為 (2,
batch_size, num_head, sql_len+1, head_features)
        # <3> 若 output_attentions 為 True，則第三個值為 attn_outputs 串列中的注意力分數張量 w
        # <4> 若此時進行了 Cross Attention 計算，則第四個值為 ' 交叉多頭注意力計算結果串
列 cross_attn_outputs' 中的交叉注意力分數張量 cross_attention，其形狀為 (batch_size, num_
head, 1, enc_seq_len)
        return outputs  # hidden_states, present, (attentions, cross_attentions)
```

Block 類別中的程式可參考註釋來理解。

Block 類別中，主要結構為兩個 LayerNormalization 層 self.ln_1 與 self.ln_2、一個 Attention 模組層 self.attn 和一個前饋層 self.mlp。Attention 層用來進行多頭注意力聚合操作，前饋層用來進行全連接投影操作。

若此時有編碼器（Encoder）中傳過來的編碼器隱藏狀態 encoder_hidden_states 張量、encoder_attention_mask 張量傳入 Block 類別中，且 config 中的 add_cross_attention 超參數為 True，則此時除了要進行 GPT-2 中預設的 Masked_Multi_Self_Attention 計算之外，還需要和編碼器中傳過來的編碼器隱藏狀態 encoder_hidden_states 張量進行 Cross_Attention 計算（self.crossattention）。

其中 self.crossattention 的 Cross_Attention 運算過程與 self.attn 的 Masked_Multi_Self_Attention 運算過程幾乎相同，其不同點在於：

（1）self.attn 的 Masked_Multi_Self_Attention 運算過程。

self.attn 的 Masked_Multi_Self_Attention 運算是將 Layer Normalization 之後的 hidden_states 張量透過 Attention 類別中的 self.c_attn=Conv1D(3 * n_state, nx) 操作將 hidden_states 張量的形狀由 (batch_size, 1, 768) 投影為 (batch_size, 1, 3 * 768)，再將投影後的 hidden_states 張量在第三維度（dim=2）上拆分為 3 份，將其分別賦為 query、key、value，其形狀都為 (batch_size, 1, 768)，此時 n_state = nx = num_head*head_features = 768。

之後經過 Attention 類別中的 split_heads() 函式拆分注意力頭，且 key、value 張量分別與 past_key、past_value 張量進行合併：

- query 張量的形狀變為 (batch_size, num_head, 1, head_features)。
- key 張量的形狀變為 (batch_size, num_head, head_features, sql_len+1)。
- value 張量的形狀變為 (batch_size, num_head, sql_len+1, head_features)。

之後便會利用得到的 query、key、value 進行多頭注意力聚合操作，此時計算出的注意力分數張量 w 的形狀為 (batch_size, num_head, 1, sql_len+1)。

（2）self.crossattention 的 Cross_Attention 運算過程。

self.crossattention 的 Cross_Attention 運算過程則是將 Layer Normalization 之後的 hidden_states 張量透過 Attention 類別中的 self.q_attn=Conv1D(n_state, nx) 操作將 hidden_states 張量的形狀由 (batch_size, 1, 768) 投影為 (batch_size, 1, 768)，將此投影之後的 hidden_states 張量賦為 query 張量。

再將此時從編碼器中傳過來的編碼器隱藏狀態 encoder_hidden_states 透過 Attention 類別中的 self.c_attn=Conv1D(2 * n_state, nx) 操作，將 encoder_hidden_states 張量的形狀由 (batch_size, enc_seq_len, 768) 投影為 (batch_size, enc_seq_len, 2 * 768)，再將投影後的 encoder_hidden_states 張量在第三維度（dim=2）上拆分為兩份，分別賦為 key、value，其形狀都為 (batch_size, enc_seq_len, 768)，此時 n_state = nx = num_head*head_features = 768。經過 Attention 類別中的 split_heads() 函式拆分注意力頭之後：

- query 張量的形狀變為 (batch_size, num_head, 1, head_features)。
- key 張量的形狀變為 (batch_size, num_head, head_features, enc_seq_len)。
- value 張量的形狀變為 (batch_size, num_head, enc_seq_len, head_features)。

之後便會利用此時得到的 query、key、value 張量進行交叉多頭注意力聚合操作，此時計算出的 cross_attention 張量形狀為 (batch_size, num_head, 1, enc_seq_len)。

14.2.3 Attention 類別詳解

在 GPT-2 模型主體結構的每個 Block 模組運算過程中，都包含 Attention 模組與 MLP 模組的運算。GPT-2 模型原始程式中 Attention 類別的程式如下：

```python
class Attention(nn.Module):
    def __init__(self, nx, n_ctx, config, scale=False, is_cross_attention=False):
        super().__init__()

        n_state = nx  # in Attention: n_state=768 (nx=n_embd)
        # [switch nx => n_state from Block to Attention to keep identical to TF
implem]
        # 利用斷言函式判斷此時隱藏狀態的維度大小 n_state 除以注意力頭數 config.n_head 之後是否
能整除
        assert n_state % config.n_head == 0

        # 下方的 self.register_buffer() 函式的操作相當於建立了兩個 Attention 類別中的 self 屬
性，即為 self.bias 屬性與 self.masked_bias 屬性
        # 其中 self.bias 屬性為一個下三角矩陣 ( 對角線下的元素全為 1，對角線上的元素全為 0)，其
形狀為 (1, 1, n_ctx, n_ctx)，即形狀相當於 (1, 1, 1024, 1024)
        # 而 self.masked_bias 屬性則為一個極大的負數 -1e4
        self.register_buffer(
            "bias", torch.tril(torch.ones((n_ctx, n_ctx), dtype=torch.uint8)).view(1,
1, n_ctx, n_ctx)
        )
        self.register_buffer("masked_bias", torch.tensor(-1e4))

        self.n_head = config.n_head
        self.split_size = n_state
        self.scale = scale

        self.is_cross_attention = is_cross_attention
        if self.is_cross_attention:
            # self.c_attn = Conv1D(2 * n_state, nx) 相當於全連接層，其將輸入張量的最後一
```

個維度的維度大小由 nx(768) 投影為 2 * n_state(2*768)，此時 n_state = nx = num_head*head_features = 768

```
        self.c_attn = Conv1D(2 * n_state, nx)

        # self.q_attn = Conv1D(n_state, nx) 相當於全連接層，其將輸入張量的最後一個維度
```
的維度大小由 nx(768) 投影為 n_state(768)，此時 n_state = nx = num_head*head_features = 768
```
        self.q_attn = Conv1D(n_state, nx)

    else:
        # self.c_attn = Conv1D(3 * n_state, nx) 相當於全連接層，其將輸入張量的最後一
```
個維度的維度大小由 nx(768) 投影為 2 * n_state(2*768)，此時 n_state = nx = num_head*head_features = 768
```
        self.c_attn = Conv1D(3 * n_state, nx)

    # 此處 self.c_proj() 為 Conv1D(n_state, nx) 函式 (all_head_size=n_state=nx=768)，
```
相當於一個全連接層的作用，其將此時的多頭注意力聚合操作結果張量 a 的最後一個維度 all_head_size
由 n_state(768) 的維度大小投影為 nx(768) 的維度大小
```
    self.c_proj = Conv1D(n_state, nx)
    self.attn_dropout = nn.Dropout(config.attn_pdrop)
    self.resid_dropout = nn.Dropout(config.resid_pdrop)
    self.pruned_heads = set()

# prune_heads() 可結合 https://github.com/huggingface/transformers/issues/850 理解
def prune_heads(self, heads):
    if len(heads) == 0:
        return
    heads, index = find_pruneable_heads_and_indices(
        heads, self.n_head, self.split_size // self.n_head, self.pruned_heads
    )
    index_attn = torch.cat([index, index + self.split_size, index + (2 * self.
split_size)])

    # Prune conv1d layers
    self.c_attn = prune_conv1d_layer(self.c_attn, index_attn, dim=1)
    self.c_proj = prune_conv1d_layer(self.c_proj, index, dim=0)

    # Update hyper params
    self.split_size = (self.split_size // self.n_head) * (self.n_head -
len(heads))
```

```
        self.n_head = self.n_head - len(heads)
        self.pruned_heads = self.pruned_heads.union(heads)


    def merge_heads(self, x):
        # 此時 x 為：利用計算得到的注意力分數張量對 value 張量進行注意力聚合後得到的注意力結果
張量
        # x 的形狀為 (batch_size, num_head, sql_len, head_features)

        # 此時先將注意力結果張量 x 的形狀變為 (batch_size, sql_len, num_head, head_
features)
        x = x.permute(0, 2, 1, 3).contiguous()
        # new_x_shape 為 (batch_size, sql_len, num_head*head_features) =》 (batch_size,
sql_len, all_head_size)
        new_x_shape = x.size()[:-2] + (x.size(-2) * x.size(-1),)

        # 此時將注意力結果張量 x 的注意力頭維度 num_head 與注意力特徵維度 head_features 進行合
併變為 all_head_size 維度
        # 注意力結果張量 x 的形狀變為 (batch_size, sql_len, all_head_size)
        return x.view(*new_x_shape)  # in Tensorflow implem: fct merge_states，(batch_
size, sql_len, all_head_size)


    def split_heads(self, x, k=False):
        # 此時 new_x_shape 為：(batch_size, sql_len, num_head, head_features)
        new_x_shape = x.size()[:-1] + (self.n_head, x.size(-1) // self.n_head)
        # 將輸入的張量 x( 可能為 query、key、value 張量 ) 變形為：(batch_size, sql_len, num_
head, head_features)
        x = x.view(*new_x_shape)  # in Tensorflow implem: fct split_states

        # 若此時輸入的張量為 key 張量，則需要將 key 張量再變形為 (batch_size, num_head, head_
features, sql_len)
        # 因為此時 key 張量需要以 [query * key] 的形式與 query 張量做內積運算，因此 key 張量需
要將 head_features 變換到第三維度，將 sql_len 變換到第四維度，這樣 [query * key] 內積運算之後
的注意力分數張量的形狀才能符合 (batch_size, num_head, sql_len, sql_len)
        if k:
            return x.permute(0, 2, 3, 1)  # (batch_size, num_head, head_features, sql_
len)

        # 若此時輸入的張量為 query 張量或 value 張量，則將張量維度再變換為 (batch_size, num_
head, sql_len, head_features) 即可，即將 sql_len 與 num_head 調換維度
```

```
        else:
            return x.permute(0, 2, 1, 3)  # (batch_size, num_head, sql_len, head_
features)

    def _attn(self, q, k, v, attention_mask=None, head_mask=None, output_
attentions=False):
```

　　'''
　　此時 query 張量形狀為：(batch_size, num_head, 1, head_features)
　　key 張量的形狀為：(batch_size, num_head, head_features, sql_len+1)
　　value 張量的形狀為：(batch_size, num_head, sql_len+1, head_features)

　　此時 key 張量以 [query * key] 的形式與 query 張量做內積運算，key 張量已在 split_
heads() 操作與 past_key 合併操作中提前將 head_features 變換到第三維度，將 sql_len+1 變換到第四
維度，這樣 [query * key] 內積運算之後的注意力分數張量 w 的形狀才能符合 (batch_size, num_head,
1, sql_len+1)
　　'''
　　w = torch.matmul(q, k)   # 注意力分數張量 w: (batch_size, num_head, 1, sql_len+1)

　　# 對注意力分數張量 w 中的值進行縮放 (scaled)，縮放的除數為注意力頭特徵數 head_features
的開方值
　　if self.scale:
　　　　w = w / (float(v.size(-1)) ** 0.5)

　　# 此時 nd 與 ns 兩個維度相當於 1 與 seq_len+1
　　nd, ns = w.size(-2), w.size(-1)

　　# 此處的操作為利用 torch.where(condition, x, y) 函式，將注意力分數張量 w 在 mask.
bool() 條件張量為 True(1) 的相同位置的值保留為 w 中的原值，將在 mask.bool() 條件張量為 True(0)
的相同位置的值變為 self.masked_bias(-1e4) 的值
　　'''
　　<1> GPT2Model 第一次迭代時輸入 GPT2Model 的 forward() 函式中的 past_key_values 參數為
　　None，此時 nd 與 ns 維度才會相等，在 nd 與 ns 維度相等的情況下，
　　此操作的結果等價於讓注意力分數張量 w 與 attention_mask 張量相加的結果
　　<2> 若為 GPT2Mode 第二次及之後的迭代，nd 與 ns 兩個維度相當於 1 與 seq_len+1，此時對
　　self.bias 進行切片操作時，ns - nd 等於 seq_len+1 - 1，即結果為 seq_len，
　　此時切片操作相當於 self.bias[:, :, seq_len : seq_len+1, :seq_len+1]
　　此操作的意義在於，在此次迭代中，在最新的 token 的注意力分數上新增 GPT-2 中的下三角形式的
　　注意力遮罩

```
        '''
        if not self.is_cross_attention:
            # if only "normal" attention layer implements causal mask
```
            # 此時 self.bias 屬性為一個下三角矩陣（對角線下元素全為 1，對角線上元素全為 0），
其形狀為 (1, 1, n_ctx, n_ctx)，即形狀相當於 (1, 1, 1024, 1024)，但此處對 self.bias 進行切片
操作時，ns - nd 等於 seq_len+1 – 1，即結果為 seq_len，即此時切片操作相當於 self.bias[:, :,
seq_len : seq_len+1, :seq_len+1]
```
            ''' 此時 mask 張量（經過大張量 self.bias 切片獲得）的形狀為 (1, 1, 1, seq_len +
1)'''
            mask = self.bias[:, :, ns - nd: ns, :ns]
```
            ''' 此操作的意義在於，在此次迭代中，在最新的 token 的注意力分數上新增 GPT-2 中的下
三角形式注意力遮罩 '''
```
            w = torch.where(mask.bool(), w, self.masked_bias.to(w.dtype))
```

```
        # 讓注意力分數張量 w 與 attention_mask 張量相加，以達到讓填充特殊符號 [PAD] 處的注意
力分數為一個很大的負值的目的，這樣在下面將注意力分數張量 w 輸入 Softmax() 層計算之後，填充特殊
符號 [PAD] 處的注意力分數將變為無限接近 0 的數，以此讓填充特殊符號 [PAD] 處的注意力分數極小，其
Embedding 嵌入值基本不會在多頭注意力聚合操作中被獲取到
        if attention_mask is not None:
            # Apply the attention mask
            w = w + attention_mask
```

```
        # 注意力分數張量 w: (batch_size, num_head, 1, sql_len+1)
        # 將注意力分數張量 w 輸入 Softmax() 層中進行歸一化計算，計算得出最終的注意力分數
        # 再將注意力分數張量 w 輸入 Dropout 層 self.attn_dropout() 中進行正則化操作，防止過擬合
        w = nn.Softmax(dim=-1)(w)
        w = self.attn_dropout(w)
```

```
        # 對注意力頭 num_head 維度的 mask 操作
        if head_mask is not None:
            w = w * head_mask
```

```
        # 多頭注意力聚合操作：注意力分數張量 w 與 value 張量進行內積
        # 注意力分數張量 w 形狀：(batch_size, num_head, 1, sql_len+1)
        # value 張量形狀：(batch_size, num_head, sql_len+1, head_features)
        # 多頭注意力聚合操作結果張量形狀：(batch_size, num_head, 1, head_features)，
head_features=768
        outputs = [torch.matmul(w, v)]
        # 若同時傳回注意力分數張量 w，則將 w 張量新增到 outputs 串列中
```

```
            if output_attentions:
                outputs.append(w)


        return outputs

    def forward(
        self,
        hidden_states,
        layer_past=None,
        attention_mask=None,
        head_mask=None,
        encoder_hidden_states=None,
        encoder_attention_mask=None,
        use_cache=False,
        output_attentions=False,
    ):
```

　　# <1> 此時的隱藏狀態 hidden_states 的形狀為 (batch_size, 1, nx)，此時 nx = n_state = n_embed = head_features = 768，即此時隱藏狀態 hidden_states 的形狀為 (batch_size, 1, 768)

　　# <2> 此時 layer_past 為一個儲存著 past_key 張量與 past_value 張量的大張量，其形狀為 (2, batch_size, num_head, sql_len, head_features)

　　# <3> attention_mask 張量為注意力遮罩張量，其讓填充特殊符號 [PAD] 處的注意力分數極小，其 Embedding 嵌入值基本不會在多頭注意力聚合操作中被獲取到

```
        if encoder_hidden_states is not None:
            assert hasattr(
                self, "q_attn"
            ), "If class is used as cross attention, the weights 'q_attn' have to be
defined. " \
                "Please make sure to instantiate class with 'Attention(..., is_cross_
attention=True)'."
```

　　　'''self.crossattention() 的 Cross_Attention 運算過程則是將 LayerNormalization 之後的 hidden_states 透過 'self.q_attn = Conv1D(n_state, nx) ' 將 hidden_states 的形狀由 (batch_size,1, 768) 投影為 (batch_size,1, 768)，將此投影之後的 hidden_states 賦值作為 query 張量，再將此時從編碼器 (Encoder) 中傳過來的編碼器隱藏狀態 encoder_hidden_states 透過 'self.c_attn = Conv1D(2 * n_state, nx)' 將 encoder_hidden_states 的形狀由 (batch_size, enc_seq_len, 768) 投影為 (batch_size, enc_seq_len, 2 * 768)，將投影後的 encoder_hidden_states 在第三維度 (dim=2) 上拆分為兩份，分別賦為 key、value，其形狀都為 (batch_size, enc_seq_len,

768)，此時 n_state = nx = num_head*head_features = 768

之後經過 split_heads() 函式拆分注意力頭之後：query 張量的形狀變為 (batch_size, num_head, 1, head_features)，key 張量的形狀變為 (batch_size, num_head, head_features, enc_seq_len)，value 張量的形狀變為 (batch_size, num_head, enc_seq_len, head_features)

此時計算出的 cross_attention 張量形狀為 (batch_size, num_head, 1, enc_seq_len)'''

```
        query = self.q_attn(hidden_states)
        key, value = self.c_attn(encoder_hidden_states).split(self.split_size,
dim=2)

        attention_mask = encoder_attention_mask

    else:
```
        ''' 此時隱藏狀態 hidden_states 的形狀為 (batch_size, 1, 768)，將其輸入進全連接層 self.c_attn 中後，其 Conv1D(3 * n_state, nx) 會將 hidden_states 的維度進行投影，由原始的 768 投影到 3 * 768（人工設定 nx=n_state=768），此時的 hidden_states 張量的形狀為 (batch_size, 1, 3 * 768)，最後將 hidden_states 張量在第三個維度（維度大小 3 * 768) 上切分為三塊，　將這切分出的三塊各當成 query、key、value 張量，則每個張量的形狀都為 (batch_size, 1, 768)
        此時 n_state = nx = num_head*head_features = 768

        之後經過 split_heads() 函式拆分注意力頭且 key、value 張量分別與 past_key、past_value 張量合併之後：query 張量的形狀變為 (batch_size, num_head, 1, head_features)，
        key 張量的形狀變為 (batch_size, num_head, head_features, sql_len+1)，
        value 張量的形狀變為 (batch_size, num_head, sql_len+1, head_features)'''
```
        query, key, value = self.c_attn(hidden_states).split(self.split_size,
dim=2)
```

''' 第一次迭代時 query、key、value 張量的 seq_len 維度處的維度大小就為 seq_len 而非 1，第二次之後 seq_len 維度的維度大小皆為 1'''
```
        # 此時經過 ' 注意力頭拆分函式 split_heads()' 之後的 query、key、value 三個張量的形狀分別為：
        # query: (batch_size, num_head, 1, head_features)
        # key: (batch_size, num_head, head_features, 1)
        # value: (batch_size, num_head, 1, head_features)
        query = self.split_heads(query)
        key = self.split_heads(key, k=True)
        value = self.split_heads(value)
```

```
        if layer_past is not None:
            ''' 第一次迭代時 query、key、value 張量的 seq_len 維度處的維度大小就為 seq_len 而
非 1，第二次之後 seq_len 維度的維度大小皆為 1'''
            '''<1> 本次迭代中新的 key 張量
```

此時需要透過 layer_past[0].transpose(-2, -1) 操作將 past_key 張量的形狀變為 (batch_size, num_head, head_features, sql_len)，而此時 key 張量的形狀為 (batch_size, num_head, head_features, 1)，這樣在下方就方便將 past_key 張量與 key 張量在最後一個維度 (dim=-1) 處進行合併，這樣就將當前 Token 的 key 部分加入了 past_key 的 seq_len 中，以方便模型在後面預測新的 Token，此時新的 key 張量的形狀為：(batch_size, num_head, head_features, sql_len+1)，new_seq_len 為 sql_len+1

```
            <2> 本次迭代中新的 value 張量
```

而此時 past_value 不用變形，其形狀為 (batch_size, num_head, sql_len, head_features)，而此時 value 張量的形狀為 (batch_size, num_head, 1, head_features)，這樣在下方就方便將 past_value 張量與 value 張量在倒數第二個維度 (dim=-2) 處進行合併，這樣就將當前 token 的 value 部分加入了 past_value 的 seq_len 中，以方便模型在後面預測新的 token，此時新的 value 張量的形狀為：(batch_size, num_head, sql_len+1, head_features)，new_seq_len 為 sql_len+1

```
            '''
            past_key, past_value = layer_past[0].transpose(-2, -1), layer_past[1]  #
transpose back cf below
            key = torch.cat((past_key, key), dim=-1)
            value = torch.cat((past_value, value), dim=-2)


        # config 對應的 GPT2Config() 類別中的 use_cache 預設為 True，但此時若為 Cross_Attention
```

運算過程，則此時不會指定 use_cache，而此時 use_cache 屬性為 False(因為 Attention 類別中的 use_cache 屬性預設為 False，除非指定 config 對應的 GPT2Config() 類別中的 use_cache 屬性，其才會為 True)

```
        if use_cache is True:
            # 若 use_cache 為 True，此時將 key 張量的最後一個維度與倒數第二個維度互換，再與
```

value 張量進行 stack 合併，此時 key.transpose(-2, -1) 的形狀為 (batch_size, num_head, sql_len+1, head_features)，此時 torch.stack() 操作後的 present 張量形狀為 (2, batch_size, num_head, sql_len+1, head_features)

```
            '''present 張量形狀：(2, batch_size, num_head, sql_len+1, head_features)，
```

即 present 張量用來儲存此次迭代中的 key 張量與上一次迭代中的 past_key 張量 (layer_past[0]) 合併，以擴本次迭代的 value 張量與上一次迭代中的 past_value 張量 (layer_past[1]) 合併後所得的新的 key 張量與 value 張量的 '''

```
            present = torch.stack((key.transpose(-2, -1), value))  # transpose to have
same shapes for stacking
        else:
```

```
        present = (None,)
```

''' 此時 query 張量形狀為：(batch_size, num_head, 1, head_features)
key 張量的形狀為：(batch_size, num_head, head_features, sql_len+1)
value 張量的形狀為：(batch_size, num_head, sql_len+1, head_features)'''
若 output_attentions 為 True，則 self._attn() 函式傳回的 attn_outputs 串列中的第二
個值為注意力分數張量 w

```
        attn_outputs = self._attn(query, key, value, attention_mask, head_mask,
output_attentions)
```

此時 self._attn() 函式傳回的 attn_outputs 串列中的第一個元素為多頭注意力聚合操作結
果張量 a，a 張量的形狀為 (batch_size, num_head, 1, head_features)
若 output_attentions 為 True，則此時 self._attn() 函式傳回的 attn_outputs 串列中的
第二個元素為注意力分數張量 w，其形狀為 (batch_size, num_head, 1, seq_len + 1)

```
        a = attn_outputs[0]
```

''' 此時經過 ' 多頭注意力頭合併函式 self.merge_heads()' 後的多頭注意力聚合操作結果張量
a 的形狀變為 (batch_size, 1, all_head_size)，其中 all_head_size 等於 num_head * head_
features, head_features=768
all_head_size 維度的維度大小為 768，等於 n_state，也等於 nx，即 all_head_size=n_
state=nx=768'''

```
        a = self.merge_heads(a)
```

此處 self.c_proj() 為 Conv1D(n_state, nx) 函式 (all_head_size=n_state=nx=768)，
相當於一個全連接層的作用，其將此時的多頭注意力聚合操作結果張量 a 的最後一個維度 all_head_size
由 n_state(768) 的維度大小投影為 nx(768) 的維度大小

```
        a = self.c_proj(a)
        a = self.resid_dropout(a)    # 殘差 dropout 層進行正則化操作，防止過擬合
```

此時多頭注意力聚合操作結果張量 a 的形狀為 (batch_size, 1, all_head_size)，其中
all_head_size 等於 num_head * head_features；all_head_size 維度的維度大小為 768，等於 n_
state，也等於 nx，即 all_head_size=n_state=nx=n_embed=768

```
        outputs = [a, present] + attn_outputs[1:]
```

此時傳回的 outputs 串列中
<1> 第一個值為多頭注意力聚合操作結果張量 a，形狀為 (batch_size, 1, all_head_
size)，all_head_size=n_state=nx=n_embd=768
<2> 第二個值為上方的 present 張量，其儲存著 past_key 張量與這次迭代的 key 張量合併
後的新 key 張量，以及 past_value 張量與這次迭代的 value 張量合併後的新 value 張量，其形狀為 (2,

```
batch_size, num_head, sql_len+1, head_features)
        # <3> 若 output_attentions 為 True，則第三個值為 attn_outputs 串列中的注意力分數張量
w，其形狀為 (batch_size, num_head, 1, seq_len + 1)
        return outputs  # a, present, (attentions)
```

Attention 類別中的程式可參考註釋來理解。

Attention 類別中的 merge_heads() 函式用來將多頭注意力聚合操作結果張量 a 的注意力頭維度進行合併，令多頭注意力聚合操作結果張量 a 的形狀由 (batch_size, num_head, 1, head_features) 變為 (batch_size, 1, all_head_size)。split_heads() 函式用來對 query 張量、key 張量與 value 張量進行注意力頭拆分。而 prune_heads() 函式則可以用來刪除一些注意力頭。

Attention 類別中最核心的函式為 _attn() 函式，_attn() 函式用來對 query、key、value 三個張量進行多頭注意力聚合操作。

在 Attention() 類別的 forward() 函式中，一開始便會判斷是否傳入了編碼器中傳過來的編碼器隱藏狀態 encoder_hidden_states 張量。若此時傳入了編碼器隱藏狀態 encoder_hidden_states 張量，則此時 Attention() 類別中會進行交叉多頭注意力聚合操作 Cross_Attention 的計算過程；若此時未傳入編碼器隱藏狀態 encoder_hidden_states 張量，則此時 Attention() 類別中便會進行 GPT-2 中預設的多頭注意力聚合操作 Masked_Multi_Self_Attention 的計算過程。

此外，此時 Attention 類別的 forward() 函式中也會判斷是否傳入了 layer_past 張量。關於 layer_past 張量的具體含義，可參考 GPT2Model 類別的 forward() 函式中 for i, (block, layer_past) in enumerate(zip(self.h, past_key_values)): 一行程式下的註釋，同時參考 Attention 類別的 forward() 函式中 if use_cache is True: 一行程式下對 present 張量的註釋。

此時，若 Attention 類別的 forward() 函式中傳入了 layer_past 張量，則必須進行 GPT-2 中預設的多頭注意力聚合操作 Masked_Multi_Self_Attention 的計算過程，因為在進行交叉多頭注意力聚合操作 Cross_Attention 的計算過程時無須用到 layer_past 張量。

此時，根據 layer_past 張量中儲存的 past_key 張量與 past_value 張量計算當前迭代中新的 key 張量與 value 張量的過程如下：

（1）當前迭代中新的 key 張量。

此時需要透過 layer_past[0].transpose(-2,-1) 操作將 past_key 張量的形狀變為 (batch_size, num_head, head_features, sql_len)，而此時 key 張量的形狀為 (batch_size, num_head, head_features, 1)，便可將 past_key 張量與 key 張量在最後一個維度（dim=-1）處進行合併，這樣就將當前 Token 的 key 部分加入了 past_key 的 seq_len 中，以方便模型在後面預測新的 Token，此時新的 key 張量的形狀為 (batch_size, num_head, head_features, sql_len+1)，new_seq_len 為 sql_len+1。

（2）當前迭代中新的 value 張量。

此時 past_value 張量不用變形，其形狀為 (batch_size, num_head, sql_len, head_features)，而此時 value 張量的形狀為 (batch_size, num_head, 1, head_features)，便可將 past_value 張量與 value 張量在倒數第二個維度（dim=-2）處進行合併，這樣就將當前 Token 的 value 部分加入了 past_value 的 seq_len 中，以方便模型在後面預測新的 Token，此時新的 value 張量的形狀為 (batch_size, num_head, sql_len+1, head_features)，new_seq_len 為 sql_len+1。

14.2.4 MLP 類別詳解

GPT-2 模型原始程式中 MLP 類別的程式如下：

```python
class MLP(nn.Module):
    def __init__(self, n_state, config):  # in MLP: n_state=3072 (4 * n_embd)
        super().__init__()
        # 此時 nx=n_embed=768
        # 而 n_state 實際為 inner_dim，即 n_state 為 4 * n_embd，等於 3072
        nx = config.n_embd

        # self.c_fc = Conv1D(n_state, nx) 相當於全連接層，其將輸入張量的最後一個維度的維度
大小由 nx(768) 投影為 n_state(3072)，此時 n_state=3072
        self.c_fc = Conv1D(n_state, nx)
        # self.c_proj = Conv1D(nx, n_state) 相當於全連接層，其將輸入張量的最後一個維度的維
```

度大小由 n_state(3072) 投影為 nx(768)，此時 n_state=3072
```
        self.c_proj = Conv1D(nx, n_state)

        # 設定的啟動函式
        self.act = ACT2FN[config.activation_function]
        # 殘差 dropout 層進行正則化操作，防止過擬合
        self.dropout = nn.Dropout(config.resid_pdrop)

    def forward(self, x):
        h = self.act(self.c_fc(x))
        h2 = self.c_proj(h)
        return self.dropout(h2)
```

MLP 類別中的程式可參考註釋來理解。

可以看到，GPT-2 模型主體結構的每個 Block 模組運算過程中都包含 Attention 模組與 MLP 模組的運算。MLP 類別實質上就是一個兩層全連接層模組，這裡會將 Attention 類別輸出的結果 hidden_states 張量輸入 MLP 類別中進行前饋神經網路運算。將 MLP 類別的輸出結果再輸入殘差連接 residual_connection 之後，GPT-2 模型結構中一個 Block 模組的運算過程就會結束，之後將進行下一個 Block 模組的運算。

14.3 Hugging Face GPT-2 模型的使用與自訂微調

14.2 節介紹了 GPT-2 模型原始程式的主要類別，包括 GPT2LMHeadModel 類別、GPT2Model 類別、Block 類別、Attention 類別與 MLP 類別的詳細程式。本節將講解 Hugging Face GPT-2 模型的使用與自訂資料集的微調。

14.3.1 模型的使用與自訂資料集的微調

下面首先介紹 Hugging Face GPT-2 模型的使用。前文介紹 BERT 的時候提到過 Hugging Face 模型的使用，在這裡我們將直接使用前文講解過的知識完成 GPT-2 模型的下載與使用。

1. 下載和使用 Hugging Face GPT-2 模型

下載和使用現有的已訓練好的 GPT-2 模型，程式如下：

```
from transformers import BertTokenizer, GPT2LMHeadModel, TextGenerationPipeline
tokenizer = BertTokenizer.from_pretrained("uer/gpt2-chinese-cluecorpussmall")
model = GPT2LMHeadModel.from_pretrained("uer/gpt2-chinese-cluecorpussmall")
text_generator = TextGenerationPipeline(model, tokenizer)
result = text_generator(" 從前有座山 ", max_length=100, do_sample=True)
print(result)
```

結果請讀者自行嘗試，在這裡提醒一下，每次輸出的結果都不會相同，原因會在後面的章節中講到，這裡只需要有輸出結果即可。

2. 剖析 Hugging Face GPT-2 模型

如果想重新使用 Hugging Face 的模型繼續訓練，那麼首先需要根據現有的 GPT-2 模型重新載入資料進行處理。

一個非常簡單的查看模型結構的方法是直接對模型的結構進行列印，程式如下：

```
import torch
# 注意 GPT2LMHeadModel 與 GPT2Model 這 2 個模型，
# 其區別在於是否載入的最終的輸出層，也就是下面圖 14-9 中的最後一行 lm_head
from transformers import BertTokenizer, GPT2LMHeadModel, TextGenerationPipeline
tokenizer = BertTokenizer.from_pretrained("uer/gpt2-chinese-cluecorpussmall")
model = GPT2LMHeadModel.from_pretrained("uer/gpt2-chinese-cluecorpussmall")
print(model)
```

列印結果如圖 14-9 所示。

```
      (attn_dropout): Dropout(p=0.1, inplace=False)
      (resid_dropout): Dropout(p=0.1, inplace=False)
    )
    (ln_2): LayerNorm((768,), eps=1e-05, elementwise_affine=True)
    (mlp): GPT2MLP(
      (c_fc): Conv1D()
      (c_proj): Conv1D()
      (act): NewGELUActivation()
      (dropout): Dropout(p=0.1, inplace=False)
    )
  )
  )
  (ln_f): LayerNorm((768,), eps=1e-05, elementwise_affine=True)
  )
  (lm_head): Linear(in_features=768, out_features=21128, bias=False)
)
```

▲ 圖 14-9　列印結果

可以看到，這裡列印了 GPT2LMHeadModel 模型的全部內容，最後一層是在輸入的 Embedding 層基礎上進行最終分割的，從而使得輸出結果與字元索引進行匹配。而我們需要將模型輸出與最終的分類層分割，現成的方法就是分別儲存 model 層和最終的 lm_head 層的架構和參數，程式如下：

```
import torch
from transformers import BertTokenizer, GPT2LMHeadModel, TextGenerationPipeline
model = GPT2LMHeadModel.from_pretrained("uer/gpt2-chinese-cluecorpussmall")
print(model)
# 下面演示如何獲取某一層的參數
lm_weight = (model.lm_head.state_dict()["weight"])
torch.save(lm_weight,"./dataset/lm_weight.pth")
```

這裡演示了一個非常簡單的獲取最終層的參數的方法，即根據層的名稱提取和儲存對應的參數即可。

注意：實際上，我們可以直接使用 GPT2LMHeadModel 類別來獲取 GPT-2 生成類別完整的參數，在這裡分開獲取的目的是為下一步講解 ChatGPT 的強化學習做個鋪陳。

對於模型的使用更為簡單，Huggingface 為我們提供了一個對應的 GPT-2 架構模型，程式如下：

```
from transformers import BertTokenizer, GPT2Model, TextGenerationPipeline
model = GPT2Model.from_pretrained("uer/gpt2-chinese-cluecorpussmall")
```

3. 使用 Hugging Face GPT-2 模組建構自訂的 GPT-2 模型

下面使用上文拆解出的 GPT-2 模組來建構自訂的 GPT-2 模型，相對於前面所學的內容，可以將建構對應的 GPT-2 模型看作一個簡單的分類辨識模型，程式如下：

```
import torch
from torch.nn.parameter import Parameter
from transformers import BertTokenizer, GPT2Model, TextGenerationPipeline
tokenizer = BertTokenizer.from_pretrained("uer/gpt2-chinese-cluecorpussmall")

class GPT2(torch.nn.Module):
    def __init__(self):
        super().__init__()
        #with torch.no_grad():
        self.model = GPT2Model.from_pretrained("uer/gpt2-chinese-cluecorpussmall")
        self.lm_head = torch.nn.Linear(768,21128,bias=False)
        weight = torch.load("../dataset/lm_weight.pth")
        self.lm_head.weight = Parameter(weight)
        self.value_layer = torch.nn.Sequential(torch.nn.Linear(768,1),torch.nn.Tanh(),
torch.nn.Dropout(0.1))

    def forward(self,token_inputs):
        embedding = self.model(token_inputs)
        embedding = embedding["last_hidden_state"]
        embedding = torch.nn.Dropout(0.1)(embedding)
        logits = self.lm_head(embedding)
        return logits
```

4. 自訂資料登錄格式

想要完成對自訂的 GPT-2 模型的訓練，設定合適的輸入和輸出函式是必不可少的，在這裡我們選用上文的情感分類資料集透過附帶的 tokenizer 對其進行編碼處理。此時完整的資料登錄如下：

```
import torch
import numpy as np
from transformers import BertTokenizer, GPT2LMHeadModel, TextGenerationPipeline
tokenizer = BertTokenizer.from_pretrained("uer/gpt2-chinese-cluecorpussmall")

# 首先獲取情感分類資料
token_list = []
with open("./ChnSentiCorp.txt", mode="r", encoding="UTF-8") as emotion_file:
    for line in emotion_file.readlines():
        line = line.strip().split(",")
        text = "".join(line[1:])
        inputs = tokenizer(text,return_tensors='pt')
        token = input_ids = inputs["input_ids"]
        attention_mask = inputs["attention_mask"]
        for id in token[0]:
            token_list.append(id.item())
token_list = torch.tensor(token_list * 5)
# 呼叫標準的資料登錄格式
class TextSamplerDataset(torch.utils.data.Dataset):
    def __init__(self, data, seq_len):
        super().__init__()
        self.data = data
        self.seq_len = seq_len

    def __getitem__(self, index):
        # 下面的寫法是為了遵守 GPT-2 的資料登錄和輸出格式而特定的寫法
        rand_start = torch.randint(0, self.data.size(0) - self.seq_len, (1,))
        full_seq = self.data[rand_start : rand_start + self.seq_len + 1].long()
        return full_seq[:-1],full_seq[1:]

    def __len__(self):
        return self.data.size(0) // self.seq_len
```

在這裡需要說明的是，在定義 getitem 函式時，需要遵循 GPT-2 特定的輸入和輸出格式而完成特定的格式設定。

14.3.2 基於預訓練模型的評論描述微調

下面使用已完成的程式進行評論描述。需要注意的是，因為這裡使用的是 lm_weight 參數，所以需要預先存檔。完整的訓練程式如下：

```python
import os
os.environ["CUDA_VISIBLE_DEVICES"] = "0"
import torch
from tqdm import tqdm
from torch.utils.data import DataLoader
max_length = 128 + 1
batch_size = 2
device = "cuda"
import model

save_path = "./train_model_emo.pth"
glm_model = model.GPT2()
glm_model.to(device)
#glm_model.load_state_dict(torch.load(save_path),strict=False)
optimizer = torch.optim.AdamW(glm_model.parameters(), lr=2e-4)
lr_scheduler = torch.optim.lr_scheduler.CosineAnnealingLR(optimizer,T_max = 1200,eta_
min=2e-6,last_epoch=-1)
criterion = torch.nn.CrossEntropyLoss()

import get_data_emotion
train_dataset = get_data_emotion.TextSamplerDataset(get_data_emotion.token_list, max_
length)
loader = DataLoader(train_dataset,batch_size=batch_size,shuffle=True, num_workers=0,pin_
memory=True)

for epoch in range(30):
    pbar = tqdm(loader, total=len(loader))
    for token_inp,token_tgt in pbar:
        token_inp = token_inp.to(device)
        token_tgt = token_tgt.to(device)
```

```
        logits = glm_model(token_inp)
        loss = criterion(logits.view(-1,logits.size(-1)),token_tgt.view(-1))
        optimizer.zero_grad()
        loss.backward()
        optimizer.step()
        lr_scheduler.step()  # 執行最佳化器
        pbar.set_description(f"epoch:{epoch +1}, train_loss:{loss.item():.5f}, lr:{lr_
scheduler.get_last_lr()[0]*100:.5f}")
    if (epoch + 1) % 2 == 0:
        torch.save(glm_model.state_dict(),save_path)
```

14.4　自訂模型的輸出

在 14.3 節中，我們完成了模型的微調（Fine-Tuning）訓練過程，本節對訓練結果進行輸出。相對於傳統的輸出過程，GPT 系列的輸出更加複雜。

14.4.1　GPT 輸出的結構

首先需要注意的是，GPT 輸出直觀上並不是一種對稱結構，一般結構如圖 14-10 所示。

▲ 圖 14-10　一般結構

這一點在 14.1 節已經介紹過了。這種輸出方式的好處在於，模型只需要根據前文輸出下一個字元即可，無須對整體的結果進行調整。

基於這種結果的生成方案，對於生成的字元，我們只需要循環地將最終生成的結果連線原有輸入資料即可，如圖 14-11 所示。

▲ 圖 14-11　循環地將最終生成的結果連線原有輸入資料

此方案的循環可以簡單地用以下程式完成：

```
import torch
from transformers import BertTokenizer
tokenizer = BertTokenizer.from_pretrained("uer/gpt2-chinese-cluecorpussmall")
from moudle import model
gpt_model = model.GPT2()

inputs_text = " 你説 "
input_ids = tokenizer.encode(inputs_text)
input_ids = input_ids[:-1]    #這裡轉換成了 list 系列的 ID

for _ in range(20):
    _input_ids = torch.tensor([input_ids],dtype=int)
    outputs = gpt_model(_input_ids)
    result = torch.argmax(outputs[0][-1],dim=-1)
    next_token = result.item()
    input_ids.append(next_token)

result = tokenizer.decode(input_ids, skip_special_tokens=True)
print(result)
```

列印結果請讀者自行嘗試。

下面我們繼續對這段輸出程式進行分析，既然是額外地使用迴圈輸出對模型進行輸出預測，能否將輸出結果直接載入到我們自訂的 GPT-2 模型內部？答案是可以的，帶有自訂輸出函式的 GPT-2 模型以下（其中用到的 temperature 與 topK 在 14.4.2 節講解）：

```
import torch
from torch.nn.parameter import Parameter
```

```python
from transformers import BertTokenizer, GPT2Model, TextGenerationPipeline
tokenizer = BertTokenizer.from_pretrained("uer/gpt2-chinese-cluecorpussmall")

class GPT2(torch.nn.Module):
    def __init__(self):
        super().__init__()
        #with torch.no_grad():
        self.model = GPT2Model.from_pretrained("uer/gpt2-chinese-cluecorpussmall")
        self.lm_head = torch.nn.Linear(768,21128,bias=False)
        weight = torch.load("../dataset/lm_weight.pth")
        self.lm_head.weight = Parameter(weight)
        self.value_layer = torch.nn.Sequential(torch.nn.Linear(768,1),torch.nn.Tanh(),
torch.nn.Dropout(0.1))

    def forward(self,token_inputs):
        embedding = self.model(token_inputs)
        embedding = embedding["last_hidden_state"]
        embedding = torch.nn.Dropout(0.1)(embedding)
        logits = self.lm_head(embedding)
        return logits

    @torch.no_grad()
    def generate(self, continue_buildingsample_num, prompt_token=None, temperature=1.,
top_p=0.95):
        """
        :param continue_buildingsample_num: 這個參數指的是在輸入的 prompt_token 後再輸出多
少個字元
        :param prompt_token: 這個是需要轉換成 Token 的內容，這裡需要輸入一個 list
        :param temperature:
        :param top_k:
        :return: 輸出一個 Token 序列
        用法：
        """
        # 這裡就是轉換成了 list 系列的 ID
        # prompt_token_new = prompt_token[:-1]# 使用這行程式，在生成的 Token 中沒有 102 分
隔符號
        prompt_token_new = list(prompt_token)       # 使用這行程式，在生成的 Token 中包含
102 分隔符號
        for i in range(continue_buildingsample_num):
```

```
            _token_inp = torch.tensor([prompt_token_new]).to("cuda")
            logits = self.forward(_token_inp)
            logits = logits[:, -1, :]
            probs = torch.softmax(logits / temperature, dim=-1)
            next_token = self.sample_top_p(probs, top_p)  # 預設的 top_p = 0.95
            next_token = next_token.reshape(-1)
            prompt_token_new.append(next_token.item())   # 這是把 Token 從 tensor 轉換成普
通 char，tensor -> list

        # text_context = tokenizer.decode(prompt_token, skip_special_tokens=True)
        return prompt_token_new

    def sample_top_p(self, probs, p):
        probs_sort, probs_idx = torch.sort(probs, dim=-1, descending=True)
        probs_sum = torch.cumsum(probs_sort, dim=-1)
        mask = probs_sum - probs_sort > p
        probs_sort[mask] = 0.0
        probs_sort.div_(probs_sort.sum(dim=-1, keepdim=True))
        next_token = torch.multinomial(probs_sort, num_samples=1)
        next_token = torch.gather(probs_idx, -1, next_token)
        return next_token
```

此時完整的模型輸出如下：

```
from transformers import BertTokenizer
tokenizer = BertTokenizer.from_pretrained("uer/gpt2-chinese-cluecorpussmall")
from moudle import model
gpt_model = model.GPT2()
gpt_model.to("cuda")
inputs_text = " 酒店 "
input_ids = tokenizer.encode(inputs_text)

for _ in range(10):
    prompt_token = gpt_model.generate(20,prompt_token=input_ids)
    result = tokenizer.decode(prompt_token, skip_special_tokens=True)
    print(result)
```

最終的列印結果請讀者自行嘗試。

14.4.2　創造性參數 temperature 與採樣個數 topK

本小節講解一下 GPT 模型中的 temperature 與 topK 這兩個參數。對生成模型來說，temperature 可以認為是模型的創造性參數，即 temperature 值越大，模型的創造性越強，但生成效果不穩定；temperature 值越小，則模型的穩定性越強，生成效果越穩定。

而 topK 的作用是挑選機率最高的 k 個 Token 作為候選集。若 k 值為 1，則答案唯一；若 topK 為 0，則該參數不起作用。

1. temperature 參數

模型在資料生成的時候，會透過採樣的方法增加文字生成過程中的隨機性。文字生成是根據機率分佈情況來隨機生成下一個單字的。舉例來說，已知單字 [a, b, c] 的生成機率分別是 [0.1, 0.3, 0.6]，接下來生成 c 的機率就會比較大，生成 a 的機率就會比較小。

但如果按照全體詞的機率分佈來進行採樣，還是有可能生成低機率的單字的，導致生成的句子出現語法或語意錯誤。透過在 Softmax 函式中加入 temperature 參數強化頂部詞的生成機率，在一定程度上可以解決這一問題。

$$p(i) = \frac{e^{\frac{z_i}{t}}}{\sum_1^K e^{\frac{z_i}{t}}}$$

在上述公式中，當 $t<1$ 時，將增加頂部詞的生成機率，且 t 越小，越傾向於按保守的方法生成下一個詞；當 $t>1$ 時，將增加底部詞的生成機率，且 t 越大，越傾向於從均勻分佈中生成下一個詞。圖 14-12 模擬每個字母生成的機率，觀察 t 值大小對機率分佈的影響，如圖 14-12 所示。

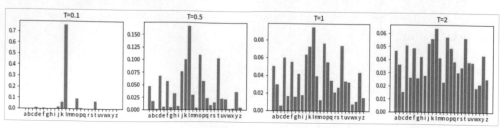

　　　　　　　　▲ 圖 14-12　模擬每個字母生成的機率

這樣做的好處在於生成的文字具有多樣性和隨機性，但是同時對 *t* 值的選擇需要相依模型設計人員的經驗或調參。

下面使用 NumPy 實現 temperature 值的設定，程式如下：

```python
def temperature_sampling(prob, T=0.2):
    def softmax(z):
        return np.exp(z) / sum(np.exp(z))
    log_prob = np.log(prob)
    reweighted_prob = softmax(log_prob / T)
    sample_space = list(range(len(prob)))
    original_sample = np.random.choice(sample_space, p=prob)
    temperature_sample = np.random.choice(list(range(len(prob))), p=reweighted_prob)
    return temperature_sample
```

2. topK 參數

即使我們設定了 temperature 參數，選取了合適的 *t* 值，還是會有較低的可能性生成低機率的單字。因此，需要額外增加一個參數來確保低機率的詞不會被選擇到。

應用 topK，可以根據機率分佈情況預先挑選出一部分機率高的單字，然後對這部分單字進行採樣，從而避免低機率詞的出現。

topK 是直接挑選機率最高的 *k* 個單字，然後重新根據 Softmax 計算這 *k* 個單字的機率，再根據機率分佈情況進行採樣，生成下一個單字。採樣還可以選用 temperature 方法。此方法的 NumPy 實現如下：

```python
def top_k(prob, k=5):
    def softmax(z):
        return np.exp(z) / sum(np.exp(z))

    topk = sorted([(p, i) for i, p in enumerate(prob)], reverse=True)[:k]
    k_prob = [p for p, i in topk]
    k_prob = softmax(np.log(k_prob))
    k_idx = [i for p, i in topk]
    return k_idx, k_prob, np.random.choice(k_idx, p=k_prob)
```

採用 topK 的方案可以避免低機率詞的生成。但是與 temperature 一樣，k 值的選擇需要依賴於經驗或調參。比如，在較狹窄的分佈中，選取較小的 k 值；在較寬廣的分佈中，選取較大的 k 值。

14.5　本章小結

本章主要介紹了 GPT 系列中最重要的模型——GPT-2，這個模型可以說在真正意義上開啟了只具有解碼器的文字生成任務。GPT-2 後續的 GPT-3 和第 15 章所要介紹的 ChatGPT 實戰訓練都是在其基礎上應運而生的。

本章是 ChatGPT 的起始章節，詳細介紹了 GPT-2 模型的訓練與自訂的方法，還講解了使用切分的方法對模型進行分佈存檔和訓練，這實際上是為第 15 章 ChatGPT 的使用打下基礎。

第 15 章講解的 ChatGPT 會以 GPT-2 為範本，使用 RLHF 系統完成 ChatGPT 的訓練。

第15章　實戰訓練自己的 ChatGPT

在 2023 年年初，OpenAI 推出了一種大型語言模型，名為 ChatGPT。這個模型最大的特點是可以像聊天機器人一樣進行對話。與其他語言模型不同的是，ChatGPT 經過微調，能夠以對話的方式執行各種任務，比如回答查詢、解決編碼、制定行銷計畫、解決數學問題等。

使用者只需使用電子郵寄位址建立 OpenAI 帳戶，登入 ChatGPT 並輸入查詢，就可以與這個模型進行對話。ChatGPT 可以用自然人類語言回答使用者的問題，如果回答不滿足使用者的需求，可以微調輸入查詢，直到獲得預期的結果為止。

對使用者來說，ChatGPT 是一個非常有用的工具，能夠以更自然的方式與其互動，提高他們的參與度和滿意度。ChatGPT 的 Logo 如圖 15-1 所示。

▲ 圖 15-1　ChatGPT 的 Logo

　　本章將以實戰為主，介紹 ChatGPT 模型訓練的主要方法——RLHF（Reinforcement Learning from Human Feedback，人工強化學習回饋），並透過這個方法以 GPT-2 模型為基礎訓練我們自己的 ChatGPT。

15.1　什麼是 ChatGPT

　　ChatGPT 是一款基於人工智慧技術驅動的自然語言處理工具，於 2022 年 11 月 30 日在美國發佈。它透過學習和理解人類的語言來進行對話，還能根據聊天的上下文進行互動，讓使用者感覺像在和真人聊天交流一樣。除聊天外，ChatGPT 還可以完成撰寫郵件、視訊指令稿、文案、翻譯、程式等任務，如圖 15-2 所示。

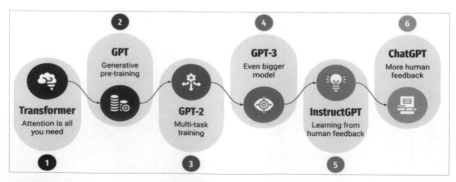

▲ 圖 15-2　ChatGPT 可以完成的任務

　　ChatGPT 系列也是逐步從一個簡單的語言模型發展起來的。相較於之前的人工智慧技術，ChatGPT 的最大不同在於其具備承認自身錯誤、質疑使用者提

問時預設的錯誤條件，並且拒絕不當請求的能力。這種智慧化程度讓 ChatGPT
可以更進一步地提供給使用者服務和幫助，如圖 15-3 所示。

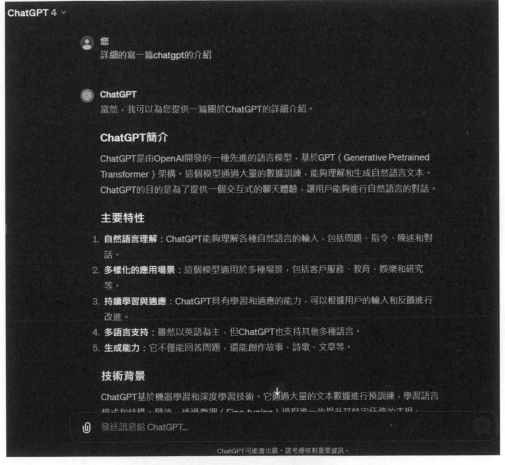

▲ 圖 15-3　由 ChatGPT 生成的 ChatGPT 簡介

　　可以看到，ChatGPT 的應用場景非常廣泛，除了用來開發聊天機器人、撰
寫和偵錯電腦程式外，還可以應用於文學、媒體相關領域的創作。舉例來說，
ChatGPT 可以用魯迅的文風進行文字創作，用 Twitter 的高級資料工程師的口吻
給馬斯克寫週報等。ChatGPT 在教育、考試、回答測試問題方面的表現也非常
優秀，甚至在某些測試情境下表現得比普通人類測試者更好。

15.2 RLHF 模型簡介

近年來，深度生成模型在生成結果的評估方面一直存在主觀性和上下文依賴性的問題。現有的模型通常採用預測下一個單字的方式和簡單的損失函式（如交叉熵）來建模，沒有顯式地引入人的偏好和主觀意見。舉例來說，我們希望模型生成一個有創意的故事、一段真實的資訊性文字或可執行的程式部分，這些結果難以用現有的、基於規則的文字生成指標來衡量。

如果我們使用生成文字的人工回饋作為性能衡量標準，或進一步將該回饋用作損失來最佳化模型，這種方法也是可行的。這就是 RLHF 的思想：使用強化學習的方式直接最佳化帶有人類回饋的語言模型。RLHF 使得在一般文字資料語料庫上訓練的語言模型能夠和複雜的人類價值觀對齊。

早期，RLHF 主要被應用在遊戲、機器人等領域，在 2019 年以後，RLHF 與語言模型相結合的工作開始陸續出現，如圖 15-4 所示。其中，OpenAI 的 InstructGPT 是一個重要的里程碑式的成果，現在被譽為 ChatGPT 的兄弟模型。不過，當時並非只有 OpenAI 在關注 RL4LM，DeepMind 其實也關注到這一發展方向，先後發表了 GopherCite 和 Sparrow 兩個基於 RLHF 訓練的語言模型，前者是一個問答模型，後者是一個對話模型，可惜效果不夠驚豔。

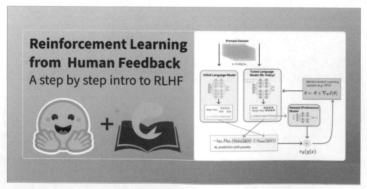

▲ 圖 15-4 結合了 RLHF 的語言模型

OpenAI 推出的 ChatGPT 對話模型掀起了新的 AI 熱潮，它面對多種多樣的問題對答如流，似乎已經打破了機器和人的邊界。這一工作的背後是大型語言模型（Large Language Model，LLM）生成領域的新訓練範式：RLHF，即以強化學習方式依據人類回饋最佳化語言模型。

15.2.1 RLHF 技術分解

在 ChatGPT 中，RLHF 是一個複雜的概念，涉及多個模型和不同的訓練階段。為了更進一步地理解 RLHF，我們可以將其分解為以下 3 個步驟（見圖 15-5）：

- 預訓練語言模型（Language Model，LM）。

- 聚合問答資料並訓練獎勵模型（Reward Model，RM）。

- 使用強化學習（Reinforcement Learning，RL）對 LM 進行微調。

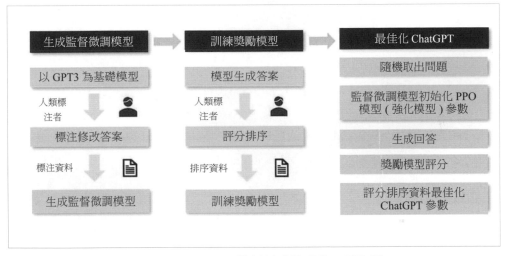

▲ 圖 15-5 RLHF 微調語言模型的三個步驟

接下來，我們分別講解這三個步驟。

1. 基於監督學習的預訓練語言模型

　　首先，我們使用經典的預訓練目標來訓練一個語言模型。在 OpenAI 發佈的第一個 RLHF 模型 InstructGPT 中，使用了 GPT-3 的較小版本，參數約為 1700 億個。

　　然後，使用額外的文字或條件對這個語言模型進行微調，例如使用 OpenAI 對「更可取」（Preferable）的人工生成文字進行微調，如圖 15-6 所示。

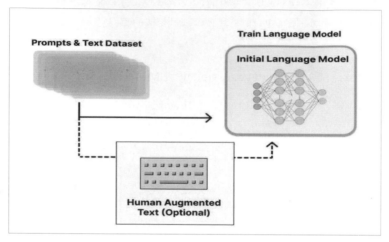

▲ 圖 15-6　對人工生成文字進行微調

　　接下來，我們基於 LM 來生成訓練獎勵模型（Reward Model，RM，也叫偏好模型）的資料，並在這一步引入人類的偏好資訊。

2. 訓練獎勵模型

　　RM 的訓練是 RLHF 的關鍵步驟。該模型接收一系列文字並傳回一個標量獎勵，用於量化人類的偏好。這個過程可以使用點對點方式進行 LM 建模，也可以使用模組化的系統進行建模（舉例來說，對輸出進行排名，然後將排名轉為獎勵）。而獎勵數值的準確性對於 RLHF 對模型的回饋至關重要，如圖 15-7 所示。

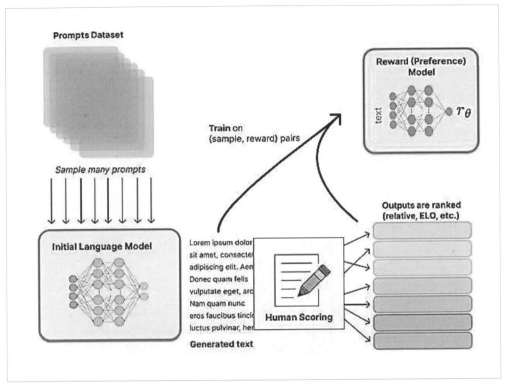

▲ 圖 15-7 訓練 RLHF 獎勵模型的流程

3. 使用強化學習進行微調

　　長期以來，出於工程和演算法的原因，人們認為用強化學習訓練 LM 是不可能的。但是強化學習策略 PPO（Proximal Policy Optimization，近端策略最佳化）演算法的出現改變了這種情況。PPO 演算法確定的獎勵函式的具體計算步驟（見圖 15-8）說明如下：

　　（1）將提示輸入初始語言模型和當前微調的 LM，分別得到輸出文字，將來自當前策略的文字傳遞給 RM 得到一個標量的獎勵。

　　（2）將兩個模型生成的文字進行比較，計算差異的懲罰項，這被設計為輸出詞分佈序列之間的 KL（Kullback–Leibler）散度的縮放，之後將其用於懲罰 RL 策略，在每個訓練批次中大幅偏離初始模型，以確保模型輸出合理連貫的文字。

（3）最後根據 PPO 演算法，按當前批次資料的獎勵指標進行最佳化（來自 PPO 演算法 on-policy 的特性），其使用梯度約束確保更新步驟不會破壞學習過程的穩定性。

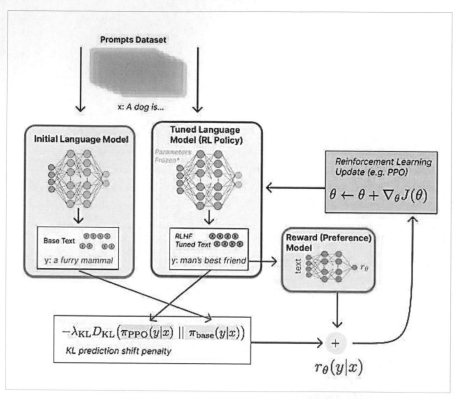

▲ 圖 15-8 基於 RLHF 的語言模型最佳化

15.2.2　RLHF 中的具體實現——PPO 演算法

前面介紹了 ChatGPT 所使用的輸出人類回饋行為的 RLHF 演算法，可以看到直接使用人的偏好（或說人的回饋）來對模型整體的輸出結果計算 Reward 或 Loss，顯然要比傳統的「給定上下文，預測下一個詞」的損失函式合理得多。基於這個思想，ChatGPT 的創造者提出了使用強化學習的方法，利用人類回饋訊號直接最佳化語言模型。

在前面的章節中，我們完成了火箭降落任務，相信完成的讀者會有一種強烈的自豪感。現在開始進行一項新的任務，即將 PPO 演算法以 RLHF 的訓練形式對 ChatGPT 進行微調。

在 ChatGPT 中，PPO 演算法用於訓練機器人進行對話。透過訓練機器人的 Actor 和 Critic 神經網路，機器人能夠在對話中根據當前狀態選擇最佳的回覆，從而提高對話的品質。PPO 演算法使用一個改進的替代目標函式（Surrogate Objective Function）來更新 Actor 網路的參數，這個替代目標函式不但更快，而且更可靠，因此比其他基於梯度的強化學習演算法更容易實現。此外，PPO 演算法還可以在訓練過程中使用信任區域（Trust Region，對超過區域的值進行裁剪）方法來限制每次更新的幅度，以確保更新的穩定性，如圖 15-9 所示。

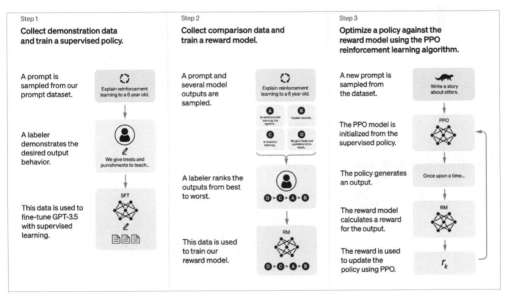

▲ 圖 15-9 RLHF 對大型語言模型訓練的三個階段

ChatGPT 對大型語言模型的訓練可以具體分成以下幾個步驟。

1. 定義環境和動作空間

　　ChatGPT 演算法的環境包括使用者輸入和機器人回覆。對於 PPO 演算法，我們需要定義機器人的動作空間，即機器人可以採取的所有可能的操作。在這種情況下，機器人的動作可以是不同的回覆，每個回覆都有一個機率，這些機率可以表示為 Softmax 輸出。

2. 定義策略網路和價值網路

　　在 PPO 演算法中，我們需要定義兩個神經網路：一個是 Actor 網路，用於確定機器人的行為；另一個是 Critic 網路，用於評估 Actor 的性能。在 ChatGPT 中，我們可以使用預先訓練的語言模型作為 Actor 和 Critic 網路。

3. 定義 PPO 的損失函式

　　PPO 演算法使用一個改進的替代目標函式來更新 Actor 網路的參數。這個 surrogate objective function 包括兩部分：一部分是 ratio；另一部分是 clipped surrogate objective。ratio 是 Actor 網路新舊策略的比率，而 clipped surrogate objective 透過對 ratio 進行剪裁來確保更新的穩定性。

4. 使用 PPO 演算法訓練機器人

　　在每個訓練週期中，ChatGPT 演算法會根據當前的狀態選擇一個動作，並且根據選擇的動作獲取一個獎勵。然後，使用 PPO 演算法更新 Actor 和 Critic 網路的參數，以最大化累計獎勵。更新過程中還需要使用信賴域（Trust Region）方法來限制每次更新的幅度，以確保更新的穩定性。

5. 重複訓練直到收斂

　　ChatGPT 演算法會一直重複訓練機器人，直到機器人的性能收斂。在每個訓練週期結束後，演算法會評估機器人的性能，並將機器人的性能與之前的性能進行比較，以確定是否需要繼續訓練。

15.3 基於 RLHF 實戰的 ChatGPT 正向評論的生成

前面介紹過了，RLHF 演算法實際上是一種利用人類的回饋進行增強學習的方法，旨在使機器智慧能夠在不需要大量訓練資料的情況下，從人類專家那裡獲得指導和改進。而 PPO 演算法在 RLHF 中被廣泛應用，本節進入 RLHF 的實戰部分，實現我們自己的基於 PPO 演算法的正向評論生成機器人。

在這裡需要讀者複習前面第 13 和第 14 章的內容，本節將重複使用和組合以往講解過的知識，並依託 GPT-2 語言模型作為我們的 ChatGPT 語言生成模型，這是因為如果選用更大的模型，可能性能會好一些，但是一般家用電腦沒有足夠的執行空間，而我們是以學習為主，需要照顧更多的讀者，因此這裡採用較小的語言模型。有興趣的讀者可以在學完本章後自行嘗試更大的語言模型。

在本書中已經完整實現了使用 RLHF 的 ChatGPT 模型框架，讀者可以直接執行本書書附原始程式中的 ppo_sentiment_example.py，此實現程式較多，這裡就不完整呈現了，只講解部分重點內容。

15.3.1 RLHF 模型進化的整體講解

在第 13 章中已經詳細介紹了 PPO 演算法，並且在第 14 章完成了一個 GPT-2 模型，可以自由生成對關鍵字 prompt 的描述文字。下面我們基於前面講解的內容，實現一個基於中文情感辨識模型的正向評論生成機器人。

這裡需要說明的是，對於任何 GPT 系列的模型，其文字的生成形式都是相通的。讀者可以自行替換合適的語言模型。

回憶第 14 章的演算法模型 GPT-2，透過對其進行評論訓練，使用一小段文字提示（prompt），模型就能夠繼續生成一段文字，如圖 15-10 所示。

```
酒店名字是起的。房間佈置很歐洲的風格，周圍環
酒店先生開通商網店，越低越省錢越靠譜轉發公眾
酒店具體是房客們集體聚餐之用，自駕前往。打電
酒店稱是住宿部的第三開間房型，設施挺齊全的，
```

▲ 圖 15-10 使用文字提示繼續生成一段文字

　　但是這段評論生成的只是簡單的文字描述，當前的 GPT 模型是不具備情緒辨識能力的，如上面的生成結果都不符合正面情緒。這不能夠達到我們所需要的既定目標，即透過一定的訓練使得模型生成具有正向情感評論的功能。對此的解決辦法就是透過 RLHF 的方法來進化現有 GPT 模型，使其學會盡可能生成正向情感的評論。

　　具體而言，就是在每個模型根據文字提示生成一個結果時，我們需要回饋這個模型輸出結果的得分是多少，即為模型的每個生成結果評分，圖 15-11 展示了生成過程。

```
epoch 24 mean-reward: 0.797852098941803 Random Sample 5 text(s) of model output:
1. 周圍一圈都沒有吃的地方，進了這家店，
2. 酒店裡 有 喝 啤酒的地方，不過停車似乎不
3. 酒店地 段 很 便 利，周圍很多小店，之前買
4. 前臺小姐服務好極了讓人感覺很舒服。有
```

▲ 圖 15-11　生成過程

　　可以看到，隨著模型的輸出，為了簡單起見，這裡計算了評價平均值作為回饋的分值，將訓練評價的結果以圖形的形式展示出來，評分結果如圖 15-12 所示。

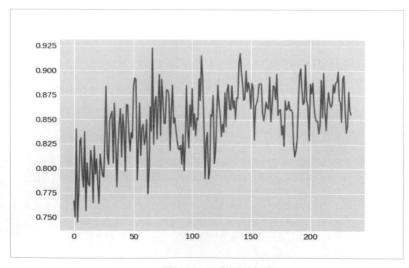

▲ 圖 15-12　評分結果

從圖 5-12 可以看到，隨著訓練的進行，正向評價分數也隨之增加，基本上可以認為我們的訓練是正確的。

15.3.2 ChatGPT 評分模組簡介

前面介紹了 ChatGPT 的基本內容，本小節介紹所使用的評分模組。在這裡我們使用 Huggingface 提供的中文二分類情感分類模型，基於網路評論資料集訓練，能夠對句子的評論情感進行判別，如圖 15-13 所示。

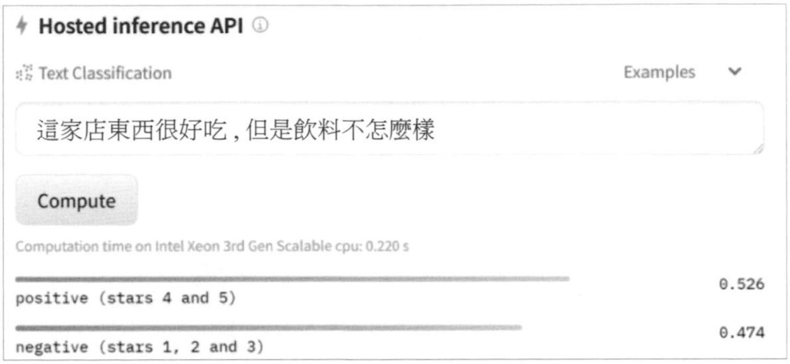

```
⚡ Hosted inference API ⓘ

 Text Classification                                    Examples  ⌄

┌─────────────────────────────────────────────────────────────┐
│ 這家店東西很好吃，但是飲料不怎麼樣                              │
│                                                               │
└─────────────────────────────────────────────────────────────┘

┌──────────┐
│ Compute  │
└──────────┘

Computation time on Intel Xeon 3rd Gen Scalable cpu: 0.220 s

─────────────────────────────────────────────────────  0.526
positive (stars 4 and 5)

─────────────────────────────────────────────────────  0.474
negative (stars 1, 2 and 3)
```

▲ 圖 15-13　對句子的評論情感進行判別

可以看到，在這裡輸入評論，其下方會輸出對該評論的評分值，其中的 positive 為正向評論得分，而 negative 是負向評論得分。

既然使用的是基於 Huggingface 的評論模型，下面直接採用當地語系化的方法將模型部署在本地機器上，程式如下：

```python
import torch
from transformers import AutoTokenizer, AutoModelForSequenceClassification, pipeline


pipe_device = 0 if torch.cuda.is_available() else -1
# 情感分類模型
senti_tokenizer = AutoTokenizer.from_pretrained('uer/roberta-base-finetuned- jd-binary-
chinese')
senti_model = AutoModelForSequenceClassification.from_pretrained('uer/roberta-base-
finetuned-jd-binary-chinese')
sentiment_pipe = pipeline('sentiment-analysis', model=senti_model, tokenizer=senti_
```

```
tokenizer, device=pipe_device)

text = [" 這家店東西很好吃，但是飲料不怎麼樣。"," 這家店的東西很好吃，我很喜歡，推薦！"]

result = sentiment_pipe(text[0])
print(text[0],result)
print("----------------------------")
result = sentiment_pipe(text[1])
print(text[1],result)
```

輸出結果如圖 15-14 所示。

```
這家店東西很好吃，但是飲料不怎麼樣 [{'label': 'positive (stars 4 and 5)', 'score': 0.5255557298660278}]
----------------------------
這家店的東西很好吃，我很喜歡，推薦 [{'label': 'positive (stars 4 and 5)', 'score': 0.9891470670700073}]
```

▲ 圖 15-14 輸出結果

從結果中可以看到，此時的輸出只顯示正向情感評分，而 score 就是具體的分值。

這裡有個提示，關於回饋函式的設定並不是唯一的，讀者在有條件的情況下，可以直接使用 OpenAI 提供的 ChatGPT 介面，透過拼接合適的提示詞來獲取更準確的評分。

15.3.3 帶有評分函式的 ChatGPT 模型的建構

本小節回到 GPT 模型，回憶第 14 章實現的可進行再訓練的 GPT 模型，其中 forward 部分只輸出了模型預測的 logits，但是根據前面的講解，相對於一般的 GPT 模型，還需要一個評分網路來接收對模型的評價回饋。

在這裡可以簡單地使用一個全連接層來完成此項評分功能，程式如下：

```
value_layer =
torch.nn.Sequential(torch.nn.Linear(768,1),torch.nn.Tanh(),torch.nn.Dropout(0.1))
...
output = embedding
value = self.value_layer(output)
```

```
value = torch.squeeze(value,dim=-1)
return logits,value
```

　　可以看到，此時透過對模型的輸出進行回饋，從而調整模型的整體輸出，而此時的輸入 embedding 就是由 GPT-2 模型的主體計算得到的。完整的 GPT-2 模型如下：

```
import torch
from torch.nn.parameter import Parameter
from transformers import BertTokenizer, GPT2Model
tokenizer = BertTokenizer.from_pretrained("uer/gpt2-chinese-cluecorpussmall")

class GPT2(torch.nn.Module):
    def __init__(self,use_rlhf = False):
        super().__init__()
        self.use_rlhf = use_rlhf
        #with torch.no_grad():
        self.model = GPT2Model.from_pretrained("uer/gpt2-chinese-cluecorpussmall")
        self.lm_head = torch.nn.Linear(768,21128,bias=False)
        weight = torch.load("./dataset/lm_weight.pth")
        self.lm_head.weight = Parameter(weight)

        self.value_layer = torch.nn.Sequential(torch.nn.Linear(768,1),torch.nn.Tanh(),
torch.nn.Dropout(0.1))

    def forward(self,token_inputs):
        embedding = self.model(token_inputs)
        embedding = embedding["last_hidden_state"]
        embedding = torch.nn.Dropout(0.1)(embedding)
        logits = self.lm_head(embedding)

        if not self.use_rlhf:
            return logits
        else:
            output = embedding
            value = self.value_layer(output)
            value = torch.squeeze(value,dim=-1)
            return logits,value
```

```python
@torch.no_grad()
def generate(self, continue_buildingsample_num, prompt_token=None, temperature=1.,
top_p=0.95):
    """
    :param continue_buildingsample_num: 這個參數指的是在輸入的 prompt_token 後再輸出多
少個字元
    :param prompt_token: 這是需要轉換成 Token 的內容，這裡需要輸入一個 list
    :param temperature:
    :param top_k:
    :return: 輸出一個 Token 序列
    """

    prompt_token_new = list(prompt_token)   # 使用這行程式，在生成的 Token 裡面有 102 個
分隔符號
    for i in range(continue_buildingsample_num):
        _token_inp = torch.tensor([prompt_token_new]).to("cuda")
        if self.use_rlhf:
            result, _ = self.forward(_token_inp)
        else:
            result = self.forward(_token_inp)
        logits = result[:, -1, :]
        probs = torch.softmax(logits / temperature, dim=-1)
        next_token = self.sample_top_p(probs, top_p)   # 預設的 top_p = 0.95
        next_token = next_token.reshape(-1)
        prompt_token_new.append(next_token.item())
    return prompt_token_new

def sample_top_p(self, probs, p):
    probs_sort, probs_idx = torch.sort(probs, dim=-1, descending=True)
    probs_sum = torch.cumsum(probs_sort, dim=-1)
    mask = probs_sum - probs_sort > p
    probs_sort[mask] = 0.0
    probs_sort.div_(probs_sort.sum(dim=-1, keepdim=True))
    next_token = torch.multinomial(probs_sort, num_samples=1)
    next_token = torch.gather(probs_idx, -1, next_token)
    return next_token
```

15.3.4 RLHF 中的 PPO 演算法——KL 散度

本小節依次講解在訓練時使用的 PPO2 模型，相對於第 13 章講解的 PPO 演算法，實際上還需要 active 與 reward 方法。因此，在具體使用時，我們採用兩個相同的 GPT-2 模型分別作為演算法的實施與更新模組，程式如下：

```
from moudle import model
gpt2_model = model.GPT2(use_rlhf=True)
gpt2_model_ref = model.GPT2(use_rlhf=True)
```

這是我們已定義好的 GPT-2 模型。為了簡單起見，我們使用的均為帶有評分函式的 GPT-2 模型。

下面對 PPO 整體模型介紹，在這裡我們採用自訂的 PPOTrainer 類別來對模型進行整體操作，簡單的程式如下：

```
ppo_trainer = PPOTrainer(gpt2_model, gpt2_model_ref, gpt2_tokenizer, **config)
```

下面對相對簡單的散度計算函式 AdaptiveKLController 進行講解（PPO2 演算法）。需要注意的是，無論是在經典的 PPO 演算法還是我們自訂的 PPO 演算法中，KL 散度的計算都是一項重要的內容，它是一種用來描述兩個分佈之間距離的性能指標。

這裡使用 AdaptiveKLController 來實現模型計算，這種方法會在梯度函式中新增 clip 操作，稱為 PPO2 演算法。

其實現原理是，當優勢函式的值為正，即需要加強對當前動作的選擇機率時，將對兩分佈在當前狀態和動作下的比值的最大值進行約束。如果最大值超過設定值，則停止對策略的更新；當優勢函式的值為負，即需要減小對當前動作的選擇機率時，將對兩分佈在當前狀態和動作下的比值的最小值進行約束，如果最小值超過設定值，也會停止對策略的更新。透過這種方式，可以實現在參數更新的同時保證兩分佈之間的距離在設定的範圍內，如圖 15-15 所示。

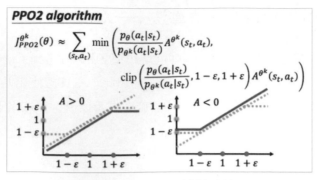

▲ 圖 15-15　PPO2 演算法演示

這種方法使得模型能夠透過動態調整 KL 約束項的懲罰係數，來達到約束參數更新幅度的目的，即參數的更新應盡可能小以保證訓練的穩定性，但同時應在分佈空間更新得足夠大以使策略分佈發生改變。

如圖 15-16 所示的演算法，對於更新前後的 KL 距離，我們設定一個目標約束值 target（一個可調整的超參數），直接設定 KL 散度的最大更新約束值。

但是，和使用 KL 散度的約束值不同的是，該方法對優勢函式做了限制。其中，當重要性採樣的係數大於或小於一個固定值（一般設定區間範圍為 [-0.2,0.2]，見下面的程式部分）時，該更新會被忽略，即裁剪後的損失不依賴於參數，所以不產生任何梯度資訊。本質上是忽略了差異過大的新策略所產生的優勢函式值，保證了訓練的穩定性和梯度更新的單調遞增所需的步幅小的要求。

> Input: initial policy parameters θ_0, clipping threshold ϵ
> **for** $k = 0, 1, 2, \cdots,$ **do**
>   Collect set of partial trajectories $\mathcal{D}_k$ on policy $\pi_k = \pi(\theta_k)$
>   Estimate advantages $\hat{A}_t^{\pi_k}$ using any advantage estimation algorithm
>   Compute policy update
> $$\theta_{k+1} = \underset{\theta}{\arg\max}\, \mathcal{L}_{\theta_k}^{\text{CLIP}}(\theta)$$
>   by taking K steps of minibatch SGD (via Adam), where
> $$\mathcal{L}_{\theta_k}^{\text{CLIP}}(\theta) = \underset{\tau \sim \pi_k}{\mathrm{E}}\left[\sum_{t=0}^{T}\left[\min(r_t(\theta)\hat{A}_t^{\pi_k}, \text{CLIP}(r_t(\theta), 1-\epsilon, 1+\epsilon)\,\hat{A}_t^{\pi_k}) \right] \right]$$
> **end for**

▲ 圖 15-16　對 KL 散度有約束的 PPO 最佳化策略

在模型中的具體實現如下，讀者可以對照驗證：

```python
class AdaptiveKLController:
    def __init__(self, init_kl_coef, target, horizon):
        self.value = init_kl_coef
        self.target = target
        self.horizon = horizon

    def update(self, current, n_steps):
        target = self.target
        proportional_error = np.clip(current / target - 1, -0.2, 0.2)
        mult = 1 + proportional_error * n_steps / self.horizon
        self.value *= mult
```

15.3.5 RLHF 中的 PPO 演算法——損失函式

應用 RLHF 的目的是最大限度回饋生成模型的獎勵值，但同時希望生成模型的輸出在經過 PPO 演算法的回饋後，不要距離原本的模型生成結果太遠。因此，需要使用不同的損失函式來對回饋結果進行約束。

完成此項工作的是 PPO 演算法中的損失函式，如同我們在前面介紹的一樣，PPO 演算法中的損失函式是透過比較當前策略與舊策略之間的差異來計算的，以確保更新不會太大，從而避免策略迭代過程中的過度擬合問題。

在此處損失函式的實現如下：

```python
def loss(self, old_logprobs, values, rewards, query, response, model_input):
    """Calculate policy and value losses."""
    lastgaelam = 0
    advantages_reversed = []
    gen_len = response.shape[1]

    for t in reversed(range(gen_len)):
        nextvalues = values[:, t + 1] if t < gen_len - 1 else 0.0
        delta = rewards[:, t] + self.ppo_params['gamma'] * nextvalues - values[:, t]
        lastgaelam = delta + self.ppo_params['gamma'] * self.ppo_params['lam'] *
lastgaelam
        advantages_reversed.append(lastgaelam)
```

```
        advantages = torch.stack(advantages_reversed[::-1]).transpose(0, 1)


    returns = advantages + values                    # (batch, generated_seq_len)
    advantages = whiten(advantages)
    advantages = advantages.detach()

    logits,  vpred = self.model(model_input)         # logits -> (batch, all_seq_len,
vocab_size); vpred -> (batch, all_seq_len)
    logprob = logprobs_from_logits(logits[:,:-1,:], model_input[:, 1:])

    #only the generation part of the values/logprobs is needed
    logprob, vpred = logprob[:, -gen_len:], vpred[:,-gen_len-1:-1]    # logprob ->
(batch, generated_seq_len); vpred -> (batch, generated_seq_len)

    vpredclipped = clip_by_value(vpred, values - self.ppo_params["cliprange_value"],
values + self.ppo_params["cliprange_value"])

    vf_losses1 = (vpred - returns)**2                # value loss = v - (r + gamma * n_
next)
    vf_losses2 = (vpredclipped - returns)**2       # value loss clipped
    vf_loss = .5 * torch.mean(torch.max(vf_losses1, vf_losses2))
    vf_clipfrac =  torch.mean(torch.gt(vf_losses2, vf_losses1).double())

    ratio = torch.exp(logprob - old_logprobs)
    pg_losses = -advantages * ratio                  # importance sampling
    pg_losses2 = -advantages * torch.clamp(ratio, 1.0 - self.ppo_params['cliprange'],
1.0 + self.ppo_params['cliprange'])

    pg_loss = torch.mean(torch.max(pg_losses, pg_losses2))
    pg_clipfrac = torch.mean(torch.gt(pg_losses2, pg_losses).double())

    loss = pg_loss + self.ppo_params['vf_coef'] * vf_loss

    entropy = torch.mean(entropy_from_logits(logits))
    approxkl = .5 * torch.mean((logprob - old_logprobs)**2)
    policykl = torch.mean(logprob - old_logprobs)
    return_mean, return_var = torch.mean(returns), torch.var(returns)
    value_mean, value_var = torch.mean(values), torch.var(values)
```

```
    stats = dict(
        loss=dict(policy=pg_loss, value=vf_loss, total=loss),
        policy=dict(entropy=entropy, approxkl=approxkl,policykl=policykl, clipfrac=pg_
clipfrac,
        dvantages=advantages, advantages_mean=torch.mean(advantages), ratio=ratio),
        returns=dict(mean=return_mean, var=return_var),
        val=dict(vpred=torch.mean(vpred), error=torch.mean((vpred - returns) ** 2),
        clipfrac=vf_clipfrac, mean=value_mean, var=value_var),
        )
    return pg_loss, self.ppo_params['vf_coef'] * vf_loss, flatten_dict(stats)
```

15.4 本章小結

本章展示了使用 RLHF 進行自己的 ChatGPT 實戰訓練，限於目前只是進行講解和演示，使用了 GPT-2 模型進行主模型的調配，同時使用了 Huggingface 的中文二分類情感分類模型對結果進行評判。

這種方式的好處是可以很簡易地進行模型訓練，但是困難在於建立的回饋模型無法較好地反映人類的真實情感。此時還有一種較好的且具有一定可行性的訓練方案，就是使用 OpenAI 提供的 ChatGPT 作為回饋模型，設定專業的關鍵字 Prompt 進行評分測試，從而完成模型的訓練。

從第 16 章開始，我們將使用真正意義上的大型模型，以帶有 70 億參數的北京清華大學開放原始碼 ChatGLM 為例，向讀者介紹大型模型的微調和繼續訓練等工作。

第16章 開放原始碼大型模型 ChatGLM 使用詳解

　　到目前為止，本書介紹的預訓練語言模型，最大規模的是 GPT-2。GPT-2 在當時的人工智慧生成領域可以說是翹首，但是隨著人們對人工智慧研究的深入，以及電腦硬體技術的提高，人們嘗試使用更大、更強、更快的人工智慧模型來生成任務，這也是現代科技發展所帶來的必然結果。

　　本章將介紹目前市場上常用的深度學習大型模型——北京清華大學的 ChatGLM，及其使用與自訂的方法。

16.1 為什麼要使用大型模型

　　隨著 OpenAI 吹響了超大型模型的使用號角，大型模型技術發展迅速，每週甚至每天都有新的模型在開放原始碼，並且大型模型的精調訓練成本大大降低。下面將目前大型模型的一些分類和說明組織在一個完整的框架中，如圖 16-1 所示。

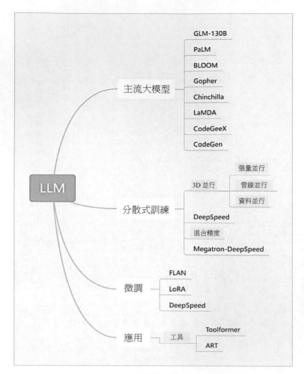

▲ 圖 16-1　大型模型的分類和說明

16.1.1　大型模型與普通模型的區別

顧名思義，大型模型指網路規模巨大的深度學習模型，具體表現為多模型的參數量規模較大，其規模通常在千億等級。隨著模型參數的提高，人們逐漸接受模型的參數越大，其性能越好，但是大型模型與普通深度學習模型有什麼區別呢？

簡單地解釋，可以把普通模型比喻為一個小盒子，它的容量是有限的，只能儲存和處理有限數量的資料和資訊。這些模型可以完成一些簡單的任務，例如分類、預測和生成等，但是它們的能力受到了很大的限制。就像人類的大腦，只有有限的容量和處理能力，能完成的思考和決策有限。

表 16-1 列出了目前可以公開使用的大型模型版本和參數量。

▼ 表 16-1 公開使用的大型模型版本和參數量

模 型	作 者	參數量 /Billion	類 型	是否開放原始碼
LLaMa	Meta AI	65	Decoder	是
OPT	Meta AI	175	Decoder	是
T5	Google	11	Encoder-Decoder	是
mT5	Google	13	Encoder-Decoder	是
UL2	Google	20	Encoder-Decoder	是
PaLM	Google	540	Decoder	否
LaMDA	Google	137	Decoder	否
FLAN-T5	Google	11	Encoder-Decoder	是
FLAN-UL2	Google	20	Encoder-Decoder	是
FLAN-PaLM	Google	540	Decoder	否
FLAN	Google	137	Decoder	否
BLOOM	BigScience	176	Decoder	是
GPT-Neo	EleutherAI	2.7	Decoder	是
GPT-NeoX	EleutherAI	20	Decoder	是
GPT-3	OpenAI	175	Decoder	否
InstructGPT	OpenAI	1.3	Decoder	否

　　相比之下，大型模型就像一個超級大的倉庫，它能夠儲存和處理大量的資料和資訊。它不僅可以完成普通模型能夠完成的任務，還能夠處理更加複雜和龐大的資料集。這些大型模型通常由數十億甚至上百億個參數組成，需要大量的運算資源和儲存空間才能執行。這類似於人類大腦（約有 1000 億個神經元細胞），在龐大的運算單元支撐下完成非常複雜和高級的思考和決策。

　　因此，大型模型之所以被稱為大型模型，是因為其規模和能力相比於普通模型是巨大的。大型模型能夠完成更加複雜和高級的任務，例如自然語言理解、語音辨識、影像辨識等，這些任務需要大量的資料和運算資源才能完成。大型模型可以被看作人工智慧發展的一次飛躍，它的出現為我們提供了更加強大的工具和技術來解決現實中一些複雜和具有挑戰性的問題。

　　與普通模型相比，大型模型具有更加複雜和龐大的網路結構、更多的參數和更深的層數，能夠處理和學習更加複雜和高級的模式和規律。這種架構差異類似於電腦和超級電腦之間的差異，它們的性能和能力相差甚遠。

16.1.2　一個神奇的現象——大型模型的湧現能力

　　本小節討論一個神奇的現象——大型模型的湧現能力。大型模型的「大」表現在參數和儲存空間上，就是紙面上的數字表現特別巨大，而隨之帶來的是一個大型模型特有的現象——湧現能力（Emergent Ability），即：透過在大規模資料上進行訓練，大型深度神經網路可以學習到更加複雜和抽象的特徵表示，這些特徵表示可以在各種任務中產生出乎意料的上乘表現，具體可參考圖 16-2。

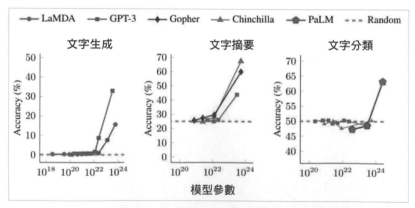

▲　圖 16-2　大型模型在不同任務中產生「湧現」現象的參數量比較

　　可以看到，隨著模型參數的增加，對於準確率的比較模型「突然」有了突飛猛進的增加，這裡先簡單解釋一下，可以將其認為是從量變到質變的轉化，即模型的規模增加時，精度的增速大於 0 的現象（通常增速曲線到後期，增速一般小於 0，就像抛物線逐漸接近高點），於是可以看到模型規模與準確率的曲線上整體呈現非線性增長。

結果的展現形式就是精度準確率的「湧現」出現，使得模型能夠表現出更高的抽象能力和泛化能力。這種湧現能力的出現可以透過以下幾個方面來解釋。

- 更複雜的神經網路結構：隨著模型規模的增加，神經元之間的連接也會變得更加複雜。這使得模型能夠更進一步地捕捉輸入資料的高層次特徵，從而提高模型的表現能力。

- 更多的參數：大型模型通常具有更多的參數，這表示它們可以對輸入資料進行更複雜的非線性變換，從而更進一步地適應不同的任務。舉例來說，在自然語言處理領域，大型語言模型可以透過對巨量文字資料的訓練，學習到更加抽象的語言特徵，從而可以生成更加流暢、自然的文字。

- 更強的資料驅動能力：大型模型通常需要大量的資料來進行訓練，這使得它們能夠從資料中學習到更加普遍的特徵和規律。這種資料驅動的能力可以幫助模型在面對新的任務時表現得更加出色。

這裡對湧現現象的討論並不深入，有興趣繼續深入研究的讀者，可以自行查詢相關材料學習。

16.2 ChatGLM 使用詳解

本節介紹生成模型 GLM 系列模型的新成員——中英雙語對話模型 Chat-GLM。

ChatGLM 分為 6B 和 130B（預設使用 ChatGLM-6B）兩種，主要區別在於其模型參數不同。ChatGLM 是一個開放原始碼的、支援中英雙語問答的對話語言模型，並針對中文進行了最佳化。該模型基於 GLM（General Language Model）架構，如圖 16-3 所示。

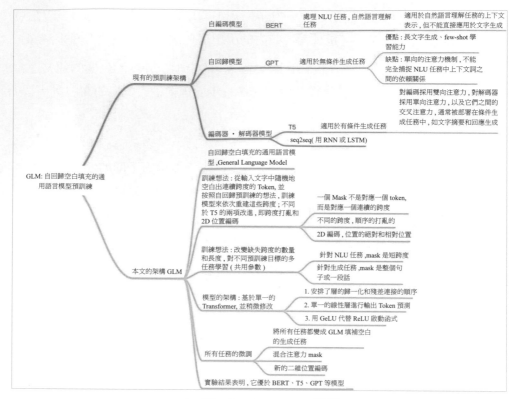

▲ 圖 16-3　ChatGLM 架構

結合模型量化技術，使用 ChatGLM-6B 使用者可以在消費級的顯示卡上進行本地部署（INT4 量化等級下最低只需 6GB 顯示記憶體）。表 16-2 展示了 ChatGLM 的硬體資源消耗。

▼ 表 16-2　ChatGLM 的硬體資源消耗

量化等級	最低 GPU 顯示記憶體（推理）	最低 GPU 顯示記憶體（高效參數微調）
Half（半精度，無量化）	13 GB	14 GB
INT8（8Bit 量化）	8 GB	9 GB
INT4（4Bit 量化）	6 GB	7 GB

接下來將以 ChatGLM-6B 為基礎進行講解，在講解過程中，如果沒有特意註明，預設使用 ChatGLM-6B。更大的模型 GLM-130B 在使用上與 ChatGLM-6B 類似，只是在參數量、訓練層數以及落地的訓練任務方面有所區別，有條件的讀者可以自行嘗試。

16.2.1 ChatGLM 簡介及應用前景

ChatGLM 基於 GLM 架構，針對中文問答和對話進行了最佳化。經過約 1TB 識別字的中英雙語訓練，輔以監督微調、回饋自助、人類回饋強化學習等技術的加持，62 億個參數的 ChatGLM-6B 雖然規模不及千億模型的 ChatGLM-130B，但大大降低了推理成本，提升了效率，並且已經能生成相當符合人類偏好的回答。具體來說，ChatGLM-6B 具備以下特點。

- 充分的中英雙語預訓練：ChatGLM-6B 在 1:1 比例的中英語料上訓練了 1TB 的 Token 量，兼具雙語能力。

- 最佳化的模型架構和大小：吸取 GLM-130B 訓練經驗，修正了二維 RoPE 位置編碼實現，使用傳統 FFN 結構。6B（62 億）的參數大小，使得研究者和個人開發者自己微調和部署 ChatGLM-6B 成為可能。

- 較低的部署門檻：在 FP16 半精度下，ChatGLM-6B 至少需要 13GB 的顯示記憶體進行推理，結合模型量化技術，這一需求可以進一步降低到 10GB（INT8）和 6GB（INT4），使得 ChatGLM-6B 可以部署在消費級顯示卡上。

- 更長的序列長度：相比 GLM-10B（序列長度為 1024），ChatGLM-6B 的序列長度達 2048，支援更長的對話和應用。

- 人類意圖對齊訓練：使用了監督微調（Supervised Fine-Tuning）、回饋自助（Feedback Bootstrap）、人工強化學習回饋（RLHF）等方式，使模型初具理解人類指令意圖的能力。輸出格式為 Markdown，方便展示。

因此，ChatGLM-6B 在一定條件下具備較好的對話與問答能力。

在應用前景上，相對宣傳較多的 ChatGPT，其實 ChatGLM 都適用。表面來看，ChatGPT 無所不能，風光無限。但是對絕大多數企業使用者來說，和自身盈利方向有關的垂直領域才是最重要的。

在垂直領域，ChatGLM 經過專項訓練，可以做得非常好，甚至有網友想出了用收集 ChatGPT 不熟悉領域的內容，再由 ChatGLM 載入使用的策略。

比如智慧客服，沒幾個人會在打客服電話的時候諮詢相對論，而大型的 ChatGPT 的博學在單一領域就失去了絕對優勢，如果把企業所在行業的問題訓練好，那麼就會是一個很好的人工智慧應用。

比如將 ChatGLM 在語音方面的應用依託於大型模型就很有想像力，有公司已經能極佳地進行中外語言的文字轉換了，和大型模型結合後，很快就能生成專業的外文文件。

比如在人工智慧投顧方面造詣頗深，連線大型模型後進行私有語料庫的訓練，可以把自然語言輕鬆地轉換成金融市場的底層資料庫所能理解的複雜公式，小學文化水準理解這些複雜的炒股指標不再是夢想。

再比如工業機器人領域，初看起來和 ChatGPT、ChatGLM 沒什麼連結，但是機器人的操作本質上是程式驅動的，如果利用人工智慧讓機器直接理解自然語言，那麼中間的偵錯過程將大大減少，工業機器人的迭代速度很可能呈指數級上升。

16.2.2 下載 ChatGLM

正如我們在本書開始的時候演示的，ChatGLM 可以很輕鬆地部署在本地的硬體上，當時採用的是 THUDM/chatglm-6b-int4。（使用的時候，需要安裝一些特定的 Python 套件，按提示安裝即可。）

為了後續的學習和再訓練，我們直接使用完整的 ChatGLM 存檔結構，程式如下：

```
from transformers import AutoTokenizer, AutoModel
names = ["THUDM/chatglm-6b-int4","THUDM/chatglm-6b"]
```

```
tokenizer = AutoTokenizer.from_pretrained("THUDM/chatglm-6b", trust_remote_code=True)
model = AutoModel.from_pretrained("THUDM/chatglm-6b",
trust_remote_code=True).half().cuda()
response, history = model.chat(tokenizer, "你好", history=[])
print(response)
print("----------------------")
response, history = model.chat(tokenizer, "晚上睡不著應該怎麼辦", history=history)
print(response)
```

從列印結果來看，此時的展示結果與 chatglm-6b-int4 沒有太大差別。

可以直觀地看到，此時的下載較煩瑣，下載檔案被分成了 8 部分，依次下載，然後將其系統地合併，如圖 16-4 所示。

Downloading (...)l-00001-of-00008.bin: 57%|██████| | 996M/1.74G [01:59<01:35, 7.82MB/s]

Downloading (...)l-00002-of-00008.bin: 6%|█| | 115M/1.88G [00:12<02:52, 10.2MB/s]

⋮

Downloading (...)l-00008-of-00008.bin: 74%|████████| | 786M/1.07G [02:41<00:55, 5.11MB/s]

▲ 圖 16-4 下載過程展示

需要注意的是，對於下載的存檔檔案還需要進行合併處理，展示如圖 16-5 所示。

Downloading shards: 100%|██████████| 8/8 [31:58<00:00, 239.76s/it]
Loading checkpoint shards: 100%|██████████| 8/8 [00:07<00:00, 1.01it/s]

▲ 圖 16-5 對下載的存檔檔案進行合併處理

最終展示的結果如圖 16-6 所示。

你好 👍！我是人工智慧幫手 ChatGLM-6B，很高興見到你，歡迎問我任何問題。

晚上睡不著可能會讓人感到焦慮和沮喪，但以下是一些可能有用的技巧，可以幫助更進一步地入睡：

1. 建立一個舒適的睡眠環境：保持房間安靜、涼爽、黑暗，並確保床墊、枕頭和床單舒適。

2. 建立一個固定的睡眠時間表：盡可能在相同的時間上床和起床，以幫助身體建立一個正常的睡眠節律。

3. 放鬆自己：在睡覺前嘗試放鬆自己，可以透過深呼吸、冥想、瑜伽或溫水泡澡等方式來緩解壓力和緊張感。

▲ 圖 16-6 最終展示的結果

　　請讀者自行列印驗證這部分內容。需要注意的是，即使問題是一樣的，但是回答也有可能不同，因為我們所使用的 ChatGLM 是生成式模型，前面的生成直接影響了後面的生成，而這一點也是生成模型不好的地方，前面的結果有了波動，後面就會發生很大的變化，會產生滾雪球效應。

16.2.3 ChatGLM 的使用與 Prompt 介紹

　　前面簡單向讀者介紹了 ChatGLM 的使用，除此之外，ChatGLM 還有很多可以勝任的地方，例如進行文字內容的取出，讀者可以嘗試以下任務：

```
content="""ChatGLM-6B 是一個開放原始碼的、支援中英雙語的對話語言模型，
基於 General Language Model (GLM) 架構，具有 62 億參數。
手機號 18888888888
結合模型量化技術，使用者可以在消費級的顯示卡上進行本地部署（INT4 量化等級下最低只需 6GB 顯示記
憶體）。
ChatGLM-6B 使用了較 ChatGPT 更為高級的技術，針對中文問答和對話進行了最佳化。
電子郵件 123456789@qq.com
經過約 1T 識別字的中英雙語訓練，輔以監督微調、回饋自助、人類回饋強化學習等技術的加持，
帳號 :root 密碼 :xiaohua123
62 億參數的 ChatGLM-6B 已經能生成相當符合人類偏好的回答，更多資訊請參考我們的部落格。
"""
prompt=' 從上文中，提取 " 資訊 "(keyword,content)，包括 :" 手機號 "、" 電子郵件 "、" 帳號 "、" 密
碼 " 等類型的實體，輸出 json 格式內容 '
input ='{}\n\n{}'.format(content,prompt)
print(input)
response, history = model.chat(tokenizer, input, history=[])
print(response)
```

　　這是一個經典的文字取出任務，希望透過 ChatGLM 取出其中的內容，在這裡我們使用了一個 Prompt（中文暫時稱為「提示」），Prompt 是研究者為了下游任務設計出來的一種輸入形式或範本，它能夠幫助 ChatGLM「回憶」起自己在預訓練時「學習」到的東西。

　　Prompt 也可以幫助使用者更進一步地「提示」預訓練模型所需要做的任務，在這裡我們透過 Prompt 的方式向 ChatGLM 傳達一個下游任務目標，即需要其

對文字進行資訊取出，取出其中蘊含的手機、電子郵件、帳號、密碼等常用資訊。最終顯示結果如圖 16-7 所示。

```
從上文中,提取"資訊"(keyword,content),包括:"手機號"、"電子郵件"、"帳號"、"密碼"等類型的實體,輸出 json 格式內容
{
"keyword": "資訊",
"content":{
"手機號":"18888888888",
"電子郵件":"123456789@qq.com",
"帳號": "root",
"密碼":"xiaohua123"
}
}
```

▲ 圖 16-7 對文字進行資訊取出

可以看到，這是一個使用 JSON 格式表示的取出結果，其中的內容根據 Prompt 中的定義提供了相應的鍵 - 值對，直接取出了對應的資訊。

除此之外，讀者還可以使用 ChatGLM 進行一些常識性的文字問答和撰寫一些程式。當然，完成這些內容還需要讀者設定好特定的 Prompt，從而使得 ChatGLM 能夠更進一步地理解讀者所提出的問題和意思。

16.3 本章小結

本章講解了深度學習自然語言處理的重要的研究方向——自然語言處理的大型模型 ChatGLM，這是目前為止深度學習在自然語言處理中最前端和最重要的方向之一。本章只做了拋磚引玉的工作，介紹了大型模型的基本概念、分支並實現了一個基於 ChatGLM 的應用。從第 17 章開始將以此為基礎完成 ChatGLM 的再訓練和微調工作。

第17章 開放原始碼大型模型 ChatGLM 高級訂製化 應用實戰

在前一章中，我們介紹了 ChatGLM 的基本內容，並介紹了 ChatGLM 的一些常用應用，例如使用 ChatGLM 完成一些基本的場景問答以及特定資訊取出等。

除此之外，ChatGLM 還可以完成一些更高級的任務和應用，例如透過提供的文件完成基於特定領域文件內容的知識問答等。不同類型的本地知識庫可能對應不同的應用場景。

舉例來說，在問答系統中，可以使用維基百科或其他線上百科全書作為本地知識庫，以便回答使用者的常見問題。在客服對話系統中，可以使用公司內部的產品文件或常見問題解答作為本地知識庫，以便回答使用者關於產品的問題。在聊天機器人中，可以使用社交媒體資料、電影評論或其他大規模文字資料集作為本地知識庫，以便回答使用者的聊天話題。

17.1 醫療問答 GLMQABot 架設實戰──基於 ChatGLM 架設專業客服問答機器人

我們在 16.6.2 節已經介紹了使用基本的 ChatGLM 完成知識問答的一些方法，即直接透過 Prompt 將需要提出的問題傳送給 ChatGLM。可以看到 ChatGLM 已經能夠較好地完成相關內容的知識問答，如圖 17-1 所示。

▲ 圖 17-1 使用 ChatGLM 進行知識問答

如果我們對 ChatGLM 進一步提出涉及專業領域的問題，而此方面知識是 ChatGLM 未經資料訓練的，那麼 ChatGLM 的回答效果如何呢？本節將考察 ChatGLM 在專業領域的問答水準，並嘗試解決此方面的問題。

17.1.1 基於 ChatGLM 架設專業領域問答機器人的想法

在使用 ChatGLM 製作專業領域問答機器人之前，我們需要了解 ChatGLM 能否完整地回答使用者所提出的問題。下面提出一個專業醫學問題交於 ChatGLM 回答，程式如下：

```
from transformers import AutoTokenizer, AutoModel
tokenizer = AutoTokenizer.from_pretrained("THUDM/chatglm-6b", trust_remote_code=True)
model = AutoModel.from_pretrained("THUDM/chatglm-6b", trust_remote_code=True).half().
cuda()

prompt_text = "小孩牙齦腫痛服用什麼藥"
"------------------------------------------------------------------------------------
```

```
-------------------------------------------------------------"
print(" 普通 ChatGLM 詢問結果：")
response, _ = model.chat(tokenizer, prompt_text, history=[])
print(response)
```

這是一份最常見的生活類醫學問答，問題是「小孩牙齦腫痛服用什麼藥」，在這裡我們使用已有的 ChatGLM 完成此問題的回答，結果如圖 17-2 所示（注意，在使用 ChatGLM 回答問題時，結果會略有不同）。

普通 chatGLM 詢問結果：
The dtype of attention mask (torch.int64) is not bool
小孩牙齦腫痛的症狀通常建議服用清熱解毒的中藥，例如清熱解毒口服液、清咽利喉顆粒、板藍根顆粒等。這些中藥具有清熱解毒、抗菌消炎的功效，有助緩解牙齦腫痛等症狀。
同時，也可以讓孩子多喝水，保持口腔清潔，避免食用辛辣刺激性食物，觀察一段時間，看看是否會有改善。如果症狀嚴重或持續時間較長，建議就醫，尋求醫生的幫助和建議。

▲ 圖 17-2 ChatGLM 詢問結果

這是一個較經典的回答，其中涉及用藥建議，但是並沒有直接回答我們所提出的問題，即「服用什麼藥」。專業回答建議如圖 17-3 所示。

'context_text'': 牙齦腫痛會給我們健康口腔帶來很大傷害性，為此在這裡提醒廣大朋友們，對於牙齦腫痛一定要注意做好相關預防工作，牙齦腫痛的發病人群非常廣泛，孩子以後收到此病侵害，如果孩子不幸患上牙齦腫痛，需要儘快去接受正規治療，並且做好護理工作。牙齦腫痛又被稱為了牙肉腫痛，也就是牙齦根部疼痛並且伴隨著它的周圍齒肉腫脹。小孩發生牙齦腫痛的原因比較多，不同病因引起的牙齦腫痛治療方法也有差異，所以當孩子出現這種疾病之後，需要儘快去醫院查明原因後對症處理，處理小孩牙齦腫痛的三個方法是什麼 1、牛黃解毒丸孩子出現牙齦腫痛多是因為上火造成的，這個時候可以給孩子服用牛黃解毒丸，按照醫生的囑託來給孩子服用。此藥物有通便瀉火的作用，而且是屬於中藥，對孩子來說沒有什麼副作用，但一定要注意不可以大量給孩子服用。2、用溫水刷牙孩子牙齦腫痛的時候一定要用溫水刷牙，用溫茶水來漱口。因為牙髓神經對溫度是非常敏感的，如果一旦遇到刺激就會加重疼痛。溫水對於牙齒來說是天然保護劑，能夠防治過敏性牙齒疾病。茶水裡面含氟，經常用溫熱茶水含漱口，能夠造成護齒防齲治療可緩解的作用。3、大蒜頭磨擦對於有比較嚴重磨損的牙齒，並且有明確酸痛感的孩子，家長朋友們可以用大蒜頭反覆去摩擦牙齦，敏感區，每天磨擦兩次，等一周之後酸痛感就會明顯減輕。牙齦腫痛雖然說不是特別嚴重的疾病，但它的危害也比較大，為此在這裡提醒廣大家長朋友們，如果孩子一旦出現這種情況，就應該及時帶著孩子去醫院接受檢查。因為牙齦腫痛發生的原因比較多，只有檢查確診什麼樣原因後，才能夠對症治療。'',

▲ 圖 17-3 專業回答建議

其中灰底部分是對這個問題的回答，即透過服用牛黃解毒丸可以較好地治療小孩牙齦腫痛。這是一種傳統的治療方案。我們的目標就是希望 ChatGLM 能夠根據所提供的文字資料回答對應的問題，而問題的答案應該就是由文字內容所決定的。

下面我們分析使用 ChatGLM 根據文字回答問題的想法。一個簡單的辦法就是將全部文件發送給 ChatGLM，然後透過 Prompt 的方式告訴 ChatGLM 需要在發送的文件中回答特定的問題。

顯然這個方法在實戰中並不可信。首先，需要發送的文件內容太多，嚴重地消耗硬體的顯示記憶體資源；其次，龐大的資料量會嚴重拖慢 ChatGLM 的回答；再次資料量過大還會影響 ChatGLM 查詢文件的範圍。

　　因此，我們需要換一種想法來完成實戰訓練。如果只發送與問題最相關的「部分文件」資訊給 ChatGLM，是否可行呢？整體流程如圖 17-4 所示。

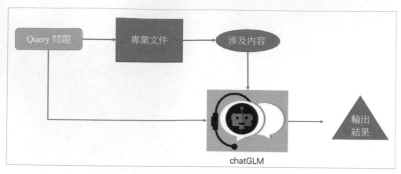

▲ 圖 17-4　整體流程

　　這只是一個想法，具體是否能夠成功還需要讀者自行嘗試。

17.1.2　基於真實醫療問答的資料準備

　　由於此專案是完成專業領域的問答，因此這裡準備了一份真實的醫療問答實例作為基礎資料，資料是根據具有實際意義的醫學問答病例所設計的醫療常識，如圖 17-5 所示。

"context_text":"牙齦腫痛會給我們健康口腔帶來很大傷害性，為此在這裡提醒廣大朋友們，對於牙齦腫痛一定要注意做好相關預防工作，牙齦腫痛的發病人群非常廣泛，孩子以後收到此病侵害，如果孩子不幸患上牙齦腫痛，需要儘快去接受正規治療，並且做好護理工作，牙齦腫痛又被稱為了牙肉腫痛，也就是牙齦根部所伴隨並且伴隨著它的周圍疼痛腫脹。小孩發生牙齦腫痛的原因比較多，不同病因引起的牙齦腫痛治療方法也有差異，所以當孩子出現這種疾病之後，需要儘快去醫院查明原因後對症處理。處理小孩牙齦腫痛的三個方法是什麼？1、牛黃解毒丸孩子出現牙齦腫痛多是因為上火造成的，這個時候可以給孩子服用牛黃解毒丸，按照醫生的囑託來給孩子服用，此藥物有通便瀉火的作用，而且是屬於中藥，對孩子來說沒有什麼副作用，但一定要注意不可以大量給孩子服用。2、用溫水刷牙孩子牙齦腫痛的時候一定要用溫水刷牙，用溫茶水來漱口，因為牙髓神經對於溫度是非常敏感的，如果一旦遇到刺激就會加重疼痛。溫水對牙齒來說是天然保護劑，能夠防治過敏性牙痛疾病。茶水裡面含氟，經常用溫熱茶水含漱口，能夠造成護齒防齲治療牙痛的作用。3、大蒜頭磨擦對於有比較嚴重磨損的牙齒，並且有明顯酸痛區的孩子，家長朋友們可以用大蒜頭反覆去摩擦牙齦酸敏區，每天磨擦兩次，等一周之後酸痛感就會明顯減輕。牙齦腫痛雖然並不是特別嚴重的疾病，但它的危害也比較大，為此在這裡提醒廣大家長朋友們，如果孩子一旦出現這種情況，就應該及時帶著孩子去醫院接受檢查。因為牙齦腫痛發生的原因比較多，只有檢查確診什麼樣原因後，才能夠對症治療。",
"qas":[
{
"query_text":" 小孩牙齦腫痛吃什麼藥 ",
"query_id":"TRAIN_10255_QUERY_1",
"answers":[
　*1、牛黃解毒丸孩子出現牙齦腫痛多是因為上火造成的。這個時候可以給孩子服用牛黃解毒丸，按照醫生的囑託來給孩子服用。此藥物有通便瀉火的作用，而且是屬於中藥，對孩子來說沒有什麼副作用，但一定要注意不可以大量給孩子服用。"

▲ 圖 17-5　相關醫療常識

　　下面對資料進行處理，在這裡由於讀取的文件內容是以 JSON 格式儲存的，因此讀取此內容的程式如下：

```
import json
# 打開檔案，r 用於讀取，encoding 用於指定編碼格式
with open('./dataset/train1.json', 'r', encoding='utf-8') as fp:
# load() 函式將 fp( 一個支援 .read() 的檔案類別物件，包含一個 JSON 文件 ) 反序列化為一個 Python
物件
    data = json.load(fp)
    for line in data:
        line = (line["context_text"])         # 獲取文件中的 context_text 內容
        context_list.append(line)             # 將獲取到的文件新增到對應的 list 串列中
```

注意，本例中我們採用醫療問答資料作為特定的文件目標，讀者可以選擇自訂的專業領域文件或內容作為特定目標進行處理。

17.1.3 文字相關性（相似度）的比較演算法

根據 17.1.1 節講解的內容，在獲取到對應的文件內容後，一個非常重要的工作是用特定的方法或演算法找到與提出的問題最相近的那部分答案。因此，這裡的實戰內容就轉化成文字相關性（相似度）的比較和計算。

對於文字相關性的計算，相信讀者不會陌生，常用的是餘弦相關性計算與 BM25 相關性計算，在這裡我們採用 BM25 來計算對應的文字相關性。

假如我們有一系列的文件 Doc，現在要查詢問題 Query。BM25 的思想是，對 Query 進行語素解析，生成語素 Q；然後對於每個搜尋文件 D_i 計算每個語素 Q_i 與文件 D_j 的相關性；最後將所有的語素 Q_i 與 D_j 進行加權求和，最終計算出 Query 與 D_j 的相似性得分。將 BM25 演算法總結如下：

$$\text{Score}(\text{Query}, D_i) = \sum_{i}^{n} W_i \bullet R(Q_i, D_j)$$

在中文中，我們通常將每一個詞語當作 Q_i，W_i 表示語素 Q_i 的權重，$R(Q_i, D_j)$ 表示語素 Q_i 與文件 D_i 的相關性得分關係。

限於篇幅，對於 BM25 不再深入說明，有興趣的讀者可以自行研究。

下面透過程式實現 BM25 專案，我們可以透過撰寫自己的 Python 程式來實現 BM25 函式。對於成熟的演算法，建議使用 Python 中現成的函式庫函式，這是因為大多數現成的 Python 函式庫，已經經過持續最佳化，我們沒必要再重複製造輪子，使用現成的函式庫即可。

讀者可以使用以下程式安裝對應的 Python 函式庫：

```
pip install rank_bm25          # 注意底線
```

這是一個較常用的 BM25 函式庫，其作用是計算單一文字與文字函式庫的 BM25 值。但是需要注意的是，BM 在公式中要求傳遞的是單一字（或詞），其過程是以單一字或詞為基礎進行計算，因此在使用 BM 進行相關性計算時，需要將其拆分為字或詞的形式，完整的相關性計算程式如下：

```python
#query 是需要查詢的文字，documents 為文字函式庫，top_n 為傳回最接近的 n 條文字內容
def get_top_n_sim_text(query: str, documents: List[str],top_n = 3):
    tokenized_corpus = []
    for doc in documents:
        text = []
        for char in doc:
            text.append(char)
        tokenized_corpus.append(text)

    bm25 = BM25Okapi(tokenized_corpus)
    tokenized_query = [char for char in query]
    #doc_scores = bm25.get_scores(tokenized_query)  # array([0., 0.93729472, 0.])

    results = bm25.get_top_n(tokenized_query, tokenized_corpus, n=top_n)
    results = ["".join(res) for res in results]
    return results
```

對於此部分的程式應用如下：

```python
import utils

prompt_text = " 明天是什麼天氣 "
context_list = [" 哪個顏色好看 "," 今天晚上吃什麼 "," 你家電話多少 "," 明天的天氣是晴天 "," 晚上的月亮好美呀 "]
```

```
sim_results = utils.get_top_n_sim_text(query=prompt_text,documents=context_list, top_
n=1)
print(sim_results)
```

最終列印結果如下：

```
[' 明天的天氣是晴天 ']
```

更多的內容請讀者自行嘗試。

當然，對於文字相似性的比較，除了使用 BM25 相關性計算外，還可以使用餘弦相似度、尤拉距離以及深度學習的方法來實現，具體採用哪種方案，需要讀者在不同的任務場景下比較選擇。

17.1.4 提示敘述 Prompt 的建構

本小節使用基於專業文件架設的 GLMQABot 問答機器人。

我們的目標是將相關的文字內容傳遞給 ChatGLM，並顯式地要求 ChatGLM 根據文件內容回答對應的問題，因此一個非常重要的內容就是顯式地傳遞需要 ChatGLM 的 Prompt。

在這裡準備了一個可供 ChatGLM 使用的專門用於讀取專業文件的 Prompt，其內容如下：

```
prompt = f' 根據文件內容來回答問題，問題是 "{question}"，文件內容如下：\n'
```

可以看到，此次任務的 Prompt 就是使用自訂的問題和查詢到的相關內容組成一筆特定的敘述，要求 ChatGLM 對此敘述做出回應。完整的建構 Prompt 的函式如下：

```
def generate_prompt( question: str, relevant_chunks: List[str]):
    prompt = f' 根據文件內容來回答問題，問題是 "{question}"，文件內容如下：\n'
    for chunk in relevant_chunks:
        prompt += chunk + "\n"
    return prompt
```

17.1.5 基於單一文件的 GLMQABot 的架設

下面完成 GLMQABot 的問答架設，按照 17.1.1 節的分析，現在只需要將所有的內容串聯在同一個檔案中即可，程式如下：

```python
import utils

context_list = []
import json
# 打開檔案，r 用於讀取，encoding 用於指定編碼格式
with open('./dataset/train1.json', 'r', encoding='utf-8') as fp:
    # load() 函式將 fp( 一個支援 .read() 的檔案類別物件，包含一個 JSON 文件 ) 反序列化為一個
Python 物件
    data = json.load(fp)
    for line in data:
        line = (line["context_text"])
        context_list.append(line)

from transformers import AutoTokenizer, AutoModel
tokenizer = AutoTokenizer.from_pretrained("THUDM/chatglm-6b", trust_remote_code=True)
model = AutoModel.from_pretrained("THUDM/chatglm-6b",
trust_remote_code=True).half().cuda()

prompt_text = " 小孩牙齦腫痛服用什麼藥 "
"--------------------------------------------------------"
print(" 普通 ChatGLM 詢問結果：")
response, _ = model.chat(tokenizer, prompt_text, history=[])
print(response)
print("----------------------------------------")
print(" 經過文字查詢的結果如下：")
sim_results = utils.get_top_n_sim_text(query=prompt_text,documents=context_list)
print(sim_results)
print("----------------------------------------")
print(" 由 ChatGLM 根據文件查詢的結果如下：")
prompt = utils.generate_prompt(prompt_text,sim_results)
response, _ = model.chat(tokenizer, prompt, history=[])
print(response)
print("----------------------------------------")
```

在這裡分別展示了不同情況下對問題的回答情況，下面說明一下結果。

普通 ChatGLM 詢問結果如圖 17-6 所示。

普通 chatGLM 詢問結果：

The dtype of attention mask (torch.int64) is not bool

小孩牙齦腫痛的情況，最好先諮詢醫生的建議。因為牙齦腫痛可能是由多種原因引起的，包括感染、牙齒問題等等，需要針對具體情況進行診斷和治療。

如果醫生建議就醫，可以考慮以下藥物：

1. 口腔漱口水：口腔漱口水可以清潔口腔，減輕牙齦疼痛和炎症。例如，含有苯海拉明的漱口水可以緩解牙齦疼痛和炎症。

2. 消炎藥：如果醫生認為牙齦腫痛是由感染引起的，可能會建議使用消炎藥。例如，阿莫西林克拉維酸鉀可以用於治療細菌感染。

3. 止痛藥：如果醫生認為牙齦腫痛是由疼痛引起的，可能會建議使用止痛藥。例如，布洛芬可以緩解輕度到中度的疼痛。

需要注意的是，這些藥物應該按照醫生的建議使用，不要自行給孩子服用。此外，如果孩子的疼痛症狀非常嚴重或持續時間較長，建議及時就醫。

▲ 圖 17-6 普通 ChatGLM 詢問結果

直接使用 BM25 進行文字查詢的結果如圖 17-7 所示。

經過文字查詢的結果如下：

[' 牙齦腫痛會給我們健康口腔帶來很大傷害性，為此在這裡提醒廣大朋友們，對於牙齦腫痛一定要注意做好相關預防工作，牙齦腫痛的發病人群非常廣泛，孩子以後收到此病侵害，如果孩子不幸患上牙齦腫痛，需要儘快去接受正規治療，並且做好護理工作。牙齦腫痛又被稱為了牙肉腫痛，也就是牙齒根部疼痛並且伴隨著它的周圍齒肉腫脹。小孩發生牙齦腫痛的原因比較多，不同病因引起的牙齦腫痛治療方法也有差異，所以當孩子出現這種疾病之後，需要儘快去醫院查明原因後對症處理。處理小孩牙齦腫痛的三個方法是什麼 1、牛黃解毒丸孩子出現牙齦腫痛多是因為上火造成的，這個時候可以給孩子服用牛黃解毒丸，按照醫生的囑託來給孩子服用。此藥物有通便瀉火的作用，而且是屬於中藥，對孩子來說沒有什麼副作用，但一定要注意不可以大量給孩子服用。2、用溫水刷牙孩子牙齦腫痛的時候一定要用溫水刷牙，用溫茶水來漱口。因為牙髓神經對溫度是非常敏感的，如果一旦遇到刺激就會加重疼痛。溫水對於牙齒來說是天然保護劑，能夠防治過敏性牙痛疾病。茶水裡面含氟，經常用溫熱茶水含漱口，能夠造成護齒防齲治療牙痛的作用。3、大蒜頭磨擦對於有比較嚴重磨損的牙齒，並且有明確酸痛區的孩子，家長朋友們可以用大蒜頭反覆去摩擦牙齦敏感區，每天磨擦兩次，等一周之後酸痛感就會明顯減輕。牙齦腫痛雖然說不是特別嚴重的疾病，但它的危害也比較大，為此在這裡提醒廣大大家長朋友們，如果孩子一旦出現這種情況，就應該及時帶著孩子去醫院接受檢查。因為牙齦腫痛發生的原因比較多，只有檢查確診什麼樣原因後，才能夠對症治療。', ' 寶寶牙齦紅腫出血可能是因為齦炎、牙周炎等疾病造成的，建議發現病情之後去醫院做檢查，了解寶寶病情是怎麼回事。平時可以給寶寶喝一些綠豆湯、吃一些下火的蔬菜、多喝水，如果病情比較嚴重，那麼就需要吃一些消炎藥物，需要讓醫生對症用藥才可以恢復的。一歲左右的寶寶，由於消化系統與腸胃系統是在逐步完整的過程，日常吃進去的食物，很容易出現上火的情況。寶寶一旦上火，就會導致咳嗽，喉嚨痛，牙齦紅腫等情況，也是新手爸媽最擔心的。那麼寶寶牙齦紅腫出血怎麼辦 ?1、寶寶牙齦紅腫出血護理方法 \u3000\u3000 給孩子喝些綠豆湯或綠豆稀飯，綠豆性寒味甘，能清涼解毒，清熱解煩，對脾氣暴躁、心煩意亂的寶寶最為適宜。多給孩子吃些水果，如柚子、梨：性寒味微酸除能清熱外，其特點是能清潤肺系，對於肺熱咳嗽吐黃痰，咽幹而痛的寶寶極適宜。多吃些清火蔬菜，如白菜：性微寒

▲ 圖 17-7 直接使用 BM25 進行文字查詢的結果

　　由 ChatGLM 根據文件查詢的結果如圖 17-8 所示。

由 chatGLM 根據回答的結果如下：

小孩牙齦腫痛可以服用牛黃解毒丸或用溫水刷牙、用溫茶水來漱口等方法。如果病情比較嚴重，需要吃一些消炎藥物，建議寶寶喝一些綠豆湯、吃一些下火的蔬菜、多喝水，並去醫院接受檢查。注意消除緊張，可去口腔科檢查，如果是乳牙萌出，出血是正常的。**寶寶牙齦紅腫**的原因多見於牙菌斑生物膜引起的牙齦組織感染性疾病，也可見於局部異物刺激所致。牙齦健康是非常重要的，一旦保護不好，每天都會面臨牙疼的問題，年紀大了牙齒也不會好的。

▲ 圖 17-8　由 ChatGLM 根據文件查詢的結果

　　此時我們做一個對比，對於不同條件下的問答，可以很明顯地看到，基於提供的文字內容 ChatGLM 作了較為全面的回覆，即採用「牛黃解毒丸」作為最佳的解答方案，而非採用較為經典的回答來答覆問題。

17.2　金融資訊取出實戰——基於知識鏈的 ChatGLM 當地語系化知識庫檢索與智慧答案生成

　　第 16 章介紹了使用 ChatGLM 架設專業領域（專業客服）的問答機器人。可以看到，透過相關實戰內容可以極佳地實現基於單一文字的深度資料分析與提取，但是需要注意的是，這部分專業內容都是由使用者預先發送給 ChatGLM，顯式地要求其在對應文件中進行讀取的。

　　但是當讀者的要求不確定，或涉及的文件來源不確定時，ChatGLM 如何完成知識檢索與智慧問答呢？

　　答案就是採用知識鏈的方式對資料進行提取與整合，由多個模型共同作用，從而實現對目標答案的獲取和輸出。本節將講解基於知識鏈的 ChatGLM 當地語系化知識庫檢索與智慧答案生成。

17.2.1　基於 ChatGLM 架設智慧答案生成機器人的想法

　　在建構知識鏈檢索機器人之前，我們需要對整體環節進行設定，即建構基於知識鏈的 ChatGLM 當地語系化知識庫檢索與智慧答案生成的機器人需要哪些步驟。

　　遵循人類的思維習慣，當一個較為專業的問題來臨時，首先需要在所有的知識範圍或知識庫中查詢所涉及的文件內容，之後閱讀相關的文件，從而解析出對應的目標。一個完整的知識鏈問答流程如圖 17-9 所示。

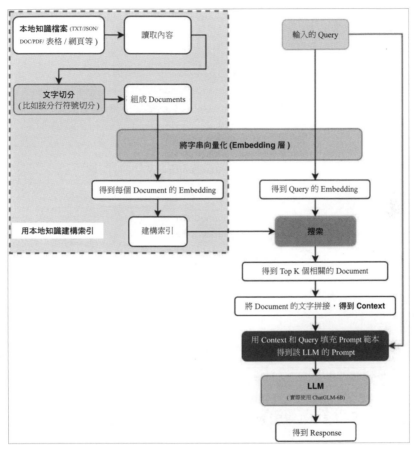

▲ 圖 17-9 完整的知識鏈問答流程

　　從圖 17-9 可以看到，相對於 17.1 節建構的基於專業領域的問答機器人，這裡的步驟明顯更多。這裡將本章的主要內容用淺色框標出，本節首先需要在廣泛的文件中找到所要查詢的特定檔案，然後選擇其中之一或若干文件，透過 17.1 節的內容進行完整的推斷。

本節的目標是提供一筆需要查詢的敘述：

```
query = [" 雅生活服務的人工成本佔營業成本的比例是多少 "]
```

並且提供若干金融文件，希望讀者閱讀這些文件後回答這個簡單的問題。提供的文件樣式如圖 17-10 所示。

```
financial_research_repo
   sentence_embedding
   yanbao000.txt
   yanbao001.txt
   yanbao002.txt
   yanbao003.txt
   yanbao004.txt
   yanbao005.txt
   yanbao006.txt
   yanbao007.txt
   yanbao008.txt
   yanbao009.txt
   yanbao010.txt
   yanbao011.txt
```

▲ 圖 17-10　提供的文件

為了增加本節的難度，為需要查詢的內容額外新增了干擾文字，分別是 yanbao001 與 yanbao007，讀者可以預先查閱和比較。

17.2.2　獲取專業（範圍內）文件與編碼儲存

在 17.2.1 節的分析中，想要完成一條完整的知識鏈，首先要根據所提出的問題獲取所有涉及的文件。對於此問題的回答，一個非常簡單的答案就是將所有的文件「喂」給 ChatGLM，之後根據問題要求其回答是否相關。

這樣是可行的，但是在實際應用這種方法時一般會產生以下問題：

- 文件長度過長，無法一次性喂給 ChatGLM 讀取。
- 文件數量過多，ChatGLM 閱讀花費的時間過多。
- 查詢內容雷同，使得 ChatGLM 多次重複閱讀相同內容，浪費成本。

- 第一次查詢的結果無法存檔。

- 產生的結果較為分散，無法聚焦於具體問題。

對 ChatGLM 來說，一次性輸入較多的文件內容會使得模型產生爆顯示記憶體的問題；同時，如果文件內容過多，在一定時間內要求閱讀過多的文字內容，則會花費大量 ChatGLM 的時間；再就是當查詢的內容相同或類似時，會白白浪費查詢成本。對結果來說，由於 ChatGLM 本身具有一定的不確定性，對於第一次查詢結果的輸出可能並不是很確定，缺乏一個統一的標準，產生的結果往往較分散，並且無法對其進行統一標準的儲存。因此，僅使用 ChatGLM 完成結果的輸出並不合適。

而對於文件等級的文字取出和比對，目前比較常用的方法是使用深度學習的文檔級對比工具來完成，即首先傳入文件資訊，在文件編碼成 Embedding 後，再將文件資訊的編碼儲存下來，之後透過相關性演算法對查詢內容的編碼和現有儲存的編碼進行比較。涉及的部分內容如圖 17-11 所示。

廣告單價的提升和庫存規模的擴大是當前休閒遊戲能實現廣告變現的前提。

過去休閒遊戲上主要是彈跳式廣告，彈跳式廣告的廣告單價低、轉化效果差，廣告位有限因而廣告庫存量小，無法產生較大營收，主要表現為

為休閒遊戲開闢更廣闊的市場空間。

休閒遊戲 2018 年安卓端付費率僅 2.6%，遊戲充值的貢獻來自極少數玩家，而廣告模式的出現，相當於對剩餘 97.4% 的玩家實現貨幣化。

▲ 圖 17-11 涉及的部分內容

下面透過程式實現這部分內容，首先獲取完整的文件內容，程式如下：

```python
from transformers import BertTokenizer, BertModel
import torch
embedding_model_name = "shibing624/text2vec-base-chinese"
embedding_model_length = 512     # 對於任何長度的文字，模型在處理時都有一個長度限制

# Load model from HuggingFace Hub
tokenizer = BertTokenizer.from_pretrained(embedding_model_name)
model = BertModel.from_pretrained(embedding_model_name)

sentences = []
```

```python
# 這裡先對每個文件進行讀取
import os
path = "./dataset/financial_research_reports/"
filelist = [path + i for i in os.listdir(path)]
for file in filelist:
    if file.endswith (".txt"):
        with open(file,"r",encoding="utf-8") as f:
            lines = f.readlines()
            lines = "".join(lines)   # 注意這裡要做成一個文字
            sentences.append(lines[:embedding_model_length])
```

　　需要注意的是，對於任何長度的文字，我們在使用模型進行處理時都有一個特定的輸入長度，在這裡選用長度為 512 的文字進行截斷，讀者可以根據自己的硬體條件以及對各種深度學習模型的熟悉程度選擇不同的長度進行文字截斷。

　　接下來使用深度學習模型對文字進行 Embedding 處理，本例中選擇「shibing 624/text2vec-base-chinese」進行文字的 Embedding 處理，這是一個較常用的文字 Embedding 化的工具。完整程式如下：

```python
kg_vector_stores = {
    '大規模金融研報': './dataset/financial_research_reports',
    '初始化': './dataset/cache',
}   # 可以替換成自己的知識庫，如果沒有，則需要設定為 None


from transformers import BertTokenizer, BertModel
import torch
embedding_model_name = "shibing624/text2vec-base-chinese"
embedding_model_length = 512      # 對於任何長度的文字，都有一個長度限制
# Mean Pooling - 對最終的 Embedding 結果進行壓縮
def mean_pooling(model_output, attention_mask):
    token_embeddings = model_output[0]  # First element of model_output contains all
token embeddings
    input_mask_expanded = attention_mask.unsqueeze(-1).
expand(token_embeddings.size()).float()
    return torch.sum(token_embeddings * input_mask_expanded, 1) /
torch.clamp(input_mask_expanded.sum(1), min=1e-9)
```

```python
# 從 HuggingFace 伺服器中載入模型
tokenizer = BertTokenizer.from_pretrained(embedding_model_name)
model = BertModel.from_pretrained(embedding_model_name)

sentences = []
# 這裡先對每個文件進行讀取
import os
path = "./dataset/financial_research_reports/"
filelist = [path + i for i in os.listdir(path)]
for file in filelist:
    if file.endswith (".txt"):
        with open(file,"r",encoding="utf-8") as f:
            lines = f.readlines()
            lines = "".join(lines)  # 注意這裡要做成一個文字
            sentences.append(lines[:embedding_model_length])

# 對文字進行編碼
encoded_input = tokenizer(sentences, padding=True, truncation=True,
return_tensors='pt')

# 使用模型進行推斷
with torch.no_grad():
    model_output = model(**encoded_input)
# 對推斷結果進行平均值池化壓縮

sentence_embeddings = mean_pooling(model_output, encoded_input['attention_mask'])
print("Sentence embeddings:")
print(sentence_embeddings)
print(sentence_embeddings.shape)

import numpy as np
sentence_embeddings_np = sentence_embeddings.detach().numpy()
np.save("./dataset/financial_research_reports/sentence_embeddings_np.npy",sentence_
embeddings_np)
```

可以清楚地看到，對於讀取的文字文件內容，模型通常會先對其進行編碼化處理，然後針對長度不同的文件記憶體，透過 mean 的方式將其壓縮成同一幅度大小的 Embedding 編碼，最後對生成的 Embedding 編碼進行儲存。

17.2.3　查詢文字編碼的相關性比較與排序

　　本小節進行相關性文字的比較與排序。按照 17.2.1 節的分析可知，文字編碼的目的是對輸入的查詢文字進行比較，計算其相關性排序，從而確定查詢文字與已有文字的相關程度。

　　需要注意的是，這一階段與上一階段相似，也要對輸入的查詢文字內容進行編碼，因此需要同樣的編碼方式。完整的相關性比較程式如下：

```python
import numpy
from utils import mean_pooling,compute_sim_score

from transformers import BertTokenizer, BertModel
import torch
embedding_model_name = "shibing624/text2vec-base-chinese"
# Load model from HuggingFace Hub
tokenizer = BertTokenizer.from_pretrained(embedding_model_name)
model = BertModel.from_pretrained(embedding_model_name)

query = [" 雅生活服務的人工成本佔營業成本的比例是多少 "]
# 轉化成 Token
query_input = tokenizer(query, padding=True, truncation=True, return_tensors='pt')
# 計算輸入 Query 的 Embeddings
with torch.no_grad():
    model_output = model(**query_input)
# Perform pooling. In this case, mean pooling.
query_embedding = mean_pooling(model_output, query_input['attention_mask'])
print(query_embedding.shape)

import numpy as np
sentence_embeddings_np =  np.load("./dataset/financial_research_reports
/sentence_embeddings_np.npy")

for i in range(len(sentence_embeddings_np)):
    score = compute_sim_score(sentence_embeddings_np[i],query_embedding[0])
    print(i,score)
```

　　從程式來看，首先將文字轉換成 Token 格式，之後使用模型計算 Query 的 Embedding 編碼，最後將查詢 Query 的 Embedding 編碼與上一步存檔的 Embedding 編碼內容進行相關性計算。

　　前面使用 BM25 完成了文字的相關性計算，並且提供了相關性計算的公式。可以認為 BM25 是前面介紹的 TF-IDF 的變種，它基於字元出現的頻率計算不同文字之間的相關性。

　　我們現在需要計算的目標並不是一系列的長字元，更傾向於對文字內容的語義理解，因此在這個階段的相關性計算上，需要使用單獨的計算方法來計算涉及語義的文字相關性問題。

　　對於文字相似度計算，研究人員在自然語言處理中提出了多種解決方案，其中最常用的是文字的餘弦相似度計算，公式如下：

$$\text{similarity}(A, B) = \frac{A \cdot B}{\|A\| \times \|B\|} = \frac{\sum_{i=1}^{n} A_i \times B_i}{\sqrt{\sum_{i=1}^{n} A_i^2} \times \sqrt{\sum_{i=1}^{n} B_i^2}}$$

　　公式中 A 和 B 分別代表文字 A 和文字 B 組成的編碼向量，後續透過計算這個編碼向量的值，從而計算出兩個文字之間的相關性（相似度）。其實現程式如下：

```
import numpy as np
def compute_sim_score( v1: np.ndarray, v2: np.ndarray) -> float:
    return v1.dot(v2) / (np.linalg.norm(v1) * np.linalg.norm(v2))
```

　　對查詢文字和儲存文字進行相關性比較的完整程式如下：

```
import numpy
from utils import mean_pooling,compute_sim_score
from transformers import BertTokenizer, BertModel
import torch
embedding_model_name = "shibing624/text2vec-base-chinese"
# Load model from HuggingFace Hub
tokenizer = BertTokenizer.from_pretrained(embedding_model_name)
```

```
model = BertModel.from_pretrained(embedding_model_name)

query = [" 雅生活服務的人工成本佔營業成本的比例是多少 "]
# 對文字進行編碼
query_input = tokenizer(query, padding=True, truncation=True, return_tensors='pt')
# 使用模型進行推斷
with torch.no_grad():
    model_output = model(**query_input)
# 對推斷結果進行平均值池化壓縮
query_embedding = mean_pooling(model_output, query_input['attention_mask'])
print(query_embedding.shape)

import numpy as np
sentence_embeddings_np =  np.load("./dataset/financial_research_reports/
sentence_embeddings_np.npy")

# 依次計算不同的句向量相似度
for i in  range(len(sentence_embeddings_np)):
    score = compute_sim_score(sentence_embeddings_np[i],query_embedding[0])
    print(i,score)
```

最終列印結果如圖 17-12 所示。

```
torch.Size([1, 768])
0 0.4350432
1 0.60119087
2 0.45916626
3 0.46189007
4 0.48611978
5 0.4371616
6 0.37968332
7 0.52807575
8 0.43902677
9 0.4859489
```

▲ 圖 17-12 最終列印結果

這裡只截取了部分結果，可以看到前兩名的分數排名分別是研報 1 和研報 7，在讀取前期對研報 1 和研報 7 的內容都進行了閱讀，發現研報 1 和研報 7 雖然都涉及我們所查詢的目標，但是其側重點不同，相對於研報 7 的內容，研報 1 包含更多我們所需要的目標。

17.2.4 基於知識鏈的 ChatGLM 當地語系化知識庫檢索 與智慧答案生成

相信讀者經過前面的分析，對於在多個文件中查詢最相關的文件有了一定的了解。接下來將查詢到的相關文件重新進行文字比對，將與問題最相關的若干條文件內容輸入 ChatGLM 中，閱讀並回饋查詢問題的答案。

這部分工作較簡單，讀者可以參考 17.1 節的講解完成這部分內容的學習。需要注意的是，我們查詢的問題可能並不存在於輸入的文字內容中，對於某些問題，ChatGLM 會根據以往的訓練內容自動生成答案，但是這個答案可能並不是我們想要的，只是依靠文件內容得到的。因此，在這裡建立相關的 Prompt 時，需要顯式地告訴 ChatGLM 不可以憑藉經驗或以往的訓練內容來回答問題。Prompt 的設定如下：

```
prompt = f' 嚴格根據文件內容來回答問題，回答不允許編造成分要符合原文內容，問題是
"{question}"，文件內容如下：\n'
```

下面舉出基於知識鏈的 ChatGLM 當地語系化知識庫檢索與智慧答案生成模型的完整程式。

knowledge_chain_chatGLM_step0 程式如下：

```
kg_vector_stores = {
    ' 大規模金融研報 ': './dataset/financial_research_reports',
    ' 初始化 ': './dataset/cache',
}  # 可以替換成自己的知識庫，如果沒有，則需要設定為 None

from transformers import BertTokenizer, BertModel
import torch
embedding_model_name = "shibing624/text2vec-base-chinese"
embedding_model_length = 512      #對於任何長度的文字，都有一個長度限制
# Mean Pooling - Take attention mask into account for correct averaging
def mean_pooling(model_output, attention_mask):
    token_embeddings = model_output[0]  # First element of model_output contains all
token embeddings
    input_mask_expanded =
attention_mask.unsqueeze(-1).expand(token_embeddings.size()).float()
```

```python
    return torch.sum(token_embeddings * input_mask_expanded, 1) /
torch.clamp(input_mask_expanded.sum(1), min=1e-9)


# Load model from HuggingFace Hub
tokenizer = BertTokenizer.from_pretrained(embedding_model_name)
model = BertModel.from_pretrained(embedding_model_name)


sentences = []
# 這裡先對每個文件進行讀取
import os
path = "./dataset/financial_research_reports/"
filelist = [path + i for i in os.listdir(path)]
for file in filelist:
    if file.endswith (".txt"):
        with open(file,"r",encoding="utf-8") as f:
            lines = f.readlines()
            lines = "".join(lines)  # 注意這裡要做成一個文字
            sentences.append(lines[:embedding_model_length])


# Tokenize sentences
encoded_input = tokenizer(sentences, padding=True, truncation=True,
return_tensors='pt')


# Compute token embeddings
with torch.no_grad():
    model_output = model(**encoded_input)
# Perform pooling. In this case, mean pooling.

sentence_embeddings = mean_pooling(model_output, encoded_input['attention_mask'])
print("Sentence embeddings:")
print(sentence_embeddings)
print(sentence_embeddings.shape)


import numpy as np
sentence_embeddings_np = sentence_embeddings.detach().numpy()
np.save("./dataset/financial_research_reports/sentence_embeddings_np.npy",sentence_
embeddings_np)
```

knowledge_chain_chatGLM_step1 程式如下：

```python
import numpy
from utils import mean_pooling,compute_sim_score

from transformers import BertTokenizer, BertModel
import torch
embedding_model_name = "shibing624/text2vec-base-chinese"
# Load model from HuggingFace Hub
tokenizer = BertTokenizer.from_pretrained(embedding_model_name)
model = BertModel.from_pretrained(embedding_model_name)

query = [" 雅生活服務的人工成本佔營業成本的比例是多少 "]
# Tokenize sentences
query_input = tokenizer(query, padding=True, truncation=True, return_tensors='pt')
# Compute token embeddings
with torch.no_grad():
    model_output = model(**query_input)
# Perform pooling. In this case, mean pooling.
query_embedding = mean_pooling(model_output, query_input['attention_mask'])
print(query_embedding.shape)

import numpy as np
sentence_embeddings_np =  np.load("./dataset/financial_research_reports/
sentence_embeddings_np.npy")

# 依次計算不同的句向量相似
for i in  range(len(sentence_embeddings_np)):
    score = compute_sim_score(sentence_embeddings_np[i],query_embedding[0])
    print(i,score)
```

knowledge_chain_chatGLM_step2 程式如下：

```python
import utils
query = [" 雅生活服務的人工成本佔營業成本的比例是多少 "]

context_list = []
with open("./dataset/financial_research_reports/yanbao001.txt","r",encoding="UTF-8")
as f:
    lines = f.readlines()
```

```
    for line in lines:
        line = line.strip()
        context_list.append(line)

print(" 經過文字查詢的結果如下：")
sim_results = utils.get_top_n_sim_text(query=query[0],documents=context_list)
print(sim_results)
print("----------------------------------------")

from transformers import AutoTokenizer, AutoModel
tokenizer = AutoTokenizer.from_pretrained("THUDM/chatglm-6b", trust_remote_code=True)
model =
AutoModel.from_pretrained("THUDM/chatglm-6b",trust_remote_code=True).half().cuda()

print(" 由 ChatGLM 根據文件的嚴格回答的結果如下：")
prompt = utils.strict_generate_prompt(query[0],sim_results)
response, _ = model.chat(tokenizer, prompt, history=[])
print(response)
print("----------------------------------------")
```

經過文字查詢的結果如圖 17-13 所示。

```
經過文字查詢的結果如下：
'我們認為，物業管理公司提供的產品本質為服務，從成本組成上來看屬於勞動密集型產業。根據搜狐網援引中指院發佈的 2018 中國物業服務百強企業研究成果，百強企業經營成本中人工成本佔比例超過 50%。2017 年人員費用佔比 55.84%，較 | 2016 年增加 2.41 個百分點。' 根據雅生活 2018 年年報以及 2019 年中期報告 ,2018 年雅生活與員工相關的成本 ( 包含薪酬，員工福利、員工培訓等 ) 佔比約為 61%,2019 年中期為 62%，與員工相關的成本中，佔比較大的為員工薪資 ,2018 年為 83%,2019 年中期為 83%; 其次是社保 ,2018 年為 10%、2019 年中期為 11%; 住房等福利佔比 2018 年為 7%,2019 年中期為 2%;2018 年員工培訓費用為 812 萬元，同比增長 36%，佔比 0.5%。','物業管理行業屬於勞動密集型產業 ( 見 2.3 節 )，人工成本佔據營業成本的 50% 以上，我們認為，伴隨著物業管理公司規模的擴大，拉開收入增速和人工成本增速之間的差距，在規模拓展的同時有效的控制成本的增長，是物業管理公司尋求利潤增長點的重點。雅生活在管理系：統、服務品質和提高人工效率方面做出不斷最佳化，提出專注於 "管理數位化、服務專業化、流程標準化、操作機械化"，我們認為公司提出的四化管理模式有助公司長期降費提效，維持和擴大利潤空間，可
```

▲ 圖 17-13 經過文字查詢的結果

如果要求 ChatGLM 完全依靠文件內容對問題進行回答，輸出的結果如圖 17-14 所示。

```
由 chatGLM 根據文件的嚴格回答的結果如下：
The dtype of attention mask (torch.int64) is not bool
根據文件內容，雅生活服務的人工成本佔營業成本的比例約為 61.00%
```

▲ 圖 17-14 輸出結果

更多查詢的問題請讀者自行嘗試。

17.3 基於 ChatGLM 的一些補充內容

除了前面兩節介紹的 ChatGLM 的知識鏈內容外，ChatGLM 還可以完成更多的功能，如圖形生成、圖片描述、音訊生成等。具體內容還請讀者自行挖掘和研究。

17.3.1 語言的藝術——Prompt 的前世今生

前面章節較少涉及 Prompt，本小節將著重介紹此方面的內容。

透過前面的演示，讀者應該對 Prompt 有了一定的了解，即透過輸入特定的「語言組合」，使得模型能夠更進一步地調配各種任務。因此，合適的 Prompt 對於模型的效果至關重要。大量研究表明，Prompt 的微小差別可能會造成效果的巨大差異。研究者就如何設計 Prompt 做出了各種各樣的努力，如自然語言背景知識的融合、契合目標的約束條件、不再拘泥於語言形式的 Prompt 探索等，如圖 17-15 所示。

▲ 圖 17-15 研究者就如何設計 Prompt 做出了各種努力

Prompt 剛剛出現的時候，還不叫作 Prompt，它只是研究人員為了下游任務設計出來的一種輸入形式或範本，它能夠幫助語言模型「回憶」起自己在預訓練時「學習」到的東西，因此逐漸被稱呼為 Prompt。

舉例來說，在對電影評論進行二分類的時候，最簡單的提示範本是「. It was [mask].」，但是該範本並沒有突出該任務的具體特性，我們可以為其設計一個能夠突出該任務特性的範本，例如「The movie review is . It was [mask]. 」，然後根據 mask 位置的輸出結果映射到具體的標籤上。

可以看到，在實際應用中，使用者最常用到的就是 Prompt 設計，其設計需要考慮以下兩項內容：

- Prompt 的調配。
- 設計 Prompt 範本。

1. Prompt 的調配

Prompt 的形狀主要指的是任務的目標和類型。Prompt 在實際應用中選擇哪一種，主要取決於任務的形式和模型的類別。一般來說，克漏字類型的 Prompt 和遮蔽語言模型的訓練方式非常類似，因此，對使用遮蔽語言模型的任務來說，克漏字類型的 Prompt 更加合適；對生成任務來說，或使用自回歸語言模型解決的任務，帶有提問的 Prompt 更加合適；全文生成類型的 Prompt 較為通用，因此對於多種任務，全文生成類型的 Prompt 均適用。另外，對於文字分類任務，Prompt 範本通常採用的是問答的形式。

2. 設計 Prompt 範本

Prompt 最開始就是從手工設計範本開始的。範本設計一般基於人類的自然語言知識，力求得到語義流暢且高效的範本。由於大型語言模型在預訓練過程中見過了大量的人類世界的自然語言，很自然地受到了影響，因此在設計範本時需要符合人類的語言習慣。

對於 Prompt 的研究和探索是基於自然語言處理大型模型發展而來的，其主要作用是引導模型的內容生成，先定角色，後說背景，再提要求，最後定風格。這是 Prompt 設計和使用的基本方法，展開詳細介紹的話就是另一本實戰方面的書籍了，因此這裡不再過多闡述，相信讀者後續會持續與 Prompt 進行交流，從而掌握更多的使用方法和技巧。

17.3.2　北京清華大學推薦的 ChatGLM 微調方法

本小節使用 Linux 系統完成對 ChatGLM 的微調，注意這裡只簡單介紹，更多微調相關內容請參考第 18 章。

在學習了使用 ChatGLM 進行文字問答或文字取出後，相信讀者一定想要嘗試更多的場景，一個非常簡單的想法是利用其生成一些廣告文案來輔助我們的日常工作。

但是問題在於，對於部分特定的文字生成或問答，原有的 ChatGLM 由於沒有學習過對應的內容，因此在生成的時候可能並不會生成所需要的目的文件。為了解決這個問題，ChatGLM 官方給我們提供了對應的微調方案，P-Tuning 就是一種對預訓練語言模型進行少量參數微調的技術。

所謂預訓練語言模型，是指在大規模的語言資料集上訓練好的、能夠理解自然語言表達並從中學習語言知識的模型。P-Tuning 所做的就是根據具體的任務對預訓練的模型進行微調，讓它更進一步地適應具體的任務。相比於重新訓練一個新的模型，微調可以大大節省運算資源，同時也可以獲得更好的性能表現。在這裡，讀者執行本書書附原始程式套件 / 第十七章 /ptuning 目錄中對應的檔案 train.sh，如圖 17-16 所示。

▲ 圖 17-16　train.sh

並執行以下指令即可：

```
bash train.sh
```

可以將 train.sh 中的 train_file、validation_file 和 test_file 修改為自己的 JSON 格式資料集路徑，並將 prompt_column 和 response_column 改為 JSON 檔案中輸入文字和輸出文字對應的 KEY。可能還需要增大 max_source_length 和 max_target_length 來匹配自己的資料集中的最大輸入輸出長度。

```
PRE_SEQ_LEN=32
LR=2e-2

CUDA_VISIBLE_DEVICES=0 python3 main.py \
    --do_train \
    --train_file train.json \
    --validation_file dev.json \
    --prompt_column content \
    --response_column summary \
    --overwrite_cache \
    --model_name_or_path /mnt/workspace/chatglm-6b \
    --output_dir output/adgen-chatglm-6b-pt-LR \
    --overwrite_output_dir \
    --max_source_length 128 \
    --max_target_length 128 \
    --per_device_train_batch_size 1 \
    --per_device_eval_batch_size 1 \
    --gradient_accumulation_steps 16 \
    --predict_with_generate \
    --max_steps 3000 \
    --logging_steps 10 \
    --save_steps 1000 \
    --learning_rate PRE_SEQ_LEN
```

train.sh 中的 PRE_SEQ_LEN 和 LR 分別表示 Soft Prompt 的長度和訓練的學習率，可以進行調節以取得最佳效果。P-Tuning-v2 方法會凍結全部的模型參數，可透過調整 quantization_bit 來控制原始模型的量化等級，若不加此選項，則使用 FP16 精度載入模型。

在預設設定 quantization_bit=4、per_device_train_batch_size=1、gradient_accumul-ation_steps=16 的條件下，INT4 的模型參數被凍結，一次訓練迭代會以 1 的批次處理大小進行 16 次累加的前後向傳播，等效為 16 的總批次處理大小，此時最低只需 6.7GB 顯示記憶體。若想在同等批次處理大小下提升訓練效率，則可在二者乘積不變的情況下加大 per_device_train_batch_size 的值，但這樣會帶來更多的顯示記憶體消耗，請根據實際情況酌情調整。

至於使用模型進行推理，在這裡官方同樣給我們提供了對應的程式，在推理時需要同時載入原 ChatGLM-6B 模型以及 PrefixEncoder 的權重，可以使用 evaluate.sh 指令稿：

```
bash evaluate.sh
```

其中要特別注意參數部分，此時需要載入訓練後的參數：

```
--model_name_or_path THUDM/chatglm-6b
--ptuning_checkpoint $CHECKPOINT_PATH
```

最後還要提醒一下，這裡的微調是基於 Linux 作業系統的，更詳細的微調方案將在第 18 章詳細講解。

17.3.3 一種新的基於 ChatGLM 的文字檢索方案

首先來回顧一下前面是如何基於 ChatGLM 進行文件問答的，其中心想法是「先檢索，再整合」，大致想法如下：

- 首先準備好文件，把每個文件切成若干小的模組。
- 呼叫文字轉向量的介面，將每個模組轉為一個向量，並存入向量資料庫。
- 當使用者發來一個問題的時候，將問題同樣轉為向量，並檢索向量資料庫，得到相關性最高的模組。
- 將問題和檢索結果合併重寫為一個新的請求發給 ChatGLM 進行文件問答。

這裡實際上是將使用者請求的 Query 和 Document 進行匹配，也就是所謂的問題 - 文件匹配。問題 - 文件匹配的問題在於問題和文件在表達方式上存在較大差異。

通常 Query 以疑問句為主，而 Document 則以陳述說明為主，這種差異可能會影響最終匹配的效果。一種改進方法是，跳過問題和文件匹配部分，先透過 Document 生成一批候選的問題 - 答案匹配，當使用者發來請求的時候，首先是把 Query 和候選的 Question 進行匹配，進而找到相關的 Document 部分，此時的具體想法如下：

- 首先準備好文件，並整理為純文字的格式，把每個文件切成若干個小的模組。

- 呼叫 ChatGLM 的 API，根據每個模組生成 5 個候選的 Question，使用的 Prompt 格式為「請根據下面的文字生成 5 個問題：……」。

- 呼叫文字轉向量的介面，將生成的 Question 轉為向量，存入向量資料庫，記錄 Question 和原始模組的對應關係。

- 當使用者發來一個問題的時候，將問題同樣轉為向量，並檢索向量資料庫，得到相關性最高的 Question，進而找到對應的模組。

- 將問題和模組合併重寫為一個新的請求發給 ChatGLM 進行文件問答。

限於篇幅，這就不具體實現了，請讀者自行嘗試完成。

17.4　本章小結

本章介紹了 ChatGLM 的高級應用，即基於知識鏈的多專業跨領域文件挖掘的方法。這是目前有關 ChatGLM 甚至自然語言處理大型模型領域最前端的研究方向。除了本章中講解的兩個例子外，基於大型模型的應用場景涵蓋自然語言處理、電腦視覺、推薦系統、醫療健康、智慧交通、金融服務等多個領域。

　　這些場景需要使用大規模的深度學習模型,並在大規模計算環境中進行訓練和推理,以提高精度和效率。本章只是拋磚引玉,相信讀者在學習完本章後,會對大型模型的應用有進一步的了解,並且可以開發出更多基於深度學習大型模型的應用。

第**18**章 對訓練成本上億美金的 ChatGLM 進行高級微調

第 17 章帶領讀者學習了 ChatGLM 的高級應用，相信讀者對如何使用 ChatGLM 完成一些簡單或較高級的任務有了一定的了解。

但是第 17 章講解的所有任務和應用場景均是以現有的模型訓練本身的結果為基礎的，沒有涉及針對 ChatGLM 本身的原始程式修改和微調方面的內容。本章將學習這方面的內容。

18.1 ChatGLM 模型的當地語系化處理

可能有讀者注意到，到目前為止我們使用的都是線上版本的 ChatGLM，即透過 Transformer 這個工具套件直接呼叫相關介面，如果我們想離線使用 ChatGLM，是否可行呢？

答案是可以的，本節將解決這個問題，即實現 ChatGLM 模型的當地語系化。

18.1.1　下載 ChatGLM 原始程式與合併存檔

在 Huggingface 的 ChatGLM 對應的函式庫內容下，北京清華大學相關實驗室提供給使用者了對應的 ChatGLM 原始程式下載，如圖 18-1 所示。

其中的 modeling_chatglm.py 檔案就是供使用者下載和學習的原始程式內容，讀者可以下載當前資料夾中除了存檔檔案（以 .bin 副檔名結尾的檔案）之外的所有檔案備用。

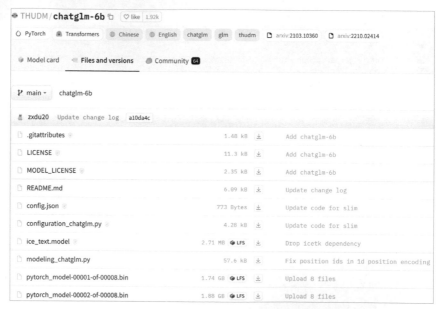

▲ 圖 18-1　ChatGLM 原始程式下載頁面

在這裡，讀者可以直接使用本書書附程式套件中的 chatGLM_spo/huggingface_saver/ demo 資料夾，從而完成對存檔內容的讀取與載入。完整的程式如下：

```
import torch
from transformers import AutoTokenizer, AutoModel
tokenizer = AutoTokenizer.from_pretrained("THUDM/chatglm-6b", trust_remote_code=True)
# 為了節省顯示記憶體，我們使用的是 half 資料格式，也就是半精度的模型
```

```
model = AutoModel.from_pretrained("THUDM/chatglm-6b",
trust_remote_code=True).half().cuda()
response, history = model.chat(tokenizer, " 你好 ", history=[])
print(response)
# # 你好 🙂 ! 我是人工智慧幫手 ChatGLM-6B，很高興見到你，歡迎問我任何問題
response, history = model.chat(tokenizer, " 晚上睡不著應該怎麼辦 ", history=history)
print(response)
torch.save(model.state_dict(),"./huggingface_saver/chatglm6b.pth")
```

需要注意的是，對於模型讀取，這裡使用的是半精度的模型，也就是模型的 half 資料格式，這是為了節省顯示記憶體而採用的一種方式，如果讀者有條件，可以刪除 half() 函式直接使用全精度。而使用全精度形式可能會要求讀者重新下載模型存檔檔案。相對於半精度的模型，全精度的模型存檔佔用磁碟空間較大，具體使用哪個模型讀者可自行斟酌。

當讀者執行完此段程式後，查詢 chatGLM_spo/huggingface_saver 資料夾中的內容可以看到，資料夾中生成了對應的 ChatGLM 存檔檔案，相對前期分散的存檔來說，此時的存檔檔案是一個單獨的帶有 .pth 副檔名的檔案，如圖 18-2 所示。

huggingface_saver	2023/5/16 10:41	文件夾	
chatglm6b.pth	2023/5/16 11:13	PTH 文件	12,057,343 ...
config	2023/4/11 14:45	JSON 文件	1 KB
configuration_chatglm	2023/4/11 15:35	PY 文件	5 KB

▲ 圖 18-2 存檔檔案

下面回到 ChatGLM 的模型檔案上，此時應該可以打開本書書附程式套件中 chatGLM_spo/ huggingface_saver/modeling_chatglm.py 檔案，其組成如圖 18-3 所示。

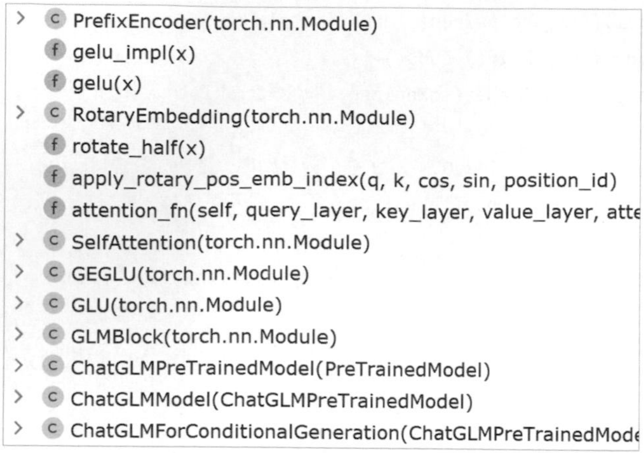

▲　圖 18-3　modeling_chatglm.py 檔案

　　這裡展示的是已處理好的 ChatGLM 檔案內容，相對於原始的 modeling_chatglm，這裡的檔案刪除了直接的 chat 內容，以及負責生成文字的 ChatGLMForConditionalGeneration 類別的訓練部分，只留下了負責文字生成的全連接層 head。

```
self.lm_head = skip_init(
    nn.Linear,
    config.hidden_size,
    config.vocab_size,
    bias=False,
    dtype=torch.half
)
```

　　我們僅需要知道最後一個 lm_head 的作用是對生成的隱變數進行映射，將輸出的隱變數映射到對應的字元 Embedding 上即可。

　　至此，我們完成了對 ChatGLM 進行當地語系化處理的第一步，即 ChatGLM 主體檔案的當地語系化。讀者可以採用以下程式，嘗試使用上面範例儲存的 .pth 檔案完整實現 ChatGLM，程式如下：

```
model_path = "./chatglm6b.pth"
#config 檔案在程式碼部分下方解釋
glm_model = modeling_chatglm.ChatGLMForConditionalGeneration(config)
model_dict = torch.load(model_path)
```

其中 config 檔案用於對 ChatGLM 檔案進行主體化設定，其主要內容如下：

```
def __init__(
    self,
    vocab_size=130528,              # 字元個數
    hidden_size=4096,               # 隱變數維度大小
    num_layers=28,                  # 模型深度
    num_attention_heads=32,         # 模型同數
    layernorm_epsilon=1e-5,         #layernorm 的極值
    use_cache=False,                # 是否使用快取
    bos_token_id=130004,            # 序列起始字元編號
    eos_token_id=130005,            # 序列結束字元編號
    mask_token_id=130000,           #mask 字元的編號
    gmask_token_id=130001,          # 自回歸 mask 字元編號
    pad_token_id=0,                 #padding 字元編號
    max_sequence_length=2048,       # 模型生成的最大字元長度
    inner_hidden_size=16384,        #feedforward 的維度大小
    position_encoding_2d=True,      # 使用 2d 位置編碼
    quantization_bit=0,             # 模型量化參數，預設為 0，即使用模型量化處理
    pre_seq_len=None,               # 預輸入的序列長度
    ...
```

程式中定義了相當多的參數，vocab_size 是模型輸入的字元數量，num_layers 設定的是模型的深度，max_sequence_length 是模型輸入輸出文字長度。在這裡透過對參數的設定確定了模型的主體大小和處理要求。

18.1.2 修正自訂的當地語系化模型

本小節修正自訂的當地語系化模型，將模型設定成本地可以處理並熟悉的內容，完整程式如下：

```
import torch
from 第十八章 .chatGLM_spo.huggingface_saver import
configuration_chatglm,modeling_chatglm

class XiaohuaModel(torch.nn.Module):
    def __init__(self,model_path = "./chatglm6b.pth",config = None,strict = True):
```

```python
        super().__init__()
        self.glm_model = modeling_chatglm.ChatGLMForConditionalGeneration(config)
        model_dict = torch.load(model_path)

        self.glm_model.load_state_dict(model_dict,strict = strict)
        self.loss_fct = torch.nn.CrossEntropyLoss(ignore_index=-100)

    def forward(self,input_ids,labels = None,position_ids = None,attention_mask =
None):
        logits,hidden_states = self.glm_model.forward(input_ids=input_ids,position_ids
= None,attention_mask = None)

        loss = None
        if labels != None:
            shift_logits = logits[:, :-1, :].contiguous()
            shift_labels = input_ids[:, 1:].contiguous()

            # Flatten the tokens
            logits_1 = shift_logits.view(-1, shift_logits.size(-1))
            logits_2 = shift_labels.view(-1)

            loss = self.loss_fct(logits_1, logits_2)

        return logits,hidden_states,loss

    def generate(self,start_question_text=" 抗原呈遞的原理是什麼？ ",continue_seq_length
= 128,tokenizer = None,temperature = 0.95, top_p = 0.95):

        """
        Args:
            start_question_text: 這裡指的是起始問題，需要用中文進行展示
            continue_seq_length: 這裡是在 question 後面需要新增的字元
            temperature:
            top_p:
        Returns:
        ----------------------------------------------------------------------------
        記錄：這個 tokenizer 可能會在開始執行 encode 的時候，在最開始加上一個空格 20005
        ----------------------------------------------------------------------------
        if not history:
```

```
            prompt = query
        else:
            prompt = ""
            for i, (old_query, response) in enumerate(history):
                prompt += "[Round {}]\n 問：{}\n 答：{}\n".format(i, old_query,
response)
            prompt += "[Round {}]\n 問：{}\n 答：".format(len(history), query)
        """

        # 這裡是一個簡單的例子，用來判定是問答還是做其他工作
        if "：" not in start_question_text:
            inputs_text_ori = start_question_text
            inputs_text = f"[Round 0]\n 問：{inputs_text_ori}\n 答："
        else:
            inputs_text = start_question_text

        input_ids = tokenizer.encode(inputs_text)

        for _ in range(continue_seq_length):
            input_ids_tensor = torch.tensor([input_ids]).to("cuda")
            logits,_,_ = self.forward(input_ids_tensor)
            logits = logits[:,-3]
            probs = torch.softmax(logits / temperature, dim=-1)
            next_token = self.sample_top_p(probs, top_p)   # 預設的 top_p = 0.95
            #next_token = next_token.reshape(-1)

            # next_token = result_token[-3:-2]
            input_ids = input_ids[:-2] + [next_token.item()] + input_ids[-2:]
            if next_token.item() == 130005:
                print("break")
                break
        result = tokenizer.decode(input_ids)
        return result

    def sample_top_p(self,probs, p):
        probs_sort, probs_idx = torch.sort(probs, dim=-1, descending=True)
        probs_sum = torch.cumsum(probs_sort, dim=-1)
        mask = probs_sum - probs_sort > p
        probs_sort[mask] = 0.0
```

```
        probs_sort.div_(probs_sort.sum(dim=-1, keepdim=True))
        next_token = torch.multinomial(probs_sort, num_samples=1)
        next_token = torch.gather(probs_idx, -1, next_token)
        return next_token
```

在這裡使用基礎的 **ChatGLMForConditionalGeneration** 作為主處理模型，之後對 lm_head 輸出的內容逐一地進行迭代生成。具體可以參考本書 14.1.3 節中對 GPT 生成函式的說明。

下面檢測一下模型的輸出，程式如下：

```
if __name__ == '__main__':
    from transformers import AutoTokenizer
    import tokenization_chatglm

    config = configuration_chatglm.ChatGLMConfig()
    model = XiaohuaModel(config=config).half().cuda()

    tokenizer = AutoTokenizer.from_pretrained("THUDM/chatglm-6b",
trust_remote_code=True,cache_dir = "./huggingface_saver")
    inputs_text_ori = "抗原呈遞的原理是什麼？"
    result = model.generate(inputs_text_ori,
continue_seq_length=256,tokenizer=tokenizer)
    print(result)

    while True:
        print("請輸入 :")
        ques = input()
        inputs_text_ori = ques
        result = model.generate(inputs_text_ori, continue_seq_length=256,
tokenizer=tokenizer)
        print(result)
```

為了考驗模型的輸出能力，在這裡我們提出了一個較為專業的問題（醫學常識「抗原呈遞」方面的內容）對其進行考察，結果請讀者自行查閱。

為了便於測試，程式中實現了一個 while 迴圈用於接收使用者輸入的文字內容，這樣可以使得讀者在測試文字時不用多次重新啟動模型。更多的內容請讀者自行嘗試並輸出對應的文字。

另外需要注意的是，在完整的模型中還整合了 loss 方面的計算，即常用的交叉熵損失函式的計算。這裡將其與模型本身整合在一起的原因在於：對於分散式運算，損失函式如果過於集中，就會造成主硬體的負載過大，而將損失函式的計算分配到每個單獨的模型實例中，可以較好地降低損失函式的計算成本。

18.1.3 建構 GLM 模型的輸入輸出範例

相對於傳統的 GPT 模型，GLM 模型的創新點主要在於輸入輸出資料結合了自編碼和自回歸的輸入輸出形式：

- 自編碼：隨機 MASK 輸入中連續跨度的 Token。
- 自回歸：結合前文內容（包括自編碼的 mask 部分），去預測下一個輸出值。

結合了自編碼與自回歸的 GLM 訓練模式如圖 18-4 所示。

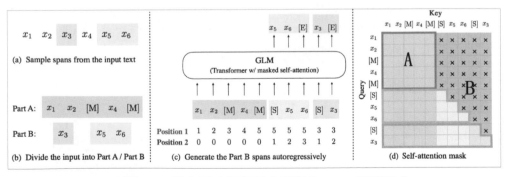

▲ 圖 18-4 結合了自編碼與自回歸的 GLM 訓練模式

這裡解釋一下（彩圖請參看本書書附原始程式套件中的相關檔案）：

（1）左側圖 (a)，原始文字是 $[x_1, x_2, x_3, x_4, x_5, x_6]$。兩個將採樣的跨度是 $[x_3]$ 與 $[x_5, x_6]$。圖中 A 部分用 [M] 代替被採樣的跨度，打亂 B 部分的跨度。

（2）中間圖 (c)，GLM 自回歸生成 B 部分，每個跨度以 [S] 作為輸入進行預置，以 [E] 作為輸出進行附加。2D 位置代表跨度間和跨度內的位置。

（3）右側圖 (d)，x 區域被遮掉了。A 部分（藍色框架內）能注意到自己，但不能注意到 B 部分。B 部分的權杖可以關注 A 及其在 B 中的前因（黃色和綠色框架對應兩個跨度），[M] := [MASK]，[S] := [START]，[E] := [END]。

在這種訓練方式下，GLM 整合了「自編碼器」與「自回歸器」，從而完成了模型訓練的統一。而其中 mask 字元的比例一般佔全部文字的 15% 左右。

上面是對原始的 GLM 訓練過程中輸入輸出的解釋，具體在後期的輸入輸出操作上會有兩種輸入：

（1）遵循原有設計，帶有 mask 的半錯誤輸入輸出匹配如圖 18-5 所示。

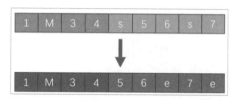

▲ 圖 18-5　帶有 mask 的半錯誤輸入輸出匹配

從圖中可以很明顯地看到，左側區域並沒有對下一個字元進行預測的操作，而右側區域則根據輸入的字元進行錯位輸入和輸出。

（2）遵循 GPT-2 的傳統輸入輸出方式，如圖 18-6 所示。

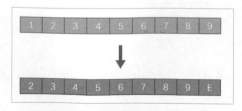

▲ 圖 18-6　遵循 GPT-2 的傳統輸入輸出方式

這就是較簡單的 GPT-2 輸入輸出方法，讀者可以查看前面章節的內容來完成。在本書後續的微調過程中，將採用第（2）種方式完成模型的微調訓練。

18.2 高級微調方法 1——基於加速函式庫 Accelerator 的全量資料微調

18.1 節介紹了使用 ChatGLM 進行微調的官方方案。需要注意的是,這種微調方法是基於 Linux 完成的,並且採用指令稿的形式來完成(官方的 ChatGLM 微調)。這種方法簡單易行,可以極佳地完成既定目標,但是對學習和掌握相關內容的使用者來說,這種微調方法可能並不是很合適。

特別是當我們採用 ChatGLM-130B 的大型模型時,將有 1300 億參數,而為了讓它能完成特定領域的工作,不會只採用知識鏈的方法,而需要對其進行微調。但是問題在於,如果直接對 ChatGLM-130B 進行微調,成本太高也太麻煩了。對一般的小公司或個人來說,想要開發自己的大型模型幾乎不可能,像 ChatGLM 這樣的大型模型,一次訓練的成本就達上億甚至十幾億美金。

針對此情況,本節將向讀者演示 ChatGLM 的高級微調方法,透過演示向讀者講解如何在消費級的顯示卡和普通的 Windows 作業系統上完成微調任務。

18.2.1 資料的準備——將文字內容轉化成三元組的知識圖譜

本小節將實現基於多種方法的 ChatGLM 的模型微調,無論採用哪種微調方法,都需要準備資料。這裡準備了一份基於維修記錄的文字資料,內容如圖 18-7 所示。

```
{"text": 故障現象: 減速器冬天啟動困難故障原因 :1. 潤滑油黏度過高。2. 潤滑油失效。處理方法 :1. 將潤滑油的黏度調稀或更換潤滑油。2、更換潤滑油。
{"text": 故障原因簡要分析根據客戶反映, 異響經常發生在涼車起步時或是在上坡時, 所以我們懷疑是車上的某個部件有共振現象, 於是首先將車上有可能出
{"text": 原因分析 :1、水箱冷凝器過髒造成散熱不良 ;2、製冷劑加注過量 ;3、引擎本身加力不足 ;4、乾燥瓶或膨脹閥等堵塞造成系統壓力不正常。處理方法
{"text": 處理原則 : 發現洩漏電流指示異常增大時, 應檢查本體外絕緣積汙程度, 是否有破損、裂紋, 內部有無異常聲響, 並進行紅外檢測, 根據檢查及檢測
{"text": 原因分析 :1、線路連接故障 ;2、感測器故障 ;3、ECU 故障 ;4、其他故障。處理方法、體會 :1、用診斷儀檢測, 無故障程式顯示。2、對引擎資料 :
{"text": 單套閥冷控制保護系統故障現象 : 運行人員工作站發 " 閥冷控制保護系統故障 "。", "answer": 閥冷控制保護系統部件故障故障 \n 閥冷控制保護系
{"text": 冷卻器全停現象 : 監控系統發出換流變壓器冷卻器全停警告 ; 現場換流變壓器冷卻器全停。", "answer": 換流變壓器冷卻器部件故障 _ 全停 \n 冷卻
{"text": 原因分析 : 變黑原因主要有兩個方面。首先是由於清淨分散劑的作用, 其次是由於使用中的機油被氧化。如果一種機油在使用中不變黑, 說明這種機
{"text": 故障現象 : 車輛行駛中, 水溫過高, 空調不工作且發電機指示燈常亮, 行駛一段時間後引擎熄火, 無法再次起動 ", "answer": 發電機指示燈 _ 部件
{"text": 故障現象 : 者車後儀表無警告燈亮提示, 各個儀表指標不動 ", "answer": 儀表指標 _ 部件故障 _ 不動 "}
```

▲ 圖 18-7 基於維修記錄的文字資料

可以看到，text 中就是出現的問題，而 answer 中是前面文字內容按關係的取出。我們要做的是透過問答的內容從中提取涉及 \" 性能故障 \", \" 部件故障 \", \" 組成 \" 和 \" 檢測工具 \" 的三元組。

同時，根據任務目標和模型本身的特性，設計一種調配範本，如下所示：

" 你現在是一個資訊取出模型，請你幫我取出出關係內容為 \" 性能故障 \", \" 部件故障 \", \" 組成 \" 和 \" 檢測工具 \" 的相關三元組，三元組內部用 \"_\" 連接，三元組之間用 \\n 分隔。文字："

注意：這是作者設計的標準範本，在具體使用時這個範本會佔據大量的可用字元空間，讀者可以在後期將其更換為自己需要的內容。

這樣設定的 Prompt 需要對輸入的資料結構重新進行調整，並且要符合原有的 ChatGLM 的輸入格式，新的 Token 字元組成如下：

```
tokens = prompt_tokens + src_tokens + ["[gMASK]", "<sop>"] + tgt_tokens + ["<eop>"]
```

此時，原有的輸入文字被重新分隔並被轉化成新的被分隔後的文字，如下所示：

```
['▁', '你現在', '是一個', '資訊', '取出', '模型', ',', '請你', '幫我', '取出', '出', '關係', '內容為', '"', '性能', '故障', '",', '▁"', '部件', '故障', '",', '▁"', '組成', '"', '和', '▁"', '檢測', '工具', '"', '的相關', '三元', '組', ',', '三元', '組', '內部', '用', '"', '_', '"', '連接', ',', '三元', '組', '之間', '用', '\\', 'n', '分隔', '。', '文字', ':', '▁', '故障', '現象', ':', '冷', '車', '起動', '困難', ',', '起動', '後', '引擎', '抖動', '嚴重', '。', '[gMASK]', '<sop>', '▁', '<n>', '原因', ':', '車', '_', '部件', '故障', '_', '起動', '困難', '<n>', '引擎', '_', '部件', '故障', '_', '抖動', '<eop>']
```

從上面可以看到使用了 tokenizer.tokenize 函式分隔後的文字內容。對文字內容進行處理的函式如下：

```python
def get_train_data(data_path,tokenizer,max_len, max_src_len, prompt_text):
    max_tgt_len = max_len - max_src_len - 3
    all_data = []
    with open(data_path, "r", encoding="utf-8") as fh:
        for i, line in enumerate(fh):
            sample = json.loads(line.strip())
```

```
            src_tokens = tokenizer.tokenize(sample["text"])
            prompt_tokens = tokenizer.tokenize(prompt_text)

            if len(src_tokens) > max_src_len - len(prompt_tokens):
                src_tokens = src_tokens[:max_src_len - len(prompt_tokens)]

            tgt_tokens = tokenizer.tokenize("\n 原因 :"+sample["answer"])

            if len(tgt_tokens) > max_tgt_len:
                tgt_tokens = tgt_tokens[:max_tgt_len]
            tokens = prompt_tokens + src_tokens + ["[gMASK]", "<sop>"] + tgt_tokens +
["<eop>"]

            input_ids = tokenizer.convert_tokens_to_ids(tokens)
            context_length = input_ids.index(tokenizer.bos_token_id)
            mask_position = context_length - 1
            labels = [-100] * context_length + input_ids[mask_position + 1:]

            pad_len = max_len - len(input_ids)
            input_ids = input_ids + [tokenizer.pad_token_id] * pad_len
            labels = labels + [-100] * pad_len

            all_data.append(
                {"text": sample["text"], "answer": sample["answer"], "input_ids":
input_ids, "labels": labels})
    return all_data
```

這裡的 tokenizer 是傳入的模型初始化編碼器,而 tokenize() 函式和 convert_tokens_to_ids() 函式分別完成了參數的切分與轉換任務。對於最後 labels 的設計,需要遵循 GLM 原有的設計原理,GLM 本身是一個自編碼與自回歸整合在一起的生成性文字模型,因此需要使用這種特殊的編碼形式。有興趣的讀者可以自行了解和學習相關的 GLM 生成模型的相關內容。

完整的資料處理程式如下:

```
import json
import torch
from torch.nn.utils.rnn import pad_sequence
from torch.utils.data import Dataset
```

```python
from transformers import AutoTokenizer
tokenizer = AutoTokenizer.from_pretrained("THUDM/chatglm-6b", trust_remote_code=True)

def get_train_data(data_path,tokenizer,max_len, max_src_len, prompt_text):
    max_tgt_len = max_len - max_src_len - 3
    all_data = []
    with open(data_path, "r", encoding="utf-8") as fh:
        for i, line in enumerate(fh):
            sample = json.loads(line.strip())
            src_tokens = tokenizer.tokenize(sample["text"])
            prompt_tokens = tokenizer.tokenize(prompt_text)

            if len(src_tokens) > max_src_len - len(prompt_tokens):
                src_tokens = src_tokens[:max_src_len - len(prompt_tokens)]

            tgt_tokens = tokenizer.tokenize("\n 原因 :"+sample["answer"])

            if len(tgt_tokens) > max_tgt_len:
                tgt_tokens = tgt_tokens[:max_tgt_len]
            tokens = prompt_tokens + src_tokens + ["[gMASK]", "<sop>"] + tgt_tokens + ["<eop>"]
            input_ids = tokenizer.convert_tokens_to_ids(tokens)
            context_length = input_ids.index(tokenizer.bos_token_id)
            mask_position = context_length - 1
            labels = [-100] * context_length + input_ids[mask_position + 1:]

            pad_len = max_len - len(input_ids)
            input_ids = input_ids + [tokenizer.pad_token_id] * pad_len
            labels = labels + [-100] * pad_len

            all_data.append(
                {"text": sample["text"], "answer": sample["answer"], "input_ids": input_ids, "labels": labels})
    return all_data

# 服務 PyTorch 計算的資料登錄類別
class Seq2SeqDataSet(Dataset):
    """ 資料處理函式 """
    def __init__(self, all_data):
```

```python
        self.all_data = all_data

    def __len__(self):
        return len(self.all_data)

    def __getitem__(self, item):
        instance = self.all_data[item]
        return instance

def coll_fn(batch):
    input_ids_list, labels_list = [], []
    for instance in batch:
        input_ids_list.append(torch.tensor(instance["input_ids"], dtype=torch.long))
        labels_list.append(torch.tensor(instance["labels"], dtype=torch.long))
    return {"input_ids": pad_sequence(input_ids_list, batch_first=True, padding_
value=3),    # 這裡原來是 20003，vocab 改成了 3
            "labels": pad_sequence(labels_list, batch_first=True, padding_value=3)}

if __name__ == '__main__':
    from transformers import AutoTokenizer
    tokenizer = AutoTokenizer.from_pretrained("THUDM/chatglm-6b",
trust_remote_code=True)
    all_data = get_train_data("./data/spo_0.json",tokenizer, 768, 450, " 你現在是一個資
訊取出模型，請你幫我取出出關係內容為 \" 性能故障 \"，\" 部件故障 \"，\" 組成 \" 和 \" 檢測工具 \"
的相關三元組，三元組內部用 \"_\" 連接，三元組之間用 \\n 分隔。文字：")

    train_dataset = Seq2SeqDataSet(all_data)
    instance = train_dataset.__getitem__(0)
    text,ans,input_ids,lab = instance
    print(len(instance["input_ids"]))
    print(len(instance["labels"]))

    from torch.utils.data import RandomSampler, DataLoader
    train_loader = DataLoader(train_dataset, batch_size=4, drop_last=True,
num_workers=0)
```

在上面程式中，為了方便 PyTorch 2.0 載入資料，提供了一個資料載入類別
Seq2SeqDataSet，從而可以更進一步地進行模型的計算工作。

18.2.2　加速的秘密——Accelerate 模型加速工具詳解

Accelerate 是 Huggingface 開放原始碼的、方便將 PyTorch 模型在不同模式下進行訓練的小巧工具。

和標準的 PyTorch 方法相比，使用 Accelerate 進行 GPU、多 GPU 以及半精度 FP16/BF16 訓練時，模型的訓練過程變得非常簡單（只需要在標準的 PyTorch 訓練程式中改動幾行程式，就可以適應 CPU/ 單 GPU/ 多 GPU 的 DDP 模式 / TPU 等不同的訓練環境），而且速度與原生 PyTorch 相當，非常快。

Accelerate 的使用相當簡單，可以直接在模型訓練程式中對模型的訓練函式進行更新，程式如下：

```
...
from accelerate import Accelerator
accelerator = Accelerator()

optimizer = torch.optim.AdamW(model.parameters(), lr=2e-5, betas=(0.9, 0.999),
eps=1e-5)
lr_scheduler = torch.optim.lr_scheduler.CosineAnnealingLR(optimizer, T_max=2400,
eta_min=2e-6, last_epoch=-1)
model, optim, train_loader, lr_scheduler = accelerator.prepare(model, optimizer,
train_loader, lr_scheduler)
...

with train:
accelerator.backward(loss)
```

在上面程式中，首先從 accelerate 匯入加速器的具體實現 Accelerator，之後用實例化後的 Accelerator 對模型的主體部分、最佳化器、資料更新器以及學習率等內容進行調整，最後的 backward 函式的作用是為向後傳遞新增必要的步驟來提高混合精度。

完整的模型訓練方法如下：

```
import os
os.environ["CUDA_VISIBLE_DEVICES"] = "0"
```

```python
import torch
from transformers import AutoTokenizer
from torch.utils.data import RandomSampler, DataLoader
from 第十八章.chatGLM_spo.huggingface_saver import
xiaohua_model,configuration_chatglm,modeling_chatglm
from tqdm import tqdm
config = configuration_chatglm.ChatGLMConfig()
config.pre_seq_len = 16
config.prefix_projection = False
# 這裡是設定 config 中的 pre_seq_len 與 prefix_projection，只有這 2 項設定好了才行

model = xiaohua_model.XiaohuaModel(model_path="../huggingface_saver/
chatglm6b.pth",config=config,strict=False)
model = model.half().cuda()

xiaohua_model.print_trainable_parameters(model)
prompt_text = " 按給定的格式取出文字資訊。\n 文字 :"
from 第十八章.chatGLM_spo import get_data
tokenizer = AutoTokenizer.from_pretrained("THUDM/chatglm-6b", trust_remote_code=True)
all_train_data = get_data.get_train_data("../data/spo_0.json",tokenizer, 288, 256,
prompt_text)
train_dataset = get_data.Seq2SeqDataSet(all_train_data)
train_loader = DataLoader(train_dataset,  batch_size=2,
drop_last=True,collate_fn=get_data.coll_fn, num_workers=0)

from accelerate import Accelerator
accelerator = Accelerator()

optimizer = torch.optim.AdamW(model.parameters(), lr=2e-5, betas=(0.9, 0.999),
eps=1e-5)
lr_scheduler = torch.optim.lr_scheduler.CosineAnnealingLR(optimizer, T_max=2400,
eta_min=2e-6, last_epoch=-1)
model, optim, train_loader, lr_scheduler = accelerator.prepare(model, optimizer,
train_loader, lr_scheduler)
for epoch in range(20):
    pbar = tqdm(train_loader, total=len(train_loader))
    for batch in (pbar):
        input_ids = batch["input_ids"].cuda()
        labels = batch["labels"].cuda()
```

```
        _,_,loss = model.forward(input_ids,labels=labels)
        accelerator.backward(loss)
        #torch.nn.utils.clip_grad_norm_(model.parameters(), 1.)
        optimizer.step()
        lr_scheduler.step()   # 執行最佳化器
        optimizer.zero_grad()

        pbar.set_description(
            f"epoch:{epoch + 1}, train_loss:{loss.item():.5f},
lr:{lr_scheduler.get_last_lr()[0] * 1000:.5f}")
    if (epoch +1) %3 == 0:
        torch.save(model.state_dict(), "./glm6b_pt.pth")
```

上面程式的最後一行將全部內容儲存為 .pth 副檔名的標準 PyTorch 模型存檔檔案，在使用時可以將其視為普通的 PyTorch 檔案進行載入。

```
model = xiaohua_model.XiaohuaModel(model_path="../huggingface_saver/chatglm6b.pth",
config=config, strict=False)
model.load_state_dict(torch.load("./glm6b_pt.pth"))
model = model.half().cuda()
```

可以看到，在模型進行基本的載入後，又重新載入了我們獨立進行微調（Fine-Tuning）後儲存的模型參數。完整使用存檔參數進行推斷的函式程式如下：

```
def sample_top_p(probs, p):
    probs_sort, probs_idx = torch.sort(probs, dim=-1, descending=True)
    probs_sum = torch.cumsum(probs_sort, dim=-1)
    mask = probs_sum - probs_sort > p
    probs_sort[mask] = 0.0
    probs_sort.div_(probs_sort.sum(dim=-1, keepdim=True))
    next_token = torch.multinomial(probs_sort, num_samples=1)
    next_token = torch.gather(probs_idx, -1, next_token)
    return next_token

import torch

from transformers import AutoTokenizer
from torch.utils.data import RandomSampler, DataLoader
from 第十八章 .chatGLM_spo.huggingface_saver import xiaohua_model, configuration_
chatglm, modeling_chatglm
```

18.2 高級微調方法 1——基於加速函式庫 Accelerator 的全量資料微調

```python
from tqdm import tqdm

config = configuration_chatglm.ChatGLMConfig()
config.pre_seq_len = 16
config.prefix_projection = False
# 這裡是設定 config 中的 pre_seq_len 與 prefix_projection，只有這 2 項設定好了才行

model = xiaohua_model.XiaohuaModel(model_path="../huggingface_saver/chatglm6b.pth",
config=config, strict=False)
model.load_state_dict(torch.load("./glm6b_pt.pth"))
model = model.half().cuda()

xiaohua_model.print_trainable_parameters(model)
model.eval()
max_len = 288;max_src_len = 256
prompt_text = " 按給定的格式取出文字資訊。\n 文字 :"
save_data = []
f1 = 0.0
max_tgt_len = max_len - max_src_len - 3
tokenizer = AutoTokenizer.from_pretrained("THUDM/chatglm-6b", trust_remote_code=True)
import time,json
s_time = time.time()
with open("../data/spo_0.json", "r", encoding="utf-8") as fh:
    for i, line in enumerate(tqdm(fh, desc="iter")):
        with torch.no_grad():
            sample = json.loads(line.strip())
            src_tokens = tokenizer.tokenize(sample["text"])
            prompt_tokens = tokenizer.tokenize(prompt_text)

            if len(src_tokens) > max_src_len - len(prompt_tokens):
                src_tokens = src_tokens[:max_src_len - len(prompt_tokens)]

            tokens = prompt_tokens + src_tokens + ["[gMASK]", "<sop>"]
            input_ids = tokenizer.convert_tokens_to_ids(tokens)
            # input_ids = tokenizer.encode(" 幫我寫個快排演算法 ")

            for _ in range(max_src_len):
                input_ids_tensor = torch.tensor([input_ids]).to("cuda")
                logits, _, _ = model.forward(input_ids_tensor)
                logits = logits[:, -3]
```

```
            probs = torch.softmax(logits / 0.95, dim=-1)
            next_token = sample_top_p(probs, 0.95)  # 預設的 top_p = 0.95
            # next_token = next_token.reshape(-1)


            # next_token = result_token[-3:-2]
            input_ids = input_ids[:-2] + [next_token.item()] + input_ids[-2:]
            if next_token.item() == 130005:
                print("break")
                break
        result = tokenizer.decode(input_ids)
        print(result)
```

上面實現請讀者自行訓練並驗證。

18.2.3 更快的速度──使用 INT8（INT4）量化模型加速訓練

本小節介紹模型的資料型態，前面進行模型推斷使用的都是 hal() 函式，這是 PyTorch 特有的進行半精度訓練的參數方式，即可以在「略微」降低模型準確率的基礎上大幅度減少硬體的消耗，具體讀者可以參考表 18-1。

▼ 表 18-1　顯示記憶體佔用表

量化等級	最低 GPU 顯示記憶體（推理）	最低 GPU 顯示記憶體（高效參數微調）
Half（無量化）	13 GB	16 GB
INT8	8 GB	9 GB
INT4	6 GB	7 GB

表中的 Half 資料型態為 PyTorch 2.0 中的半精度資料型態，在降低參數佔用空間的同時，對準確率影響較少。而其使用也較為簡單，即直接在 PyTorch 模型建構時顯式註釋即可：

```
model = xiaohua_model.XiaohuaModel(model_path="../huggingface_saver/
chatglm6b.pth",config=config,strict=False)
model = model.half().cuda()
```

除此之外，表 18-1 中還列出了兩種模型參數的格式，分別是 INT8 與 INT4 參數格式。這是一種為了解決大型模型參數量佔用過大而提出的一種加速推理的技術。

以 INT8 量化為例，相比於一般的 FLOAT32 模型，該模型的大小減小了 4 倍，記憶體要求減少 2 倍。與 FLOAT32 計算相比，對 INT8 計算的硬體支援通常快 2~4 倍。大多數情況下，模型需要以 FLOAT32 精度訓練，然後將模型轉為 INT8。

有興趣的讀者可以自行學習基於 PyTorch 大型模型的量化方法，在這裡提供了以下幾種可以縮減計算量的模型量化方案。

1. 基於北京清華大學提供的模型量化存檔

北京清華大學在提供 ChatGLM 存檔檔案的同時，也相應地提供了 INT8 和 INT4 參數的下載方法，讀者可以在下載時直接指定需要下載的量化類型，程式如下：

```
from transformers import AutoTokenizer, AutoModel
tokenizer = AutoTokenizer.from_pretrained("THUDM/chatglm-6b-int4",
trust_remote_code=True)
model = AutoModel.from_pretrained("THUDM/chatglm-6b-int4",
trust_remote_code=True).half().cuda()
…
```

在這裡直接下載了 INT4 檔案進行後續的推斷與處理，這樣做的好處在於下載的檔案較小，但同時伴隨著對預測精度的犧牲，讀者可以自行下載檔案，比較推斷結果。

2. 基於模型檔案的量化方法

前面 18.1.1 節演示了如何直接下載 ChatGLM 的組成檔案，在其定義的 ChatGLM 類別中，同時提供了相對應的量化方法，程式如下：

```
def quantize(self, bits: int, empty_init=False, **kwargs):
    if bits == 0:
        return
```

```
from .quantization import quantize
if self.quantized:
    return self
self.quantized = True
self.config.quantization_bit = bits
self.transformer = quantize(self.transformer, bits, empty_init=empty_init,
**kwargs)
return self
```

這裡呼叫了北京清華大學專用的模型量化函式，如圖 18-8 所示，具體內容請參考本書書附的原始程式庫檔案 / 第十八章 /huggingface_saver/quantization.py。

```
for layer in model.layers:
    layer.attention.query_key_value = QuantizedLinear(
        weight_bit_width=weight_bit_width,
        weight_tensor=layer.attention.query_key_value.weight.to(torch.cuda.current_device()),
        bias_tensor=layer.attention.query_key_value.bias,
        in_features=layer.attention.query_key_value.in_features,
        out_features=layer.attention.query_key_value.out_features,
        bias=True,
        dtype=torch.half,
        device=layer.attention.query_key_value.weight.device,
        empty_init=empty_init
    )
    layer.attention.dense = QuantizedLinear(
        weight_bit_width=weight_bit_width,
        weight_tensor=layer.attention.dense.weight.to(torch.cuda.current_device()),
        bias_tensor=layer.attention.dense.bias,
        in_features=layer.attention.dense.in_features,
        out_features=layer.attention.dense.out_features,
        bias=True,
        dtype=torch.half,
        device=layer.attention.dense.weight.device,
        empty_init=empty_init
    )
    layer.mlp.dense_h_to_4h = QuantizedLinear(
        weight_bit_width=weight_bit_width,
        weight_tensor=layer.mlp.dense_h_to_4h.weight.to(torch.cuda.current_device()),
        bias_tensor=layer.mlp.dense_h_to_4h.bias,
        in_features=layer.mlp.dense_h_to_4h.in_features,
        out_features=layer.mlp.dense_h_to_4h.out_features,
        bias=True,
        dtype=torch.half,
```

▲ 圖 18-8　北京清華大學專用的模型量化函式

可以看到，原始程式中實際上是根據設定的量化值大小，分別對各個不同層進行參數量化處理，之後重新將量化後的參數整合在一起。在這裡不再深入講解，有興趣的讀者可自行研究相關內容。

下面有兩種實現 INT8 和 INT4 的量化方法，即在下載資料的同時完成量化以及建構自訂的量化函式。

（1）下載資料的同時完成量化：

```
from transformers import AutoTokenizer, AutoModel
tokenizer = AutoTokenizer.from_pretrained("THUDM/chatglm-6b", trust_remote_code=True)
model = AutoModel.from_pretrained("THUDM/chatglm-6b",trust_remote_code=True)

.quantize(8).cuda()
```

（2）建構自訂的量化函式：

```
model = xiaohua_model.XiaohuaModel(model_path="../huggingface_saver/
chatglm6b.pth",config=config,strict=False)
model.glm_model.quantize(8,False)
model = model.half().cuda()
```

自訂量化函式的使用也較為簡單，在這裡直接呼叫模型檔案中提供的量化函式即可完成對模型的量化。

需要提醒讀者的是，如果使用量化資料進行整體存檔，在存檔時需要將模型重新定義成同樣的量化數值，具體請讀者自行完成。

18.3 高級微調方法 2──基於 LoRA 的模型微調

Accelerator 函式庫的作用是加速對模型的微調，但是對於模型本身的微調方法並沒有進行很好的調整，因此在解決大型模型的微調問題上並沒有做出根本性的改變。基於此，研究人員提出了一種新的能夠在凍結原有大型模型訓練參數的基礎上進行微調的訓練方法 LoRA（Low-Rank Adaptation of Large Language Models，大型語言模型的低階適應）。本節將主要介紹基於 LoRA 的模型微調方法。

18.3.1　對 ChatGLM 進行微調的方法——LoRA

LoRA 是北京清華大學的研究人員為了解決大型語言模型微調而開發的一項通用技術。

LoRA 的思想很簡單（見圖 18-9）：

（1）在原始 PLM 用（Pre-trained Language Model，預訓練語言模型）旁邊增加一個旁路，進行降維再升維的操作，用來模擬所謂的 intrinsic rank。

（2）訓練的時候固定 PLM 的參數，只訓練降維矩陣 A 與升維矩陣 B。而模型的輸入輸出維度不變，輸出時將 BA 與 PLM 的參數疊加。

（3）用隨機高斯分佈初始化 A，用 0 矩陣初始化 B，以保證訓練的開始此旁路矩陣依然是 0 矩陣。

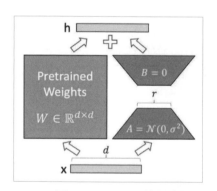

▲　圖 18-9　LoRA 的思想

假設要在下游任務微調一個預訓練語言模型（例如 ChatGLM），則需要更新預訓練模型參數，公式如下：

$$W = W_0 + \Delta W$$

$$W_0 \in R^{d \times k}$$

$$\Delta W = B \times A$$

其中 W_0 是預訓練模型初始化的參數，ΔW（確切地說，是 B 和 A 組成的矩陣）是需要更新的參數。可以看出，相對全域調參的大型模型來說，ΔW 大小可控，而且很經濟。具體來看，在整個模型的訓練過程中，只有 ΔW 會隨之更新，而在前向過程中，ΔW 和 W_0 都會乘以相同的輸入 x，最後相加：

$$H = W_0x + \Delta Wx = W_0x + BAx$$

LoRA 的這種思想有點類似於殘差連接，同時使用這個旁路的更新來模擬 Full Fine-Tuning（完全微調）的過程。並且，Full Fine-Tuning 可以被看作 LoRA 的特例。同時，在推理過程中，LoRA 幾乎未引入額外的參數，只需要進行全量參數計算即可。

具體使用時，LoRA 與 Transformer 的結合很簡單，僅在 QKV Attention 的計算中增加一個旁路即可。

18.3.2 自訂 LoRA 的使用方法

在講解自訂的 LoRA 結構之前，我們首先介紹一下使用方法。讀者可以打開本書書附程式庫中的 / 第十八章 /fitunning_lora_xiaohua/minlora 資料夾，這裡提供了相關程式，如圖 18-10 所示。

▲ 圖 18-10　minlora 資料夾目錄結構

其中的 model.py 檔案是對模型參數進行處理的檔案，如圖 18-11 所示。

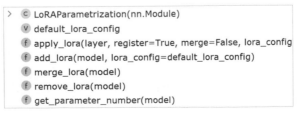

▲ 圖 18-11　model.py 檔案

為了便於使用，其中還提供了對模型參數的計算和表示，這是為了顯式展示可訓練和不可訓練的參數。這部分程式如下：

```
def print_trainable_parameters(model):
    trainable_params = 0
    all_param = 0
    for _, param in model.named_parameters():
        num_params = param.numel()
        if num_params == 0 and hasattr(param, "ds_numel"):
            num_params = param.ds_numel

        all_param += num_params
        if param.requires_grad:
            trainable_params += num_params
    print(
        f"trainable params: {trainable_params} || all params: {all_param} ||
trainable%: {100 * trainable_params / all_param}")
```

完整的 LoRA 使用情況如下：

```
model = xiaohua_model.XiaohuaModel(model_path="../huggingface_saver/chatglm6b.pth",
config=config,strict=False)
model = model.half().cuda()

for name,param in model.named_parameters():
    param.requires_grad = False

# 下面就是 LoRA 的部分
from minlora.model import  *
from minlora.utils import *

for key,_layer in model.named_modules():
    if "query_key_value" in key:
        add_lora(_layer)
xiaohua_model.print_trainable_parameters(model)
```

可以看到，在這裡首先完成了對模型的載入，之後透過對所有參數的調整，將所有參數設定為無法求導，這部分是不可訓練的，之後我們選取了特定層，即對模型中名為 query_key_value 的部分完成 LoRA 的注入。最終列印參數結構如圖 18-12 所示。

```
trainable params: 1835008 || all params: 6709764096 || trainable%: 0.027348323633224796
```

▲ 圖 18-12 列印參數結構

18.3.3 基於自訂 LoRA 的模型訓練

LoRA 對模型的修正，實際上就是凍結原有的模型參數，從而只訓練插入的參數。因此，有多種方式對參數進行儲存：

（1）儲存所有的參數檔案。

（2）僅儲存 LoRA 更新的參數。

儲存所有參數檔案的方法這裡不再舉例，使用 PyTorch 2.0 標準模型儲存方法即可，而對於僅儲存 LoRA 更新的參數的方法，可以透過以下程式讀取對應的參數：

```python
def name_is_lora(name):
    return (
        len(name.split(".")) >= 4
        and (name.split(".")[-4]) == "parametrizations"
        and name.split(".")[-1] in ["lora_A", "lora_B"]
)


def get_lora_state_dict(model):
    return {k: v for k, v in model.state_dict().items() if name_is_lora(k)}
```

完整的基於 LoRA 的模型訓練程式如下：

```python
import torch

from transformers import AutoTokenizer
from torch.utils.data import RandomSampler, DataLoader
from 第十八章.chatGLM_spo.huggingface_saver import
xiaohua_model,configuration_chatglm,modeling_chatglm
```

```
from tqdm import tqdm
config = configuration_chatglm.ChatGLMConfig()
# 這裡設定 config 中的 pre_seq_len 與 prefix_projection，只有這 2 項設定好了才行

model = xiaohua_model.XiaohuaModel(model_path="../huggingface_saver/
chatglm6b.pth",config=config,strict=False)
model = model.half().cuda()

for name,param in model.named_parameters():
    param.requires_grad = False

# 下面就是 LoRA 的部分
from minlora.model import  *
from minlora.utils import *

for key,_layer in model.named_modules():
    if "query_key_value" in key:
        add_lora(_layer)
xiaohua_model.print_trainable_parameters(model)

prompt_text = " 按給定的格式取出文字資訊。\n 文字 :"
tokenizer = AutoTokenizer.from_pretrained("THUDM/chatglm-6b", trust_remote_code=True)
from 第十八章 .chatGLM_spo import get_data
all_train_data = get_data.get_train_data("../data/spo_0.json",tokenizer, 128,
96,prompt_text)
train_dataset = get_data.Seq2SeqDataSet(all_train_data)
train_loader = DataLoader(train_dataset,  batch_size=2,
drop_last=True,collate_fn=get_data.coll_fn, num_workers=0)

from accelerate import Accelerator
accelerator = Accelerator()
device = accelerator.device

lora_parameters = [{"params": list(get_lora_params(model))}]
optimizer = torch.optim.AdamW(model.parameters(), lr=2e-5, betas=(0.9, 0.999),
eps=1e-5)
lr_scheduler = torch.optim.lr_scheduler.CosineAnnealingLR(optimizer, T_max=2400,
eta_min=2e-6, last_epoch=-1)
model, optim, train_loader, lr_scheduler = accelerator.prepare(model, optimizer,
train_loader, lr_scheduler)
```

```
for epoch in range(96):
    pbar = tqdm(train_loader, total=len(train_loader))
    for batch in (pbar):
        input_ids = batch["input_ids"].cuda()
        labels = batch["labels"].cuda()
        _,_,loss = model.forward(input_ids,labels=labels)
        accelerator.backward(loss)
        #torch.nn.utils.clip_grad_norm_(model.parameters(), 1.)
        optimizer.step()
        lr_scheduler.step()  # 執行最佳化器
        optimizer.zero_grad()
        pbar.set_description(
            f"epoch:{epoch + 1}, train_loss:{loss.item():.5f},
lr:{lr_scheduler.get_last_lr()[0] * 1000:.5f}")

torch.save(model.state_dict(), "./glm6b_lora_all.pth")
lora_state_dict = get_lora_state_dict(model)
torch.save(lora_state_dict, "./glm6b_lora_only.pth")
```

　　可以看到，這裡使用了兩種不同的方法對模型的參數進行儲存，即僅儲存 LoRA 更新的參數與儲存所有的參數，具體讀者可以在訓練完畢後自行對比查看。

　　還有一個需要注意的地方，在撰寫最佳化函式的時候，是對全部參數直接進行最佳化，雖然這裡對模型原有的參數進行了凍結操作，但是整體在訓練時同樣也要耗費大量的計算空間。因此，這裡提供了專門提取 LoRA 訓練參數的方法，程式如下：

```
def get_params_by_name(model, print_shapes=False, name_filter=None):
    for n, p in model.named_parameters():
        if name_filter is None or name_filter(n):
            if print_shapes:
                print(n, p.shape)
            yield p

def get_lora_params(model, print_shapes=False):
    return get_params_by_name(model, print_shapes=print_shapes,
name_filter=name_is_lora)
```

在具體使用時，我們可以最佳化程式如下：

```
lora_parameters = [{"params": list(get_lora_params(model))}]
optimizer = torch.optim.AdamW(lora_parameters.parameters(), lr=2e-5, betas=(0.9,
0.999), eps=1e-5)
```

請讀者自行驗證。

18.3.4　基於自訂 LoRA 的模型推斷

本小節基於自訂的 LoRA 參數對資料進行推斷。

如果此時我們想要儲存全體資料的話，那麼可以直接使用 PyTorch 2.0 的參數載入方法完成對整體參數的載入，實現程式如下：

```
# 注意此時的 strict 設定成 False
model = xiaohua_model.XiaohuaModel(model_path="../huggingface_saver/chatglm6b.pth",
config=config,strict=False)

# 下面就是 LoRA 的部分
from minlora.model import  *
from minlora.utils import *

for key,_layer in model.named_modules():
    if "query_key_value" in key:
        add_lora(_layer)
for name,param in model.named_parameters():
    param.requires_grad = False
model.load_state_dict(torch.load("./glm6b_lora.pth"))
```

除此之外，對於自訂 LoRA 參數的載入方法，此時需要注意的是，在模型參數載入的過程中，strict 被設定成 False，這是按模型載入的方法非嚴格地載入模型參數，透過原有的 add_lora 函式將 LoRA 參數重新載入到模型中。程式如下：

```
...
for key,_layer in model.named_modules():
    if "query_key_value" in key:
        add_lora(_layer)
```

```
for name,param in model.named_parameters():
    param.requires_grad = False
model.load_state_dict(torch.load("./glm6b_lora_only.pth"),strict = False)
model = model.half().cuda()
...
```

最終決定採用哪種方式，需要讀者根據自身的文件儲存結果自行決定。一個完整的使用推斷程式實現的例子如下：

```
def sample_top_p(probs, p):
    probs_sort, probs_idx = torch.sort(probs, dim=-1, descending=True)
    probs_sum = torch.cumsum(probs_sort, dim=-1)
    mask = probs_sum - probs_sort > p
    probs_sort[mask] = 0.0
    probs_sort.div_(probs_sort.sum(dim=-1, keepdim=True))
    next_token = torch.multinomial(probs_sort, num_samples=1)
    next_token = torch.gather(probs_idx, -1, next_token)
    return next_token

import os
os.environ["CUDA_VISIBLE_DEVICES"] = "0"
import torch

from transformers import AutoTokenizer
from torch.utils.data import RandomSampler, DataLoader
from 第十八章 .chatGLM_spo.huggingface_saver import
xiaohua_model,configuration_chatglm,modeling_chatglm
from tqdm import tqdm
config = configuration_chatglm.ChatGLMConfig()
# 這裡設定 config 中的 pre_seq_len 與 prefix_projection，只有這 2 項設定好了才行

model = xiaohua_model.XiaohuaModel(model_path="../huggingface_saver
/chatglm6b.pth",config=config,strict=False)

# 下面就是 LoRA 的部分
from minlora.model import  *
from minlora.utils import *

for key,_layer in model.named_modules():
```

```
    if "query_key_value" in key:
        add_lora(_layer)
for name,param in model.named_parameters():
    param.requires_grad = False
#model.load_state_dict(torch.load("./glm6b_lora.pth"))      # 載入儲存的全部資料存檔
# 載入 LoRA 存檔
model.load_state_dict(torch.load("./glm6b_lora_only.pth"),strict = False)
model = model.half().cuda()


xiaohua_model.print_trainable_parameters(model)
model.eval()
max_len = 288;max_src_len = 256
prompt_text = " 按給定的格式取出文字資訊。\n 文字 :"
save_data = []
f1 = 0.0
max_tgt_len = max_len - max_src_len - 3
tokenizer = AutoTokenizer.from_pretrained("THUDM/chatglm-6b", trust_remote_code=True)
import time,json
s_time = time.time()
with open("../data/spo_1.json", "r", encoding="utf-8") as fh:
    for i, line in enumerate(tqdm(fh, desc="iter")):
        with torch.no_grad():
            sample = json.loads(line.strip())
            src_tokens = tokenizer.tokenize(sample["text"])
            prompt_tokens = tokenizer.tokenize(prompt_text)

            if len(src_tokens) > max_src_len - len(prompt_tokens):
                src_tokens = src_tokens[:max_src_len - len(prompt_tokens)]

            tokens = prompt_tokens + src_tokens + ["[gMASK]", "<sop>"]
            input_ids = tokenizer.convert_tokens_to_ids(tokens)

            for _ in range(max_src_len):
                input_ids_tensor = torch.tensor([input_ids]).to("cuda")
                logits, _, _ = model.forward(input_ids_tensor)
                logits = logits[:, -3]
                probs = torch.softmax(logits / 0.95, dim=-1)
                next_token = sample_top_p(probs, 0.9)  # 預設的 top_p = 0.95
                # next_token = next_token.reshape(-1)
```

```
            # next_token = result_token[-3:-2]
            input_ids = input_ids[:-2] + [next_token.item()] + input_ids[-2:]
            if next_token.item() == 130005:
                print("break")
                break
        result = tokenizer.decode(input_ids)
        print(result)
        print("--------------------------------")
```

上面程式提供了兩種對 LoRA 參數進行載入的方法，即全量載入和只載入特定的 LoRA 參數。具體採用哪種方式，需要讀者自行考慮。

18.3.5 基於基本原理的 LoRA 實現

對於 LoRA 的基本原理和具體使用方法，前面已經做了完整的講解。LoRA 實際上就是使用一個額外的網路載入到對應的位置上，從而完成對模型預測結果的修正。LoRA 參數載入的實現程式如下：

```
class LoRAParametrization(nn.Module):
    def __init__(self, fan_in, fan_out, fan_in_fan_out=False, rank=4, lora_dropout_
p=0.0, lora_alpha=1):
        super().__init__()
        # if weight is stored as (fan_out, fan_in), the memory layout of A & B follows
 (W + BA)x
        # otherwise, it's x(W + AB). This allows us to tie the weights between linear
layers and embeddings
        self.swap = (lambda x: (x[1], x[0])) if fan_in_fan_out else (lambda x: x)
        self.lora_A = nn.Parameter(torch.zeros(self.swap((rank, fan_in))))
        self.lora_B = nn.Parameter(torch.zeros(self.swap((fan_out, rank))))
        nn.init.kaiming_uniform_(self.lora_A, a=math.sqrt(5))
        self.lora_alpha, self.rank = lora_alpha, rank
        self.scaling = lora_alpha / rank
        self.lora_dropout = nn.Dropout(p=lora_dropout_p) if lora_dropout_p > 0 else
lambda x: x
        self.dropout_fn = self._dropout if lora_dropout_p > 0 else lambda x: x
        self.register_buffer("lora_dropout_mask", torch.ones(self.swap((1, fan_in)),
 dtype=self.lora_A.dtype))
```

```python
        self.forward_fn = self.lora_forward

    def _dropout(self, A):
        # to mimic the original implementation: A @ dropout(x), we do (A *
dropout(ones)) @ x
        return A * self.lora_dropout(self.lora_dropout_mask)

    def lora_forward(self, X):
        return X + (torch.mm(*self.swap((self.lora_B,
self.dropout_fn(self.lora_A)))).view(X.shape) * self.scaling).half().to(X.device)

    def forward(self, X):
        return self.forward_fn(X)

    def disable_lora(self):
        self.forward_fn = lambda x: x

    def enable_lora(self):
        self.forward_fn = self.lora_forward

    @classmethod
    def from_linear(cls, layer, rank=4, lora_dropout_p=0.0, lora_alpha=1):
        fan_out, fan_in = layer.weight.shape
        return cls(
            fan_in, fan_out, fan_in_fan_out=False, rank=rank,
lora_dropout_p=lora_dropout_p, lora_alpha=lora_alpha
        )

    @classmethod
    def from_conv2d(cls, layer, rank=4, lora_dropout_p=0.0, lora_alpha=1):
        fan_out, fan_in = layer.weight.view(layer.weight.shape[0], -1).shape
        return cls(
            fan_in, fan_out, fan_in_fan_out=False, rank=rank,
lora_dropout_p=lora_dropout_p, lora_alpha=lora_alpha
        )

    @classmethod
    def from_embedding(cls, layer, rank=4, lora_dropout_p=0.0, lora_alpha=1):
        fan_in, fan_out = layer.weight.shape
        return cls(
```

```
            fan_in, fan_out, fan_in_fan_out=True, rank=rank,
lora_dropout_p=lora_dropout_p, lora_alpha=lora_alpha
        )
```

這裡使用了 Python 高級程式設計方法，即透過 cls 這個特殊的函式將初始化中的參數 lora_A、lora_B 與原模型中的參數建立並聯。

對於不同的模型計算層，需要使用不同的注入方案，下面展示以全連接層為預設目標層完成參數輸入的方法。程式如下：

```
default_lora_config = {
    # specify which layers to add lora to, by default only add to linear layers
    nn.Linear: {
        "weight": partial(LoRAParametrization.from_linear, rank=4),
    },
}


def apply_lora(layer, register=True, merge=False, lora_config=default_lora_config):
    """add lora parametrization to a layer, designed to be used with model.apply"""
    if register:
        if type(layer) in lora_config:
            for attr_name, parametrization in lora_config[type(layer)].items():
                parametrize.register_parametrization(layer, attr_name,
parametrization(layer))
    else:  # this will remove all parametrizations, use with caution
        if hasattr(layer, "parametrizations"):
            for attr_name in layer.parametrizations.keys():
                parametrize.remove_parametrizations(layer, attr_name, leave_
parametrized=merge)


def add_lora(model, lora_config=default_lora_config):
    """add lora parametrization to all layers in a model. Calling it twice will add
lora twice"""
    model.apply(partial(apply_lora, lora_config=lora_config))


def merge_lora(model):
    """merge lora parametrization to all layers in a model. This will remove all
parametrization"""
    model.apply(partial(apply_lora, register=False, merge=True))
```

```
def remove_lora(model):
    """remove lora parametrization to all layers in a model. This will remove all
parametrization"""
    model.apply(partial(apply_lora, register=False, merge=False))

def get_parameter_number(model):
    total_num = sum(p.numel() for p in model.parameters())
    trainable_num = sum(p.numel() for p in model.parameters() if p.requires_grad )
    return {"total_para_num:",total_num,"trainable_para_num:",trainable_num}
```

其中 add_lora 和 merge_lora 等函式主要用於將定義的 LoRA 層載入到對應的模型中，remove_lora 函式的作用是移除模型中已有的 LoRA 層。請讀者自行驗證。

18.4　高級微調方法 3——基於 Huggingface 的 PEFT 模型微調

18.3 節演示了如何使用自訂 LoRA 完成對下載的模型進行微調，相對於不同的訓練方法，全參數微調是一個更好的選擇，但是採用 LoRA 的方式可以在不損失或較少損失精度的情況下使得模型更快地收斂。

Huggingface 開放原始碼了一種基於 LoRA 的高效微調大型模型的函式庫 PEFT（Parameter-Efficient Fine-Tuning，高效參數微調），如圖 18-13 所示。

 PEFT

State-of-the-art Parameter-Efficient Fine-Tuning (PEFT) methods

Parameter-Efficient Fine-Tuning (PEFT) methods enable efficient adaptation of pre-trained language models (PLMs) to various downstream applications without fine-tuning all the model's parameters. Fine-tuning large-scale PLMs is often prohibitively costly. In this regard, PEFT methods only fine-tune a small number of (extra) model parameters, thereby greatly decreasing the computational and storage costs. Recent State-of-the-Art PEFT techniques achieve performance comparable to that of full fine-tuning.

Seamlessly integrated with 🤗 Accelerate for large scale models leveraging DeepSpeed and Big Model Inference.

Supported methods:

▲ 圖 18-13　PEFT

PEFT 技術旨在透過最小化微調參數的數量和計算複雜度來提高預訓練模型在新任務上的性能，從而緩解大型預訓練模型的訓練成本。這樣一來，即使運算資源受限，也可以利用預訓練模型的知識來迅速適應新任務，實現高效的遷移學習。

因此，PEFT 技術可以在提高模型效果的同時，大大縮短模型訓練時間和降低計算成本，讓更多人能夠參與到深度學習的研究中來。

18.4.1 PEFT 技術詳解

前面我們已經講過了，對訓練和開發成本達到上億美金的 ChatGLM 來說，大型預訓練模型的訓練成本非常高昂，需要龐大的運算資源和大量的資料，一般人難以承受。這也導致了一些研究人員難以重複和驗證先前的研究成果。為了解決這個問題，研究人員開始研究 PEFT 技術。

相較於前面介紹的 LoRA 調參方法，PEFT 設計了 3 種結構，將其嵌入 Transformer 結構中。

- Adapter-Tuning：將較小的神經網路層或模組插入預訓練模型的每一層，這些新插入的神經模組稱為 Adapter（轉接器），下游任務微調時也只訓練這些轉接器參數。

- LoRA：透過學習小參數的低秩矩陣來近似模型權重矩陣的參數更新，訓練時只最佳化低秩矩陣參數。

- Prefix/Prompt-Tuning：在模型的輸入層或隱藏層新增若干額外可訓練的首碼 Tokens（這些首碼是連續的偽 Tokens，不對應真實的 Tokens），只訓練這些首碼參數即可。

LoRA 結構前面已經介紹過了，這裡不再重複講解。下面以 Adapter 結構為例介紹，Adapter 結構如圖 18-14 所示。

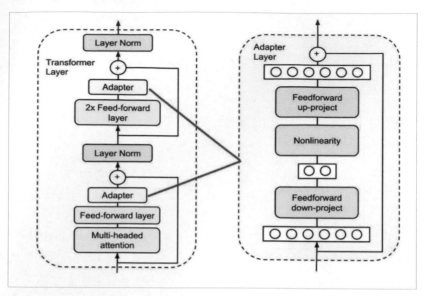

▲ 圖 18-14　Adapter 結構

在訓練時,原來預訓練模型的參數固定不變,只對新增的 Adapter 結構進行微調。同時為了保證訓練的高效性(也就是盡可能少的引入更多參數),Adapter 結構設計如下:

- 一個 down-project 層將高維特徵映射到低維特徵,之後經過一個非線性計算層對資料進行低維計算,再用一個 up-project 結構將低維特徵映射回原來的高維特徵。

- 同時也設計了 skip-connection 結構,確保在最差的情況下能夠退化為 identity。

Prefix-Tuning 結構在模型輸入前會新增一個連續且任務特定的向量序列(Continuous Task-Specific Vector),稱之為首碼(Prefix)。首碼被視為一系列虛擬 Tokens,它由不對應真實 Tokens 的自由參數組成。與更新所有 PLM 參數的全量微調不同,Prefix-Tuning 固定 PLM 的所有參數,只更新最佳化特定任務的首碼。因此,在生產部署時,只需要儲存一個大型 PLM 的副本和一個學習到特定任務的首碼,每個下游任務就只會產生非常小的額外計算和儲存銷耗。

18.4.2 PEFT 的使用與參數設計

首先來看 PEFT 的使用方法，官方既定的 PEFT 演示內容如下：

```
from transformers import AutoModelForSeq2SeqLM
from peft import get_peft_config, get_peft_model, LoraConfig, TaskType


peft_config = LoraConfig(
    task_type=TaskType.MODEL_TYPE,
    inference_mode=False, r=8, lora_alpha=32, lora_dropout=0.1
    target_modules = ["query_key_value"]
)

model = " 載入的模型 "
model = get_peft_model(model, peft_config)
model.print_trainable_parameters()
```

這裡首先透過 peft_config 設定了載入 PEFT 的參數，之後將載入的模型與 PEFT 參數透過給定的 get_peft_model 函式進行結合。

下面我們觀察一下 PEFT 的 config 檔案，其中對相關參數進行了定義，內容如下：

```
{
  "base_model_name_or_path": null,
  "bias": "none",
  "enable_lora": [
    true,
    false,
    true
  ],
  "fan_in_fan_out": true,
  "inference_mode": false,
  "lora_alpha": 32,
  "lora_dropout": 0.1,
  "merge_weights": false,
  "modules_to_save": null,
  "peft_type": "LORA",   #PEFT 類型
  "r": 8,
```

```
  "target_modules": [
    "query_key_value"
  ],
  "task_type": "CAUSAL_LM"
}
```

可以看到，其中最關鍵的是定義了 peft_type，這裡為了便於比較，同樣採用 LoRA 方法對模型進行微調。將其引入我們自訂的 ChatGLM 模型中（這裡無法使用原有的自訂 ChatGLM 模型，參考 18.4.3 節），這部分程式如下：

```
import os
os.environ['CUDA_VISIBLE_DEVICES'] = "0"
import torch
from tqdm import tqdm
from torch.utils.data import RandomSampler, DataLoader
from peft import get_peft_model, LoraConfig, TaskType, prepare_model_for_int8_training,
 get_peft_model_state_dict
from transformers import AutoModelForSeq2SeqLM, AutoTokenizer, AutoConfig

device = "cuda"
from 第十八章 .chatGLM_spo.fintunning_peft_xiaohua import modeling_chatglm
model = modeling_chatglm.XiaohuaModel(model_path=
"../huggingface_saver/chatglm6b.pth")
peft_config = LoraConfig.from_pretrained("./peft")
model = get_peft_model(model, peft_config)
model.print_trainable_parameters()
model = model.half().to(device)  # .to(device)
```

列印結果如圖 18-15 所示。

trainable params: 3670016 || all params: 6711599104 || trainable%: 0.05468169274015089

▲ 圖 18-15 列印結果

可以很明顯地看到，此時同樣凍結了絕大部分參數，而可訓練的參數只佔全部參數的 5% 左右。

18.4.3 Huggingface 專用 PEFT 的使用

本小節講解 PEFT 的使用，對於 Huggingface 發佈的 PEFT 函式庫，我們只需要遵循其使用規則，直接將其載入到原有模型類別中即可。

由於 PEFT 函式庫是由 Huggingface 發佈的，其天然調配 Huggingface 的輸入輸出介面，因此如果想要將其載入到我們自訂的 ChatGLM 程式碼部分中，需要遵循 PEFT 對介面的定義標注，即需要在原有的 model 類別中定義 Huggingface 標準的 forward 函式，如圖 18-16 所示。

```python
def forward(self,input_ids,labels = None,position_ids = None,attention_mask = None):
    logits,hidden_states = self.glm_model.forward(input_ids=input_ids,position_ids = None,attention_mask = None)

    loss = None
    if labels != None:
        shift_logits = logits[:, :-1, :].contiguous()
        shift_labels = input_ids[:, 1:].contiguous()

        # Flatten the tokens
        logits_1 = shift_logits.view(-1, shift_logits.size(-1))
        logits_2 = shift_labels.view(-1)

        loss = self.loss_fct(logits_1, logits_2)

    return logits,hidden_states,loss
```

▲ 圖 18-16 Huggingface 標準的 forward 函式

圖中程式重新調配了新的 forward 函式，從而完成對 PEFT 函式庫的載入，如圖 18-17 所示。

```python
def forward(self,input_ids,position_ids = None,attention_mask = None,
                    inputs_embeds = None,labels = None,output_attentions = None,output_hidden_states = None,return_dict = None,**kwargs):
    logits,hidden_states = self.glm_model.forward(input_ids=input_ids, **kwargs)

    shift_logits = logits[:, :-1, :].contiguous()
    shift_labels = input_ids[:, 1:].contiguous()

    # Flatten the tokens
    logits_1 = shift_logits.view(-1, shift_logits.size(-1))
    logits_2 = shift_labels.view(-1)

    loss = self.loss_fct(logits_1, logits_2)


    return logits,hidden_states,loss
```

▲ 圖 18-17 重新調配了新的 forward 函式

　　大部分參數在模型的計算過程中並沒有使用，這些只是為了調配 PEFT 模型而設定的虛設參數。

　　完整地使用 PEFT 對自訂的模型進行微調的程式如下：

```python
import os
os.environ['CUDA_VISIBLE_DEVICES'] = "0"
import torch
from tqdm import tqdm
from torch.utils.data import RandomSampler, DataLoader
from peft import get_peft_model, LoraConfig, TaskType, prepare_model_for_int8_training,
get_peft_model_state_dict
from transformers import AutoModelForSeq2SeqLM, AutoTokenizer, AutoConfig
device = "cuda"
from 第十八章 .chatGLM_spo.fintunning_peft_xiaohua import modeling_chatglm
model = modeling_chatglm.XiaohuaModel(model_path=
"../huggingface_saver/chatglm6b.pth")
peft_config = LoraConfig.from_pretrained("./peft")
model = get_peft_model(model, peft_config)
model.print_trainable_parameters()
model = model.half().to(device)  # .to(device)

prompt_text = " 按給定的格式取出文字資訊。\n 文字 :"
from 第十八章 .chatGLM_spo import get_data
tokenizer = AutoTokenizer.from_pretrained("THUDM/chatglm-6b", trust_remote_code=True)
all_train_data = get_data.get_train_data("../data/spo_0.json",tokenizer, 48, 48,
prompt_text)
train_dataset = get_data.Seq2SeqDataSet(all_train_data)
train_loader = DataLoader(train_dataset,  batch_size=2,
drop_last=True,collate_fn=get_data.coll_fn, num_workers=0)
from accelerate import Accelerator
accelerator = Accelerator()

optimizer = torch.optim.AdamW(model.parameters(), lr=2e-5, betas=(0.9, 0.999),
eps=1e-5)
lr_scheduler = torch.optim.lr_scheduler.CosineAnnealingLR(optimizer, T_max=2400,
eta_min=2e-6, last_epoch=-1)
model, optim, train_loader, lr_scheduler = accelerator.prepare(model, optimizer,
train_loader, lr_scheduler)
```

```
for epoch in range(20):
    pbar = tqdm(train_loader, total=len(train_loader))
    for batch in (pbar):
        input_ids = batch["input_ids"].cuda()
        labels = batch["labels"].cuda()
        _,_,loss = model.forward(input_ids,labels=labels)
        accelerator.backward(loss)
        #torch.nn.utils.clip_grad_norm_(model.parameters(), 1.)
        optimizer.step()
        lr_scheduler.step()  # 執行最佳化器
        optimizer.zero_grad()
        pbar.set_description(
            f"epoch:{epoch + 1}, train_loss:{loss.item():.5f},
lr:{lr_scheduler.get_last_lr()[0] * 1000:.5f}")
    if (epoch +1) %3 == 0:
        torch.save(model.state_dict(), "./glm6b_peft.pth")
```

訓練過程請讀者自行驗證。

對於模型的推斷,讀者可以直接儲存全部參數,在推斷時重新載入 PEFT 套件之後再載入全部參數。

18.5 本章小結

本章主要介紹對 ChatGLM 模型進行當地語系化的方法,舉例說明了根據不和資料對 ChatGLM 進行微調的方法。對具體的微調選擇來說,不存在基於任務的最佳微調方法,但在一些特定場景下,會有一種較好的方法。舉例來說,LoRA 在低 / 中資源的場景下表現最好,而完全微調在我們增加資料量到更高的樣本時,相對性能會增加。速度和性能之間存在著明顯的差別,PEFT 的速度更差,但在低資源下的性能更好,而隨著資料量的增加,性能的提升也更為明顯。具體測試還請讀者自行根據需要落地的業務對微調進行處理。

大型模型是深度學習自然語言處理皇冠上的一顆明珠,本書只是造成拋磚引玉的作用,大型模型的更多技術內容還需要讀者在實踐中持續學習和研究。

深智數位
股份有限公司

深智數位
股份有限公司

深智數位
股份有限公司